科学出版社“十四五”普通高等教育本科规划教材
新能源科学与工程教学丛书

新能源科学与工程导论

Introduction of New Energy Science and Engineering

陈　军　严振华　编著

科学出版社
北　京

内 容 简 介

本书结合国内外新能源科学与工程的积累及发展，对新能源领域的基本原理和应用进行了梳理、归纳、总结，使读者对新能源科学与工程领域有初步全面的了解。全书共六章，第一章为绪论，主要介绍能源的基本概念、新能源及发展趋势，并介绍科学与工程的区别和联系。第二章为能量转换，介绍能量的基本性质、能量转换的基本原理和能量转换方法等。第三章为能量储存，包括能量储存技术的分类和储能产业发展情况等。第四章为新能源概论，从工程化的角度介绍太阳能、风能、氢能、生物质能、地热能、海洋能、核能等新能源工程技术。第五章为新能源关联产业，包括智能电网产业、电动汽车产业和电子产品、智能电源、人工智能产业及能源数字经济等。第六章对新能源科学与工程专业就业前景进行了介绍和分析。

本书可作为高等学校新能源科学与工程及相关专业本科生和研究生的教材，也可供相关领域的科研人员、工程师和管理人员参考。

图书在版编目（CIP）数据

新能源科学与工程导论/陈军，严振华编著. —北京：科学出版社，2021.12

(新能源科学与工程教学丛书)

科学出版社“十四五”普通高等教育本科规划教材

ISBN 978-7-03-070203-6

Ⅰ. ①新… Ⅱ. ①陈… ②严… Ⅲ. ①新能源-高等学校-教材 Ⅳ. ①TK01

中国版本图书馆 CIP 数据核字（2021）第 214988 号

责任编辑：丁 里 / 责任校对：杨 赛

责任印制：赵 博 / 封面设计：迷底书装

科学出版社 出版

北京东黄城根北街 16 号

邮政编码：100717

http://www.sciencep.com

涿州市般润文化传播有限公司印刷

科学出版社发行 各地新华书店经销

*

2021 年 12 月第 一 版 开本：787 × 1092 1/16

2025 年 12 月第八次印刷 印张：18 1/2

字数：439 000

定价：89.00 元

（如有印装质量问题，我社负责调换）

“新能源科学与工程教学丛书”

专家委员会

主　任　彭苏萍

委　员（以姓名笔画为序）

万立骏　包信和　孙世刚　杨德仁　吴　锋
何雅玲　陈　军　欧阳明高　赵天寿　宣益民
高　松　郭烈锦　彭苏萍　谢　毅　谭天伟

编写委员会

总主编　陈　军

编　委（以姓名笔画为序）

王　欢　王一菁　王军锋　牛志强　严振华
李兰冬　李海霞　李福军　张　凯　张晓丹
张新星　陈　军　陈树琪　罗景山　赵　庆
赵　颖　袁明鉴　陶占良　章　炜　程方益
焦丽芳　谢　微　谢伟伟

丛书序

能源是人类活动的物质基础，是世界发展和经济增长最基本的驱动力。关于能源的定义，目前有20多种，我国《能源百科全书》将其定义为“能源是可以直接或经转换给人类提供所需的光、热、动力等任一形式能量的载能体资源”。可见，能源是一种呈多种形式的，且可以相互转换的能量的源泉。

根据不同的划分方式可将能源分为不同的类型。人们通常按能源的基本形态将能源划分为一次能源和二次能源。一次能源即天然能源，是指在自然界自然存在的能源，如化石燃料(煤炭、石油、天然气)、核能、可再生能源(风能、太阳能、水能、地热能、生物质能)等。二次能源是指由一次能源加工转换而成的能源，如电力、煤气、蒸汽、各种石油制品和氢能等。也有人将能源分为常规(传统)能源和新能源。常规(传统)能源主要指一次能源中的化石能源(煤炭、石油、天然气)。新能源是相对于常规(传统)能源而言的，指一次能源中的非化石能源(太阳能、风能、地热能、海洋能、生物质能、水能)以及二次能源中的氢能等。

目前，化石燃料占全球一次能源结构的80%，化石能源使用过程中易造成环境污染，而且产生大量的二氧化碳等温室气体，对全球变暖形成重要影响。我国“富煤、少油、缺气”的资源结构使得能源生产和消费长期以煤为主，碳减排压力巨大；原油对外依存度已超过70%，随着经济的发展，石油对外依存度也会越来越高。大力开发新能源技术，形成煤、油、气、核、可再生能源多轮驱动的多元供应体系，对于维护我国的能源安全，保护生态环境，确保国民经济的健康持续发展有着深远的意义。

开发清洁绿色可再生的新能源，不仅是我国，同时也是世界各国共同面临的巨大挑战和重大需求。2014年，习近平总书记提出“四个革命、一个合作”的能源安全新战略，以应对能源安全和气候变化的双重挑战。我国多部委制定了绿色低碳发展战略规划，提出优化能源结构、提高能源效率、大力发展新能源，构建安全、清洁、高效、可持续的现代能源战略体系，太阳能、风能、生物质能等可再生能源、新型高效能量转换与储存技术、节能与新能源汽车、“互联网+”智慧能源(能源互联网)等成为国家重点支持的高新技术领域和战略发展产业。而培养大批从事新能源开发领域的基础研究与工程技术人才成为我国发展新能源产业的关键。因此，能源相关的基础科学发展受到格外重视，新能源科学与工程(技术)专业应运而生。

新能源科学与工程专业立足于国家新能源战略规划，面向新能源产业，根据能源领域发展趋势和国民经济发展需要，旨在培养太阳能、风能、地热能、生物质能等新能源领域相关工程技术的开发研究、工程设计及生产管理工作的跨学科复合型高级技术人才，以满足国家战略性新兴产业发展对新能源领域教学育人、科学研究、技术开发、工程应用、经营管理等方面的专业人才需求。新能源科学与工程是国家战略性新兴专业，涉及化学、材料科学与工程、电气工程、计算机科学与技术等学科，是典型的多学科交叉专业。

从 2010 年起，我国教育部加强对战略性新兴产业相关本科专业的布局和建设，新能源科学与工程专业位列其中。之后在教育部大力倡导新工科的背景下，目前全国已有 100 余所高等学校陆续设立了新能源科学与工程专业。不同高等学校根据各自的优势学科基础，分别在新能源材料、能源材料化学、能源动力、化学工程、动力工程及工程热物理、水利、电化学等专业领域拓展衍生建设。涉及的专业领域复杂多样，每个学校的课程设计也是各有特色和侧重方向。目前新能源科学与工程专业尚缺少可参考的教材，不利于本专业学生的教学与培养，新能源科学与工程专业教材体系建设亟待加强。

为适应新时代新能源专业以理科强化工科、理工融合的“新工科”建设需求，促进我国新能源科学与工程专业课程和教学体系的发展，南开大学新能源方向的教学科研人员在陈军院士的组织下，以国家重大需求为导向，根据当今世界新能源领域“产学研”的发展基础科学与应用前沿，编写了“新能源科学与工程教学丛书”。丛书编写队伍均是南开大学新能源科学与工程相关领域的教师，具有丰富的科研积累和一线教学经验。

这套“新能源科学与工程教学丛书”根据本专业本科生的学习需要和任课教师的专业特长设置分册，各分册特色鲜明，各有侧重点，涵盖新能源科学与工程专业的基础知识、专业知识、专业英语、实验科学、工程技术应用和管理科学等内容。目前包括《新能源科学与工程导论》《太阳能电池科学与技术》《二次电池科学与技术》《燃料电池科学与技术》《新能源管理科学与工程》《新能源实验科学与技术》《储能科学与工程》《氢能科学与技术》《新能源专业英语》共九本，将来可根据学科发展需求进一步扩充更新其他相关内容。

我们坚信，“新能源科学与工程教学丛书”的出版将为教学、科研工作者和企业相关人员提供有益的参考，并促进更多青年学生了解和加入新能源科学与工程的建设工作。在广大新能源工作者的参与和支持下，通过大家的共同努力，将加快我国新能源科学与工程事业的发展，快速推进我国“双碳”目标的实现。

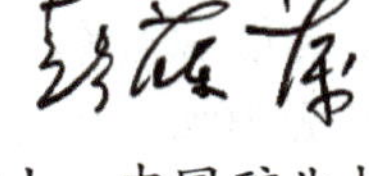

中国工程院院士、中国矿业大学(北京)教授

2021 年 8 月

前　言

能源，是指能够提供热能、电能、光能、机械能、化学能等能量的资源，是人类社会赖以生存和发展的重要物质基础。能源常分为常规(传统)能源(煤、石油、天然气等)和新能源(太阳能、风能、地热能、海洋能、生物能、水能、核能、氢能等)。常规(传统)能源的大量使用造成温室气体和酸性污染物的排放，给环境带来极大的负面影响。加上传统能源资源的不可再生性和我国“富煤、少油、缺气”的资源结构，给国家能源安全和生产生活带来巨大挑战。为实现我国社会经济健康持续发展，亟待大力发展新能源技术，推动能源生产和消费革命，促进能源绿色低碳转型，助力国家实现“双碳”目标。

党的二十大报告明确提出，积极稳妥推进碳达峰碳中和。这是坚持以人民为中心、破解资源环境约束突出问题、实现人与自然和谐共生的现代化所作出的战略部署，也是新时代推进生态文明建设、推动绿色发展所擘画的宏伟蓝图。

在此背景下，培养大批新能源基础研究与工程技术的高端人才成为我国发展新能源产业的关键。与能源相关的基础科学和工程发展受到格外重视，在教育部和相关部门的大力倡导下，新能源科学与工程(技术)专业应运而生，目前全国已有 100 余所高等学校陆续设立了新能源科学与工程专业。

本书是“新能源科学与工程教学丛书”之一。本书系统地阐述了新能源科学与工程的基本概念、技术原理、应用领域和存在的挑战，旨在使初入能源领域的学生或教学与研究人员对新能源科学与工程有一个全面的了解。书中还配套了部分知识点的动画视频，读者扫描相应二维码即可观看。希望本书对我国新能源科学与工程专业的教学、研究、应用和管理产生积极的影响。

本书由陈军和严振华统一构思、整理、修改和定稿。在本书编写过程中，课题团队的陶占良教授、程方益研究员、张凯研究员、赵庆研究员、李海霞老师对书稿的布局和修改提供了许多指导和建议，卢勇博士后(第 1 章)和博士生刘珞珈(第 2 章)、李熠鑫(第 3 章)、刘俊祥(第 4 章)、张秋(第 4 章)、郝志猛(第 5 章)、林柳(第 5 章)、蔡毅超(第 6 章)在资料的收集和整理方面做了大量工作，在此表示感谢。

教育部、科学技术部、国家自然科学基金委员会、天津市政府、南开大学对本书的出版给予了大力支持和帮助，编者在此表示诚挚的谢意。在本书编写过程中参考了大量国内外资料，编者虽尽量备注，但仍难以全面收集和一一注明，在此对相关作者表示衷心的感谢！

本书知识内容涉及面广，由于编者水平有限，书中难免存在疏漏和不足之处，恳请广大读者批评指正！

编著者

2023 年 8 月

目　录

第 1 章　绪　　论

1.1　能源与新能源简介

1.1.1　能源的定义与概述

根据《能源百科全书》可知，能源是可以直接或经转换给人类提供所需的光、热、动力等任一形式能量的载能体资源。“能源”(energy)一词最早出现于 1599 年，含义是“力量或活力的表现”，其词根来源于希腊文“ergon”，含有“工作”之意。能源是人类社会赖以生存和发展的重要物质基础。

地球上现有的能源主要来自太阳或地球本身，以不同的形式存在，如热能、电能、辐射能和化学能等。人类社会的发展离不开能源的使用和管理，特别是工业革命后，随着社会的快速发展，能源的消耗量越来越大。能源在人类社会发展史上起着至关重要的作用，但同时也带来很多负面影响，特别是化石能源的大量开采和使用，使得二氧化碳等温室气体和二氧化硫等有害气体排放量急剧增加，同时伴随着细颗粒物如 $PM_{2.5}$ 等的生成，这些气体和颗粒物在大气中不断积累，带来一系列环境问题，对地球生态环境和生物多样性等造成了严重威胁。另外，由于制造业和运输业等经济活动的快速发展，人们对能源使用方式、利用效率、依赖程度，以及涉及的社会经济和国家安全等问题格外关注。

1.1.2　能源分类

能源有很多不同的分类方法，可以根据地球上能量的来源、产生的方式、获得的方法、使用类型以及被开发利用程度、是否可再生等来进行分类。

根据地球上能量的来源可将能源分为三大类：第一类是来自地球本身的能量，包括地球内部蕴藏的地热能(如地下蒸汽、地下热水和干热岩体等)以及地壳内铀、钍等核燃料所蕴藏的原子核能(如核聚变能和核裂变能等)；第二类是来自太阳的能量，包括直接来自太阳的能量(如太阳光热辐射能)和间接来自太阳的能量(如煤炭、石油、天然气、油页岩等可燃矿物及薪材等生物质能，水能和风能等)；第三类是地球与太阳、月球等天体相互作用产生的能量，如潮汐能等。

另外，比较常见的是按照能源的产生方式以及获得的方法进行分类，可以将能源分为一次能源和二次能源(图 1.1)。一次能源是指在自然界现存的能源，如石油、天然气、煤炭等。二次能源是指由一次能源加工或转换而成的能源产品，如氢能、煤气、蒸汽、电力以及各种石油制品等。

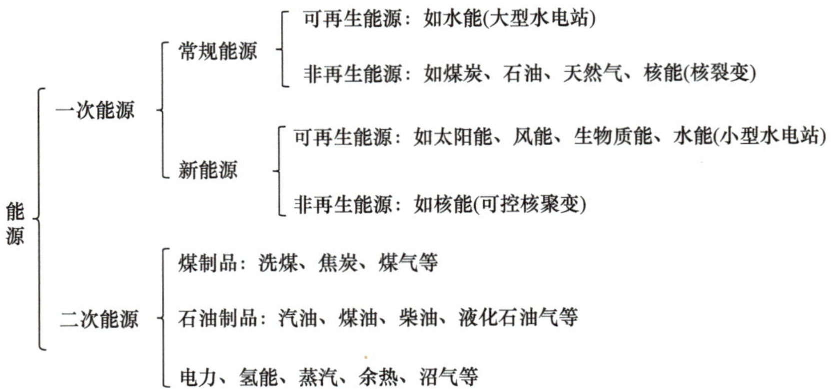

图 1.1 能源的基本分类

一次能源又可分为可再生能源(如太阳能、风能、生物质能和水能等)和非再生能源(如石油、煤炭和天然气等)。凡是可以不断得到补充或能在较短周期内再产生的能源称之为可再生能源。太阳能、海洋能、风能、水能和生物质能等是可再生能源。而非再生能源一般是需要经过亿万年形成并且在短期内无法恢复，如石油、天然气和煤炭等，也称化石能源。石油一般认为是由地层中的有机物质“油母质”经地温长时间的熬炼，一点一滴地生成而浮游于地层中。天然气是一种碳氢化合物，主要由甲烷、乙烷、丙烷和丁烷等烃类组成，其中甲烷占 80%～90%。天然气的生成过程和石油类似，但比石油更容易生成。煤是古代的植物体因为地壳运动而埋没在地下，在适宜的地质环境中经过漫长的时间演变而成，含碳量一般为 46%～97%。煤是重要的燃料和化学工业原料。随着大规模的开采利用，非再生能源的储量越来越少，甚至面临枯竭的问题，造成能源危机。因此，自 20 世纪 70 年代出现能源危机以来，各国都重视节约使用非再生能源，并加速对可再生能源的研究与开发。

二次能源，也称次级能源或人工能源，是一次能源经过加工转换成另一种形态的能源，因此严格地说它不是“能源”，而应称之为“二次能”。主要有氢能、煤气、焦炭、液化石油气、乙醇、沼气、蒸汽、热水、电力和汽油、煤油、柴油、重油等石油制品。一次能源加工转换成二次能源时，总会有转换损失，即存在转换效率；但二次能源比一次能源有较高的终端利用效率，也更清洁和便于利用。在生产过程中排出的余能，如高温烟气、高温物料热，排放的可燃气和有压流体等，也属二次能源。一次能源无论经过几次转换所得到的另一种能源产品都称为二次能源。一般来说，二次能源大多是提高了品质的能源，应珍惜使用。例如，为满足各种用油设备的需求，把原油加工成汽油、煤油、柴油等石油制品；为提高劳动生产率，需要使用各种电动设备，所以要把煤、油等燃料转换成电能。

1.1.3 能源利用史

人类对能源的利用最早可追溯到火的发现和使用，火的使用开启了人类对外部能源利用的历史。随着人类对能源认识的加深和科技的不断进步，人类社会使用的能源也在不断地发展和演变。能源应用技术的发明和普及改变了人类社会的生产方式、消费模式、交通模式、定居模式和组织形式。能源的大规模使用为人类享受高水平物质生活提供了重要基础。

到目前为止，人类利用能源的历史大致可以分为四个重要的阶段，分别是以植物燃料(如柴薪和木炭等)为主的“柴薪时代”，以煤炭为主的“煤炭时代”，以石油和天然气为主的“石油时代”，以及当今清洁新能源如太阳能、风能和核能等快速发展的“新能源时代”。

柴薪是人类第一代主体能源。生火是人类掌握的第一项技术，恩格斯在评价火的作用时说：“摩擦生火第一次使人支配了一种自然力，从而最终把人同动物分开。”柴薪就是人类以自然界生长的木柴作为燃料的一种能源，属于可再生能源。柴薪利用贯穿整个人类的文明发展史。据估计，人类以柴薪为主要能源的时代长达百万年。在煤炭和石油未被开发出来之前，柴薪一直是人类的主要能源利用形式，至今仍是许多发展中国家的重要能源。随着社会的进步和人口的增加，人类对能源的需求量不断提高，需要足够的燃料来保证大规模的工业化生产。在 18 世纪中叶以前，钢铁的冶炼几乎全部使用木炭。人类长期以来对柴薪大量无节制的使用，造成了一系列环境问题，也给人类自身的生存环境带来了严重的影响，如林地日减、土地荒漠化、干旱等。世界性环境问题的日益突出使人们意识到树木对人类生存的重要性，各国都花了相当大的力气改善森林植被，节制对树木的砍伐，广泛造林。到 18 世纪中叶，煤炭作为一种比柴薪更适合工业化生产要求的能源开始崭露头角，并逐步大量应用于蒸汽机、金属冶炼、矿石开发和舰船等，人类社会开始进入“煤炭时代”。

煤炭是古代植物埋藏在地下经历了复杂的生物化学和物理化学变化逐渐形成的固体可燃性矿物。煤炭形成过程缓慢，具有不可再生性质。煤炭被人们誉为“黑色的金子”“工业的食粮”，它是 18 世纪以来人类使用的主要能源之一。人类对煤炭的认识最早可追溯到公元前，古代中国、古希腊、古罗马等地都有使用煤炭的记录。由于生产力的限制，人们对煤炭的认识尚处于早期，柴薪仍是最主要的能源。宋应星于 1637 年刊出了被誉为“中国 17 世纪的工艺百科全书”的《天工开物》，记载了明朝中叶以前中国古代的各项技术，其中就提到了关于采煤的技术。世界近代煤炭工业是从 18 世纪 60 年代英国的工业革命开始的，煤炭是欧美各国工业化的动力基础。蒸汽机的发明巩固了煤炭在能源中的地位，从此煤炭成为世界工业化的动力基础，也成为世界主要能源之一。

石油时代始于 19 世纪初，那时世界对石油的消耗和对内燃机的使用迅速增加。在我国，最早提出“石油”一词是在公元 977 年北宋时期的《太平广记》中。北宋杰出的科学家沈括在所著《梦溪笔谈》中，根据这种油“生于水际，沙石与泉水相杂，惘惘而出”而将其正式命名为“石油”。在“石油”一词出现之前，国外称石油为“魔鬼的汗珠”“发光的水”等，中国则称为“石脂水”“猛火油”“石漆”等。在石油时代后期，石油成为世界主要能源，石油开采技术高速发展，而各国也大量开采石油以应对极高的石油需求。根据世界各大能源机构的预测结果，在未来较长时期内，石油、天然气和煤炭仍将是能源领域非常重要的三个组成部分。

20 世纪 40 年代，著名科学家费米领导几十位科学家，在美国芝加哥大学成功启动了世界上第一座核反应堆，标志着人类从此进入了核能时代。随后，苏联、美国、法国等发达国家建造了大量核电站。核能分为核裂变能和核聚变能两种，前者是由核裂变反应释放的能量，后者则是由核聚变反应释放的能量。核裂变能是目前核能利用的主要形式，商用核电站均属于核裂变能，其优点是少量原料就可产生巨大的电能、环境污染少且不存在对化石燃料的依赖。我国的核工业起步于 20 世纪 50 年代中期，现已形成比较完善的核工业体系。我国在 1971 年开始进行核电厂的研究和设计，经过几十年的努力，迄今已经建成和正在建设的核电机组达到 70 余套，先后建成了秦山、大亚湾、田湾等多个核电基地。目前核聚变能还处于研究阶段，人类还没有完全掌握控制聚变过程的技术。与核裂变相比，核聚变不会产生长寿命和高放射性的核废料，也不产生温室气体，因此基本不污染环境；此外，地球上蕴藏的核聚变能远比核裂变能丰富得多。然而，未来核聚变能要成为可供人类大规模利用的能源，除了技术可行性和安全性之外，还需要把成本控制得足够低才有竞争力。

当今世界正处在能源过渡时期：后化石能源时代对新能源的不断探索。能源过渡时期的主要特点是煤炭、石油和天然气仍是消费最多的能源，但是它们消费的比重有逐渐下降的趋势，加大了对太阳能、风能和生物质能等新能源的开发和利用，能源消费结构开始从以石油等为主的化石能源逐步向多元化能源结构过渡。

发展新能源是实现低碳发展的关键，新能源开发利用步伐加快，已经成为全球能源增长的新动力。随着科学技术的进步，新能源开发利用成本不断下降，与化石能源相比已经具有较强的竞争力，新能源发展渐入“黄金期”。加强新能源科技攻关已成共识，新能源革命到来的速度有可能超过预期，特别是新能源发电成本降低和电池储能技术的突破将强力推动“新能源时代”的来临。可再生能源发电装机容量快速增长与电网容纳能力不足的矛盾是限制发展的瓶颈问题。通过优化调整电网结构，发展蓄能和多能源电网技术组合，可提升电网中可再生能源的消纳比例。电力的存储技术是决定新能源能否对传统化石能源实现革命性替代的关键。

能源的利用和人类的工业化进程密切相关，人类历史上的几次工业革命都离不开能源的革新(图 1.2)。

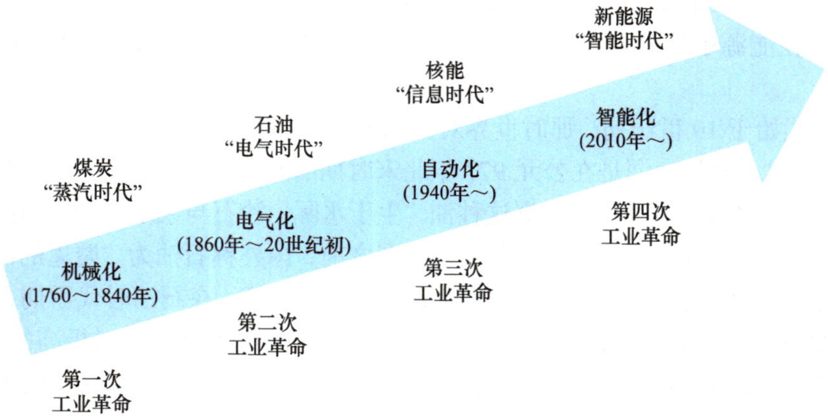

图 1.2　能源利用与工业革命

第一次工业革命(蒸汽时代)：18 世纪中期至 19 世纪 40 年代，以纺织机械变革为发端，以蒸汽机的发明和改进为标志的技术革命；给资本主义生产的各个领域带来极其深刻的影响，掀起了遍及欧洲资本主义世界的近代产业革命；引起燃料、原料、化工、运输等的加速化连锁反应；动力能源的需求特别是煤炭成为技术革命的重大需求与关键问题。从此，人类开始进入机械化时代。

第二次工业革命(电气时代)：19 世纪 60 年代后期，由蒸汽时代进入电气时代。在这一时期，一些发达资本主义国家的工业总产值超过了农业总产值；工业重心由轻纺工业转为重工业，出现了电气、化学、石油等新兴工业部门。19 世纪 70 年代以后发电机、电动机相继问世，以及远距离输电技术的出现，推动了电气工业迅速发展，电力在生产和生活中得到广泛应用。

第三次工业革命(信息时代)：20 世纪 30～40 年代以来，以原子能、电子计算机和空间技术的广泛应用为主要标志，涉及信息技术、能源技术、材料技术、生物技术、空间技术和海洋技术等诸多领域的一场信息控制技术革命。第三次工业革命不仅极大地推动了人类社会经济、政治、文化领域的变革，而且影响了人类生活方式和思维方式，使人类社会生活和现代化向更高境界发展，开始进入自动化时代。

前三次工业革命使得人类发展进入了空前繁荣的时代，与此同时，也造成了大量的能源、资源消耗，付出了巨大的环境代价、生态成本，急剧地扩大了人与自然之间的矛盾。

第四次工业革命(智能时代)：进入 21 世纪，人类面临空前的全球能源与资源危机、全球生态与环境危机、全球气候变化危机的多重挑战，由此引发了第四次工业革命。第四次工业革命是以互联网产业化、工业智能化、工业一体化为代表，以人工智能、清洁能源、无人控制技术、量子信息技术、生物医用技术、虚拟现实、数字经济等为主的全新技术革命，借助互联网和无线通信构建网络物理智能系统。

1.1.4 新能源的定义和分类

1. 新能源的定义

长期以来，人们对于“新能源”的认识存在一些争议，定义比较含糊，范围不够清晰。“新能源”的“新”字是区别于传统的“旧”能源利用方式及能源系统，还是仅仅指一种新的能源技术？“新”不仅区别于工业化时代以化石燃料为主的能源利用形态，而且区别于旧式的只强调转换端效率而不注重能源需求侧的综合利用效率；区别于只强调企业自身经济效益，不注重资源、环境代价的旧的传统能源利用思维模式。

1980 年联合国召开的“联合国新能源和可再生能源会议”对新能源的定义为：以新技术和新材料为基础，使传统的可再生能源得到现代化的开发和利用，用取之不尽、周而复始的可再生能源取代资源有限、对环境有污染的化石能源，重点开发太阳能、风能、生物质能、潮汐能、地热能、氢能、核能(原子能)和水能。

新能源一般是指在新技术基础上加以开发利用的可再生能源，包括各种可再生能源和核能。新能源的各种形式都是直接或间接来自太阳或地球内部深处所产生的热能，以及由可再生能源衍生出来的生物燃料和氢所产生的能量。可再生能源指在自然界可以循环再生，是取之不尽、用之不竭的能源。可再生能源不需要人力参与便会自动再生，是相对于会穷尽的不可再生能源的一种能源。可再生能源包括太阳能、水能、风能、生物质能、海洋能、地热能等。相反，煤、石油和天然气等化石能源是不可再生能源。

传统的燃油车会消耗大量的石油等化石燃料，同时排放尾气造成环境污染。而新能源汽车是指采用非常规的车用燃料(除汽油、柴油之外的燃料)作为动力来源(或使用常规的车用燃料但采用新型车载动力装置)，综合车辆的动力控制和驱动方面的先进技术，形成的技术原理先进、具有新技术和新结构的汽车。新能源汽车包括四大类型：混合动力电动汽车(HEV)、纯电动汽车(BEV，包括二次电池和太阳能电池驱动的汽车)、燃料电池电动汽车(FCEV)、其他新能源(如超级电容器、飞轮等高效储能器)汽车等，主要趋势是电动化，电池、电机、电控是关键。常说的电动汽车是新能源汽车的一种。

随着常规能源的有限性和环境问题的日益突出，以环保和可再生为特质的新能源越来越得到各国的重视。新能源是缓解经济发展与能源及环境之间矛盾的必经之路，可以减少污染物的排放，保护生态环境，构建可持续发展社会，对实现国家碳达峰和碳中和的“双碳”目标具有深远的意义。

2. 新能源的分类

联合国开发计划署(The United Nations Development Programme)把新能源细分为以下三大类：大中型水电；新可再生能源，包括风能、小水电、现代生物质能、海洋能、太阳能、地热能；传统生物质能。在不同的历史时期，科学技术水平不同，新能源的内容也有不同的内涵。根据我国现有的状况，新能源应该包括太阳能(太阳能集热、光伏发电、太阳能热发电等)、风能、氢能、生物质能、地热能、海洋能、核能、水能(水能发电)等，其中生物质能还包括多种形式的能源：生物质发电(农林残留物发电、生活垃圾发电)、生物燃料(生物柴油、生物乙醇)、沼气、秸秆等。新能源的大致分类如图 1.3 所示，具体叙述如下。

太阳能(solar energy)一般是指太阳光的辐射能量和热量(简称太阳的辐射能)。太阳的辐射能几乎全部来自其内部的核聚变反应，也是地球上最主要的能量来源。太阳辐射能可划分为如下几个部分：直接太阳辐射、天空散射辐射、地表反射辐射、地面长波辐射及大气长波辐射。太阳辐射能控制大气圈、水圈、生物圈及岩石圈发生的各种生物作用、化学作用及其他作用，提供地球表面风化、剥蚀等外力作用所需能量。太阳辐射能对海洋和陆地的影响深度分别为 150～500 m 和 10～20 m。

风能(wind energy)是空气流动所产生的动能，其本质是太阳能的一种转化形式。由于太阳辐射造成地球表面各部分受热不均匀，引起大气层中压力分布不平衡，在水平气压梯度的作用下，空气沿水平方向运动形成风。风能是可再生的清洁能源，储量大、分布广，但它的能量密度低，并且不稳定。在一定的技术条件下，风能可作为一种重要的能源得到开发利用。

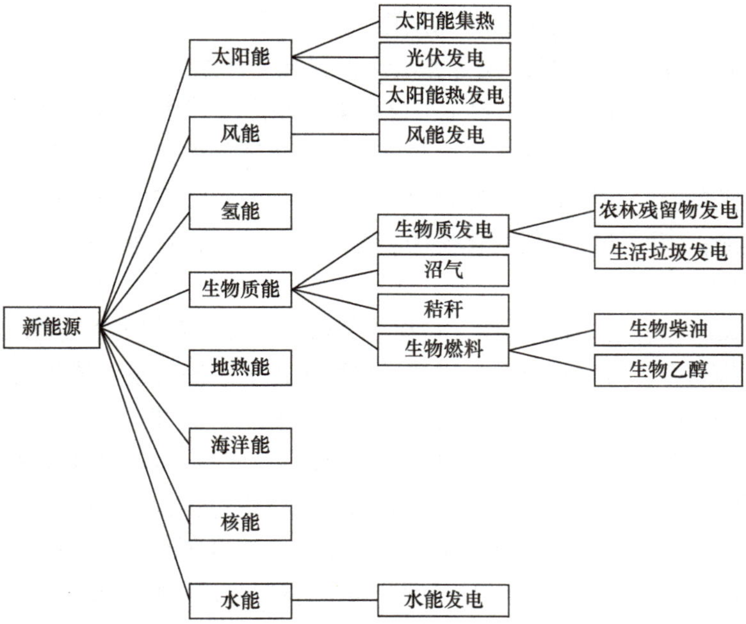

图 1.3 新能源的分类

氢能(hydrogen energy)是氢在物理与化学变化过程中释放的能量。氢能是化学能，属于二次能源。氢在地球上主要以化合态的形式出现，是宇宙中分布最广泛的物质，占宇宙质量的 75%。氢能是清洁、环保、高效的二次能源，其来源多样，是理想的能源互联媒介，具有可大规模应用的储能介质和丰富的应用场景。氢能应用模式丰富，能够帮助工业、建筑、交通等主要终端应用领域实现低碳化，包括作为燃料电池汽车的燃料应用于交通运输领域，作为储能介质支持大规模可再生能源的整合和发电，应用于分布式发电或热电联产为建筑提供电和热，为工业领域直接提供清洁的能源或原料等。

生物质能(biomass energy)被誉为“绿色煤炭”，是指储藏在生物质中以化学能形式存在的能量。以绿色植物为例，生物质所含能量的多少与植物品种、生长周期、抗病抗灾能力、日照时间和强度、温度、湿度、雨量、土壤条件、种植和收获方法等诸多因素密切相关。生物质能可转换为常规的固态、液态和气态燃料，具有矿物燃料属性，是一种取之不尽、用之不竭的可再生能源，同时也是唯一的一种可再生碳源。与传统的化石燃料相比，生物质能具有可再生、无污染、燃烧灰分低、循环过程净二氧化碳零排放、可储存、易运输、受自然条件限制小等突出优点。

地热能(geothermal energy)是指在当前技术经济和地质环境条件下，地壳内能够科学、合理地开发出来的岩石中的热能量和地热流体中的热能量及其伴生的有用组分。地热能的储存主要有 5 种形式，分别是蒸汽型、热水型、地压型、干热岩型和岩浆型，其中应用最广、开发技术最为成熟的是蒸汽型地热能和热水型地热能。地热能的利用有直接利用和间接利用两种形式。直接利用一般指对温度低于 150 ℃的地热流体的热利用。传统的地热能直接利用是小型单项利用，如地热采暖、地热浴疗和洗浴等。间接利用主要是指利用温度在 150 ℃以上的地热能进行发电。

海洋能(ocean energy)又称为“蓝色能源”，是指海洋通过各种物理或化学过程接收、存储和释放的能量，具有清洁、可再生、储量丰富等特点。海洋能包括潮汐能、波浪能、潮流能、海流能、海水温度差能和海水盐度差能等不同的能源形态。海洋能按储存的能量形式可分为机械能、热能和化学能。潮汐能、波浪能、海流能、潮流能为机械能；海水温度差能为热能；海水盐度差能为化学能。海洋能技术是指将海洋能转换为电能或机械能的技术。

核能(nuclear energy)又称原子能，是指原子核结构发生变化(裂变或聚变)时释放的能量。核裂变是指一个较重原子核分裂成两个或两个以上中等质量原子核的过程，有自发裂变(自行发生)和诱发裂变(外来粒子轰击下发生)两种分裂方式。核聚变是指两个较轻的原子核聚合为一个较重的原子核，并释放出能量的过程。自然界中最容易实现的核聚变反应是氢的同位素——氘与氚的聚变，这种反应在太阳上已经持续了 50 亿年。可控核聚变俗称人造太阳，因为太阳的原理就是核聚变反应。核聚变不会产生核裂变所出现的长期和高水平的核辐射，不产生核废料，也不产生温室气体，基本不污染环境。人类认识热核聚变是从氢弹爆炸开始的。科学家希望发明一种装置，可以有效控制“氢弹爆炸”的过程，让能量持续稳定地输出。核聚变燃料的能量密度极高，0.6 t 氘所蕴含的能量相当于 2 000 000 t 煤，换算成石油则是 1 300 000 t，相当于 30 t 氧化铀所蕴含的能量。从这个角度来看，核聚变提供的能量是取之不尽、用之不竭的。核能作为一种被发现较晚的能量形式，是人类最具希望的未来能源之一。随着科技的发展，从毁灭性的核武器到可控的核电站，核能逐渐被“驯服”，并由于其清洁、高效、能量密集等特点，在整个能源供应链中逐渐成为不可或缺的一环。

水能(water energy)是指天然水流蕴藏的能量，主要是指水的势能和动能。人类对水能的利用比风能还早，中国在西汉时期已经有用水舂米的水碓了，古希腊农民则利用水轮把麦子磨成面粉。后来，欧洲人用水粉碎矿石，挤缩布匹，还借助水流的动力驱动水轮等。19 世纪后期，水能成为发电的能源之一。常规的水力发电是指对陆地水系的能源利用，其基本原理是，利用河流、湖泊等位于高处的水体所具有的势能，当水流降落至低处时，带动水轮机，从而将水中的势能转换成动能，再通过水轮机推动发电机产生电能，整个过程绿色、环保、无污染，并且水能可再生，是一种常见的新能源。

3. 新能源与碳中和

碳中和是指人为排放温室气体 CO_2 的量(化石燃料利用和土地利用)被人为作用(木材蓄积量、土壤有机碳、工程封存等)和自然过程(海洋吸收、侵蚀-沉积过程的碳埋藏、碱性土壤的固碳等)所吸收，即净零碳排放。2020 年全球排放 CO_2 达 340 亿 t，其中我国排放 103 亿 t，占比约 30%。CO_2 的吸收利用途径主要包括陆地碳汇和海洋碳汇，其中前者约吸收 CO_2 总排放量的 31%，后者约吸收 CO_2 总排放量的 23%，剩余的约 46%滞留在大气中。碳中和需要把原本将会滞留在大气中的 CO_2 减下来或吸收掉。全球已有 100 多个国家做出实现碳中和的承诺。

从主要发达国家的碳排放与经济增长的历史关系看，一个国家的发展程度与人均累计碳排放密切相关。我国人均累计碳排放远远低于主要发达国家，也小于全球平均值。我国 2060 年达到碳中和的难度远大于发达国家。同时，我国目前的能源资源结构是富煤、少油、缺气，这会导致更多的碳排放，使得我国的碳中和难度进一步加大。基于此，国务院于 2020 年 12 月发布《新时代的中国能源发展》白皮书指出，我国今后要把非化石能源放在能源发展优先位置，大力推进低碳能源替代高碳能源、可再生能源替代化石能源。另外，据国家发展和改革委员会能源研究所预计，2050 年我国非化石能源发电量占比将高达 91%。因此，各种新能源亟待开发和利用，以实现碳达峰和碳中和的目标，这将具有非常重要的意义。

为落实碳达峰和碳中和的“双碳”目标，我国需求侧响应和分布式能源发展迎来新阶段和新机遇。但如何保障能源安全性、稳定性、高效性，需要与数字化紧密结合；在“双碳”目标牵引下，未来的能源经济、能源发展正在从传统经济向新经济形态转变，更多地与大数据、新能源、智能化等紧密相连，也可称之为能源数字经济。随着“双碳”目标的确立，互联网科技、数字科技与能源行业协同发展迎来新契机，正在相互赋能推动能源数字经济跨上新台阶。

能源数字经济是在能源革命和数字革命深度融合形势下所形成的对能源全面的新认知体系，是数字经济为实现能源高质量发展目标所构建的融合技术驱动、组织变革、商业模式创新的新方法体系，也是数字经济在推动能源高效转型过程中所形成的新应用体系。能源数字经济不是简单的数字技术为能源系统赋能，而是将一种新的发展理念、新的要素组成方式、新的市场交易规则引入现有的能源体系中。如初期体现为碳汇交易，碳汇交易是指发达国家出钱向发展中国家购买碳排放指标，这是通过市场机制实现森林生态价值补偿的一种有效途径。这种交易是一些国家通过减少排放或者吸收二氧化碳，将多余的碳排放指标转卖给需要的国家，以抵消这些国家的减排任务，并非真正把空气打包运到国外。未来随着新能源技术的快速发展，全球各国采取各种有效措施、共同行动，大幅降低二氧化碳排放量，让能源革命和数字革命深度融合，惠及社会民生，从而构建更为清洁、高效、安全和可持续的现代能源体系，最终实现全球范围内的“双碳”目标，实现绿色可持续发展。

1.2　科学与工程

1.2.1　什么是科学

科学(science)一词源于拉丁文 scientia，系指知识、学问。在明末西方传教士来中国时，science 一词曾被译为“格物致知之学”，简称格致、格物；到 19 世纪末，随着大量日文科学书籍的翻译引进中国，science 译为科学，为“分科之学”之意，逐渐取代了格致。而《说文解字》中“科”字的解释为“从禾从斗，斗者量也”，故“科学”一词乃取“测量之学问”之意。但到目前为止，对“科学”尚无一个公认的统一定义。

科学是人类在社会实践的基础上产生和发展的，是关于自然界、社会和思维发展规律的知识体系。科学研究是人类探索、研究、感悟宇宙万物变化规律的知识体系的过程。人类科学的源头最早可以回溯到 5000 多年前的世界四大文明，对后世产生了深远的影响。在有记录的历史之前，人们就已经在积累关于自然事物运作的知识，并从中逐渐发展出复杂的抽象思维能力，如制定复杂的历法，通过驯化让低产低质的野生植物变得高产而适合人类食用。现代科学有其特定的方法，科学方法是人们在认识和改造世界中遵循或运用的、符合科学原则的各种途径和手段。

科学分为自然科学、社会科学和思维科学，并称为科学三大领域。科学是一个建立在可检验的解释和对客观事物的形式、组织等进行预测的有序知识系统，是已系统化和公式化的知识，其对象是客观现象，内容是形式化的科学理论，形式是语言，包括自然语言与数学语言。

自然科学是以定量作为手段，研究无机自然界和包括人的生物属性在内的有机自然界的各门科学的总称。自然科学是研究自然界的物质形态、结构、性质和运动规律的科学。它包括物理学、化学、生物学、天文学、地球科学等基础科学和医学、农学、气象学、材料学等应用科学，是人类改造自然的实践经验即生产斗争经验的总结。它的发展取决于生产的发展。自然科学研究是指认识自然现象、揭示自然规律，获取新知识、新原理、新方法的研究活动。

社会科学是指以人的社会存在为研究对象，以揭示人类社会的本质和发展规律为目的的科学。社会科学研究不仅仅是一种真理性探索，而且还代表了一定的价值观和社会集团的利益。社会科学对社会实践的依赖具体体现为社会实践对社会科学的促进和制约两个方面。社会科学所涵盖的学科包括经济学、政治学、法学、伦理学、历史学、社会学、心理学、教育学、管理学、人类学、民俗学、新闻学、传播学等。社会科学研究是用科学的方法研究人类社会的各种现象，如社会学研究人类社会(主要是当代)，政治学研究政治、政策和政治活动，经济学研究资源分配等。

思维科学是研究思维活动规律和形式的科学。一般认为，思维科学基础研究内容包括：社会思维、逻辑思维、形象思维和灵感思维，其研究方法大致有通过对大脑的研究认识思维机制，从研究思维过程及其历史发展，通过语言研究思维，由内省法研究思维，根据对思维的模拟研究思维的模式，以及在方法论层次上的历史和逻辑相一致的方法、系统方法、综合方法等。思维科学是从心理学、人工智能、计算机科学、生理学、文学、艺术等方面研究人的思维过程的规律。其应用领域涉及语言学、模式识别、人工智能、教育学、情报学、管理学、文字学等学科。哲学、心理学观点及研究方法决定了思维科学行为主义、联想主义、格式塔和信息学等学派的形成。思维科学的研究对于科学体系结构与人脑潜力的发挥有重要的理论意义和实践意义。

现代科学研究包括基础研究、应用研究和开发研究。基础研究是探索、认识未知，对新理论、新原理的探讨，目的在于发现新的科学领域，为新的技术发明和创造提供理论前提。基础研究是获得关于现象和可观察事实的基本原理的新知识(揭示客观事物的本质、运动规律，获得新发现、新学说)而进行的实验性或理论性研究，其成果以科学论文和科学著作为主要形式，用来反映知识的原始创新能力。应用研究是把基础研究发现的新理论应用于特定目标的研究，它是基础研究的继续，目的在于为基础研究的成果开辟具体的应用途径，使其转化为实用技术。开发研究又称发展研究，是把基础研究、应用研究应用于生产实践的研究，是科学转化为生产力的中心环节。

在国家重大战略需求的驱动下，多学科交叉会聚与多技术跨界融合逐渐成为常态，并不断催生新学科前沿、新科技领域和新创新形态。加紧布局多学科交叉会聚的战略方向，既是应对变局、开拓新局的需要，也是面向未来、决胜未来的需要。新能源科学与工程正是在这样的背景下被提出，以实现从学科导向转向产业需求导向、从专业分割转向跨界交叉融合、从适应服务转向支撑引领。

1.2.2　什么是工程

工程(engineering)一词源自本意为“聪明”的拉丁文 ingenium 和代表“创造”的拉丁文 ingeniare。而翻译为中文的“工程”一词，在古文中原指土木构筑，《新唐书·魏知古传》有“会造金仙、玉真观，虽盛夏，工程严促”。工程是综合运用科学知识，使自然界的物质和能源的特性能够通过各种结构、机器、产品、系统和过程，以最短的时间和最少的人力、物力做出高效、可靠且对人类有用的东西，包括桥梁、道路、车辆和建筑物等。工程是将自然科学的理论应用到具体工农业生产部门中形成的各学科的总称，有的大型工程同时涉及多个学科领域，如我国古代建桥技术的典范赵州桥、以无坝引水为特征的宏大水利工程都江堰、当今世界最大的水力发电工程三峡水电站(图 1.4)等都同时涉及土木工程、材料科学与工程等多个学科。

图 1.4　我国的三峡水电站

引自：新华网 http://www.xinhuanet.com/politics/szzsyzt/gwcjjjd2018/index.htm

工程的主要依据是数学、物理学、化学，以及由此产生的材料科学、固体力学、流体力学、热力学、输运过程和系统分析等。将不同自然科学的理论应用到具体工农业生产中，就形成了不同的工程学科，主要有化学工程、能源工程、材料科学与工程、光学工程、信息与通信工程、冶金工程、动力工程、控制科学与工程、土木工程、水利工程、地质资源与地质工程、矿业工程、石油与天然气工程、纺织科学与工程、轻工技术与工程、交通运输工程、船舶与海洋工程、农业工程、林业工程、环境科学与工程、机械工程、电气工程、生物医学工程、食品科学与工程等。工程一般包括研究开发、设计施工、生产操作及管理等主要阶段。

在工程实施之前，工程师运用科学知识，为问题寻找新的解决方案或改进现有的解决方案，称为工程设计。现在的工程师比以往任何时候都更需要对设计项目的相关科学知识了如指掌，甚至会同时涉及两个或多个不同学科的科学知识。因此，工程师在职业生涯中，需持续不断地学习新领域的知识。然而，即使已经掌握了足够的科学知识基础，一个工程也往往有多个解决方案，这时，工程师会根据每个设计方案的优点对其进行权衡，并选择最符合需求的解决方案。工程师最关键、最独特的任务就是识别、理解和解释不同工程设计方案上的约束，从中衡量取舍，并根据实际情况进行一定的改进，以得到最成功或最优的结果。这里所说的约束可能包括可用资源限制、思路或技术限制、需要保证能够应对未来可能发生的改变和添加的灵活性，以及其他因素如成本、安全性、市场性、生产力和可服务性的要求。工程师只有尽可能地理解和分析这些约束条件，才可以推导出可行对象或系统能够运行的准则。

1.2.3 科学与工程的区别和联系

科学与工程之间既密不可分又相互区别，工程是科学的具体化应用，科学是工程能够实现的理论基础保障。科学着重于系统探究和发现世界的真相和规律，工程制造需要坚实的科学研究的支撑，而反过来，工程能够将抽象的科学原理转化为具体的产品，不仅改善人类生活，而且应用前沿的科学发现制造的先进仪器设备又能促进科学的发展。科学与工程的区别和联系能在科学家和工程师身上得到很好的体现。

科学家通常专注于理解与发现世界的内在规律，并将其总结和完善成为相对完备的知识体系。科学家在面临一个前人没有遇到过的科学问题时，需要广开思路，从各种理论上存在可能性的角度去解读、建立模型，甚至提出一个新的理论以解释目前的现象，无论这些想法看起来多么不可思议，但只要是符合科学逻辑的，都不应该被排除在外，这样的过程也是历史上许多对人类科学史影响深远的创新性理论被提出时的场景。这种柳暗花明又一村的科学发展进程也正是科学的美妙之处，科学通常是在迂回曲折中前行，在黑暗中觅得光明。科学家可能面对的是完全未知的领域，运行机制与结果也可能是全新的，因此科学家的思维呈现出发散的特性，要尽可能包含一切合理的可能性，并逐个排除验证，不断经历失败之后，才可能找出正确的设想，揭示现象的本质。

工程师则更多地强调发明和制造。为了实现这样的发明，工程师必须把科学家或工程师的想法具体化，通过灵活应用这些前人创立的知识体系与科学原理，结合项目实施的具体情况，设计人们可使用的产品。它可以是一个复杂的系统、设备、小装置、材料、方法、计算程序、创新的实验、问题的新解决方案，或者是对现有问题的改进。由于设计必须能够实现并具有功能，因此工程师必须定义它的外形、尺寸和能够实现其设计功能的一些核心部件的参数。工程师在工程设计与工程建设当中，除了需要灵活运用科学原理，还必须考虑安全、效率、经济性、可靠性、可施工性或制造的难易程度等因素，甚至一些更为复杂的情况，包括环境、伦理和法律等方面的考虑，如可能面临的专利侵权问题与提出的解决方案失败时的担责问题。

值得注意的是，在最前沿的科研领域的科学家往往也是一名优秀的工程师，而杰出的工程师通常也具有科学家的特质。例如，在某个最前沿的理论检验工程当中，往往现有的仪器设备难以兼容新体系，这时就要求科学家利用最前沿的知识，直接参与相关工程的设计，如航天工程、大型射电望远镜等领域前沿的科学家都需要熟知相应的工程学知识。而在工程推进的过程中，尤其是前沿领域的工程中，工程师也需要不断探索，发现一些新的现象和问题，从中总结出其背后的规律，这时科学和工程之间的界限就会变得十分模糊，称他们为“科学工程师”更为合适。科学与工程相辅相成，在互相促进中共同发展。新能源科学与工程正是一门将科学与工程有机融合的学科，致力于发现并解决能源背后最核心的科学技术问题。

1.3 新能源科学与工程

1.3.1 新能源科学与工程概述

新能源科学与工程专业涵盖了科学和工程两个方面。与其他纯工程专业相比，新能源科学与工程专业更加注重学生的全面综合发展，既要注重科学素养的培养，又要保证工程素养的训练。新能源科学与工程学科的内容主要就是探索、发现和总结新能源转化与储存过程中的科学规律，研究高效清洁的新能源转化和储存的方法和策略。结合社会需求，开发新技术，将开发出来的方法、策略和技术应用于新能源燃料生产、新能源供热和新能源电能转化与储存等工程实践。在新能源转化利用和储存过程中经常会同时涉及科学、技术和工程等多学科交叉的知识。

发展新能源产业，以此推动我国新工业革命的不断前进，是我国在适应世界发展潮流上的必要举措。为培养新兴产业中的专业高素质人才，经教育部批准，我国高校于 2011 年开始新增新能源科学与工程等 25 个与战略性新兴产业相关的专业。2020 年 9 月，国家发展和改革委员会等四部门联合印发了《关于扩大战略性新兴产业投资 培育壮大新增长点增长极的指导意见》，将有效推动资金、人才等各种资源向新一代信息技术、生物医药、高端装备制造、新材料、新能源等行业聚集。可见，新能源科学与技术在我国战略性新兴产业发展中占据着极为重要的地位，而要发展这些战略性新兴产业，则需要大力发展新能源科学与工程等学科。同时，这些战略性新兴产业的发展也为新能源科学与工程等学科的建设和发展提供了新的机遇与挑战。

2017 年 2 月 18 日，“综合性高校工程教育发展战略研讨会”在复旦大学召开，参会各高校达成了“发展新工科，引领新经济”的“新工科”建设(“复旦共识”)，新工科成为热议话题。会后，教育部高等教育司启动了“新工科研究与实践”课题项目。2017 年 4 月 8 日，“工科优势高校新工科建设研讨会”在天津大学召开，明确了 2020 年、2030 年与 2050 年要达成的目标，并为达成此目标提出了“天大行动”。2017 年 6 月 9 日，教育部在北京召开了“新工科研究与实践专家组成立暨第一次工作会议”，全面启动、系统部署新工科建设。会议通过了《新工科研究与实践项目指南》，提出新工科建设指导意见，即“北京指南”。

复旦共识、天大行动和北京指南组成了我国新工科建设的三部曲，奏响了新工科人才培养主旋律，开拓了我国工程教育改革新路径，是中国高校培养人才的新方向，凸显了我国高等教育界在“一带一路”倡议、“中国制造 2025”、“互联网+”等一系列时代命题面前积极创新、砥砺前行的坚定决心。新能源科学作为教育部公布的首批新工科研究与实践项目名单中“能源、电气、核工程类项目群”的重要组成部分，其对应的新能源科学与工程专业是我国新工科建设与战略性新兴产业发展的动力源泉，并且为该领域的科学技术提供发展的理论基础。

我国的新能源科学与工程专业从 2010 年开始设立发展到现在，对于该专业的系统化人才培养仍然处于起步阶段。2017 年 2 月，教育部发布了《教育部高等教育司关于开展新工科研究与实践的通知》，积极推进新工科建设，探索领跑全球工程教育的中国模式、中国经验。2020 年 1 月，教育部、国家发展和改革委员会、国家能源局联合制定《储能技术专业学科发展行动计划(2020—2024 年)》，提出统筹整合高等教育资源，加快建立发展储能技术学科专业。依据目前战略性新兴产业快速发展的大背景，我们需要将目前的形势与高校现有的优势资源相结合，对新时代的新能源专业的人才培养提出适应时代发展需要的要求，为国家的新能源产业提供更好的人才支撑。我国工程教育专业认证通用标准对工程专业学生的毕业要求大体可以总结为知识、能力和素质三个方面。而新能源科学与工程专业作为新工科改革中的重要部分，秉承新工科理念，对本专业学生的毕业要求在原有的基础上都更进一步，其目的就是培养基础科学理论知识扎实、工程能力出众、综合素质强大的工程人才。

新能源科学与工程专业包含科学与工程两个部分，属于多学科交叉、特色鲜明的综合型工科专业。但由于专业设置在能源动力类，一般院校主干课程多为工程热力学、工程传热学等，急需对新能源及储能技术专业基础课程内容进行改革、整合和深化提升。对现有新能源科学与工程专业进行改造，以理科强化工科，加强科学思维、知识体系、应用能力的拓展，加强与行业企业对接，完善协同育人机制，使专业人才更好地适应新技术、新产业、新业态的发展需要。

1. 我国工程教育概况

我国拥有全世界规模最大的工程教育系统，工程教育在我国高等教育体系中占据着重要的地位。我国普通高校工科专业招生人数、毕业生人数都已远远超过世界其他国家，稳居榜首，甚至比紧随其后的俄罗斯、美国等高出 3～5 倍。为进一步提高我国高等工程教育的质量，国家在工科人才培养模式、校企合作、创新人才培养等方面出台了系列改革政策，积极推出一系列质量建设的中国方案，如“卓越工程师教育培养计划”“高等学校创新能力提升计划”等，引导中国工程教育走内涵式发展道路，带动世界最大体量工程教育提质增速。

截至 2017 年年底，全国已有 198 所高校的 846 个工科专业成功通过了教育部高等教育教学评估中心和中国工程教育专业认证协会的共同认证。通过专业认证，这些专业的质量实现了国际实质等效，进入全球工程教育的“第一方阵”。这意味着中国工程教育专业认证体系的逐步成熟。目前，中国工程教育专业认证已覆盖 21 个专业大类，在不久的将来将实现所有专业大类全覆盖。

在当今经济全球化的大背景下，我国的工程教育正面临着本国制造业全球化和工程教育全球化的双重机遇与挑战。随着经济全球化的进一步发展，我国的制造业对国际经济的影响也更加深刻，如在全球各地都可以看到的“made in China”，可见中国制造业的规模之大与影响力之深远。但同样面临着大而不强的问题，在产品的自主创新能力、资源利用效率、产业结构水平、信息化程度、质量效益等方面与世界的先进水平差距明显，转型升级和跨越发展的任务紧迫而艰巨。当前，新一轮科技革命和产业变革与我国加快转变经济发展方式形成历史性交汇，国际产业分工格局正在重塑。国务院于 2015 年印发了《中国制造 2025》通知，提出要立足国情，立足现实，力争通过“三步走”实现制造强国的战略目标。

第一步：力争用十年时间，迈入制造强国行列。到 2025 年，制造业整体素质大幅提升，创新能力显著增强，全员劳动生产率明显提高，两化(工业化和信息化)融合迈上新台阶。

第二步：到 2035 年，我国制造业整体达到世界制造强国阵营中等水平。创新能力大幅提升，重点领域发展取得重大突破，整体竞争力明显增强，优势行业形成全球创新引领能力，全面实现工业化。

第三步：新中国成立一百年时，制造业大国地位更加巩固，综合实力进入世界制造强国前列。制造业主要领域具有创新引领能力和明显竞争优势，建成全球领先的技术体系和产业体系。

《中国制造 2025》是我国实施制造强国战略第一个十年的行动纲领，并瞄准了十个要大力推动谋求突破发展的重点领域及其交叉互联(图 1.5)，在节能与新能源汽车领域提出“继续支持电动汽车、燃料电池汽车发展……推动自主品牌节能与新能源汽车同国际先进水平接轨”，在电力装备领域提出“推进新能源和可再生能源装备、先进储能装置、智能电网运输变电及用户端设备发展。突破大功率电力电子器件、高温超导材料等关键元器件和材料的制造及应用技术”，在新材料领域提出“高度关注颠覆性新材料对传统材料的影响，做好超导材料、纳米材料、石墨烯、生物基材料等战略前沿材料提前布局和研制”，而这些领域及其所提出的目标都与新能源科学与工程专业所涉及的方向紧密相关。针对这些领域的突破，《中国制造 2025》还提出要“以高层次、急需紧缺专业技术人才和创新型人才为重点，实施专业技术人才知识更新工程和先进制造卓越工程师培养计划，在高等学校建设一批工程创新训练中心，打造高素质专业技术人才队伍……加大制造业引智力度，引进领军人才和紧缺人才”。这要求我们不仅要提高工程教育的质量，还必须能够与国际接轨，实现工程教育的国际化，提高工程技术人员的国际化、全球化水平。因此，对我国的工程教育提出了更高层次的要求。

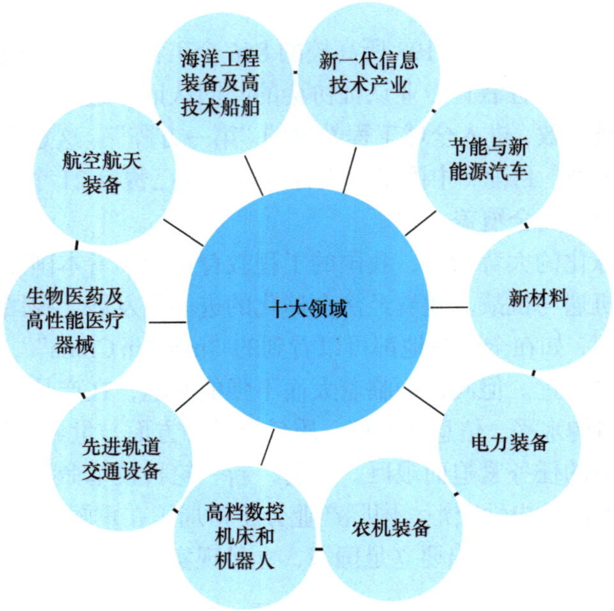

图 1.5 《中国制造 2025》提出的十大重点领域

为直接对接行动纲领《中国制造 2025》的要求，在 2017 年出版的《中国工程教育质量报告——2025，中国工程教育准备好了吗(2016 年度)》中，对“十二五”期间的中国工程教育发展与质量状况进行了充分调查与理性自省。通过企业问卷调查、院士深度访谈、工程教育认证报告分析、高校经典案例分析等，全面客观地呈现了中国工程教育质量建设取得的成绩、存在的不足与差距，同时针对性地提出了工程教育改革与发展战略思路。重新审视当前工业界的工程教育质量，我国工科毕业生在工具使用、专业知识、研究能力、逻辑思维、职业道德等方面的表现较好。面向未来的工程教育，提出了中国工程教育发展战略的几个方向：用国际先进理念、标准引领工程教育改革，结合中国学生的优势和不足，对教学体系进行有针对性的改革，提升工程教育质量；把创新教育贯穿于工科学生培养全过程，融入工程教育“血液”；工程教育“回归”工程，把学生能力培养当作工程教育质量之本；用“互联网+”改造变革工程教育，助力工业强国梦实现。

2. 工程教育专业认证

认证(certification)一般是指为了保证教育质量和提高教育质量而详细考查高等院校或专业的外部质量评审过程。认证会定期更新，不是永久性的，以确保教育项目的质量能够得到持续的提升。专业认证(specialized/professional certification)，即专门职业性专业认证，指由专业性的认证机构针对高等教育机构开设的职业性专业教育进行的专门性认证，一般由专门职业协会会同该专业领域的教育工作者一起进行，为相关人才进入专门职业界从业的预备教育提供质量保证。

进行专业认证的意义一般体现在以下三个方面。从社会公众的角度来说，只有经过可靠的认证机构所认证的学校和专业才是能够被承认的学校和专业，为社会公众提供一个可以信任的标杆。对于学校和专业来说，专业认证关系到学校的生存条件，如有利于吸引优质生源，吸引社会投资。对于学生来说，学校和专业通过了专业认证就意味着其专业学位能够被社会认可，毕业生被接受，在获取资助、奖学金和学分时能被其他学校认可，学位能被其他国家接受，对于工程专业的学生也意味着受到工业界认可。

工程教育专业认证的对象是经教育部批准或备案，属于认证协会认证专业领域，以培养工程技术人才为主要目标的工科本科专业。认证的内容是专业培养的全部学生的学习成果，这里要重点标明是全部学生而不是部分“代表性成果”。进行工程教育专业认证的目的主要有以下四点：

(1) 构建中国工程教育的质量监控体系，以推进中国工程教育改革，进一步提高工程教育质量。

(2) 建立一个与工程师制度相衔接的工程教育专业认证体系。

(3) 促进工程教育界与工业界、企业界的联系，增强工程教育人才培养对产业发展的适应性。

(4) 促进中国工程教育的国际互认，提升我国的国际竞争力。

从 1992 年起，我国就启动了建筑学、城市规划等 6 个专业的评估，开始探索我国工程教育认证工作。

专业认证不仅仅是对学校专业和学生的要求与考核标准，我国的专业认证工作对整个国家、整个社会都有着广泛而深远的影响。通过专业认证，首先，确立了工程教育最基本的标准和要求，有利于促进学校改善教学条件，并进一步促进教师队伍水平和素质的提升并向专业化发展；其次，加强了高等工程教育与工业界的联系，工业界参与工程师培养过程中培养方案的制定、培养过程的改进与培养成果的验收，以改善高等工程教育的产业适应性，增强高等工程教育界为工业界提供合格工程师的功能；再次，推动工程教育改革，借鉴国际通行的标准，旨在评价学生沟通、合作、专业知识技能、终身学习的综合能力等，为课程教学和改革提供明确的导向；最后，可以促进高等工程教育的国际交流，提升工程技术人员的国际竞争力。

我国工程教育专业认证的理念是“以人为本，以学生为中心”，关注学生的学习产出，是基于结果的教育(outcome based education)，近年发展为基于学生学习的结果(students learning outcome)。我国工程教育专业认证的理念则是通过认证标准体现的。

工程教育专业认证贯彻“以人为本”的评价理念，所有标准聚焦于学生，把学生作为学校或专业的首要服务对象，在课程安排、资源配置、学生服务等方面都有比较明确、具体的规定。用人单位和学生对学校或专业所提供服务的满意度是衡量能否通过认证的重要指标。同时，认证指标体系明确要求以(全体)学生的学业成就作为认证的重要内容，并要求建立一个有效的学生成就评估体系。

我国的新能源科学与工程专业正在蓬勃发展，越来越多的院校投入了大量人力、物力、财力建设和发展这个专业，并依托学校的大平台和深厚的师资和生源力量不断提升和改进，将我国的新能源科学与工程专业建设推向一个新的高度，以培养出国家和社会所需要的优秀专业人才。尽管如此，我国的新能源科学与工程专业建设仍不够完善，不仅需要将国际标准引进来，让培养的学生能够与国际接轨，更要结合国内的行业现状和教育特点，以人为本，有目的、有针对性地进行改革，才能在祖国大地上培养出我们自己的优秀新能源人才。

1.3.2 新能源科学与工程专业对学生的要求

人类社会发展史上发生的几次工业革命，均可归功于重大的科技革命与发现导致的大量新兴产业的出现，为工业生产和制造模式带来了革命性的变化。发生在18～20世纪的两次工业革命(蒸汽革命和电气革命)极大地促进了人类生产力水平与生产效率的提高，丰富了人类的物质生活，为许多国家的崛起奠定了物质和技术基础。但是，也对全球的资源造成了过度的消耗，尤其是化石燃料等不可再生资源，并对地球生态环境造成了严重的影响与破坏。此外，大量化石燃料燃烧使得大气中的二氧化碳浓度逐年上升，早在20世纪中叶，大气科学界就明确指出二氧化碳等温室气体在大气中的浓度升高将会通过辐射强迫引起全球变暖，进而导致海平面上升、全球降水重新分配等后果，严重威胁人类的生存。20世纪下半叶以来，世界各国开始普遍意识到这种经济发展模式的不可持续性和对人类生存产生的巨大影响。1992年，联合国通过了《联合国气候变化框架公约》，依据公约，发达国家应在2000年之前将他们的二氧化碳及其他温室气体的排放量降至1990年时的水平。

1. 知识要求与课程体系

新能源科学与工程专业涉及的学科领域较为广泛，属于典型的交叉学科，涉及化学、物理学、机械工程、能源与动力工程、材料科学、电子科学与技术、自动控制等多个基础学科，且强烈依托于这些学科的基础知识，依赖这些知识为其提供学科发展的动力。同时，在新能源产业中，不仅涉及新能源材料和技术的开发和扩大化应用生产，还包括储存、运输等过程，并且与其他新兴产业有紧密的关联，还可能渗透应用到传统产业中，实现能源产业的多领域应用，如可再生能源技术的开发与销售，太阳能聚光电站的设计、建设和运行管理，智能电网的建造与管理。因此，要适应新能源行业的需求、发展和开发新能源、实现新能源的规模化应用和商业化的关键在于拥有一批具有高素质、高水平的新能源领域专业技术人才。

课程作为战略性新兴产业培养基础，在先进人才的培养上起着非常重要的作用：一方面，课程必须能够适应新能源开发和利用过程中的技术性需求，能够给学生传授进入行业所必需的基础知识和能力。另一方面，新能源这样的新兴产业一般来说都是技术密集型的，所以这些产业对从业人员的要求是全方位的。因此，学生必须在本科阶段就奠定各个方面的知识基础、素质和能力，才能具有全面的综合素质以应对进入这些行业工作时的各项要求。为此，对新能源科学与工程专业课程的设置需要进行全局性的思考，对课程体系进行合理的分析与研究，构建符合新工业革命人才要求的新能源领域本科专业课程体系的培养模式，为培养适应和引领新工业革命人才提供重要的理论依据。

一般大学课程可以分为三类：公共课、专业课、通识课。公共课一般是全校统一安排，专业课是学院统一安排。公共课一般都是必修课，专业课分为必修和选修，通识课一般根据自己的兴趣选修。

下面着重介绍新能源科学与工程专业对学生的各方面知识要求与对应的课程体系。

1) 公共基础课

公共基础课是根据专业培养目标开设的，是学生学习自然科学与人文社会科学基本理论的课程，虽然不一定与所学专业直接相关，但它是学生进一步学习专业基础课和专业课的基础。本专业的公共基础课见表 1.1。

表 1.1　新能源科学与工程专业的公共基础课

课程大类	主要课程	说明
思政类	思想道德与法律基础、中国近代史纲要、毛泽东思想和中国特色社会主义理论体系、马克思主义基本原理概论、习近平新时代中国特色社会主义思想概论、形势与政策	与其他专业和高校课程设置类似
数学类	高等数学、线性代数、概率论与数理统计	对原“高等数学”课程进行了细分
物理类	大学物理基础	传授基础物理知识
语言类	基础英语、高级英语、大学语文	培养学生人文素养和沟通能力
计算机类	计算机基础、数据结构与算法、C 语言程序设计、Matlab 应用	
军事体育类	军事技能训练、军事理论、体育课	一般针对大一、大二学生开放

公共基础课在学生的培养过程中占据重要的位置，是学生能够接受更深层次的高等教育的基础。

思想政治类课程是培养大学生理想信念的主战场。党的十八大指出，要“把立德树人作为教育的根本任务，培养德智体美全面发展的社会主义建设者和接班人”；党的十九大报告中更是明确和强调了“立德树人”的任务，要“加强马克思主义理论教育”，要“广泛开展理想信念教育，深化中国特色社会主义和中国梦宣传教育”。

数学是培养和造就各类高层次专门人才的基础。大学数学基础课的作用体现在以下三个方面：

(1) 它是大学生掌握数学工具的主要课程。人类社会的进步与数学的广泛应用是分不开的，尤其到了现代社会，计算机的出现和普及极大拓宽了数学的应用领域，提升了数学的应用价值，现代数学正逐渐成为推动现代科技发展的强大动力。

(2) 它是大学生培养理性思维的重要载体。数学研究经常需要运用逻辑、思辨和推演等理性思维方法。这种理性思维的训练对大学生素质的提高、基本分析能力的加强都是至关重要的。

(3) 它可以使大学生接受美感熏陶。数学美也是人类审美素质的一部分，如可以将各种物质的运动方式归纳为一个简洁的数学表达式，这些都是人类对于美感追求的体现。

大学物理是工程技术类专业必学的重要基础课。物理学研究的是自然界中最基本的物质结构、最常见的相互作用、最基本的运动规律。按照研究领域可以分为力学、光学、电磁学、热学、量子力学等。大学物理不仅能为学生后续要进行的专业基础课和专业课的学习打下理论基础，而且在大学物理课程中建立的知识体系和培养的思想方法可以有效地打造大学生的科学思维的方式，在大学生的能力和素质培养中起着十分重要的作用。

计算机类课程的重点在于培养学生的计算思维。随着人类全面进入信息化时代，计算机作为信息化时代的主要载体和工具，在人类分析和解决实际问题时起着越来越重要的作用。如何将遇到的实际问题转换为计算机能够识别的形式是能否驾驭好计算机的关键，因此计算机类课程的学习日益重要。大学生应该通过计算机类课程的学习，培养自己的计算思维，并学会使用计算思维的基本方法解决问题。

语言类课程是大学生与他人进行沟通交流、培养国际视野的基础，也是培养中英文写作能力的主体，为将来的学术交流、科研论文的发表，以及与社会各领域的沟通奠定语言与文字基础。

2) 专业基础课

专业基础课是为后续更深入的专业课学习奠定基础的课程，是学习专业课的前置课程，为学生在这个领域打下扎实宽厚的专业基础，具体见表 1.2。

表 1.2　新能源科学与工程专业的专业基础课

课程大类	主要课程	说明
能源类	新能源科学与工程导论、能源化学基础、新能源转化——原理与技术、传热传质学	能源领域的基本知识
工程类	工程流体力学、工程燃烧学、工程化学、工程测试技术风资源与测量评估、太阳能光伏发电系统工程、现代控制理论、化工基础、工程制图、空气动力学、电气设备、风电场电气工程、工程模拟与仿真、新能源科学与工程专业英语、能源工程管理	工程基础课程，是每个工科学生的必修课程
化学类	化学概论、有机化学、物理化学、无机化学、结构化学、高分子化学、化工原理、电化学原理	化学领域的深入学习课程，是前沿研究的必备知识
仪器类	仪器分析、测试技术基础	对先进仪器的测试原理、操作和数据分析进行初步学习
材料类	半导体光伏材料与器件、工程材料、高分子材料与物理、固体与半导体物理	能源工程的具体应用领域

专业基础课设计的学科领域与内容比公共基础课更为深入，并且将学生的学习方向聚焦于某几个方向上，集中学习和教育精力，发挥本学校的专业优势与科研优势，为培养对口新能源科学与工程方向的高素质人才进一步奠定基础。

3) 专业课

大学设置专业课的目的是为产业培养专业人才。为了使大学培养的本科人才毕业后能够具备在工作岗位上较好地履行工作职责的能力，需要为大学生提供专业岗位所需要的专业技术和知识，这是学习专业课的最根本目的。尤其是在当今知识爆炸式增长、技术和产业更新换代不断加快的年代，对于前沿知识领域的把握和探索则显得极为重要。学生通过对领域最前沿、最专业的知识进行吸收和分析，对本领域的发展方向能进行清楚的判断和选择，具有这样的能力才能在时代快速发展的浪潮之中弄潮于浪尖。因此，对于新能源科学与工程专业的学生来说，专业课是进一步拔高专业水平的重要课程，主要专业课见表 1.3。

表 1.3 新能源科学与工程专业的专业课

课程大类	主要课程	说明
能源类	能源化学、能源催化材料、储能材料与技术、太阳能利用原理与技术、光伏系统电气控制与优化、风力发电原理、风电机组控制与优化运行、生物质能利用原理与技术、核能与核技术概论、核探测与防护应用、氢能与燃料电池技术、建筑中的能源系统、能源经济与政策、能源系统和气候变化、新能源电机学、新能源电能质量控制技术、能源动力测量原理与技术、智能电网储能技术、分布式发电与并网技术、化石能源低碳利用技术、海洋波浪能转换及发电技术	直接学习能源方向的专业领域
化学类	当代化学前沿、功能配合物化学、原子光谱分析法概论、应用化学分析、电分析化学、绿色化学基础、物质科学与可持续发展导论	专注于化学领域更为精细的知识
材料类	功能材料与节能电子器件、有机光电功能材料与器件、新型碳材料、材料物理化学、纳米材料、材料辐照效应、材料腐蚀与防护、高分子材料	关注与能源密切相关的功能材料领域
其他	新能源科学与工程毕业实习(设计)、低品质能源发电技术、洁净煤技术、制冷与热泵原理技术、换热器原理与设计、新能源管理与科学、能源法律法规	针对其他方向的补充

2. 基本素质与能力要求

1) 基本素质

德、智、体、美、劳是对人的素质定位的基本准则，也是人类社会教育的趋向目标。大学生应该树立正确的人生观、世界观、价值观，不断提高道德修养，如与人共事、交流、合作时表现得不卑不亢、谦逊得体；积累深厚的知识文化，包括扎实的专业知识和广阔的求知视野；具备良好的自我调节能力，包括对于压抑、失败、成功、磨难的自我调节能力，对于陌生环境强大的适应能力等。

2) 能力要求

学习能力。学习能力是当代大学生必备的基础能力之一，也是各种职业能力发展和提高的基础。一个合格的理工科毕业生的知识要求可以通过设置具体的课程来帮助学生达成，但是对于他的能力要求与素质要求则并不会都有完全对应的课程来实现，需要学生抓住平时的学习机会有意地积累和主动地提升自己。这就是大学与高中之间最大的区别。除了提供能够帮助学生达成上面所说的知识要求的课程之外，一所好大学还会为学生提供成为优秀人才所需要的资源，提供一个足够高的平台，但不会像高中一样强制学生接受这些资源。下面简单介绍新能源科学与工程专业毕业生的能力要求与部分自主培养的途径。

毕业生在工作岗位上履行工作职责所需的各种能力由知识和技能构成。在一个工程师的职业生涯中，其面临的问题随社会与行业的发展而不断变化，所需要掌握的知识和技能也需要不断地发展和提高，最直接的途径就是学习。因此，培养不断学习、终身学习的理念和能力，对于一个工程师维持和提升职业能力具有十分重要的作用，培养学生的学习能力是工程教育的一项重要任务。在目前信息化社会的大背景下，学习能力不仅指学习知识和掌握技能的能力，还包括提升精神境界和道德修养的能力，以及使用现代工具对复杂工程问题进行分析、获取信息、分析文献，归纳总结并给出预测和模拟，从而获得有效结论的能力。

在信息化时代，数字化学习能力是终身学习能力的关键组成部分。数字化学习能力主要包含五个层面：①学习意识层面，包括具备使用数字化学习方式进行学习的意识，且具备终身学习的意识；②学习技术层面，包括能够熟练使用和创造性利用数字化学习工具；③学习行为层面，包括具备能够进行有效关联、交流、协作的能力，学习过程中能够进行知识创造和共享、有效地处理信息的能力；④学习管理层面，包括具备自我管理能力、对学习资源的管理能力，以及数字化学习过程中科学管理时间的能力；⑤学习评价层面，包括能够合理评价使用的数字化学习技术、数字化学习资源和数字化学习过程。学生要善于利用互联网能够轻松提供大量数字化资源的便利，学会从这些大量的信息中找到有价值且满足自身学习发展所需要的资源。因此，学会合理使用搜索引擎对于数字化学习是非常重要的基础技能。

慕课(massive open online course，MOOC)作为一种新的在线教育模式给自主学习创造了良好的条件，是互联网与教育相结合的产物。慕课是一种不受时空和教育者资历的限制，实现以学习者为主体的、全时空、为任何人提供学习资源的在线教育模式。学习者在手机或计算机等任何联网的终端都可以自主选择并学习国内外的优质课程。由于这样的学习模式可以突破传统学习模式中学习环境的空间和时间限制，慕课在世界范围内已得到快速推广和普及。目前，在世界范围内影响较大的慕课平台三巨头分别是 Coursera、Udacity 和 edX。

(1) Coursera(http://www.coursera.org)：是目前发展最大的慕课平台，拥有将近 500 门来自世界各地大学的课程，门类丰富。

(2) Udacity(http://www.udacity.com)：是成立时间最早的慕课平台，其内容主要以计算机类课程为主，课程数量并不庞大，但质量都很高，课程的许多细节都考虑到了在线授课这一因素。

(3) edX(http://www.edx.org)：是美国哈佛大学与麻省理工学院(MIT)共同出资组建的非营利性组织，与全球顶级高校结盟，其系统源代码开放，特点是课程形式更加自由灵活。

国内也涌现了一批优秀的慕课平台，如 MOOC 中国、慕课网、爱课程、好大学在线等。许多慕课的网上课程还为学习者提供考取证书的机会。慕课为当代大学生进一步提升自我、按照自己的蓝图进行自我培养提供了十分便捷的平台。

文献的检索与查阅是了解一个领域最前沿动态的最直接方式，尤其是新能源领域，每天都有数量众多的最新科研成果发表于各大学术期刊。学生养成查阅调研最新文献的习惯，尤其是外文文献，有利于时刻关注领域内的最新发展动向。对于这个领域的新手来说，可以先从中文的综述类文献或硕士生、博士生毕业论文的前言部分开始了解，这两类文献都会系统地对某个方向的成果进行梳理，更方便新手或行外人阅读和了解这个方向的大体进展，以建立较为完整、系统的认知。常用的查阅文献的网站有中国知网(http://www.cnki.net)，大部分大学使用学校网络 IP 都可以免费下载该平台上的绝大多数文章。常用的外文文献数据库是 ISI Web of Science(http://apps.webofknowledge.com)，它是全球最大、覆盖学科最多的综合性学术信息资源，收录了自然科学和工程技术等各个研究领域最具影响力的 8700 多种核心学术期刊，其搜索引擎十分强大，检索条件丰富多样，方便人们快速查阅到相关文献。与中国知网一样，只要使用学校的网络 IP 就可以下载大多数期刊的文献。

创新能力。新能源科学与工程是一个多学科交叉融合的专业，本专业的学生需要不断培养科学精神和创新思维。科学精神是指由科学性质所决定并贯穿于科学活动之中的基本的精神状态和思维方式，是体现在科学知识中的思想或理念。一般认为追求认识的真理性、坚持认识的客观性和辩证性是科学精神的首要特征。科学精神包括求实精神、创新精神、怀疑精神、宽容精神等几个方面，其中最主要的是求实与创新。创新是指以现有的思维模式提出有别于常规或常人思路的见解为导向，利用现有的知识和物质，在特定的环境中，本着理想化需要或为满足社会需求，改进或创造新的事物、方法、元素、路径、环境，并能获得一定有益效果的行为。“创新”两个字扩展到了社会的各个方面，如理论创新、制度创新、经营创新、技术创新、教育创新、分配创新。学生的学习方法也要创新。创新是民族进步、国家兴旺发达的动力源，一个重大的科技创新甚至能带动整个世界迅猛发展。因此，学生要加强创新素质的培养，不断改革创新，用已积累的知识通过不断探索研究创造出新的思想，提出新的见解。创新能力包括发现问题、提出问题、发现规律的能力，创造性地分析问题和解决问题的能力，发明新技术、创造新产品的能力，提出新思想的能力等。

分析、解决问题的实践能力。工程的造物属性决定了工科毕业生必须具备很强的分析、解决问题的能力，这也是新能源科学与工程专业学生要着重培养的基本能力之一。为此，本专业有针对性地设置一系列课程用于培养学生分析、解决问题的能力。基础实验类课程的主要目标在于训练学生的基础实验操作与规范，初步培养学生的分析问题和解决问题的能力，并为下一步的进阶实验打下基础。进阶的实验课程其研究领域更加精细和复杂，涉及的实验操作与实验仪器更加精密，对学生的动手实践能力也提出了更高的要求，同时也是对学生的实践能力的更高阶的锻炼。通过这些实验课程，可以培养学生的基本实验操作能力、理论与实践相结合的能力、综合运用知识的能力和创新实践能力。除了上面提到的实验课程对学生的基础实践能力进行系统化的训练外，还有毕业设计和创新研究与训练的环节，其中毕业设计直接检验学生自主进行实验设计与进行系统性实验操作的能力以及综合运用专业知识解决问题的能力。与之紧密联系的毕业论文的撰写则侧重于培养学生对实践结果的分析与解释，并从大量的实验数据中总结出一个或几个简洁有效的结论的能力，以及学生的科学思维与总结写作表达能力。本科毕业生要具有能够利用在学校所学的基本知识结合实践所得的经验对在工作岗位上遇到的实际工程问题进行合理分析、提出方案并解决的能力，能够针对复杂工程问题提出解决方案，参与实际生产系统、设备(部件)或工艺流程的设计，并具有系统运行和维护的能力。学生只有参与大量的实践，才能得到较好的锻炼并具备该项能力。通过参与生产实践活动，进入生产一线参与实践学习，才能对实际中存在的工程问题的本质有比较深刻的认知和理解，这是学生培养分析和解决问题能力的前提。

表达与组织管理能力。语言表达能力是指在口头语言(说话、演讲、作报告)及书面语言(回答申论问题、写论文)中运用字、词、句、段的能力，对科学问题和客观事实有准确的把握。语言表达能力具体指用词准确，语意明白，结构合理，语句简洁，文理贯通，语言平实，符合规范，能把客观概念表述得清晰、准确、连贯、得体，没有语病。口才是语言表达能力的一种体现，唯美的语言是自身素质的体现，更多来自于教育和后天的学习。管理能力包括时间和效率管理能力、计划能力、组织实践能力、决断能力、指导能力和平衡能力。同时，学生应具备一定的国际视野，且至少掌握一门外语，才能在跨文化背景下进行沟通、交流与合作。在全球能源互联网的趋势下，我国新能源产业也在逐步走向世界，服务于世界，为创造一个低碳清洁的地球、实现“双碳”目标做出贡献。

思 考 题

1. 什么是能源？能源有哪些分类方法和标准？试列举几种日常生活中常用的能源。
2. 一次能源、二次能源、可再生能源、非再生能源、传统能源和新能源之间有什么区别和联系？新能源就是可再生能源吗？
3. 人类利用能源经历了哪几个阶段？每个阶段各有什么特点和标志性事件？
4. 作为新时代的中国青年，请谈一谈自己对我国能源利用和发展的感悟。
5. 什么是碳达峰？什么是碳中和？碳达峰与碳中和的目的、意义、挑战有哪些？为了实现“双碳”发展目标，我们该怎么做？
6. 简述科学与工程的内涵及异同点。
7. 在日常生活中，你有过对一些工具或系统进行改造的工程活动吗？请跟大家分享你的经历。
8. 我国工程教育通用标准中，应完全覆盖的工程专业学生的毕业要求有哪些？
9. 中国制造十大重点领域有哪些？你最感兴趣的是哪几个领域？为什么？
10. 根据本章提到的文献查阅方法，阅读一篇新能源相关的文献(中英文不限)，并提炼出文章的主体思路与创新点。
11. 登录本章提到的慕课网站，选择体验一节你感兴趣的课程，并将所学心得记下。
12. 查阅资料了解国内外已发生的重大工程安全事故，并阐述造成事故的主要原因。
13. 新能源科学与工程专业学生的基本素质和能力要求有哪些？请谈谈你的认识。
14. 如何提高创新能力？

第2章 能量转换

2.1 能量的基本性质

能量是生命体必不可少的基本组成部分，也是文明发展中不可或缺的推动力。能量不仅维持人们基本的生命活动需求，也促进社会生产力的飞速发展，推动着人类的历史进程。人类对能量的需求随着人类群体的壮大、人类社会的进步无休止地膨胀着，时至今日，人们依然迫切渴望着清洁高效、廉价易得的能量获取途径。

2.1.1 能量的六种基本属性

能量的定义有不同的方式(注意本章中主要叙述的能量与第1章中能源的区别)，其中一种定义方式是：能量是一个孤立体系所具有的一个恒定的物理量。另一种定义方式认为：能量是度量物体做功能力或物质运动的物理量。能量有以下六种基本属性：**状态性、可加性、转换性、传递性、做功性和贬值性**。

(1) **状态性**。量子力学中，能量是薛定谔方程的本征值，即一个体系在一个确定的状态下对应一个确定的能量，这就是能量的状态性。

(2) **可加性**。能量的可加性是指不同量的同种物质具有的能量可以加和，不同物质所具有的能量也可以加和，或表述为一个体系所获取的总能量为输入该体系的多种能量之和。

(3) **转换性**。能量的转换性则指出不同形式的能量可以在一定的条件下相互转换，转换过程服从能量守恒定律。进行能量转换需要相应的能量转换技术和设备，这些技术和设备将在2.3节进行详细讲解。

(4) **传递性**。能量的传递性也是实现能量的利用必不可少的一种重要性质，这种传递性在势差的推动下得以完成，如温度差推动热量的传递，重力势差或压力差推动流体流动，电势差推动电流，浓度差推动物质扩散等。在生产中，能量从原料和生产条件中通过各种形式的传递，最终转移到产品中或散失在环境中。

(5) **做功性**。经典力学对能量的另一种定义是：能量是表征物理体系做功的本领的量度。也就是说，理论上能量可以完全用来做功，这就是能量的做功性。但实际上并非所有能量都能自发地做功，往往需要严苛的条件或外界的帮助才能使能量向功转换。

(6) **贬值性**。能量的贬值性则指出了能量的另一大特点，即不同种类的能量之间有品质的区别。只有高品质的能量才能自发地向低品质转换，而低品质的能量向高品质的转换达不到100%的转换效率，并且需要外界进行协助。一般情况下，电能和机械能是高品质的能量，而热能的品质相对较低。

2.1.2 能量的分类

能量在自然界中的存在形式多种多样，既包括太阳源源不断输送给地球的光能和热能，月球引力造成的潮汐能，也包括动物、植物、矿物含有的化学能，乃至江河奔流和空气流动带来的动能，能量无处不在。能量的种类也是多种多样的，本章重点讨论在人类社会生产活动中常见的能量，可分为以下六种：**机械能、热能、电能、辐射能、化学能、核能**。

(1) **机械能**。机械能是衡量物体做机械运动能力的能量，包括固体和流体的动能、势能、弹性能及表面张力能。动能和势能是人类最早认识的能量，统称为宏观机械能。在新能源中，水能、风能、波浪能等都属于机械能。

(2) **热能**。热能由原子和分子振动产生，其本质是微观粒子随机热运动产生的动能和势能的总和，反映了分子运动的剧烈程度，宏观表现为温度的高低。分子运动速度越快，物体的温度越高，物体具有的热能就越多。热能的传递则通过温度差进行。除了无法达到的绝对零度下，组成物质的一切分子都无时无刻不在发生随机热运动。因此，热能可以说是一种最基本、存在最广泛的能量形式，且所有其他形式的能量都可以完全转换为热能，在能量利用中有着至关重要的意义。在实际应用中，化石燃料正是通过燃烧将化学能转换为热能，再由热能转换为其他形式的能量。

(3) **电能**。电能与电子的流动或积累有关，通常通过发电机由机械能转换得到，或由电池中的化学能转换而来。电能是目前最方便、最清洁的一种能源，且易于集中生产、输送和使用，因此构成了现代化生活的基础。虽然我国主要的发电形式还是火力发电，但与直接将天然气输送到千家万户进行燃烧获取能量相比，电能的集中生产形式使污染的产生集中在生产端，便于治理和管控，从而间接降低了环境污染和能源浪费。通过输电线，电能可以方便、经济、高效地输送到远方。小到几瓦的灯泡，大到几百千瓦的电动机，都可以根据用户的需要灵活分配，而且几乎不受距离的限制。易于管理控制、测量调整的优点使电能可以实现高度自动化的利用，从而广泛应用于工业、农业、交通运输业、城市公用事业、第三产业和人民生活，渗透到国民经济和社会生活的各个角落。电能消费的多少已成为衡量社会物质文明水平高低的主要标准。即便是新兴的能源技术，也往往需要转换为电能进行储存、分配和使用。

(4) **辐射能**。物体以电磁波形式发射的能量称为辐射能，最典型的代表就是地球表面每天都会接收到的太阳能。辐射能被物体吸收时产生热效应，物体吸收的辐射能不同，所表现的温度也不同。辐射是能量转换为热量的重要方式。

(5) **化学能**。化学能是原子核外的电子相互作用进行化学反应时释放的能量。无论是吸热还是放热反应，都会发生原子的重新组合，往往需要先从外界吸收能量(活化能)使构成反应物分子的部分化学键发生断裂，然后原子重新组合成为新的分子，释放出多余的化学能。利用化学能的装置有干电池、燃料电池等。

(6) **核能**。核能蕴藏在原子核内部，是原子核中粒子相互作用释放的物质结构能。能够释放巨大核能的核反应有两种，即核裂变反应和核聚变反应。目前在能源领域的应用主要集中在可控核裂变，用于核电站发电。

以上这些能量之间可以进行相互转换，2.3 节将对此进行展开讨论。

2.1.3 能量的单位

常用的能量单位有焦[耳](J)、千焦(kJ)、瓦时(W · h)、千瓦时(kW · h)、卡(cal)、千卡(kcal)和英热单位(Btu)等，其中 J 和 kW · h 为法定单位，其他单位为非法定单位。符号 J 为纪念英国物理学家焦耳而命名，他研究了热和机械功之间的转换关系。1 J 能量等于 1 N(牛顿)力的作用点在力的方向上移动 1 m(米)距离所做的功，也等于 1 W(瓦)的功率在 1 s(秒)内所做的功，即

$$1\,\mathrm{J}=1\,\mathrm{N}\cdot\mathrm{m}=1\,\mathrm{W}\cdot\mathrm{s} \tag{2.1}$$

W · h 常用于衡量电力，可以表示功率为 1 W 的用电器工作 1 h 所消耗的能量。由于 W · h 是一个比较小的单位，生活中更常用的是 kW · h。除以上能量单位外，在能源领域还常用标准煤[又称煤当量(ce，coal equivalent)]和油当量(oe，oil equivalent)作为能量大小的度量。标准煤是指每千克煤炭燃烧释放的总热量(29.27 MJ)，我国目前的能源消费以煤炭为主，因此标准煤也是一个较为常用的单位。但由于世界各国的煤炭成分不同，尚无国际公认的统一标准。中华人民共和国国家标准规定，千克标准煤或吨标准煤作为各种能源的统一计量单位，其数值为 7000 kcal 或 29 270 000 J。类似地，油当量也没有国际统一的标准，在我国的使用也较为少见。联合国规定 1 kg 油当量的热值按 42.62 MJ 计算。另外，微观粒子的能量单位常用电子伏特(eV)和哈特里(hartree)，在本书中并不涉及，故不展开介绍。

表 2.1 列出了日常生产生活中常用的六种不同能量单位之间的换算关系。

表 2.1 能量单位换算

	千焦(kJ)	千瓦时(kW·h)	千卡(kcal)	英热单位(Btu)	千克力米(kgf · m)	马力时(hp · h)
千焦(kJ)	1	2.778×10^{-4}	2.389×10^{-1}	9.478×10^{-1}	1.020×10^{2}	3.725×10^{-4}
千瓦时(kW · h)	3.600×10^{3}	1	8.600×10^{2}	3.414×10^{3}	3.672×10^{5}	1.341
千卡(kcal)	4.187	1.163×10^{-3}	1	3.968	4.270×10^{2}	1.559×10^{-3}
英热单位(Btu)	1.055	2.931×10^{-4}	2.521×10^{-1}	1	1.076×10^{2}	3.930×10^{-4}
千克力米(kgf · m)	9.804×10^{-3}	2.724×10^{-6}	2.342×10^{-3}	9.295×10^{-3}	1	3.653×10^{-6}
马力时(hp · h)	2.685×10^{3}	7.457×10^{-1}	6.412×10^{2}	2.546×10^{3}	2.738×10^{4}	1

2.2 能量转换的基本原理

2.2.1 热力学第一定律和第二定律

在自然界中，不同种类的能量时时刻刻都在进行相互转换。然而，绝大多数自然界中的能量并没有得到有效的利用。每天源源不断照射到地球的太阳能在到达地面之前就

有一半以上成了耗散在宇宙中的热量；从高原雪山飞流直下的江河、瀑布大多毫无阻拦地投向了海洋的怀抱；在百米高空中呼啸而过的大风蕴含的能量是地球上可利用水能的10倍，但大多无法被人类转化利用。在人类诞生之初，人们只会利用自己的体力——人力，以及蓄养的畜力进行简单的生产活动。在百万年的发展过程中，人类学会了燃烧草木烤熟食物，利用风推动船帆和磨盘，利用水转动水车，利用蒸汽推动发动机……每熟练掌握一种借助工具高效进行能量转换的技术，人类的生产力就会有突飞猛进的发展。因此，能量转换技术是人类自由改造生存环境的基础。

然而，即便是能够熟练设计使用工具的人类也不能违背大自然既定的物理法则。17～18世纪，科学家进行了无数次对于能够不需外界输入能源、能量或在仅有一个热源的条件下便能够不断运动并且对外做功的机械——永动机的设计研究。永动机是人类历史上一场声势浩大且旷日持久的失败尝试，目的是制造出不需要消耗能源、可以自行永不停歇地工作的机器。虽然最后以证明不可达成收场，但依然为科学研究提供了大量的参考经验，更催生了热力学第一定律和第二定律的发现，因此仍称得上是科学史上伟大的尝试。

人们尝试设计的永动机主要分为两类：第一类认为指“不需外界输入能源、能量或在仅有一个热源的条件下便能够不断运动并且对外做功的机械”；第二类则认为，“在没有温度差的情况下，从自然界的海水或空气中不断吸取热量可以使其连续地转变为机械能”。人们相继提出了利用惯性、毛细作用和电磁力等动力的各种设计方案，但都无一例外地失败了。人们发现，在所有的永动机设计中总能找到一个没有任何推动力驱动的平衡位置。所有永动机必然会在相应的平衡位置上静止下来，变成不动机。1775年，法国科学院宣布不再审查有关永动机的一切设计。在此之前，永动机的狂欢已持续了几百年。这一事件说明科学界已经从长期积累的经验中，认识到制造永动机的企图没有成功的希望。对永动机的失败尝试不仅有利于人们正确地认识科学，也有利于人们正确地认识世界，其积极的历史意义不应被否认。

人们在数百年不可胜数的失败中总结出两条确凿的真理：第一，能量既不能创造也不能消灭，只能从一种形式转换成另一种形式，从一个物体传递到另一个物体，在能量转换和传递过程中能量的总量恒定不变；第二，有序能(高品质能)可以完全地、无条件地转换为无序能(低品质能)，但无序能不能自发地完全转换为有序能，或者说无序能转换为有序能是有条件的、不完全的。这就是能量转换的基本原理——热力学第一定律和第二定律。本节将分别详细介绍这两条最重要的热力学定律。

1840年，焦耳在通电导体的放热实验中发现电能可以转换为热能，并总结出一条定律：电导体所产生的热量与电流强度的平方、导体的电阻和通过的时间成正比。在继续探讨各种运动形式之间的能量守恒与转换关系后，焦耳又提出：“自然界的能量是不能毁灭的，哪里消耗了机械能，总能得到相当的热，热只是能量的一种形式。”这些规律就是热力学第一定律的雏形。此后，经过许多科学家近十年的反复研究论证，热力学第一定律终于被完善提出。

热力学第一定律，即能量守恒定律指出，自然界的一切物质都具有能量，能量既不能凭空产生也不能凭空消失，只能从一种形式转换成另一种形式，从一个物体传递到另一个物体，在能量转换和传递过程中能量的总量守恒。由于体系内的能量形式往往是多种多样的，从热力学第一定律也可以进一步推出：所有形式的能量之间都是可以相互转换的，而且转换量一定相等。热力学第一定律的数学表达式为

$$Q = \Delta U + W \tag{2.2}$$

这个公式描述的是研究体系与环境交换能量的过程，Q 为与环境交换的热量(正值代表体系吸热，负值代表体系放热)，ΔU 为体系热力学能的变化，W 为体系所做的功(正值代表体系对环境做功，负值代表环境对体系做功)。

热力学第一定律彻底击碎了第一类永动机的泡沫，也迅速奠定了人类对能源领域研究的基础，为人类社会生产力在 19 世纪之后的蓬勃发展奠定了基石。

热力学第一定律描述了能量在总量上的守恒和转换的对等，而热力学第二定律则探讨不同能量之间品质的差异。自然界进行的能量转换过程具有方向性，不需要外界帮助就能自动进行的过程称为自发过程，反之则为非自发过程。例如，温差传热过程中，热量只能自发地从高温物体传向低温物体，过程中所传递的热能使高温物体的温度降低了，也就是能量的品质下降了。另一个常见的例子是摩擦生热，摩擦的机械能(有序能)自发转换为热能(无序能)，而在此情况下热能却不能自发转换成摩擦的机械能，能量的品质也下降了。遵循热力学定律，转换过程中能量的总量没有变化，但能量的品质降低了(使用价值变小了)，因此将这种现象称为能量的“贬值”。能量转换中自发过程的方向性就体现了能量品质的高低。

在讨论热力学第二定律的描述方式之前，先介绍一个非常重要的概念——熵(entropy)。熵是体系混乱程度的度量，用字母 S 表示，这一概念由德国物理学家克劳修斯于 1865 年首次提出。克劳修斯从热循环(卡诺循环，参见 2.2.4 节)中推出，工作在一对恒温热源之间的任何循环过程，其热温商之和总是小于零(不可逆过程)或等于零(可逆过程)，即

$$\frac{Q_1}{T_1} + \frac{Q_2}{T_2} \leqslant 0 \tag{2.3}$$

这一不等式称为克劳修斯不等式。将这个结论推广到任意可逆循环，可得

$$_{\mathrm{a}}\int_1^2 \frac{\mathrm{d}Q}{T} = {}_{\mathrm{b}}\int_1^2 \frac{\mathrm{d}Q}{T} \tag{2.4}$$

其中 a 代表升温过程，b 代表降温过程。可以发现，$\int_1^2 \frac{\mathrm{d}Q}{T}$ 这一物理量是体系的状态函数，与过程无关，该状态函数被命名为熵。这就是熵的由来。数学上，熵的定义写为

$$\mathrm{d}S = \frac{\mathrm{d}Q}{T} \tag{2.5}$$

在孤立体系($\mathrm{d}Q$=0)的可逆变化过程中，体系的熵保持不变；若在孤立体系中发生不可逆变化，则熵会增大。在自然界中，孤立体系中的任何自发过程都是不可逆的，因此孤立体系中发生的一切自发过程总是沿着熵增加的方向进行。当体系达到平衡后，熵达到最大值，不再变化。这一规律称为熵增加原理，数学上写为

$$S_2 - S_1 \geqslant \int_1^2 \frac{\mathrm{d}Q}{T} \tag{2.6}$$

熵是只取决于体系状态的函数和状态量，熵的变化只与体系的始、末状态有关，与体系状态的变化途径无关。

前面提到的能量的贬值同时造成了孤立体系的熵增，由于自发过程不可逆，在孤立体系中熵不能减少，等价于孤立体系中能量的品质不能升高，即能量不能“升值”。于是，热力学第二定律可描述为：**热量不能自发地从低温物体转移到高温物体；不可能从单一热源取热使其完全转换为有用的功而不产生其他影响；在自然过程中，一个孤立体系的总混乱度(熵)不会减小；不可逆热力学过程中熵的微增量总是大于零**。另一种更一般、更概括性的说法是：**在孤立体系的能量传递与转换过程中，能量的总量保持不变，但能量的品质却只能下降，不能升高，极限条件下保持不变**。热力学第二定律从根本上指明了能量转换过程的方向、条件及限度。

2.2.2 能量转换效率的计算

一般情况下，能量转换需要一定的设备，由于设备本身或设备所使用能量转换方式的限制，输入的能量不可能全部转换为目标能量。类比机械效率 $\eta = \frac{W_{有用功}}{W_{总功}} \times 100\%$，能量转换效率也可以定义为一个能量转换过程产生的目标能量与消耗的总能量的比值，即

$$\eta = \frac{产生的目标能量}{消耗的总能量} \times 100\% \tag{2.7}$$

能量转换效率是一个量纲一的量，数值为 0～1，或用百分数表示。因为永动机并不存在，所以能量转换效率不可能达到 100%。不过热泵之类的设备将热由一处移到另一处，不是严格的能量转换过程，其性能系数有可能超过 100%。这一效率随着实际发生过程的不同而发生变化，小到几乎忽略不计，大到接近 100%。特殊地，对于热机循环这一常见例子，其最高效率计算公式可以化简为

$$\eta_c = 1 - \frac{T_1}{T_2} \tag{2.8}$$

具体推导在本书中不再赘述。受到实际能够达到的热源温度的影响，这一效率往往低于 50%。

在二次电池中，电池充电时消耗的电能由于电阻发热、过电势等损耗，总是大于电池放电时能够放出的总能量，因此电池的能量转换效率也是恒小于 1 的。但电池不受卡诺循环的最大效率限制，因此其实际效率远远高于卡诺循环，能够轻松达到 90%以上。这也是电能被广泛认为是最高效的能源的主要原因之一。

实际过程中，由于对功率而非最大能量释放的追求，一些不可逆过程经常被引入能量转换过程中以加速其进程，导致能量的实际转换效率总是比理论值偏低。卡诺定理指出了热机循环的效率界限，而实际应用中的不可逆热机效率更低于卡诺定理中可逆热机给出的效率上限。因此，如何发展新的能量利用方式或提高现有能量转换方式的能量利用率是推动人类社会进步的重大研究方向。目前商业化应用的各种能量转换形式中，热电转换拥有最高的能量转换效率，但距离理论上所有能量都可以转换为其他形式的能量

还有很大的提升空间。

核能发电是一个非常特殊的例子，因为它不仅涉及不同能量之间的相互转换，还涉及质量与能量之间的相互转换(后续章节将详细介绍核能发电的原理)，因此可以释放出巨大的能量供人使用。质量与能量之间的相互转换关系在 1922 年被爱因斯坦用一个简洁的公式进行了总结

$$E=mc^2 \tag{2.9}$$

式中，E 为本过程中释放出的能量；m 为体系转变为能量的实际质量；c 为光速。这就是著名的质能守恒方程，同时也揭示了能量的基本性质：**能量可以与质量相互转换，但在转换过程中质量与能量的总和保持不变**。这个公式同时也指出：一个过程中消失一个非常微小的质量也会产生巨大的能量。根据这个公式，当今铀核裂变反应的物质利用率还不足 0.1%。这是因为核反应的产物中也包含大量的能量。实际上，真正能做到质量转换为能量的过程是屈指可数的，与实际应用也有相当的距离。表 2.2 列出了常见能量转换装置的转换效率。

表 2.2 常见能量转换装置的转换效率

能量转换方式	能量转换效率/%	能量转换方式	能量转换效率/%
锂离子电池	>90	人	20～25
燃料电池	～60	日光灯	～22
蒸汽轮机	～45	白炽灯	5～10
柴油机	～40	核电站	<0.1

2.3 能量转换方法

2.2 节中介绍的热力学第一定律已经明确指出，孤立体系中的各种能量之间都可以进行等量的相互转换，如表 2.3 所示。

表 2.3 各种能量之间的转换方式

初始能量形态	转换后能量形态				
	机械能	热能	电能	辐射能	化学能
机械能	涡轮增压、曲柄连杆	摩擦	发电机	—	—
热能	热胀冷缩、热机	冷却器、热管	热电转换装置	—	—
电能	电动机	电流的热效应、热泵	—	电灯、激光	电池充电、电催化
核能	核衰变(α 型，β 型)	核裂变、核聚变	—	核衰变(γ 型)	—
辐射能	—	吸热物体	光电效应	—	光合作用、光催化
化学能	—	燃烧	电池	燃烧	—

按照能量的分类方式，本节也将能量转换的多种形式按照转换后生成的能量进行分类。这一分类方法虽然未必是最有逻辑性的，但也许更便于读者的索引。由于六种主要能量分类中目前还没有能通过其他形式能量转换为核能的方法，所以一共分为五类：其他能量向机械能的转换，其他能量向热能的转换，其他能量向电能的转换，其他能量向辐射能的转换，以及其他能量向化学能的转换。

2.3.1 其他能量转换为机械能

从能量的种类来看，机械能是动能与势能的总和，势能又分为重力势能和弹性势能。动能(E_v)存在于一切运动的物体之中(严格来说，所有物体都在运动)，与物体本身的质量 m 和其运动速度 v 的平方成正比

$$E_v = \frac{1}{2}mv^2 \tag{2.10}$$

重力势能(E_p)则正比于物体的质量 m 和高度 h，也与当地的重力加速度 g 有关

$$E_p = mgh \tag{2.11}$$

决定弹性势能(E_u)的是弹性系数 k 与形变量 x

$$E_u = \frac{1}{2}kx^2 \tag{2.12}$$

物体的动能和势能之间是可以转换的。在只有动能和势能相互转换的过程中，机械能的总量保持不变，而当机械能转换成其他形式能量，如通过摩擦转换为热能时，机械能就不是守恒的。机械能能够轻易地做功，这些现象无处不在：风吹帆船，是空气的动能对船做功；水滴石穿，是水的重力势能对岩石做功；弯弓射箭，是弓弦的弹性势能对箭做功。因此，在实际生产中，如何将其他形式的能量转换为机械能进行进一步利用是至关重要的。

1. 机械能转换为机械能

在实际生产过程中，经常会提到能量的循环利用。因为在一个能量转换过程中能量可能利用得不够完全，此时若不使用额外的手段将散失的能量利用起来，这部分能量就会被白白地浪费掉，造成能量利用率的降低。涡轮增压机就是这样的一个例子。

涡轮增压机是一种利用引擎的废气排放驱动压缩机，将高密度空气送入气缸内以提高引擎的输出功率的装置。这种增压的方式不会消耗发动机的动力，而是利用发动机运转时排出的废气转动涡轮增压器中的排气侧转子，当涡轮增压器排气侧转子达到一定转速时，它就会带动与其同轴异室的进气侧转子，使进气侧转子转动引入新鲜空气，经过压缩倒入进气歧管内，这种非自然的“吸进来，再压缩”进气方式使吸入的空气压力比大气压力大。增压后的空气可以促进燃料的充分燃烧，从而提高发动机的工作效率。在这个过程中，废气运动的机械能转换为转子的机械能，转子的机械能又进一步转换为新鲜空气的机械能。安装了涡轮增压装置的汽车能够在不增加排气量的情况下大幅提升引擎的输出功率。涡轮增压装置的缺点也是显而易见的：其一是转子转动过程中产生的高热(这属于机械能转换为热能的范畴，后文将详细讨论)；其二是由于涡轮转子的惯性，废气

排出到新气进入有一定的时间差，这称为“涡轮迟滞”。

其他机械能转换为机械能的例子还有很多，如后面讲到的曲柄连杆机构，在此不再赘述。

2. 热能转换为机械能

热能转换为机械能的一种重要方式依赖于一个物理学现象：热胀冷缩。热胀冷缩是指物体受热时会膨胀，遇冷时会收缩的特性。由于物体内的粒子(原子)运动会随温度改变，当温度上升时，粒子的振动幅度加大，令物体膨胀；反之，当温度下降时，粒子的振动幅度减小，使物体收缩。其中，气体的热胀冷缩是非常剧烈的，理想气体体积随温度变化的公式如下：

$$pV = nRT \tag{2.13}$$

式中，p 为压力[①](Pa)；V 为气体的体积(m^3)；n 为气体的物质的量(mol)；R 为摩尔气体常量，这个比例常数随着公式中各物理量的单位而变化，在国际单位制下等于 $8.314\ J \cdot mol^{-1} \cdot K^{-1}$；$T$ 为气体的热力学温度(K)。实际上，由于气体分子本身存在体积，分子之间也存在相互作用力，实际气体并不严格遵循这一公式，但在温度不太低、压力不太高的情况下也可近似地将实际气体看作理想气体。从式(2.13)中也可以看出，温度越高，气体的体积越大；同样，在气体吸收热能时，温度上升得越多，体积膨胀得越剧烈。利用气体热胀冷缩产生的巨大体积膨胀推动活塞、叶轮等器件，从而将热能转换为机械能。将燃料燃烧产生的热能转换为机械能的装置称为**热机**。热机的工作遵循热力学循环，了解理想情况下的热力学循环，有助于理解热机的工作原理和改善其工作性能的方式。

任何热力学循环都是由使工作介质恢复到初始状态的一系列热力过程所组成的。在许多热力过程中，一般有一个参数保持不变，因此热力学循环的过程可以分为等温过程(温度 T 不变)、等压过程(压力 p 不变)、等容过程(体积 V 不变)、等熵过程(熵 S 不变)、绝热过程(无热交换)和等焓过程(焓 H 不变)等。任何可逆的绝热过程也是一种等熵过程。在实用中往往将组成热力学循环的各过程画成 p-V 图或 T-S 图。对于任何一种热力学循环，热力学第一定律指出，循环所做功的积分等于循环热量的积分，即

$$\oint \partial W = \oint \partial Q \tag{2.14}$$

循环所输出的能量与循环消耗的能量之比称为热机效率 η，这一参数可以用作热力循环的性能指标。热机效率越高越好，但热力学第二定律指出这一效率必定小于 100%：不可能制造一种装置，使其能够从单一热源吸收热量全部用来做有用功而不产生其他影响。也就是说，输送给热力学循环的热能，至少有一部分必须传输给低温受热体。

在研究理想热机过程时，人们发现，在给定的热源和受热体的条件下，任何完全可逆的热力学循环将能达到该条件下最高可能的热效率。然而，实际过程中，摩擦、自由膨胀、不同物质之间的混合以及热传递是在有限的温度差之间进行，这四大因素总会使热力学过程变得不可逆。其中，“有限温度差”这一限制是最难消除的，因为任何热机循环

① 严格来说，p 应为压强，但化学中习惯用“压力”，故本书统一用“压力”表示。

一定要有两个外部的传热过程——热量从高温热源传递给工质(工质是指实现热能和机械能相互转化的媒介物质)，再由工质传递给低温受热体。不同物体的温度变化速率不同，热源和受热体的温度变化速率和工质的不同使得这一循环如果可逆，必须是一个可逆等温过程。也就是说，内部循环系统的传热过程必须在无限小的温差条件下进行。这一点是任何热机都无法满足的。

理想的热机循环模型一共有三种，称为外可逆热机循环，即卡诺(Carnot)循环，埃里克森(Ericsson)循环和斯特林(Stirling)循环。这三种循环都包含四个过程，两个吸热的可逆等温过程和两个放热的可逆等温过程，因此也称为四冲程循环。这三种循环可能的最高热机效率都相同，为

$$\eta = 1 - \frac{T_1}{T_2} \tag{2.15}$$

式中，T_1 和 T_2 分别为低温受热体和高温热源的温度。从式(2.15)中也可看出，热机效率受到高温热源和低温受热体的温差限制，温差越大，热机效率越高。

下面以卡诺循环为例介绍理想热机的循环过程。卡诺循环是由法国工程师卡诺提出的理想模型，用来说明热机的最大可能效率问题。在卡诺循环中，工质只与两个恒温热源发生热量交换，不考虑散热、漏气、摩擦等损耗。理想情况下，工质从高温热源吸热发生等温膨胀过程，向低温受热体放热发生等温压缩过程。当工质不与两个热源发生热量交换时发生绝热过程。遵循卡诺循环的热机称为卡诺热机。由于受到热力学第二定律的限制，热机的效率不可能高于完全可逆的卡诺循环，如图 2.1 所示。卡诺循环中释放的机械能是图 2.1(a)四条曲线包围的积分面积。

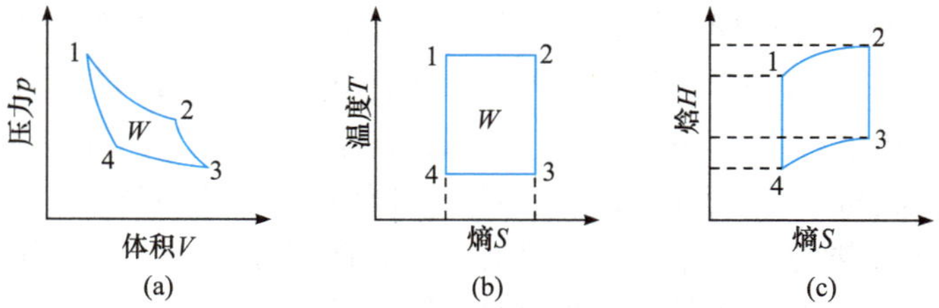

图 2.1　卡诺循环中各物理量之间的关系

卡诺循环包括四个步骤：从状态 1(p_1，V_1，T_1)发生等温吸热(体系从高温热源中吸收热量)达到状态 2(p_2，V_2，T_2)；从状态 2 绝热膨胀(体系对环境做功，温度降低)达到状态 3(p_3，V_3，T_3)；从状态 3 等温放热(体系向环境中放出热量，体积压缩)达到状态 4(p_4，V_4，T_4)；最后从状态 4 绝热压缩回到状态 1。

卡诺循环其实难以进行实际应用，因为这种循环的工质流量巨大，单位质量的工质能够提供的净功有限，且容易因为摩擦产生输出功率的损失，所以卡诺循环的效率必定小于 1。

实际应用的热机一般根据消耗燃料的位置分为内燃机和外燃机两种。内燃机并不能按理想的外可逆循环进行工作，但能近似按理想的内可逆循环工作。在这种循环中，除了加热和向环境放热过程外，其他过程都是可逆的。由于内燃机循环可以在很高的温度下工作(汽车内燃机中汽油机缸内最高瞬间温度能到 2500 K，平均温度为 400～500 K)，

内燃机的热机效率可达到 50%。

理想的内可逆循环主要包括奥托循环和迪塞尔循环，分别对应火花塞点火式内燃机和柴油机。奥托循环也是四过程循环，其 p-V 图和 T-S 图如图 2.2 所示。

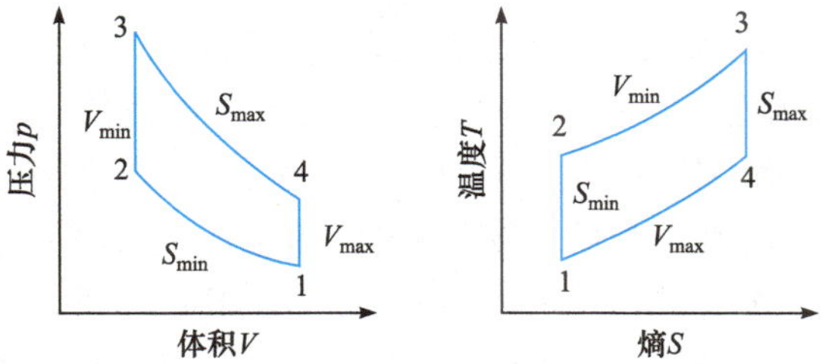

图 2.2　奥托循环过程原理

空气-燃料混合物被绝热可逆(等熵)过程压缩至最小体积(V_{min})，被火花塞点火引燃，在等容可逆过程中能量增加，热的工质按绝热可逆过程膨胀至最大体积(V_{max})，在等容可逆过程中将热量排入大气。这个过程中最重要的参数是压缩比 ε，它是最大体积与最小体积之比

$$\varepsilon = \frac{V_{max}}{V_{min}} \tag{2.16}$$

奥托循环的热机效率由式(2.17)决定

$$\eta = \frac{W}{Q_1} = 1 - \frac{1}{\varepsilon^{\gamma-1}} \tag{2.17}$$

式中，$\gamma > 1$，为工质的定压比热容和定容比热容之比 C_p/C_V。因此，通过提高压缩比或使用 γ 值较大的工质可以进一步提升奥托循环的热机效率。但由于内燃机必须使用空气-燃料混合气体作为工质，实际上 γ 值基本确定在 1.4 左右，与双原子气体的 γ 值接近，所以能够提高理想奥托循环热机效率的途径只剩下提高压缩比。实际发动机的压缩比有一最大极限值，超过这一最大压缩比，空气-燃料混合物在火花塞的火焰到达混合气之前就已自燃，将导致压力的不平衡而引起爆燃，从而对发动机产生极大损害。因此，一般内燃机的压缩比为 6～10。

迪塞尔循环是压燃式内燃机(柴油机)的理想热机循环。在这种发动机中，空气被绝热可逆过程压缩到很小的体积中，产生高温和高压。在气体达到最小体积时将柴油喷入热空气中自发燃烧，气体发生等压可逆膨胀过程。燃料停止喷入气缸后，气体继续进行绝热可逆膨胀过程直至达到最大体积。最后，气体在大气压力下发生等容可逆放热过程完成排气和进气。迪塞尔循环的 p-V 图和 T-S 图如图 2.3 所示。

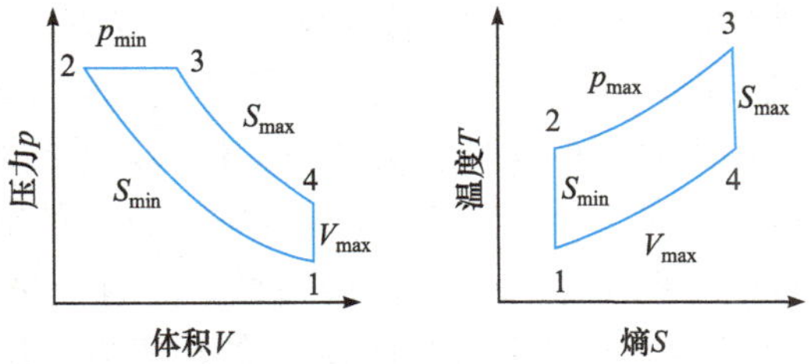

图 2.3　迪塞尔循环过程原理

标准空气迪塞尔循环的热机效率为

$$\mu = 1 - \frac{1}{\gamma} \times \frac{1}{\varepsilon^{\gamma-1}} \times \frac{\rho^{\gamma-1}}{\rho - 1} \tag{2.18}$$

式中，γ 和奥托循环中一样为工质的比热容比；ε 为压缩比；ρ 为停止供油时的气体体积和最小体积的比值，称为定压膨胀比，这是一个大于 1 的数值。与奥托循环相同，由于 γ 值基本固定为 1.4，在设计发动机时，只有压缩比和定压膨胀比可以变化。由于柴油机中被压缩的仅仅是空气，不存在奥托循环发动机中可能发生的爆燃问题，因此柴油机能以比点火式发动机高得多的压缩比(高达 18～25)工作。在同样的压缩比条件下，奥托循环的热机效率高于迪塞尔循环，但迪塞尔发动机的实际压缩比使其热机效率反而高于奥托循环。

除以上两种内燃机循环外，还有一些次要的内燃机循环，如限压循环(组合循环)、阿特金森循环、莱诺循环(最古老的无压缩内燃机中曾经用到)等，由于并未得到广泛应用或热机效率较低，在本书中不做讲解。

广义上的内燃机其实种类多样，包括往复活塞式内燃机、旋转活塞式发动机、自由活塞式发动机和旋转叶轮式的喷气式发动机等。但通常所说的内燃机指的都是活塞式内燃机，其中又以往复活塞式内燃机最为普遍。燃料和空气在活塞式内燃机的气缸内混合燃烧释放出热能，产生高温高压的燃气，通过气体膨胀推动活塞做功。活塞的直线运动通过曲柄连杆等机构转化成旋转运动输出，驱使从动机械工作，从而完成机械能的输出。在进气、压缩和排气行程中，曲柄连杆机构的旋转运动再次转换成活塞的直线运动，完成一次活塞的往复循环。

实际上，转换为机械能的能量也可以不由热机内部的燃料燃烧产生，而通过热机外部进行提供。相对于内燃机，这样的热机称为外燃机。外燃机对燃料的要求不像内燃机那样苛刻。现代常用的涡轮蒸汽机就是一种外燃机，它可以使用木头、煤、石油或天然气甚至垃圾、太阳能聚热器作为热源。蒸汽膨胀推动活塞做功。现代蒸汽机最大的优点是它几乎可以利用所有的燃料将热能转换为机械能，比最初的蒸汽机转换效率提升许多。

3. 电能转换为机械能

将电能转换为机械能的装置是电动机，它主要由定子与转子组成，依赖通电导体在磁场中的受力作用的原理。1820 年，丹麦物理学家奥斯特发现：电路中有电流通过时，通电导线附近的磁针就会发生偏转。法拉第从这一原理中得到启发，认为假如磁铁固定，线圈就可能会运动，并根据这一原理制造了第一台电动机。目前广泛使用的电动机并不像法拉第最先构想的那样使磁铁固定、线圈转动，而是将大型线圈固定在定子上，使磁铁在线圈中电流的作用下随转子在线圈内部高速旋转对外做功。

根据使用的电源不同，电动机可分为直流电动机和交流电动机。电力系统中的电动机大部分是交流电动机。随着技术的发展，交流电动机的调速技术渐趋成熟，设备价格日益降低，拥有方便、运行可靠、价格低廉、结构牢固等优点的交流异步电动机(电机定子磁场转速与转子旋转转速不保持相同步速)是应用最广泛的一种电动机。交流同步电动机(电机定子磁场转速与转子旋转转速保持相同步速)的转速与负载大小无关，只取决于电网频率。这一特性使得交流同步电动机在某些传动系统和精密调速稳速系统中具有重要意义，且过载能力也强于相应的交流异步电动机，工作较稳定。但这种电动机也有一些明显的缺点，如主磁路长、气隙较多、励磁所需功率大、电机外壳有强磁性等，因此并未获得普遍应用，只在一些特殊场合中使用，一般容量也比较低。直流电动机需要换向器，结构复杂，价格昂贵，维护困难，不适用于恶劣环境，因此只在要求宽范围调速的场合下使用。

2.3.2 其他能量转换为热能

热能是能量的一种基本形式，从表 2.3 中可以看出，所有的能量都可以转换为热能。实际上，如果不用某种方式将其他能量储存起来，它们最终都将“衰变”为热能这一品质较低的能量。这里用“衰变”，是因为根据热力学第二定律的描述，热能转换为其他能量的效率往往小于 100%，只有在严苛的条件下才能做到等于 100%。下面分别介绍不同形式的能量转换为热能的方式和特点。

1. 机械能转换为热能

机械能向热能的转换用一个简单常见的现象——摩擦就可以概括。钻木取火，搓手取暖，都是利用了摩擦生热的原理。然而，在生产中，摩擦多数情况下是有害的。例如，机器运转时的摩擦会造成能量的无益损耗，缩短机器寿命，降低机械效率。因此，常用各种方法减少摩擦，如在机器中加润滑油等。实际上，加入润滑油后发生摩擦的是机件(固体)和润滑油(液体)，因此固体/流体之间，乃至流体/流体之间同样会发生摩擦。而无论是何种摩擦形式，机械能都在这个过程中不可逆转地被转换为热能。

在能源领域，利用机械能转换为热能的情况非常少见，真正需要获取热能时往往采用的是以下几种方法。

2. 热能转换为热能

热能可以在同一物体的不同部分或不同物体之间进行传递，此时并没有发生能量种类的转变，只是热能在空间上进行了重新分布。热能可以通过传导、对流和辐射进行传递(热辐射过程中实际上发生了热能→辐射能→热能的能量转换过程)。这种热能的重新分布是由温差驱动的，也就是说，热能向热能的转换在没有外界提供的其他能量时，只能从高温部分向低温部分发生。

利用热能转换为热能的装置有对流加热器、散热器、冷却器和热管等，广泛应用于电子、食品、制药、印刷、包装、清洗、热处理、快速干燥等各行业。这些装置中用于加热的高温物体可能是电热元件、热水、蒸汽；用于降温的冷却器中低温物体可能是空气、水或冷却剂。

在能源领域中，热能的传递非常广泛，其中较为典型的例子是地热能的利用，需要将位于地下深处的地热能用载热体带到地面进行进一步的转换使用。直接用地热进行采暖是地热能最直接的应用，最早在 1928 年，冰岛就开始利用地热水取暖了，我国华北和东北地区现在也广泛应用地热采暖，为人们的生活带来了便利。4.5 节将对地热能及其应用进行详细的介绍。

3. 电能转换为热能

电流通过导体时会产生热量，这种现象称为电流的热效应，在此过程中，电能发生了向热能的转换。电能向热能的转换遵循焦耳定律

$$Q = I^2Rt \tag{2.19}$$

式中，I 为通过导体的电流大小；R 为导体的电阻；t 为电流通过导体的时间。可以看出，电流通过导体产生的热量与电流的平方、导体的电阻和通电的时间成正比。与摩擦一样，电流的热效应在实际生产中往往也是需要避免的。例如，远距离传输电力时，若因为电缆电阻较高，在电缆上就会损失大量的电能，降低能量的利用效率。通过采用横截面积更大的铜线电缆，乃至超导材料电缆可以降低电阻，从而减少电能转换为热能造成的贬值损失。在交流电系统中，这种情况更复杂。当电流通过电容器或电感线圈时，一部分能量被储存在与其各自阻抗相关的电场或磁场中；电流反向时，已建立的电场和磁场就会消失，发生电能的波动。如果容抗和感抗相匹配，储存在电场中的能量就恰好能够充满磁场，反之亦然，因而就不会损失能量。当阻抗不相匹配时，多余的能量就会转换成热能，造成能量的损耗。

同样，电流的热效应也有正面的应用，如电暖器、电炉等电器就是利用了电能向热能的转换来加热空气或其他物品。在这种情况下，发热元件的电阻很大，电能完全转换为热能，焦耳定律也可以进一步推导为

$$Q = I^2Rt = U^2t/R = W \tag{2.20}$$

式中，U 为电阻两端的电压；W 为电流做的功。理论上，只要导体本身不损坏，这种过程造成的温度提升是没有上限的。

虽然热能只能自发地从高温物体向低温物体传递，但正如人们可以根据需要用水泵将低处的水抬到高处进行利用，热能也可以通过施加其他能量进行再分配，制冷系统和热泵就是利用电能使低品质的热能转换为高品质的热能的两个例子。因为它们分别从高温、低温环境中提取了热能进行再分配，所以比单纯的电阻元件通电发热节约能源，减少污染物的排放。制冷系统和热泵的能效比(energy efficiency ratio，EER)或能源利用系数定义为在指定条件下制冷(热)量和总输入电功的比值：

$$\mathrm{EER} = \frac{Q_c}{W} \tag{2.21}$$

式中，Q_c 为单位时间内转换的热能；W 为单位时间内制冷系统或热泵系统所消耗的电功。实际上被转换的除了电能外还有环境中的热能，因此这个能效比经常大于 1，达到 2.5 以上。热泵技术由于能够有效解决供暖问题，推进了节能减排事业的发展，具有广阔的发展前景，得到了国内外学者的广泛关注。

4. 辐射能转换为热能

辐射能是电磁波的能量，包括电磁波中电场能量和磁场能量的总和。由于电磁波的

传递是不需要介质的，辐射能的传递也同样不需要介质，可以在真空中传播。我们每天接受的太阳光照射就是通过电磁波辐射跨越茫茫太空射向地球的。辐射能的能量大小取决于电磁波的波长和频率，波长越短，频率越高，辐射能越大。值得注意区分的是辐射能、光和热的概念：光通常指人眼可见光，也就是波长为 380～780 nm 的电磁波，是一种辐射能；热并不是一种辐射能，而是电磁波被物体吸收后导致物体内部原子振动加剧所伴随的温度升高，所以不能说辐射能包含热能，没有被物体吸收的辐射能本身并没有温度。

当辐射照射到物体上时，辐射能有三种不同的去向：吸收、反射、透射。物理学上吸收率用 a 表示，反射率用 r 表示，透射率用 t 表示($0 \leqslant a \leqslant 1$，$0 \leqslant r \leqslant 1$，$0 \leqslant t \leqslant 1$)。对于不同的物体，吸收率、反射率和透射率的总和都是 100%，但物体对辐射的吸收、反射和透射能力各不相同，随物体性质的改变也会发生变化。即便是同一物质，其 a、r、t 对于不同波长的辐射也各不相同，这种性质称为物体对辐射的选择性吸收、反射和透射。

特殊地，a=1 的物体称为黑体，即所有辐射到黑体上的电磁波将完全被吸收，不能被反射或透射。这并不意味着黑体本身不向外界释放任何能量，这些被吸收的辐射被黑体转换为热辐射，其光谱特征仅与该黑体的温度有关，与黑体的材质无关。黑体虽然是一个理想的概念模型，但实际上地球就可以近似地看作一个黑体，相比于反射回太空中的能量，地球表面每秒吸收的 1.75×10^{17} J 巨量太阳能绝大部分留在了大气层内，这样庞大的能量一方面可以被植物的光合作用或各种光能利用装置转换利用，另一方面也造成了温室效应。

将辐射能转换为热能最成熟的应用是太阳能热水器，主要以真空管式太阳能热水器为主。真空集热管由双层玻璃管组成，两层玻璃之间是真空的，内层玻璃管内有水。阳光透过吸热管的第一层玻璃，被第二层玻璃的黑色吸热层吸收。由于两层玻璃之间是真空隔热的，不存在热传导和热对流，只通过辐射传热，绝大部分热量都被玻璃管里面的水吸收。热水沿着玻璃管受热面往上流动进入保温储水桶，桶内温度相对较低的水沿着玻璃管背光面进入玻璃管补充，如此不断循环，达到热水的目的。

5. 化学能转换为热能

燃烧对人类的重要性不言而喻。自然界中最广泛的化学能转换为热能的方式就是燃烧。燃烧的主要燃料是化石燃料，这也是火力发电的主要形式。在燃烧过程中，化石燃料和空气中的氧气所蕴含的化学能被释放出来，转换为光能和热能。相同质量(或体积)的不同燃料燃烧释放出的热量不同，可通过燃料的热值进行衡量，而热值与燃料中存在的化学键键能息息相关。一些常见燃料的热值和其中蕴含化学键的平均键能如表 2.4 所示。

表 2.4 常见燃料的热值(单位：10^3 kJ · kg^{-1})和化学键键能(单位：10^3 kJ · mol^{-1})

固体燃料	热值	液体燃料	热值	气体燃料	热值	化学键	键能
木材	13.8	焦油	37.22	高炉煤气	3.76	C—C	～340
泥煤	15.89	甲苯	40.56	发生炉煤气	5.85	C═C	～612
褐煤	18.82	原油	41.82	水煤气	10.45	C≡C	～838

续表

固体燃料	热值	液体燃料	热值	气体燃料	热值	化学键	键能
焦块	26.34	重油	43.91	焦炉煤气	18.82	C—H	～413
烟煤	27.18	煤油	45.15	天然气	37.63	C—O	326～358
焦炭	28.43	汽油	45.99	油气	37.65	C═O	728～803
木炭	29.27	液化石油气	50.18	丁烷气	126.45	H—H	436

键能(bond energy)是以能量大小衡量化学键强弱的物理量，可以用键断裂时所需的能量大小来衡量。键能通常是指在 101.3 kPa 和 298.15 K 下将 1 mol 气态分子拆开成气态原子时，每个键所需能量的平均值，用 E 表示。对于双原子分子，键能为 1 mol 气态分子解离成气态原子所吸收的能量。对于多原子分子，键能为 1 mol 气态分子完全解离成气态原子所吸收的能量分配给结构式中各个化学键的能量。键能通常通过热化学方法或光谱化学实验测定解离能得到。例如

$$Cl_2(g) \longrightarrow 2Cl(g), \quad \Delta H_{m,298.15\,K}(Cl_2) = E(Cl_2) = D(Cl_2) = 247\ kJ \cdot mol^{-1} \tag{2.22}$$

在多原子分子中，断裂气态分子中的某一个键所需的能量称为分子中这个键的解离能(dissociation energy)。例如

$$NH_3(g) = NH_2(g) + H(g), \quad D_1 = 435\ kJ \cdot mol^{-1} \tag{2.23}$$

$$NH_2(g) = NH(g) + H(g), \quad D_2 = 397\ kJ \cdot mol^{-1} \tag{2.24}$$

$$NH(g) = N(g) + H(g), \quad D_3 = 339\ kJ \cdot mol^{-1} \tag{2.25}$$

NH_3 分子中虽然有三个等价的 N—H 键，但先后拆开它们所需的能量是不同的。所以

$$E(N—H) = (D_1 + D_2 + D_3)/3 = 1171/3 = 390(kJ \cdot mol^{-1}) \tag{2.26}$$

一般来说，键能越大，化学键越牢固。双键的键能比单键的键能大得多，但不等于单键键能的两倍；同样，三键的键能也不是单键键能的三倍。

值得注意的是，键能大小并不表示物质能量多少，而只表示物质与达到活泼态(如原子态)时自由能之差。键能越大，本身能量越低；键能越小，本身能量越高。能量低，本身结构稳定，需要吸收更多的热量，键能大。能量高，本身结构不稳定，需要吸收的热量少，键能小。

化学反应中的能量变化通常表现为热量的变化。探讨化学反应放热、吸热的本质时，要注意以下几点：

(1) 化学反应的特点是有新物质生成，生成物和反应物的总能量是不同的，因为各物质所具有的能量不同(化学反应的实质就是旧化学键断裂和新化学键生成，而旧化学键断裂所吸收的能量与新化学键生成所释放的能量不同导致发生了能量的变化)。

(2) 反应中能量守恒实质是生成新化学键所释放的能量大于旧化学键断裂所吸收的能量而转化成其他能量的形式释放出来。

(3) 如果反应物所具有的总能量高于生成的总能量，则在反应中会有一部分能量转变为热能的形式释放，这就是放热反应，反之则是吸热反应。

以煤炭为例，煤的燃烧过程包括干燥脱水、热解脱挥发分、挥发分和焦炭燃烧等步骤，其中焦炭燃烧占总燃烧时间的 90%。焦炭的主要成分是碳元素，它的燃烧是一个复杂的物理、化学过程，是发生在焦炭表面和空气中的氧气之间的气、固两相反应。一般反应可分为一次反应和二次反应。

一次反应：

$$C(s)+O_2(g)\longrightarrow CO_2(g) \tag{2.27}$$

$$C(s)+\frac{1}{2}O_2(g)\longrightarrow CO(g) \tag{2.28}$$

二次反应：

$$C(s)+CO_2(g)\longrightarrow 2CO(g) \tag{2.29}$$

$$2CO(g)+O_2(g)\longrightarrow 2CO_2(g) \tag{2.30}$$

总反应：

$$xC(s)+yO_2(g)\longrightarrow mCO_2(g)+nCO(g) \tag{2.31}$$

式(2.27)、式(2.28)和式(2.30)是放热反应，分别放出 409.15 kJ · mol^{-1}、110.52 kJ · mol^{-1} 和 571.68 kJ · mol^{-1} 的热量，式(2.29)是吸热反应，吸收 162.63 kJ · mol^{-1} 的热量。

将化学能转化为热能的装置是燃烧设备，按照用途可以分为锅炉和炉窑两种。锅炉是利用燃料燃烧释放的热能或其他热能加热热水或其他工质，以生产规定参数(温度、压力)和品质的蒸汽、热水或其他工质的设备，其本体由“锅”和“炉”两部分组成。其中，炉指锅炉的燃烧系统，其作用在于提供尽可能良好的燃烧条件；锅则指锅炉的汽水系统，其作用是吸收燃料系统放出的热量。工业炉窑是指在工业生产中用燃料燃烧或电能转换产生的热量将物料或工件进行冶炼、焙烧、烧结、熔化和加热等工序的热工设备，由供热、窑室、气体输送装置和传送物料设备等部分组成。

为了提升生产中煤炭燃烧的利用率，需要对传统的燃烧方式进行改进和更替。目前煤的燃烧方式主要有固定床、流化床和气流床三种。固定床燃烧直接采用块煤作为燃料，在加热炉和锅炉中进行燃烧。由于空气补充不及时，这种燃烧方式燃烧不充分，燃烧效率较低。流化床燃烧的是细小的煤粒，燃烧时煤粒在床层内处于沸腾状态，煤粒与空气能够得到充分的混合，煤粒之间的相互碰撞也促进了热量的传递，新进入床内的煤粒迅速被燃烧着的炽热粒子所包围，很快也受热干燥并着火燃烧，因而燃烧效率较高。在气流床燃烧方式中，干燥的细煤粉(通常粒径<90 μm)随着空气从喷嘴喷入炉膛燃烧，为了保证燃烧完全，炉膛上部还喷入一定量的二次空气，因此气流床的燃烧效率更高。

新型的循环流化床燃烧(CFBC)技术比锅炉燃烧技术能更洁净、高效地将化学能转换为热能。CFBC 技术是使稠密悬浮煤颗粒与高温高速流动的空气在炉膛内充分接触燃烧。这种技术具有氮氧化物排放低、燃烧效率高和负荷调节范围大等优势。

由化学能转换而成的热能经常需要进一步转换为其他类型的能量，如机械能等，进行进一步利用，尤其是用于火力发电技术。上述各种燃烧技术都可以通过燃烧产生的热量产生高温燃气或加热水产生蒸汽，用于推动各种发电机的运行，其中气流床燃烧方式广泛用于当今的火力发电站。超临界 CFBC 是下一代 CFBC 技术，超临界锅炉的高压蒸汽压力最低为 23 MPa，最高为 35 MPa。由于运行时的压力和温度超过了水/汽的临界点，并没有由液态水到饱和蒸汽然后到过热蒸汽的变化过程。在临界点以上，水以超临界流体形式存在，当水在 23 MPa 的压力下被加热时，液态水的焓值从 1977 $kJ \cdot kg^{-1}$ 增加到 2442 $kJ \cdot kg^{-1}$，物理性质从液态连续变化到气态。超临界 CFBC 锅炉一般用于大型火力发电锅炉，其生产规模达 200 MW 以上，在锅炉蒸汽温度达到 600 ℃、压力在 25 MPa 以上的超临界操作条件下运行，机组的净效率可达 40%，是一种具有明显优势的高效洁净煤发电技术，适合在我国大量推广。

6. *核能向热能转换的原理*

核能又称原子能，是通过核反应从原子核释放的能量。当一定数量的质子和中子聚合起来组成一个新原子核后，会发生质量亏损，新原子核的质量总是略小于组成它的核子的质量总和。这些减少的质量以能量的形式释放出来，这一过程遵循爱因斯坦质能方程的变体

$$\Delta E = \Delta mc^2 \tag{2.32}$$

式中，ΔE 为能量的变化(J)；Δm 为质量亏损(kg)；c 为真空中的光速，其值为 $3.0\times10^8\ m \cdot s^{-1}$。这些能量主要以热能的方式释放出来，若不加控制，就会成为破坏力极大的原子弹或氢弹。而控制反应温和持续地进行，就可以利用这些热能进行发电，这就是核能发电站的基本原理。热能向电能的转变将在 2.3.3 节进行详细描述，本节只讲述核能转换为热能的原理和技术。

核能可通过三种核反应之一释放：核裂变、核聚变和核衰变。核裂变是指质量非常大的原子核(铀、钍和钚等)分裂成两个或多个质量较小的原子的核反应形式，其中铀核裂变反应原理广泛应用于核电站中。

由于中子不带电，与核之间没有库仑斥力，极易进入原子核使原子核发生裂变，因此诱发裂变中常用中子轰击原子核。轻核的质子数和中子数一般相等，中等大小的原子核中子数一般略大于质子数，重核的中子数则比质子数大得多，因此在重核裂变为两个中等核的过程中伴有多个中子的发射。另外，裂变产生的中子又可能引发其他重核发生裂变，导致产生更多的中子，最终形成一连串的裂变反应。这种裂变反应称为链式反应，如图 2.4 所示，只要一个核吸收一个中子发生裂变，且裂变释放的中子中有一个又能引起一次新的裂变，就可以使裂变以链式反应持续下去。如果平均不到一个中子引起裂变，则链式反应将逐渐停止。若超过一个中子引起裂变，则链式反应就不断增强。这时，链式反应若得不到控制，则反应急剧增强，形成核爆炸，这就是原子弹的基本原理。因此，要控制裂变速度，就必须控制引起裂变的中子数目，这也是大规模利用核能的先决条件。

反应堆慢化剂(moderator)又称中子减速剂，是热中子反应堆内用于降低快中子能量的材料。在一般情况下，可裂变核发射出的中子的飞行速度比其被其他可裂变核捕获的中子速度快。因此，为了产生链式反应，必须降低中子的能量，用来降低中子能量的物质

就是慢化剂。核裂变产生的中子是平均能量约为 2 MeV 的快中子，热中子反应堆中引起裂变反应的主要是能量在 0.1 MeV 以下的热中子，因此热中子反应堆中使用慢化剂使快中子慢化成热中子。对反应堆慢化剂材料的性能要求是：①具有较大的中子散射截面，慢化中子能力强；②具有较小的中子吸收截面，吸收中子少；③与反应堆冷却剂材料及燃料(棒)包壳材料有良好的相容性；④核辐照性能稳定。常用的固体慢化剂有石墨(C)、铍(Be)、氧化铍(BeO)等，常见的液体慢化剂有水(H_2O)、重水(D_2O)等。

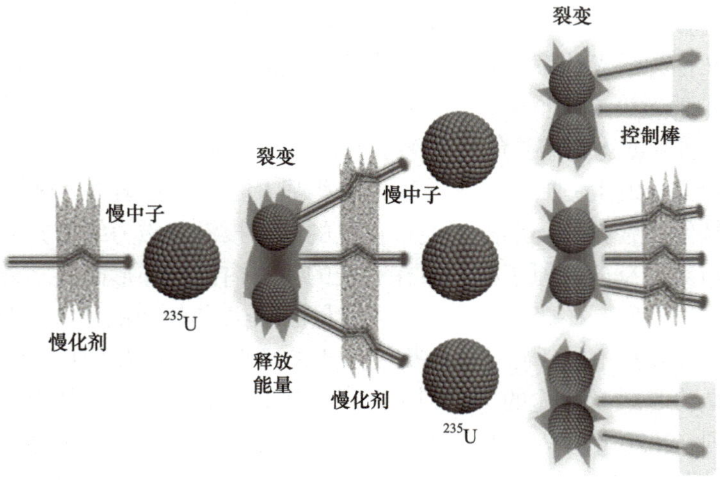

图 2.4　中子轰击原子核引发裂变链式反应示意图

铀-235 可以被任何能量的中子特别是运动最慢的热中子分裂，通常所说的核裂变主要指铀-235 核分裂。

核裂变目前已经实现商用化，要大规模安全利用重核裂变所释放的能量，必须满足以下三个条件：①重核能够分裂为两个中等质量的原子核；②裂变反应能够自发地进行下去；③裂变的速度能够人为地加以控制。

铀核裂变的反应也有多种途径，其中两种可能的形式如下：

$$^{235}U + n \longrightarrow {}^{236}U \longrightarrow {}^{144}Ba + {}^{89}Kr + 3\,^{1}n \tag{2.33}$$

$$^{235}U + n \longrightarrow {}^{236}U \longrightarrow {}^{139}Xe + {}^{95}Sr + 2\,^{1}n \tag{2.34}$$

式中，左上角的数字是粒子的质量数；n 代表中子。铀原子的原子核在吸收一个中子以后分裂成两个或更多个质量较小的原子核，同时放出两三个中子和很大的能量，这些中子继续轰击其他铀核使之裂变，使过程持续进行下去。这样的反应释放出的能量是巨大的，1 kg 铀-238 的全部核的裂变将产生 20 000 MW · h 的能量，与燃烧至少 2000 t 煤释放的能量一样多，相当于一个 20 MW 的发电站运转 1000 h。

核聚变反应是指在极高的温度和压力下，质量小的原子(氘、氚等)的核外电子摆脱原子核的束缚，两个原子核克服电荷斥力发生碰撞，聚合生成新的质量更大的原子核(如氦)，同时释放出多余的中子和巨大的能量。核聚变也有很多种可能的形式，其中在太阳中常发生的、也是可控核聚变发电中研究最多的反应方程式如下：

$$^{2}H + ^{3}H \longrightarrow ^{4}He + ^{1}n \tag{2.35}$$

核聚变反应每个核子平均释放的能量远远大于核裂变反应，是非常有前景的清洁能源。

氘和氚储量丰富，反应产物是无放射性污染的氦，而且聚变堆是安全的次临界堆，不会发生放射性核废料泄漏的事故。因此，核聚变是一种可持续的、清洁的、安全的产能方式，但是需要一种装置来控制核聚变的过程，保证能量持续稳定地输出。

由于核聚变反应需要在没有任何容器可以耐受的高温下进行，目前的核聚变反应装置按照限域反应粒子的方式可分为两类：惯性约束和磁力约束。

惯性约束又称为激光约束。把几毫克的氘、氚混合气体装入直径约几毫米的小球内，从外面均匀射入激光束或粒子束，使球面内层向内挤压。随着球内压力的升高，球内温度也急剧升高，当温度达到需要的点火温度时，球内气体发生爆炸，产生大量热能，而这样的爆炸每秒钟都会发生三四次。这一理论的奠基人之一是我国著名科学家王淦昌。

磁力约束是使用强大的环形磁场使带正电的原子核沿着磁力线的方向进行螺旋形运动，从而将参与聚变反应的原子核约束在有限的体积内。在环形磁场之外建立一个大型的换热装置吸收这些原子核聚变产生的巨大能量(只能以热辐射的方式接收)，然后使用常规的方法把热能转换成电能。磁约束核聚变所需的环形仪器称为托卡马克(Tokamak)。这种方式目前被认为是最有前途的，得到了广泛的研究。我国在可控核聚变方向的研究已走在世界最前列，2020 年投入运行的中国环流器二号 M 装置是中国规模最大、参数最高的磁力约束可控核聚变实验研究装置，如图 2.5 所示。其离子温度达到 10^8 ℃以上，可将电流从过去装置中的 1 MA 提高到 3 MA。2021 年 5 月 28 日凌晨，在中国科学院合肥物质科学研究院全超导托卡马克核聚变实验装置(EAST，东方超环)上开展的第 16 轮 EAST 装置物理实验实现了可重复的 1.2×10^8 ℃ 101 s 等离子体运行和 1.6×10^8 ℃ 20 s 等离子体运行，再次创造托卡马克实验装置运行新的世界纪录。此前，国际上超过 1×10^8 ℃

图 2.5　中国环流器二号 M 装置(来源：人民日报海外版)

的等离子体运行最长持续时间为 20 s。这一成果表明 EAST 装置综合研究能力获得重大突破，标志着我国在稳态高参数磁力约束核聚变研究领域引领国际前沿。EAST 装置的系列创新研究成果和技术积累也为我国自主建造核聚变工程实验堆提供了坚实的科学技术基础。

核衰变是原子核自发射出某种粒子而变为另一种核的过程，在此过程中释放出 α 粒子(电荷数为 2、质量数为 4 的氦核)、β 粒子(高能量电子或正电子)或 γ 射线(电磁波)，相应的衰变反应称为 α 衰变、β 衰变或 γ 衰变，核能在这三种衰变中分别转换为机械能(新核和 α 粒子的动能)、机械能(新核和β 粒子的动能)或辐射能(γ 射线)。能够发生核衰变的元素称为放射性元素。核衰变反应在能源领域应用较少，在此不再赘述。

2.3.3 其他能量转换为电能

1850 年，马克思在看到一台电力机车模型后，就曾预言：“蒸汽大王在前一个世纪中翻转了整个世界，现在它的统治已到末日，另外一个更大得无比的革命力量——电力的火花将取而代之。” 100 多年来的历史充分证实了马克思预言的正确性。由于电能具有易于集中生产、输送和使用的特点，各种能量与电能之间的转换在日常生活中起到至关重要的作用。

1. 机械能转换为电能

将机械能转换为电能的装置称为发电机。发电机有很多种形式，但其工作原理都基于法拉第电磁感应定律和电磁力定律：当通电导体在磁场中切割磁感线运动时，导体的两端将产生电压梯度，这一感应电压梯度 $\mathrm{d}U/\mathrm{d}x$ 等于垂直导体的运动向量 $\boldsymbol{v}$ 和磁场强度 B 的乘积

$$\frac{\mathrm{d}U}{\mathrm{d}x}=\boldsymbol{v}\cdot B \tag{2.36}$$

继法拉第 1831 年发现电磁感应定律后，最早的手摇式直流发电机诞生于 1832 年，由法国人毕克西发明。要使通电导体切割磁感线，可以控制磁场或导体进行运动。直流发电机通过外界输入的机械能转动永磁体或绕组，控制通电线圈做切割磁感线运动产生电流。通过换向器的设计，虽然在转动过程中绕组切割磁感线的方向会发生变化，但发电机输出的电流方向保持不变，因此是直流输出。

交流同步发电机的工作过程可以简单看成取消直流发电机中的换向器装置后的工作过程，即在发电机转子绕组旋转过程中无换向过程，电流输出方向发生变化的过程。另外，在交流同步发电机中，并不是由转子绕组做切割磁感线运动，而是由转子产生旋转的磁场(励磁装置为励磁绕组通入电流)，使定子绕组做切割磁感线的运动，从而产生感应电动势，并通过接线端子引出。

交流同步发电机根据定子绕组输出相数，可以设计成产生单相或多相交流电压的发电机。图 2.6(a)为单相交流发电机工作原理示意图。磁铁旋转后，在定子绕组 A 中产生正弦波交流电动势。两相交流发电机中两个结构相同的定子绕组 A、B 之间成 90°，当转子

由外部输入的机械能带动以角速度 ω 等速顺时针方向旋转时，在两个定子绕组中就产生频率相同、振幅相等、相位相差 90°的 3 个正弦电动势，形成对称两相电动势，如图 2.6(b)所示。

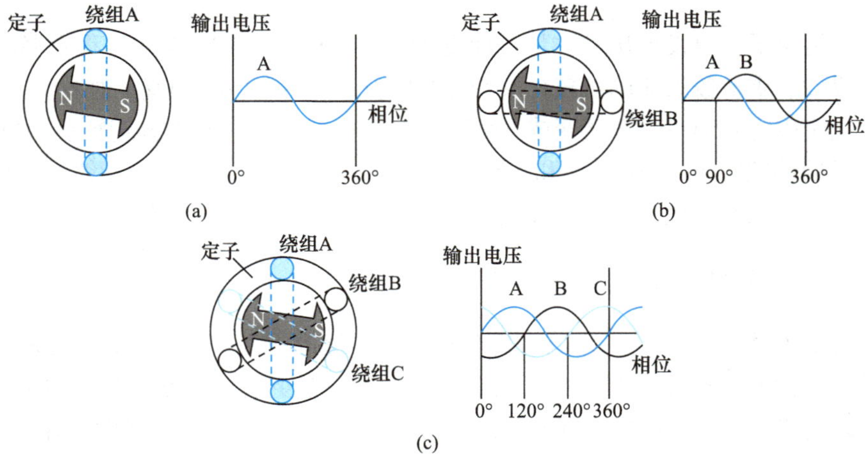

图 2.6 单相(a)、两相(b)、三相(c)交流发电机工作原理及输出电流示意图

在三相交流发电机中，定子槽内放置 3 个结构相同的定子绕组 A、B、C，这些绕组之间两两成 120°。转子磁场在空间按正弦规律分布，当磁场旋转时，在 3 个定子绕组中就会产生频率相同、振幅相等、相位相差 120°的 3 个正弦电动势，形成对称三相电动势，如图 2.6(c)所示。理论上定子绕组越多，交流电输出越稳定，但考虑到发电机结构的复杂程度和导线的消耗，一般认为三相交流发电机是最优解。

以上提到的交流发电机输出的电流频率与转速之比为恒定值，故也称为同步发电机。此外，还有利用定子与转子间气隙旋转磁场与转子绕组中感应电流相互作用的异步发电机，也是交流发电机的一种。异步发电机的转子转速与其旋转磁场转速有一定的转差关系，虽然导致调速性能较差，但因为它不需要同期及电压调节装置，电站设备得以简化，维护及运行费用较低，常与同步发电机并列运行或接入电网运行。

在现代电力工业中，交流同步发电机应用最为广泛，在水力发电、火力发电、核能发电及柴油机发电中使用的主要都是三相交流同步发电机。实际使用时，除了上述基本的定子绕组、转子磁体外，还需要加入整流器、励磁机等辅助构造。

另一种发电机应用流动的导电流体与磁场相互作用而产生电能，称为磁流体发电机。磁流体发电技术是一种新型的高效发电方式，把化石燃料直接在 2000 ℃左右的高温下加热气化，使其电离成导电的离子流，然后在磁场中高速流动切割磁感线，产生感应电动势，也称为等离子体发电。因为这种发电机不需要外界输入机械能，所以也称为直接发电，燃料利用效率显著提高。应当注意，有些书中将磁流体发电技术归类为热能直接转换成电能，这是不严谨的，因为实际上是热能先转换为等离子体的动能(机械能)，再通过切割磁感线转换为电能。

虽然磁流体发电技术对燃料有很高的利用率，但这项技术目前的普及程度还不高，主要受限于以下三点：第一，需要添加了钾、铯等微量碱金属的稀有气体如氦、氩等作为工质，所以大规模且可接受成本的气体合成技术为一难关；第二，磁流体高温陶瓷通道需长期在 2000～3000 ℃温度工作，而电极在高温稀有气体下工作也容易腐蚀，因而材料加工成为另一大难关；第三，磁流体发电机需要强大的磁场，而真正用于生产规模的发电机必须使用超导磁体来产生如此高强度的磁场，这带来了技术和设备上的难题。随着新型导电流体的应用、材料加工和超导技术的发展，磁流体发电技术也会慢慢进入人们的视野中。

除上述发电机外，基于压电效应和摩擦生电效应的纳米发电机也成为新兴研究领域。纳米发电机得名于其首次被发现的情境：在原子力显微镜的尖端触碰氧化锌纳米线时，微小的机械能被转化为电能。随着对这一领域的进一步理解和发展，纳米发电机已经不限于是否使用纳米材料，而代表以位移电流为驱动力，将机械能有效地转化为电能/信号的装置。第一台压电纳米发电机于 2006 年诞生，而第一台摩擦纳米发电机于 2012 年发明。迄今为止，纳米发电机作为微型电源、自供电传感器和高压电源的研究已经引起了广泛的关注，被称为新时代——物联网时代的能源技术。中国科学院外籍院士王中林团队在摩擦纳米发电机方向进行了大量突破性的研究，研发出了基于有机金属化合物电极的摩擦纳米发电机。这种发电机具有低频下发电效率高、质量轻、造价低等技术优势，为收集海洋的低频能量提供了高效且颠覆性的技术路径。

2. 热能转换为电能

热能转换为电能的装置在当今社会只有温差电池和热离子发电器得到了较为广泛的应用，而且这两种装置普遍热效率都低于热机循环。

温差电池的原理是热电效应。热电效应有下列三种：

(1) 第一热电效应，也称为塞贝克(Seebeck)效应。将 N(negative)型半导体与 P (positive)型半导体用金属连接起来形成 PN 结，PN 结两端保持一定的温差，由于高温端有更强的热激发作用，其中的空穴和电子浓度会比低温端高，就产生了载流子浓度梯度。为了达到载流子浓度平衡，空穴和电子有向低温端扩散的趋势，从而形成电势差。在其外端接入闭合的外电路，电路中就会产生电流。这个电势差称为热电势或温差电动势。温度差越大，热电势也越大。热电势和温度差之间的比值称为温差电动势系数或塞贝克系数，用 S 表示，是由材料本身的性质决定的。当许多 PN 结串联起来组成模块时，它们两端就可以得到足够高的电压，构成一台温差发电机，如图 2.7 所示。

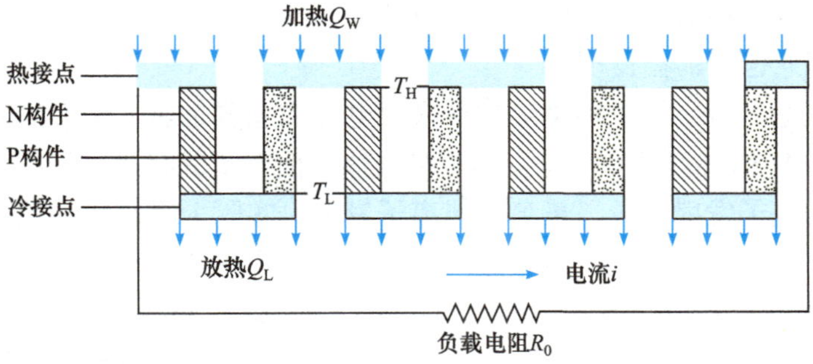

图 2.7　N-P 型温差电池(温差发电机)工作原理示意图

(2) 第二热电效应，也称为佩尔捷(Peltier)效应。当电流通过由两种不同的导体组成的回路时，在导体中除了产生焦耳热之外，在不同导体的接头处随着电流方向的不同会分别出现吸热、放热现象。

(3) 第三热电效应，也称为汤姆孙(Thompson)效应。电流通过有温度梯度的均匀导体时，温度高处的自由电子比温度低处的动能大，所以不仅释放焦耳热，还会根据电流的方向与温差的方向的不同产生吸热、放热现象。

上述三种热电效应中，能用来将热能转换为电能的是塞贝克效应，但佩尔捷效应和汤姆孙效应也会在过程中伴随发生。应用塞贝克效应，选择热电优值(ZT)大的材料制成热电元件进行发电的技术称为热电转换技术，又称温差发电技术，是一种重要的绿色发电方式。其中，热电优值定义如下：

$$\mathrm{ZT} = \frac{\sigma S^2 T}{\kappa} \tag{2.37}$$

式中，σ 为电导率；S 为塞贝克系数；T 为热力学温度；κ 为导热系数。σS^2 又称为材料的功率因子。为了有较高的热电优值 ZT，材料必须有高的塞贝克系数、高的电导率与低的导热系数。

基于温差发电技术的热电转换系统不需要传动部件，具有结构简单、无噪声、使用寿命长、无环境污染等优点，越来越受到各国的重视。目前，由于器件热电优值不够高，器件结构存在电阻、热阻等问题，热电器件的能量转换效率普遍偏低，一般热电器件的转换效率只有 5%～10%，还不能广泛应用。由式(2.37)可知，目前提高热电器件能量转换效率的主要途径有以下两种：①通过掺杂修饰或优化载流子浓度增大材料的功率因子 σS^2；②通过提高材料带隙，寻找导热系数低的材料(如高分子、固溶体等)，将材料进行纳米化来降低晶格导热系数 κ。另外，优化热电器件的 PN 结长度、外形尺寸和接触电阻、电极导热等问题也对提升热电器件能量转换效率至关重要。

虽然热电转换效率目前还比较低，但热电转换技术目前在一些高技术领域依然得到了一定的应用。例如，热电制冷技术应用于通信技术中光纤接口处的精确温度控制；热电发电技术用于极地、沙漠、森林等无人地区的微波中继站电源。热电转换技术极高的持续性和稳定性也是其他能源技术无法达到的，在美国登月计划中，阿波罗 17 号飞船从月球表面向地球传送数据所使用的电源就是热电转换技术提供的。此外，垃圾焚烧余热、炼钢厂的废热、汽车尾气废热及发动机余热等也可能进行发电，科学家一直在进行相关方面的研究，并且已经有了一定的进展。有朝一日这些技术将大规模投入使用，对于我国的节能减排事业也将助益良多。

除了上述温差电池，另一种将热能转换为电能的装置是热离子发电器。热离子发射现象是爱迪生于 1883 年发现的，是金属或半导体表面电子具有热运动的动能足以克服表面势垒而产生的电子发射现象，虽名为热离子发射，实际上吸收热能被发射的是电子。这些电子经过闭合回路，就能产生电流。一般能够发生热离子发射现象的是原子核外层能量较高的价电子，这些电子的平均能量称为费米能级(Fermi level)，而要使这些电子从原子中发射出来，必须克服这个能量。对于不同的材料，需要克服的最低能量是不同的，这一能量称为该材料的逸出功。实际上，这里的逸出功和光电效应中的逸出功定义是相同的，只是由于光的波粒二象性，在光电效应中用入射光的极限频率代替逸出功更为准确。

热离子发电是利用金属表面热电子发射现象提供电能的一种发电方式。热离子发电装置由发射器(热阴极)和收集器(冷阳极)两个基本部件组成，一般中间用真空隔开，故也称为真空热离子二极管。当电子脱离阴极时，在阴极产生一个正电荷，这个正电荷本身会对脱离阴极的电子产生吸引，阻止它向阳极移动。这样，从热阴极发射的电子就聚集在电极间的真空间隙中，产生一个能量势垒 φ。为使这些发射电子到达阳极，需要一个足够大的能量 E_0，该能量等于阴极逸出功和能量势垒 φ 之和，这个能量就由阴极的热能提供，一般需要达到 1500 K。为了达到最佳的热效率，实际器件中阴极和阳极距离非常近，使得维持这样的设备结构极端困难。在两极间隙中加入低压电离气体或等离子体(如铯蒸气)可以增大穿过极间间隙的热对流效率，从而大大减小电荷势垒，使得较宽的极间间隙成为可能。但是由于这些低压电离气体或等离子体需要在高温下产生，这种装置对运行温度的要求也会提高，一般在 1800 K 以上。能够提供如此高温的可能热源包括放射性同位素、核反应堆燃料元件、集聚太阳能和使用热导管的燃烧装置。近年已有研究报道，使用石墨烯材料作为热阴极时，可以将器件运行温度降低至 700～800 K，有望实现工业废热的再利用。

还有一些较小的直接将热能转换为电能的装置，包括铁电转换器、电磁转换器、能斯特效应发电机等，虽然尚不足以实际应用，但它们为电力生产提供了多样化的可能途径。例如，铁电转换器利用构成电容器的材料在居里点(Curie point，居里温度，又称磁性转变点)附近电容的急剧变化产生电流，感兴趣的读者可以查阅课外资料进行了解。

3. 辐射能转换为电能

日常生活中接触最多的太阳能就是一种辐射能。利用太阳能转换为电能的技术称为光伏发电技术。

光伏发电的主要原理是半导体的光电效应。光电效应于 1887 年被赫兹发现，而第一位成功对此现象给出解释的科学家是爱因斯坦。当一束光照射到金属上时，金属的价电子可以吸收其中光子的能量，当吸收了足够大的能量后，电子就能克服金属内部引力，离开金属表面逃逸出来，这种逃逸电子称为光电子。电子逸出需要吸收的最小能量称为金属的逸出功，与金属材料本身的性质有关。单位时间内，入射光子的数量越大，飞逸出的光电子就越多，光电流也就越强，这种由光能变成电能自动放电的现象称为光电效应，如图 2.8 所示。

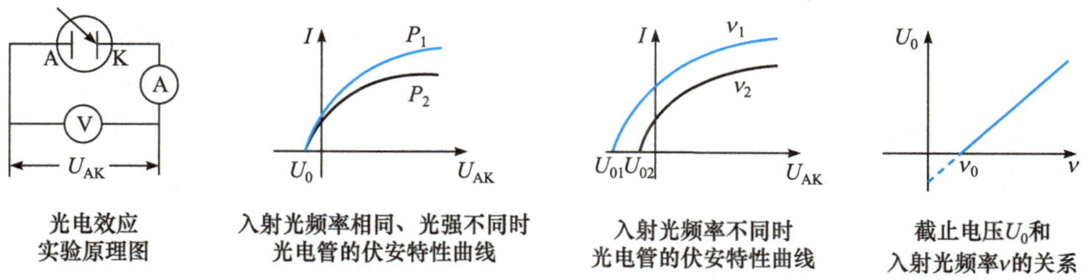

图 2.8 光电效应的原理和入射光强度、频率与光电管输出电压的关系

应用光电效应可以制造出利用太阳能转换为电能的太阳能电池，是新能源领域的一大发展方向。基本的硅太阳能电池原理可以简述为：大面积的太阳能电池板接收太阳辐射能，电池板由硼、氮掺杂的晶体硅构成。硅原子有 4 个价电子，在纯硅中掺入有 5 个价电子的原子(如磷原子)，就会引入多余的负电荷，形成 N 型半导体；若掺入有 3 个价电子的原子(如硼原子)，就会引入电子空穴，形成 P 型半导体。当 P 型和 N 型半导体结合在一起时，就会在接触面形成电势差，这个接触面及其附近的结构称为 PN 结。当太阳光照射在 PN 结上时，空穴由 P 极区向 N 极区移动，电子由 N 极区向 P 极区移动，形成电流。本丛书之一《太阳能电池科学与技术》将对太阳能电池进行详尽的介绍与讨论。

另一种太阳能发电方式是利用太阳能集热器将太阳辐射能转换为热能，工质吸收热能转换为蒸汽驱动汽轮机进行发电，这个过程中实际上发生了辐射能→热能→电能的转换，两步转换的效率较低，成本又比较高，只适用于小规模的特殊场合，还不能与火电站、核电站竞争。4.2 节将专门对太阳能的利用进行更为详细的介绍，本节中不再详述。

4. 化学能转换为电能

将化学能转换为电能的装置称为原电池，其原理是通过外电路将两种能自发发生氧化还原反应的化学物质(其中电势较高的称为正极材料，电势较低的称为负极材料)用电子导体(外电路)和离子导体(电解液)分别连接起来，氧化还原反应转移的电子在电极、外电路和电解液组成的闭合回路中形成电流。这种电化学的氧化还原反应和一般的氧化还原反应有所不同，电子转移不是通过反应物之间的有效碰撞完成的，而是还原剂在负极上失电子发生氧化反应，电子通过外电路输送到正极上，氧化剂在正极上得电子发生还原反应，两极之间电解液中离子的定向移动和外部导线中电子的定向移动构成了闭合回路，使两个电极反应不断进行，发生有序的电子转移过程，产生电流，实现化学能向电能的转换。在等温等压条件下，这个电池体系吉布斯自由能的减少等于它对外所做的最大非膨胀功 $W_{\mathrm{f,max}}$，而当这些功都以电能的形式输出时，体系满足如下公式：

$$(\Delta_{\mathrm{r}}G_{\mathrm{m}})_{T,p} = -W_{\mathrm{f,max}} = -nEF \tag{2.38}$$

式中，n 为体系中发生的氧化还原反应转移的电子的物质的量(mol)；E 为可逆电池的电动势，也就是俗称的电池电压(V)；F 为法拉第常量，其值约等于 96 485 $\mathrm{C\cdot mol^{-1}}$。

原电池放电时，负极发生氧化反应，正极发生还原反应。例如，丹尼尔电池的正极是浸在硫酸铜溶液中的金属铜，负极则是浸在硫酸锌溶液中的金属锌，两种电解质溶液用盐桥连通，两极用导线相连。从宏观上看，这个电池中氧化还原反应发生的动力来源于正、负极之间的电势存在差异，电流有从电势高的 Cu 向电势低的 Zn 流动的趋势。而从微观上看，这个电势差实际上来源于金属浸入在电解液中时，一部分金属离子被电解液吸引而脱离金属表面成为金属离子，使金属表面附近的溶液带有正电荷，从而对继续从金属上溶出的阳离子产生排斥作用，阻止金属的进一步溶解。与此同时，已经溶解在电解液中的金属离子也会重新沉积回到金属表面。当溶解与沉积达到动态平衡(二者速度相同)时，金属表面略带负电荷，金属附近的溶液略带正电荷，在表面附近形成双电层。金属与电解液之间因为电荷分布不均就产生了电势差。图 2.9 为典型的丹尼尔电池和电极表面双电层的原理示意图。

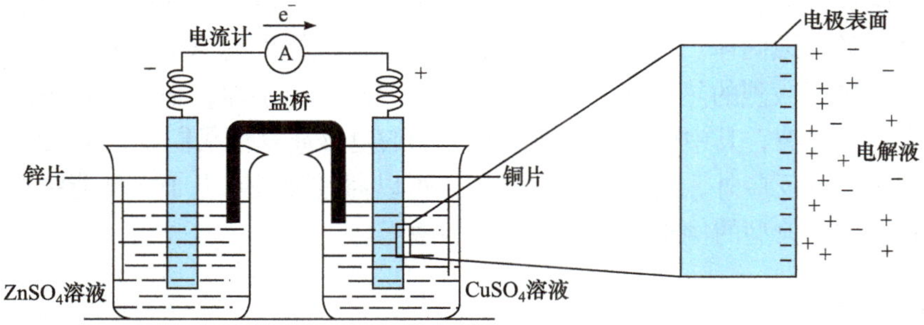

图 2.9　丹尼尔电池和电极表面双电层的原理示意图

在丹尼尔电池放电过程中，电极反应和总反应方程式如下：

正极反应：$$Cu^{2+} + 2e^- \longrightarrow Cu \tag{2.39}$$

负极反应：$$Zn - 2e^- \longrightarrow Zn^{2+} \tag{2.40}$$

总反应：$$Zn + Cu^{2+} \longrightarrow Zn^{2+} + Cu \tag{2.41}$$

平时使用的干电池、蓄电池和燃料电池就是根据原电池原理制成的。电池是将储存的化学能直接转换为电能的装置，由于这些装置不用经过热能状态，不受热机循环效率$\left(1-\dfrac{T_1}{T_2}\right)$的限制，而且在使用过程中并不会产生额外的污染，因此化学能转换为电能的装置在现实生活中得到了相当广泛的应用。理论上，电池中的氧化还原反应的焓变是可以完全转换为电能的，也就是说，理论上化学能转换为电能的效率可以达到 100%。但实际上，一部分化学能在反应过程中转换成了热能，实际的效率总是低于 100%的。一块电池能够提供的能量与它的电压和容量有关。

电池反应是新能源领域非常重要的研究内容，在本书第 3 章和本丛书的其他书籍(如《二次电池科学与技术》《燃料电池科学与技术》《太阳能电池科学与技术》等)中还会进行详细的讨论。

2.3.4　其他能量转换为辐射能

前面已经提到，辐射能本质上就是电磁波的能量。电磁波的波长可以长至几百米以上，短至纳米的十亿分之一以下，而人眼可见的电磁波的波长仅限于 380～780 nm，因此又将波长为 380～780 nm 的电磁波称为可见光。除了太阳提供的源源不断的太阳能外，通过化学能或电能人为转换而来的辐射能在生产生活中还有许多应用，如利用电灯辐射的光能进行照明，利用取暖器辐射的热能取暖等。由于这些应用大多与新能源的利用关系不大，本节只做简单介绍。

1. 化学能转换为辐射能

化学能储存在自然界无处不在的化合物中，通过各种化学反应进行转换。化学反应按照反应过程的能量变化可以分为两类，即吸热反应和放热反应。其中，反应物的总能量高于产物的总能量时，反应就是放热反应，在反应过程中化学能转换为辐射能，携带辐射能的电磁波被环境或其他物体吸收后体现为热能。燃烧是一种剧烈的放热反应，可燃气体或气化的可燃固体、液体温度超过着火点后，气体中的原子或分子发生电离，不停地被激发和进行激烈的热运动，成为物质的第四态等离子体，在此过程中激烈地释放出不同频率的电磁波，其中处于可见光波长范围的电磁波就让我们看见了火焰。

除了发生化学反应外，物质中的化学能还可以通过激发态电子向低能级跃迁，以辐射能的形式释放，典型的例子有磷光、荧光和激光。

2. 电能转换为辐射能

电能转换为辐射能，最常见的例子就是电灯，这是一项彻底颠覆了人类几千年来日出而作、日落而息生活方式的伟大发明。最初的电灯出现于第二次工业革命，也称为白炽灯，其工作原理是：电流通过电流的热效应将灯丝加热到 2000 ℃以上时，灯丝向外辐射出电磁波。灯丝的温度越高，发出的光就越亮。从能量的转换角度看，由于钨丝受热发光的光谱是连续光谱，电磁波的波长分布比较离散，只有极少部分(10%)可以转换为有用的光能，剩下的都作为热能散失在环境之中。另外，白炽灯也存在钨丝在高温下升华，断电后凝结在灯罩内表面影响透光和使用寿命(约 2200 h)的问题。近几十年来，白炽灯已逐渐被荧光灯(日光灯)所取代。传统型荧光灯(低压汞灯)属于低气压弧光放电光源，它的发光原理是：通电时，低气压的汞蒸气释放出紫外线，涂在灯管内侧的荧光粉吸收紫外线发出可见光。荧光灯工作时不存在电流的热效应，因此大大节约了电能，灯的寿命也提高到 8000 h 以上。

除照明外，辐射能还应用于各种屏幕显示技术。第一代屏幕显示技术就是阴极射线显示技术，发光体在加速电子的轰击下由电子基态进入激发态，价电子向高能级跃迁，其后激发态电子跃迁回低能级并释放出辐射能发光，根据激发方式的不同可分为磷光或荧光发光，典型的代表是旧电视、计算机显示器中的显像管(磷光)和荧光屏(荧光)。这种显示技术由于阴极射线对人眼有较大的刺激作用(俗称的“有辐射”)和超大的体积，现在已基本被淘汰。第二代屏幕显示技术是液晶显示(liquid crystal display，LCD)技术。液晶是一种介于固体和液体之间的特殊物质状态，它通常是有机化合物，呈液态，但是它的分子排列却和固体晶体一样非常规则，因此取名液晶。在不施加电场时，光线可以顺利透过液晶，而对液晶施加电场时，液晶的分子排列发生改变，再配合偏振光片或彩色滤光片，它就具有了阻止光线通过或改变某一颜色透光量的作用。利用液晶这一特性的液晶显示技术不需要高的电能以激发阴极射线，比第一代屏幕显示技术能耗小得多，体积也大大减小，辐射问题基本可以忽略不计，但是液晶显示技术还存在可视偏转角度小、响应速度偏慢、寿命不够长、亮度和对比度有限等问题。第三代屏幕显示技术称为电致发光的平板显示技术，按照原理可分为高场型和低场型电致发光，其中获得广泛应用的是发光二极管(light emitting diode，LED)。发光二极管是典型的低场型电致发光器件，其发光不需要很高的外加电压，一般由一个半导体 PN 结组成，具有单向导电性。当给发光二极管加上正向电压后，在 PN 结附近数微米内发生电子空穴与电子的迁移和复合，产生自发辐射的荧光。起初 LED 主要用作微型指示灯，随着大规模集成电路和计算机技术的不断进步，通过发光二极管芯片的串联、并联和适当的光学结构构成的 LED 显示器正在迅速崛起，以其色彩鲜艳、动态范围广、亮度高、清晰度高、工作电压低、功耗小、寿命长、耐冲击、色彩艳丽和工作稳定可靠等优点，成为最具优势的新一代显示媒体。近年来，随着有机小分子和聚合物功能材料的发展，采用有机发光半导体制成的有机发光二极管(organic LED，OLED)因其具有自发光、广视角、几乎无穷高的对比度、较低耗电、极高反应速度等优点受到了广泛关注。

其他电致发光器件还有交流薄膜型、厚膜薄膜混合型和交流粉末型电致发光器件等。交流薄膜型和厚膜薄膜混合型可用作矩阵显示，交流粉末型则用作 LCD 等的平面光源。这些电致发光器件解决了液晶显示技术可视偏转角度小、响应速度偏慢的问题，因器件完全由固体组成，也拥有轻薄牢固的特点，可以承受玻璃板能承受的各种震动冲击条件，在工作条件恶劣的航空航天、工业控制等领域都有应用。但要实现广泛应用，其驱动电压高、电路复杂、蓝光发光效率较低的问题依然亟待解决。

2.3.5 其他能量转换为化学能

其他能量转换为化学能储存在物质中，这一现象广泛存在于自然界和人类生产活动中。其中，光合作用是绿色植物赖以生存的基础，并通过食物链维持着几乎整个生态圈；通过利用各种其他能量对储能体系进行充电，能源得以合理调配不致浪费；吸热的化学反应也是将环境供给的热能转换为化学能。本节主要讨论光合作用，光、电催化反应和电池储能，还将对主流的快速充电、无线充电技术进行简要介绍。

1. 辐射能转换为化学能

本节将简要介绍光合作用、光催化反应、太阳能电池充电和无线充电技术的基本原理和简单应用。光合作用通常是指绿色植物(包括藻类)吸收光能，把二氧化碳和水合成富能有机物，同时释放氧气的过程。其主要包括光反应、暗反应两个阶段，涉及光吸收、电子传递、光合磷酸化、碳同化等重要反应步骤，对实现自然界的能量转换、维持大气的碳-氧平衡具有重要意义。在光合作用过程中，植物吸收外界的辐射能(通常是太阳光)，转换为有机物和氧气中的化学能。每年光合作用所同化的太阳能约为人类所需能量的 10 倍。绿色植物是一个巨型的能量转换站。光合作用从反应原理上可以分为光反应和暗反应两个阶段，其反应方程式如下：

光反应：$$H_2O + ADP + P_i + NADP^+ \longrightarrow O_2 + ATP + NADPH + H^+ \tag{2.42}$$

暗反应：$$CO_2 + ATP + NADPH + H^+ \longrightarrow (CH_2O) + ADP + P_i + NADP^+ \tag{2.43}$$

总反应：$$CO_2 + H_2O \longrightarrow (CH_2O) + O_2 \tag{2.44}$$

其中，(CH_2O)代表绿色植物在光合作用中合成的有机化合物。光反应在类囊体薄膜上进行，需要光照，辐射能转换为 ATP 中活跃的化学能；暗反应在叶绿体基质中进行，不需要光照；ATP 中活跃的化学能转换为有机化合物中稳定的化学能。

光合作用不仅有将辐射能转换为化学能生产化学物质的作用，还是一种清洁高效的太阳能利用手段，一种用无机化合物生产有机化合物的反应。因此，科学家从 20 世纪 70 年代起就致力于脱离植物体，发展人工光合作用。虽然几十年的研究还不足以与大自然亿万年的进化选择相匹敌，但科学家已经尝试使用卟啉类衍生物作为光敏色素进行光能转换、采用纳米晶体催化剂促进水分解为氢气和氧气、制造“人工叶”装置生产清洁燃料氢和甲醇等等，均取得了一定的成绩。如果未来人们可以大规模地应用人工模拟光合作用技术，地球上丰富的水资源将成为一个取之不尽、用之不竭的能源宝库，只需要利用其中的一小部分，便能够满足全球对新型环保能源的迫切需求。

类似于光合作用，化学反应中还有一类能在光的激发下产生催化作用的光化学反应，也是辐射能转变为化学能的途径，这些反应称为光催化反应。常用的光催化反应的催化剂有氧化物、硫化物半导体材料等，其中二氧化钛(TiO_2)因其具有良好的抗光腐蚀性和催化活性、稳定性以及廉价易得、无毒无害的优点，是目前公认的最佳光催化剂。在光催化反应中，当入射光的能量高于半导体催化剂带隙(带隙是指固体材料导带的最低点和价带的最高点的能量之差，也称能隙。带隙越大，电子由价带激发到导带越难，本征载流子浓度就越低，电导率也就越低)时，价带电子发生跃迁进入导带，与催化剂表面吸附的氧化性物质结合，在价带处形成的电子空穴与催化剂表面吸附的还原性物质结合，催化化学反应的发生。由于光催化剂依赖表面吸附反应物，纳米光催化材料具有更好的催化性能。目前纳米催化剂已广泛应用于环境污染物净化、癌症治疗、高效抗菌和新能源材料领域。

太阳能电池的充电过程也是一种辐射能转换为化学能的过程，这对太阳能的高效利用有着至关重要的意义。太阳能虽然是一种几乎取之不尽、用之不竭的清洁能源，但它不可避免地受到昼夜时间、日照时长和晴雨天气等随机因素的影响，所以实际接收到的太阳能往往是极不稳定的，这给太阳能的大规模应用增加了难度。为了使太阳能成为连续、稳定的能源，就必须发展储能技术，通过电池等能量储存装置把晴朗白天的太阳能尽量储存起来，以供夜间或阴雨天使用。太阳能电池中需要电压检测并控制电路，用于判断是否有太阳光照射、是否进行充电，以及在光强变化情况下稳定充电电流。

随着人们对手机、笔记本电脑等移动电子设备的使用频率越来越高，同时触屏技术的普及使移动电子设备的电池容量增长速度已难以满足大众需求，无线充电技术成为解决电子设备需要频繁连接电源线充电问题的一个可选方案。无线充电早在 1890 年就已被特斯拉实验成功，其中也间接地涉及了辐射能向化学能的转换。近年来，越来越多的智能手机、小尺寸平板电脑已经开始支持无线充电，无线充电器可以支持的充电范围和充电功率也在稳步提升，笔记本电脑、平板电脑等大功率设备实现无线充电，乃至家庭中使用一个无线充电器支持所有家用电器指日可待。

现阶段采用的无线充电技术主要基于以下三种基本原理：

(1) **电磁感应式**：电磁感应式无线充电技术是目前最为常见的充电解决方案。早在 2005 年 12 月，中国的比亚迪股份有限公司就已经申请了非接触感应式充电器专利，其中利用的正是这一技术。当初级线圈中通入一定频率的交流电时，与初级线圈相邻的次级线圈中因为电磁感应也产生相应的电流，从而完成将电能从传输端通过电磁波载体转移到接收端的过程。当进行电磁感应式无线充电时，发生的能量转换过程为电能→辐射能→电能→化学能。

(2) **磁场共振式**：磁场共振式无线充电技术是目前正在研究的一种前沿技术，离商业化还有一定的距离。其主要原因是这种技术需要一个能量发送线圈和一个能量接收线圈，当两个线圈中通过的磁场被调整到相同频率时，它们之间就可以发生能量交换，而能量交换的效率与线圈的直径正相关，所以磁场共振式无线充电装置的体积成为实际应用面临的一个大问题。在这种充电过程中，发生的能量转换过程为辐射能→电能→化学能。

(3) **无线电波式**：无线电波式无线充电技术发展已较为成熟，主要由微波发射装置和接收装置组成，实际应用时分别对应一个可安装在墙上的发送器和安装在需充电的产品中的接收器，但这种充电形式的限制在于用电器的电压需要比较低。接收器可以捕捉到从墙壁弹回的无线电波，有助于保持稳定的直流电压。在这种充电过程中，发生的能量转换过程为电能→辐射能→电能→化学能。

此外，还有 Wi-Fi 无线充电、超声波无线充电和聚焦光线充电等方式，但都离实际应用有一定的距离。除了移动电子设备外，电动汽车市场由于充电难、充电桩需求大、城市建设难以跟上，对无线充电技术也有巨大的需求。目前在国际上，一些汽车厂商已经开始研究电动汽车无线充电技术，并在一些地区投入使用。例如，2014 年韩国铺设了一条长达 12 km 的无线充电路段，车辆行驶在路上可边开车边充电。我国新能源汽车销量稳居世界第一，占据市场份额的 45%，在充电设施方面却远远没有达到需求。国内的一些大学和企业，如重庆大学、中兴通讯股份有限公司、比亚迪股份有限公司等，也已经开始研发无线充电技术。目前无线充电设备成本高，维修费用高，远距离大功率传输能量损耗大都是亟待解决的问题。

2. 电能转换为化学能

与原电池相对应，电能转换为化学能的装置也是一种电池，由于需要在外电路并联一个外加电源，迫使电池中非自发的化学反应发生，这种电池称为电解池。与原电池一样，电解池中也把电势较高的电极称为正极，电势较低的电极称为负极。但在电解池中电极更常用的称呼是阴极和阳极。规定发生氧化反应的电极为阳极，在电解池中，与外加电源正极相连的电极失去电子，电势较高，发生氧化反应，所以该电极既是正极，也是阳极。规定发生还原反应的电极为阴极，与外加电源负极相连的电极接受电子，电势较低，发生还原反应，所以该电极既是负极，也是阴极。电解池在冶金工业中广泛应用，包括从矿石或化合物提取金属的电解冶金，金属的电解提纯，以及从溶液中沉积出金属的电镀。此外，氯碱工业中利用电解饱和食盐水制取氯气和烧碱，电解水制氢也是氢气的一种较便捷的获取途径。

除电解池外，电能转换为化学能还主要应用于各种电催化发生的化学反应和电池充电储能过程中。电催化是材料领域当前非常热门的一大研究方向，是指在电场作用下，电极表面或液相中的物质促进或抑制电极上发生的电子转移反应，而电极表面或溶液中物质本身并不发生变化的化学作用。与常规催化反应相比，电催化中反应物和催化剂的电子转移是在限定区域进行的，电极中催化剂既是反应的场所，又是电子的供受场所。另外，利用外部回路控制电流可以控制催化反应是否发生。电催化剂必须具有以下两个特点：①导电性较好，以便自由地传递电子；②能对反应物进行有效的活化。另外，大的反应表面积、高的反应物吸附选择性和对使用环境的长期稳定性也是优良电催化剂材料的追求。电催化剂一般是过渡金属或半导体化合物。电催化在有机污水的电催化处理、含铬废水的电催化降解、烟道气及原料煤的电解脱硫、电催化同时脱除 NO_x 和 SO_2、二氧化碳和氮气的电解还原等领域都有广泛的应用。

各种可充电电池(也称为二次电池)的充电过程也大多是电能转换为化学能的过程，这是储能系统中非常重要的过程，在本书第 3 章将进行详尽的介绍。二次电池在其能量经放电消耗后，通过充电恢复，又能重新放电，构成充放循环。一般用直流电流(也有用不对称交流电流或脉冲电流)充电。不同情况下，采用不同的充电方法，如恒流充电、恒电压充电、浮充电、涓流充电、急充电或这些方法的组合式充电等。无论是何种充电方式，总的充电量 Q(充电过程中电流所做的功 W)都是在充电时间内电压与电流乘积的积分

$$Q = W = \int UI\mathrm{d}t \tag{2.45}$$

在电压、电流恒定时，式(2.45)可以写为

$$Q = UIt \tag{2.46}$$

实际上，在生活中给电器充电时，人们关注得最多的是如何缩短充电时间。为此，提出了几种快速充电技术并应用于各种电池的充电过程中。提高充电速度的方法有两个大方向：一是提高电压；二是提高电流。提高电压会增大充电过程中的发热量，电池内电极材料、电解液等也可能无法承受高电压，加速电池老化并可能带来安全隐患，因此实际效果不佳。相比之下，提高电流则更为现实。随着快速充电技术的持续发展，电动汽车也很有可能受益于该技术。

思考题

1. 能量可以分为哪几类？试在每一类能量中举出一个生活中常见的例子。
2. 为什么说电能是一种清洁能源？试从电能的来源角度给出分析。
3. 列举本书中提到的发电方式(至少五种)。
4. 无线充电的三种基本原理是什么？
5. 热电联产是一种建立在能量梯级利用概念基础上，将供热(包括供暖和供热水)及发电过程一体化的总能系统。试列举热电联产中涉及的能量转换形式，并描述这种系统是如何提高能源的利用效率的。
6. 你身边的电子设备使用的充电器额定功率、额定电压和电流分别是多少？使用的是哪一种充电协议？可以使用大额定功率的充电器给功率低的电子设备充电吗？
7. 电能与化学能是如何转换的？

第3章 能 量 储 存

3.1 能量储存技术及分类

3.1.1 引言

能源是支持人类社会生存的基本要素，是推动世界发展的动力之源。提高能源供给能力，保证能源的安全，支持人类社会可持续发展已经成为全球性的挑战。然而，当前以化石能源为主的能源结构显然无法支撑社会发展。因此，开发绿色高效的可再生能源技术，提高其在能源供应结构中的比重是实现社会可持续发展的必然选择。可再生能源如风能、太阳能受昼夜交替、季节更迭等自然环境和地理条件的影响，具有不可控、不稳定、不连续的特点，需要储能装备进行调节。储能技术由一系列设备、器件和控制系统等组成，以实现电能或热能的存储和释放。储能就像水库，多雨时把水蓄起来，干旱时把水放出来发电或灌溉等。因此，储能技术具有动态吸收能量并适时释放的特点，能有效弥补太阳能、风能的间歇性、波动性的缺点，改善太阳能发电场和风电场输出功率的可控性，提升输出电能的稳定水平，从而提高发电的质量。

克服能量在供应和需求间的时间性、局部性的差异是能量储存系统的基本任务。有两种情况会产生这种差异。一种情况是由能量需求量的突然变化引起的，也就是存在高峰负荷问题，使用储能技术可以起到调节或缓冲的作用。另一种情况是由一次能源和能源转换装置之类的原因引起的，此时储能系统(装置)的任务是使能源产量均衡，既要削减能源输出量的高峰(削峰)，又要填补输出量的低谷(填谷)。总的来说，能源储存系统可以储存多余的能量，改变能量的输出方式(容量、地点、时间)。

储能技术发展的主要驱动力可归结为全球致力于解决能源领域的“三难问题”——清洁能源供应、能源安全、能源的经济性。解决能源“三难问题”主要有四种途径，分别为先进能源网络技术、需求方响应技术、灵活产能技术和储能技术。尽管储能技术只是四种解决方案的一种，但是考虑到储能技术在能源网络、需求方响应和灵活产能技术中的潜在作用，储能是四种方案中很重要的一种。

概括来说，储能具有消除昼夜峰谷差、调峰调频、实现能量平滑输出及备用容量的作用。储能可以满足人们对新能源平稳发电、安全入网的要求，有效减少弃风和弃光现象。储能技术对于实现全球节能减排及优化能源结构的目标有着积极的推动作用，是智能电网、分布式发电、可再生能源接入、微网系统及电动汽车发展必不可少的支撑技术之一。尤其对于电力系统，储能技术的应用贯穿于发电、输电、供电、配电、用电各个环节。它不仅可以有效地实现需求侧管理、消除峰谷差、平滑负荷，而且可以提高电力设备的运行效率、降低供电成本，最终提高电能质量和用电效率，保障电网优质、安全、可靠供电和高效用电的需求，促进电网的结构形态、规划设计、调度管理、运行控制与使用方式等的优化。

3.1.2 储能技术分类

储能在我国电力市场主要有四个应用领域：可再生能源并网、辅助服务、电网侧和用户侧。其中，辅助服务和用户侧是储能应用最具盈利潜力、有望率先实现商业化的领域。本节主要介绍储能在这四个领域的具体应用。

根据能量转换形式的不同，可将储能技术分为机械储能、电磁储能、相变储能和化学储能四大类。图 3.1 涵盖了各种能量的产生、储存和应用的形式。其中，机械储能的典型特征是将电能转换为机械能进行储存，常见的储能方式有抽水蓄能、压缩空气储能和飞轮储能三种。电磁储能的典型特征是将电能转换为电磁能进行储存，常见的储能方式有超导储能。相变储能的典型特征是将能量转换为热能进行储存，即相变储热，常见的储能方式有显热储热、潜热储热和化学能储热三种。化学储能的典型特征是将电能转换为化学能进行储存，常见的储能方式有铅酸电池、锂离子电池、碱性电池(镍镉电池、镍氢电池等)、金属(离子)电池、超级电容器储能和液流电池等。

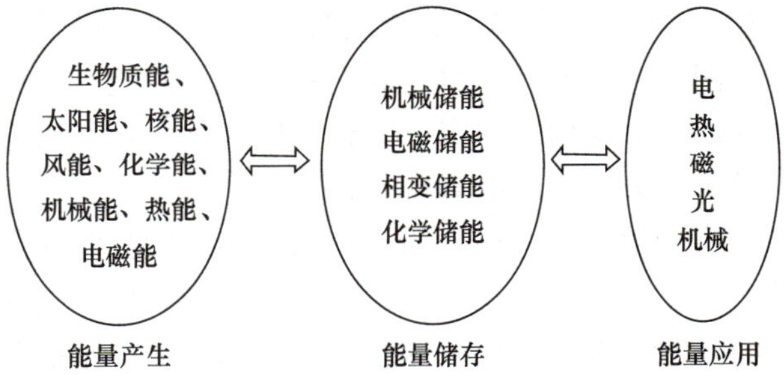

图 3.1 各种能量的产生、储存和应用形式

储能技术按储能媒介是否发生化学变化可分为物理储能和化学储能两种类型。

物理储能的代表性技术有抽水储能(蓄能)、压缩空气储能、冰蓄冷储能、飞轮储能、超导储能等。

化学储能的代表性技术有电化学电容器、铅酸电池、锂离子电池、液流电池、钠硫电池等。

不同的储能技术由于储能原理不同，通常具有不同的功率等级和放电时间。图 3.2 对比了不同储能方式的功率等级和放电时间，针对不同需求，如电网削峰填谷、调峰调频、稳定控制、改善电能质量乃至紧急备用电源等，应选择不同的储能方式。例如，超导储能、飞轮储能和超级电容器等方式可以将电能以电磁能、动能、化学能等形式进行储存，充放电速度快(可达到毫秒至秒级)，效率非常高，一般可用作不间断电源设备和提高电能质量。中等放电时间的储能方式，如大部分电池储能，可用于备用电源、电网削峰填谷、电动汽车等。较长或特长时间的储能技术(如抽水储能、压缩空气储能)一般是能量型的，通常用于电网削峰填谷、能源管理。

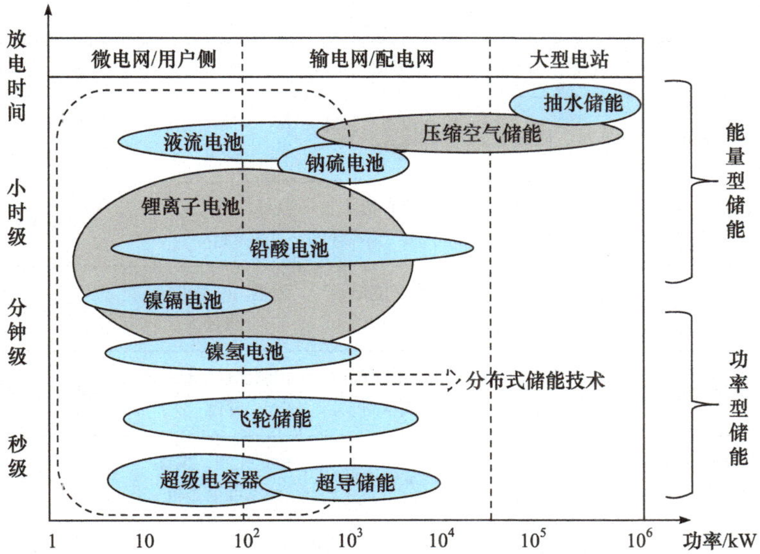

图 3.2　不同储能方式的功率等级和放电时间

下面用表格方式列出各种典型储能技术的性能比较(表 3.1)，以及主要优缺点和研究应用现状(表 3.2)。实际应用时，根据各种储能技术的特点并对优缺点进行综合比较，选择适当的技术。供选择的主要特征包括：能量密度、功率密度、响应时间、储能效率(充放电效率)、设备寿命(年)或充放电次数、技术成熟度。

表 3.1　不同储能技术性能比较

储能技术类型		功率规模	全功率响应时间	循环寿命/次	循环效率/%	应用模式
机械储能	抽水蓄能	吉瓦级	分钟级	设备使用期限内无限制	70～85	削峰填谷、频率调节、系统备用
	压缩空气储能	百兆瓦级	分钟级	设备使用期限内无限制	≥70	削峰填谷、频率调节、系统备用
	飞轮储能	兆瓦级	十毫秒级	≥20 000	85～90	电能质量调节和电力系统稳定控制
电磁储能	超导储能	十兆瓦级	毫秒级	≥100 000	90～95	电能质量调节和电力系统稳定控制
化学储能	超级电容器储能	兆瓦级	毫秒级	≥50 000	95	电容储能式硅整流分合闸装置大功率直流电机启动支撑
	铅酸电池	十兆瓦级	百毫秒级	500～1 200	75	削峰填谷、频率和电压调节、可再生能源灵活接入、系统备用
	镍镉电池	十兆瓦级	百毫秒级	2 000～2 500	80	
	钠硫电池	十兆瓦级	百毫秒级	2 500～4 500	85	
	液流电池	兆瓦级	百毫秒级	≥12 000	80	
	镍氢电池	百千瓦级	百毫秒级	≥2 500	85	
	锂离子电池	兆瓦级	百毫秒级	1 000～10 000	90	

表 3.2　各种典型储能技术的主要优缺点和研究应用现状

储能技术类型		主要优点	主要缺点	作用	国内应用研究现状
机械储能	抽水蓄能	大容量、低成本	安装位置有特殊要求	调峰调频、系统备用	应用研究较多，处于世界先进水平
	压缩空气储能	大容量、低成本、寿命长	对位置有特殊要求，需气体燃料	削峰填谷、频率调节	研究应用较少
	飞轮储能	功率密度高	能量密度低，噪声大	调频、改善电能质量	实验室研究阶段
电磁储能	超导储能	功率密度高、响应快	能量密度低，成本高	抑制振荡，低压穿越	已有 35 kJ 低温超导样机
化学储能	超级电容器储能	响应快，效率高	能量密度低	稳定控制，柔性交流输电系统	小规模应用示范
	铅酸电池	成本低	深度充放电时寿命较短	抑制功率波动，黑启动	技术成熟，现在应用较少
	镍镉电池	能量密度高，寿命较长	功率密度较低，有重金属污染	改善电能质量、备用电源	技术成熟，示范工程少
	钠硫电池	高功率、能量密度和效率	生产成本高，安全性差	旋转备用，抑制功率波动	技术相对成熟，应用较多，已建成几十兆瓦级示范工程
	液流电池	大容量，功率与能量相互独立	能量密度较低	负荷跟踪、抑制功率波动	建成几十兆瓦级风储示范工程
	镍氢电池	能量密度较高、寿命较长，安全性较好	生产成本高，高温性能差，需要控制氢损失	改善电能质量、备用电源	技术成熟，示范工程少
	锂离子电池	高功率、能量密度和效率	生产成本高，需特殊充电电路	改善电能质量、备用电源	技术相对成熟，已建成几十至几百兆瓦级示范工程

储能系统在电力系统应用的四要素：

(1) 系统规模：容量要求，兆瓦到百兆瓦级，系统安全性要求非常高。

(2) 循环寿命：5000 次以上，效率 80%及以上。

(3) 经济因素：运行收益大于投入成本。

(4) 工作形态：批量化、标准化生产，便于安装、运行与维护。

截至 2020 年年底，在全球储能市场中，抽水蓄能的累计装机规模最大，占比达到 90.3%；其次是电化学储能，装机规模占比为 7.5%；熔融盐储热装机规模占比为 1.8%；压缩空气储能和飞轮储能装机规模占比均为 0.2%。电化学储能中，锂离子电池储能占比 92.0%，其次为钠硫电池、铅酸电池(图 3.3)。

我国储能市场与全球储能市场类似，抽水蓄能的累计装机规模最大，占比达到 89.3%；其次是电化学储能，装机规模占比已达到 9.2%；熔融盐储热装机规模占比为 1.5%；压缩空气储能和飞轮储能装机规模占比均小于 0.1%。电化学储能中，锂离子电池储能占比

88.8%，其次为铅酸电池，占比达到 10.2%。

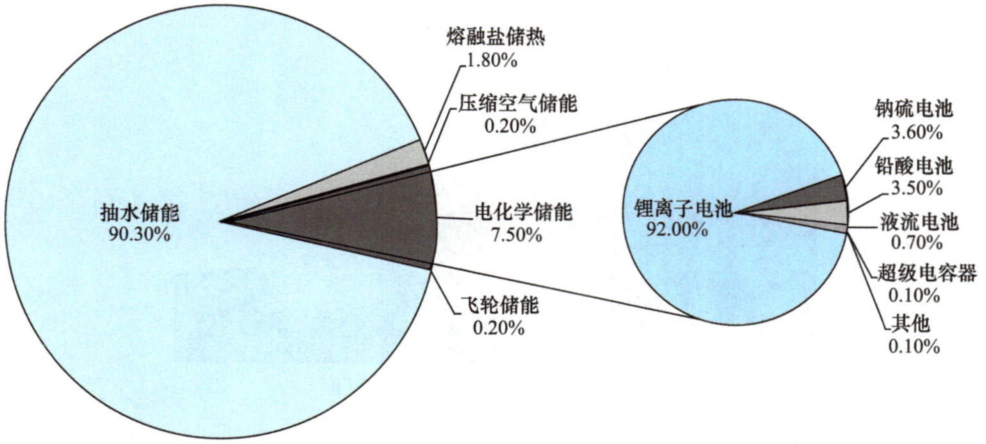

图 3.3 2020 年全球储能市场累计装机规模构成

3.2 常规储能技术

本节主要介绍能量储存技术中常规的储能技术，即机械储能、电磁储能、超级电容器储能和相变储能，作为新型储能技术的二次电池的具体内容将在 3.4 节介绍。

3.2.1 机械储能

机械储能是将电能转换为机械能进行储存的储能方式，主流的机械储能包括抽水蓄能、压缩空气储能和飞轮储能三种储能方式。机械储能属于物理储能技术，在储能过程中储能媒介不发生化学变化。下面分别介绍抽水蓄能、压缩空气储能和飞轮储能三种机械储能技术的原理、研究现状和应用前景。

1. 抽水蓄能

抽水蓄能是目前电力系统中应用最广泛、寿命周期最长(40～60 年)、循环次数最多、容量最大的一种成熟的机械储能技术。抽水蓄能电站的运行原理如图 3.4 所示。抽水蓄能利用电力负荷低谷时的电能将水抽至高处的水库保存，在电力负荷高峰期再放水至低处的水库进行发电，从而将电网负荷低时的多余电能转变为电网负荷高峰时期的高价值电能。

与一般的水力发电站相似，抽水蓄能电站也有上水库，上水库的水可以流向下方并推动下方的水轮发电机发电；不同之处在于抽水蓄能电站还具有下水库，推动水轮发电机发电后的水可以储存在下水库而不是随便流走，同时抽水蓄能电站还可以将储存在下水库的水泵到上水库，抽水蓄能电站的水流是双向运行的。目前抽水蓄能电站使用的水轮机是双向可逆的，可以同时作为水轮机和水泵使用，又称为水泵水轮机。抽水蓄能电站的电机也是双向运行的，能够作为发电机和电动机使用，称为电动发电机。储能时使

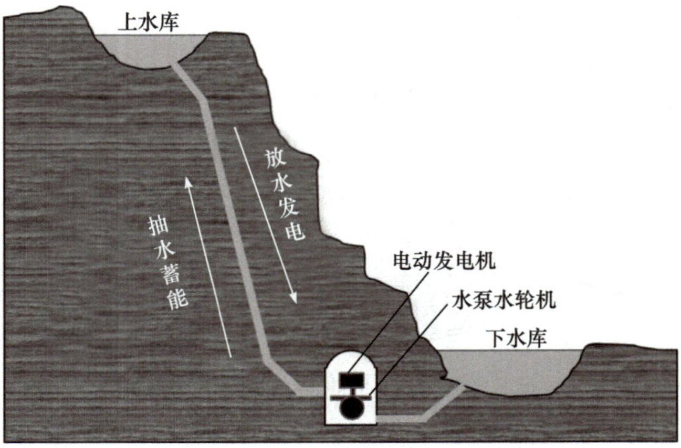

图 3.4 抽水蓄能电站的运行原理

用电网过量的电，消耗电能，驱动电动发电机旋转，带动水泵水轮机把下水库的水泵到上水库，以势能形式将其储存，使用时上水库的水向下流推动水轮发电机组发电又释放了电能。抽水蓄能电站的双向运转、停机切换速度非常快(数十秒即可完成)。通常一个抽水蓄能电站配备有几台机组，通过切换可实现从较小容量到满容量的选择。尽管抽水蓄能电站的电能转换效率一般只有 75%，但它灵活且迅速的调峰功能避免了火电机组的高煤耗运行和设备损耗，既减少了环境污染，又保障了电力供应。

按照水库的调节周期，抽水蓄能电站可分为以下三种：

(1) 日调节抽水蓄能电站：纯抽水蓄能电站大多为日调节蓄能电站，运行周期呈日循环规律。蓄能机组利用午夜系统负荷低谷时的多余电能抽水，直到次日清晨上水库蓄满、下水库被抽空。每天可以满足一次(晚间)或两次(白天和晚间)尖峰负荷；直到晚峰过后抽水蓄能电站的上水库放空、下水库蓄满。

(2) 周调节抽水蓄能电站：运行周期呈周循环规律。在每周 5 天工作日中，蓄能机组如同日调节蓄能电站一样工作。但是周调节抽水蓄能电站每天的发电用水量大于蓄水量，直到工作日结束时上水库放空。双休日期间由于系统负荷降低，可以利用多余电能进行大量蓄水，至周一早晨上水库蓄满。福建仙游抽水蓄能电站是我国第一个周调节抽水蓄能电站。

(3) 季调节抽水蓄能电站：最早的抽水蓄能电站大多是季调节抽水蓄能电站。季调节抽水蓄能电站将原来是汛期的季节性电能转化为枯水期的电能。利用每年汛期水电站的季节性电能作为抽水能源，将水电站必须溢弃的多余水量抽到上水库蓄存起来，在枯水期内放水发电，以此增补天然径流的不足。

作为电力系统中最经济可靠、寿命周期最长、容量最大的储能装置，抽水蓄能电站将有力支撑我国稳增长、调结构、惠民生的战略部署，为清洁能源消纳、保障系统安全稳定运行发挥极大的促进作用。我国在 20 世纪 60 年代后期才开始研究抽水蓄能电站的开发，抽水蓄能电站的建设起步相对较晚。但有以往大规模常规水电站建设积累的经验，加上引进的国外先进技术和管理经验，使其发展有较高的起点，目前我国建设的几座大型抽水蓄能电站技术已处于世界先进水平。2017 年 5 月，我国成为当前世界上抽水蓄能装机容量最大的国家。然而，目前我国抽水蓄能电站的占比较低，有进一步发展扩大的需求。

根据我国能源资源结构以及“西电东送、北电南供”的电力流向和规模，在电力系统中配备足够容量的抽水蓄能电站，不仅可以有效提升大电网综合防御能力，保障电网的安全稳定运行，更可以实现与西部、北部地区新能源发电的联合协调运行。可以促进消纳富余风电、太阳能发电量，有效缓解弃风、弃光问题。抽水蓄能电站不仅在电力系统中发挥“稳定器”作用，还将带来显著的经济、环境、社会效益。以我国河北抚宁等 5 座抽水蓄能电站为例，其建设可有力促进节能减排和大气污染防治，缓解系统调峰调频压力。

2. 压缩空气储能

压缩空气储能是指在电网负荷低谷期用电能压缩空气，将其密封在报废矿井、沉降的海底储气罐、山洞、过期油气井或新建储气井中储存电能，在电网负荷高峰期释放压缩空气推动汽轮机做功发电的储能方式。压缩空气储能具有系统规模大、效率高、成本低、安全环保的特点，是抽水蓄能技术之外最具有发展潜力的大规模储能技术。在不具备建设抽水蓄能电站自然条件的一些地区，尤其是远离消费中心的大型风电场和太阳能发电场，发展能够大规模长时间使用的压缩空气储能技术，可以有效解决我国大规模储能问题。

压缩空气储能是在燃气轮机技术上发展起来的，二者工作原理非常类似。燃气轮机系统主要由压缩机、燃烧室(或燃烧器)和透平三个部分组成(图 3.5)。工作时，空气通过叶轮式压气机从外界吸收，被压缩后送入燃烧室，同时燃料(气体或液体燃料)被喷入燃烧室与压缩空气混合，在定压下进行燃烧。生成的高温高压烟气进入透平膨胀做功，推动动力叶片高速旋转，同时驱动压气机旋转增压空气。燃气轮机系统中约 2/3 功率用于驱动压气机，其净输出功远小于透平的输出功。

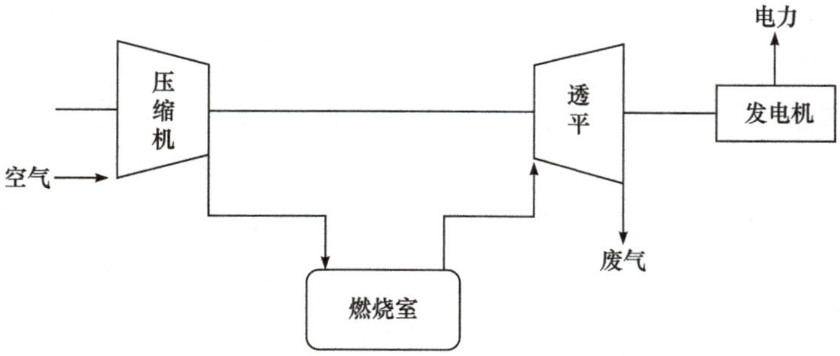

图 3.5 燃气轮机系统的工作原理

压缩空气储能系统一般包括 5 个主要部件：压气机、燃烧室及换热器、透平、储气装置(地下或地上洞穴或压力容器)、电动机/发电机(图 3.6)。和燃气轮机系统稍有不同的是，压缩空气储能系统的压气机和透平不同时工作，电动机与发电机共用一机。储能时，电动机消耗电能，驱动压气机压缩空气并存于储气装置中；放气发电过程中，从储气装置释放的高压空气进入燃气轮机燃烧室，和燃料一起燃烧后，驱动透平带动发电机输出电能。由于压缩空气来自储气装置，透平不必消耗功率带动压气机，透平的做功几乎全用于发电，因此具有比燃气轮机更高的能量效率。其与燃气轮机系统最大的区别在于燃气轮机系统中不存在存储过程，压缩—加热—膨胀—冷却形成一个回路，而压缩空气储能系统的压缩过程、加热和膨胀过程是不连续的，中间为存储过程。

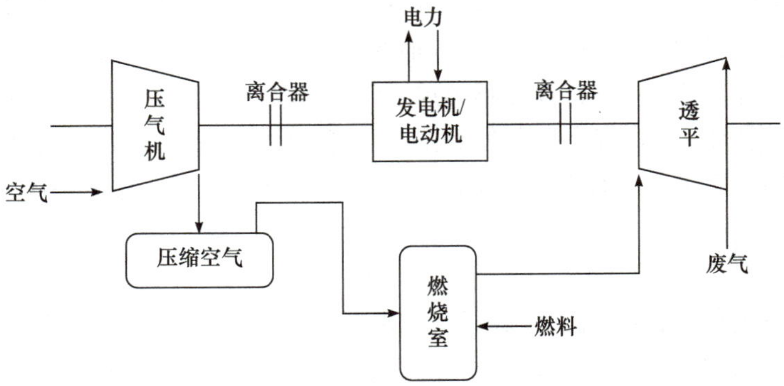

图 3.6 压缩空气储能系统的工作原理

压缩空气储能具有容量大、经济性能好、工作时间长、充放电循环多等优点，具体如下：

(1) 储能规模很大，仅次于抽水蓄能，适合建造大型电站。工作时间长，可以持续工作数小时乃至数天。

(2) 建造成本和运行成本比较低，具有很好的经济效益。随着绝热材料的应用，仅使用少量或不使用天然气或石油等燃料加热压缩空气，燃料成本占比将逐步下降，压缩空气储能成本将进一步降低。

(3) 场地限制少。现代压缩空气储存可以用地面储气罐取代溶洞，不受场地限制。

(4) 使用寿命长，通过维护可达 40～50 年，接近抽水蓄能的使用年限(50 年)，且其效率可以达到 60%左右，也接近抽水蓄能电站。

(5) 安全性和可靠性高。压缩空气储能使用的原料是空气，没有爆炸的危险，也不会产生任何有毒有害气体。

但是传统压缩空气储能系统存在三个技术瓶颈，一是过于依赖天然气等化石燃料提供热源，不适合我国这类“缺油少气”的国家；二是需要特殊地理条件如高气密性的岩石洞穴、盐洞、废弃矿井等来建造大型储气室；三是系统效率较低，需进一步提高。为解决传统压缩空气储能的技术瓶颈问题，近年来新型压缩空气储能技术，如绝热压缩空气储能、蓄热式压缩空气储能、等温压缩空气储能(不使用燃料)、液态空气储能(不使用大型储气室)、超临界压缩空气储能(不使用大型储气室、不使用燃料)等的研发工作受到了国内外学者的广泛关注。中国科学院工程热物理研究所于 2011 年在北京建成 15 kW 超临界压缩空气储能原理样机，并于 2013 年在河北廊坊建成国内首套 1.5 MW 蓄热式压缩空气储能示范系统，于 2016 年在贵州毕节建成国际首套 10 MW 示范系统，效率达 60.2%，是当时全球效率最高的压缩空气储能系统。2021 年年底，张家口市 100 MW 先进压缩空气储能示范项目即将投运，系统设计效率提升至 70.4%，进一步巩固我国在压缩空气储能领域的国际地位。2021 年 6 月 30 日，河南平顶山晟光储能有限公司和中国机械设备工程股份有限公司在北京正式签约，计划在河南省叶县建设国际首套利用盐穴储气的百兆瓦级先进压缩空气储能电站，该项目所用的技术及装备均来自中国科学院工程热物理研究所的科研和产业化成果。

虽然新型压缩空气储能技术发展速度较快，但是目前还无法完全满足大规模推广应用的要求，各项技术及性能仍需进一步提升。我国压缩空气储能技术尚未成熟，仍然处在探索阶段，但是因其系统规模大、储能成本低，尤其在我国风能、太阳能等可再生能源(西部地区)与消费中心(东部地区)严重逆向分布的背景下，压缩空气储能必将在未来电力系统中得到广泛的应用。

3. 飞轮储能

飞轮储能是利用改变物体惯性需要做功这一原理实现能量的输入(储存)或输出(释放)。飞轮储能是通过电动机带动飞轮高速旋转，在需要的时候再用飞轮带动发电机发电的技术。使用寿命可达到 20 年以上，对于工作温度没有特定的要求，对环境几乎没有影响。同时，飞轮储能具有较大的容量密度和功率密度，维护周期长，系统稳定性强，适用于调峰调频、电能质量调节、输配电系统稳定性等场合。此外，飞轮储能还具有安全性能突出，没有燃烧和爆炸的风险，装置占地面积较小，易部署，在电网应用中可将其放置于地下等优点。

典型的飞轮储能系统的基本结构如图 3.7 所示，主要由五部分组成：飞轮、轴承、高速电机、双向变流器、真空室。为了减少飞轮空闲运转时的损耗，提高转速和装置的效率，飞轮储能装置轴承的设计一般都使用非接触式的磁悬浮轴承技术，而且将电机和飞轮都密封在一个真空容器内以减少风阻。发电机和电动机使用一台电机来实现，通过轴承直接和飞轮连接在一起。

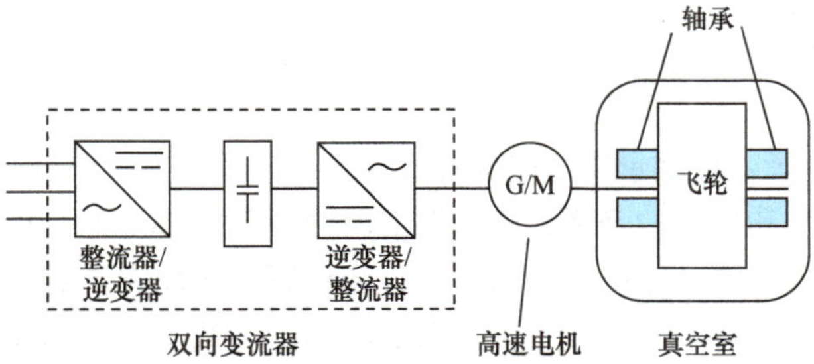

图 3.7 飞轮储能系统结构示意图

飞轮储能装置储能时，高速电机作为电动机运行，由电网提供的电能经变频器驱动电机加速，同时电机拖动飞轮加速储能，能量此时以动能形式储存在旋转的飞轮中。当飞轮达到设定的最大转速后，系统处于能量保持状态，直到接收到一个释放能量的控制信号系统释放能量，高速旋转的飞轮利用其惯性作用拖动电机减速发电，经变流器输出适用于电网要求的电能，完成动能到电能的转换。在整个飞轮储能装置中，飞轮决定了整个装置的储能多少，是核心部件，其储存的能量为

$$E = \frac{1}{2} J\omega^2 \tag{3.1}$$

式中，J为飞轮的转动惯量，与飞轮的形状和质量有关；ω为飞轮转动的角速度。为了最大限度地增加飞轮储能系统的储能量，需要减轻飞轮质量并提高飞轮的极限角速度，因此目前多采用碳素纤维材料制作飞轮。

飞轮储能思想早在19世纪就有人提出，但是受限于当时的技术条件，在很长时间内都没有突破，最初只是用在蒸汽机、内燃机上作为运转平稳的调节部件。直到20世纪60～70年代，美国国家航空航天局(NASA)格伦研究中心开始把飞轮作为蓄能电池应用在卫星上。90年代后，飞轮储能技术在以下3个方面取得了突破，因此具有更大的发展空间，飞轮储能系统实用产品逐步成熟。

(1) 高强度碳素纤维复合材料(抗拉强度高达8.72 GPa)的出现，大大增加了单位质量的动能储量。

(2) 磁悬浮技术和高温超导技术的研究进展迅速，使飞轮的摩擦损耗和风损耗都降到最低限度。

(3) 电力电子技术的新进展为飞轮储存的动能与电能之间的交换提供了先进的手段。储能飞轮是高科技机电一体化产品，它在航空航天(卫星储能电池，综合动力)、军事(大功率电磁炮)、电力(电力调峰)、通信(UPS)、汽车工业(电动汽车)等领域都具有广阔的应用前景。

飞轮储能技术目前正处于广泛的实验阶段，小型样机已经研制成功并有应用于实际的例子。但是发展大型机的储能系统仍具有非常多的难点，主要集中在以下几个方面。

(1) 飞轮的设计：转子动力学，轮毂——转缘边界连接，强度的优化，蠕变寿命。

(2) 磁轴承：低功耗，动力设计，高转速，长寿命。

(3) 功率电子电路：高效率，高可靠性，低功耗电动/发电机。

(4) 安全及保护特性：不可预期动量传递，防止飞轮爆炸可能性，安全轻型保护壳设计。

(5) 机械备份轴承：磁轴承失效时支撑飞轮。

随着技术的成熟和价格的降低，飞轮储能将会是储能领域的一项新的革命。随着我国对这一技术重视程度的日益提高，相关高校和科研机构加大了对飞轮储能的研究与开发，并取得了一定的成绩。2019年7月8日，我国能源技术革命创新行动计划中的兆瓦级飞轮储能技术研究实现了重大突破，GTR飞轮储能装置在北京地铁房山线广阳城站正式实现商用，填补了国内应用飞轮储能装置解决城市轨道交通再生制动能量回收方式的空白。该装置在车站运行后，一座车站一年可以节省约50万度电，起到了节能减排的效果。

3.2.2 电磁储能

电磁储能主要就是超导储能，本小节主要介绍超导储能的原理、应用和研究现状。

超导储能是指利用超导线圈先将电磁能储存起来，需要时再将电磁能回馈给电网或其他负载，可以对电网提供大功率支持的装置。20世纪60年代，随着NbTi线圈的问世和大规模产业化，吉拉德(Girard)等提出了超导储能概念，随后采用不同超导材料、不同构型、容量和用途的超导储能线圈相继问世。将一个超导体圆环置于磁场中，将温度降至圆环材料的临界温度以下，撤去磁场，由于电磁感应，圆环中有感应电流产生，只要温度保持在临界温度以下，电流便会持续下去，这种电流的衰减时间不低于 10 万年。因为在直流电流下超导体电阻为零，其通流能力比铜导线高一两个数量级，用超导导线制作储能电感(一般称为超导磁体)能获得远高于常规电感的储能密度、功率密度。这一特性使超导储能成为一种理想的储能装置。除此之外，超导储能装置还具有质量轻、体积小、反应快、污染小、转换效率高等优点。

利用超导的储能技术有两种形式：超导磁储能(superconducting magnetic energy storage，SMES)将电能以磁场能的形式储存于超导磁体(电感)，超导磁悬浮飞轮储能(superconducting suspension flywheel energy storage，SSFES)将超导技术用于磁悬浮轴承以提升飞轮储能的技术性能。

超导磁储能是一种电感储能技术。其原理如图 3.8 所示。

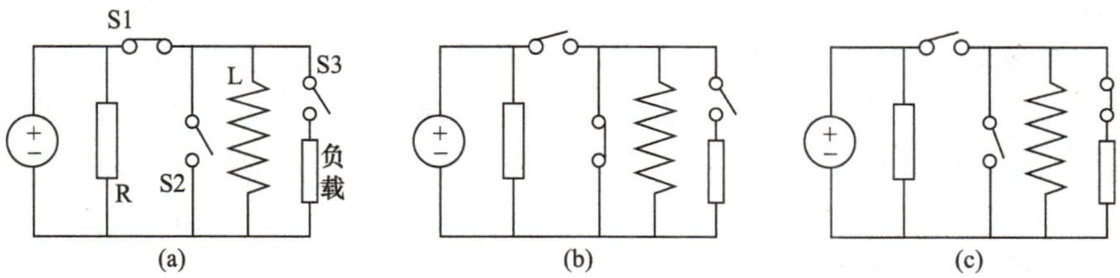

图 3.8　超导磁储能的原理

(a) 给电感充电过程；(b) 电感储存能量过程；(c) 电感释放能量过程

充电时，开关 S2 和 S3 处于断开状态，闭合开关 S1，电源对储能电感充电；合上开关 S2、断开开关 S1，S2 与电感 L 形成闭合回路，此时电感中储存的能量如下：

$$E=\frac{1}{2}LI^2 \tag{3.2}$$

式中，E 为电感中储存的能量；L 为电感值；I 为电感中的电流。放电时，合上开关 S3、断开开关 S2，电感对负载放电而释放能量。

实际使用的 SMES 装置主要包括四部分(图 3.9)，即超导储能线圈、功率变换系统、制冷系统和监控系统。超导储能线圈和功率变换系统是 SMES 的核心部件。其中，超导储能线圈是 SMES 的能量存储单元，需要在低温杜瓦瓶中维持低温状态，其寿命可达 30 年以上；功率变换系统是电网与 SMES 进行能量交换的装置，它主要将电网的能量缓存到超导储能线圈中，并在需要时加以释放，同时还可实现与电网的四象限功率交换，提高电网的稳定性以及改善电能质量；制冷系统包括制冷机及相关配套设施，为 SMES 的正常运行提供所需冷量，可以实现“零挥发模式”运行；监控系统主要用来监测电网的主要运行参数，对电网当前的电能质量进行分析，进而对 SMES 提出运行控制目标，同时还具有自检和保护功能，保障 SMES 的安全运行。

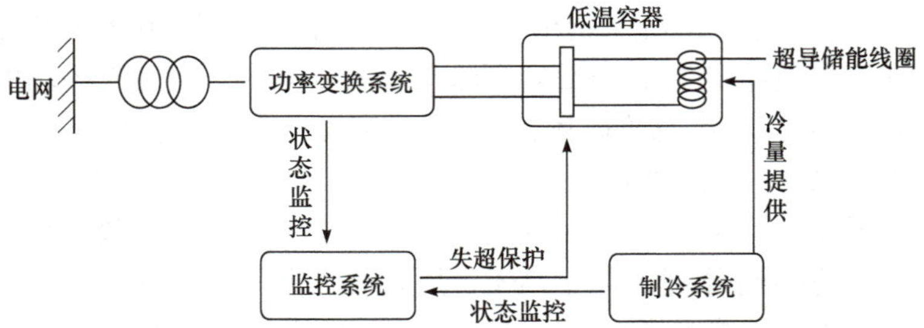

图 3.9 SMES 装置构成

SMES 的超导磁体在储能状态下不会产生焦耳热损耗，储能效率高达 95%，可以长时间无损耗地储存能量。由于 SMES 的储能与释能是电磁能量的直接转换，能量转换速度和效率高于电能-化学能、电能-机械能等能量转换形式，因此 SMES 的响应速度快、功率密度高、反复充放电次数无限制。

根据所用超导材料的不同，SMES 可分为低温 SMES 和高温 SMES。使用低温超导材料的 SMES 需要在液氦温区(4.2 K)工作，制冷成本高，所以使用高温超导材料的 SMES 是未来的主要发展方向。但是高温超导体的临界磁场远高于低温超导体，目前导线制作技术仍处于发展期，性能还存在很大的上升空间。1996 年美国超导公司研发出世界第一台高温超导储能线圈，储能量 5 kJ，工作温度提高到 25 K，从此揭开了高温超导储能线圈研发的序幕。2008 年，中国科学院电工研究所研制成功 1 MJ/0.5 MW 高温超导储能线圈，是当时储能规模最大的高温超导储能线圈。

SSFES 是采用超导线圈与永磁体实现磁悬浮轴承、用以降低飞轮储能轴承摩擦损耗的一种储能技术，结合了超导磁储能技术和飞轮储能技术。传统的超导体无法满足磁轴承的要求，但是高温超导体钇系的发现使制造高温超导磁轴承成为可能。

与传统机械式轴承相比，电磁悬浮轴承具有以下优点：

(1) 无接触、无磨损，维护成本较低且使用寿命更长，对于减少飞轮储能系统静态损耗非常有利。

(2) 轴承的转速仅受限于飞轮的材料。

(3) 轴承的系统功耗较低，如果辅助使用真空设备，功耗将进一步降低。

(4) 高精度控制系统。

(5) 承载力可设计。可以根据轴承的横截面积，设计出不同质量等级的磁悬浮飞轮。

与其他储能形式相比，SSFES 具有储能密度大、储能效率高的特点，其技术优势和不足与 SMES 类似，虽然响应速度快，但实现单机大容量较难、成本较高。随着飞轮材料性能和电机转速的不断提高，其储能密度还有巨大的提升空间。

目前，基于 SMES 和 SSFES 的储能系统已经应用于以下多个领域：提高电力系统稳定性，改善电能质量和提高风电、光电等随机性强的间歇式新能源的并网特性；作为电磁武器和电磁弹射系统的高功率脉冲电源；作为人造卫星的电源；应用于铁路机车、地铁系统及混合动力汽车，对车辆的刹车能量进行回收，并在启动过程中对车辆提供能量。但是由于造价高昂，超导储能系统迄今尚未大规模进入市场。今后对超导储能系统的研究将主要集中在降低成本、优化高温超导线材的工艺和性能、优化超导储能装置及降低超导储能线圈交流损耗等方面。

3.2.3 超级电容器储能

超级电容器又称为电化学电容器、法拉电容、黄金电容、储能电容或双电层电容，是一种建立在界面双电层理论(德国物理学家亥姆霍兹提出)基础上的新型电容器。与传统的电源不同，超级电容器利用极化电解质实现电能储存，在电能储存过程中不发生化学反应，可以反复充放电数十万次。超级电容器既具有传统电容器的高功率优势，又具备蓄电池的大容量特点，循环稳定性好、工作温度范围广、环境友好。1957 年，美国人贝克尔(Becker)发表第一个关于超级电容的专利，之后超级电容器在太阳能能源系统(并网发电)、电子通信系统、交通工具、航空航天及国防军事科技等领域广泛应用。

超级电容器的工作原理如图 3.10 所示。对两个极板施加外电压时，极板的正电极储存正电荷，负极板储存负电荷，在两极板相反电荷产生的电场作用下，电极与电解液界面处形成极性相反的电荷层，用以平衡电解液的内电场，正电荷与负电荷在固相和液相的接触面上，以正、负电荷之间极短间隙排列在相反的位置上，这个电荷分布层称为双电层。当两极板间的电势低于电解液的氧化还原电极电势时，电解液界面上电荷不会脱离电解液，超级电容器为正常工作状态。一旦电容器两端电压超过电解液的氧化还原电极电势，电解液将分解，此时电容器处于非正常状态。在超级电容器放电过程中，正、负极板上的电荷被外电路释放，电解液界面上的电荷则相应减少。因此，超级电容器的充放电过程没有涉及化学反应，始终是物理过程。

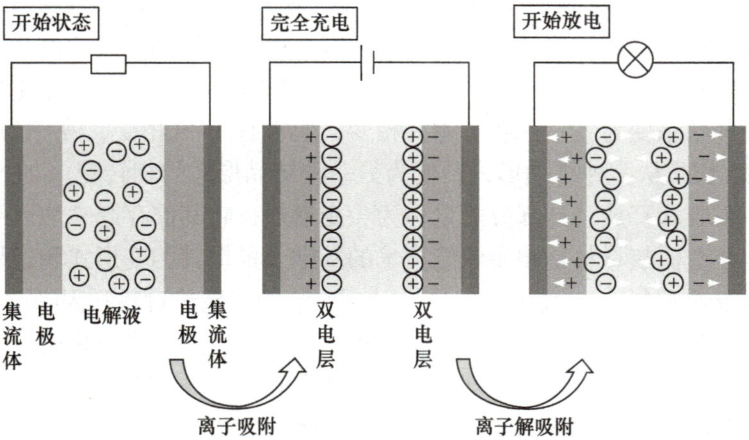

图 3.10 超级电容器的工作原理

根据超级电容器不同的储存电能机理，可将其分为双电层电容器和赝电容器两种，前者是电极和电解液的界面上电荷定向排列产生的双电层电容，后者是电活性离子在电极表面或者体系发生欠电势沉积或氧化还原反应产生的吸附电容，赝电容器一般具有更大的比电容。

与其他储能技术相比，超级电容器具有以下优点：

(1) 电容量大，是普通电容器的 1000～10 000 倍。

(2) 循环次数多，使用寿命长。深度充放电循环的使用次数可达 50 万次，或 90 000 h，没有记忆效应。

(3) 充电速度快。充电 10 s～10 min 就可达到其额定容量的 95%以上。而普通的二次电池在如此短的时间内将电池充满电是极危险的或几乎不可能实现的。

(4) 大电流放电能力超强，能力转化效率高。

(5) 功率密度高，可达 300～5000 $W \cdot kg^{-1}$，相当于电池的 5～10 倍。

(6) 工作温度范围宽(−40～70 ℃)。

(7) 产品原材料构成、生产、使用、储存及拆解过程均没有污染，是理想的绿色储能技术。

目前超级电容器已在多个领域取得广泛应用。例如，在新能源汽车领域，已有众多厂商选择了超级电容器与锂离子电池配合的技术路线，实现储能并保护电池的作用。在风力发电和太阳能发电领域，超级电容器因具有数万次以上的充放电循环寿命、大电流充放电特性，可以适应风能的大电流波动及太阳光强度的变化，能在白天阳光充足或风力强劲的条件下吸收能量，在夜晚或风力较弱时放电，从而能够熨平风电或太阳能发电的波动，实现更有效的并网。

3.2.4 相变储能

相变储能即相变储热。在人类活动中，大部分能量都是以热能的形式被转化和利用的，但是绝大部分热源存在不稳定和不持续的问题，导致其无法被合理有效地利用。储热技术就是由此需求发展而来的，通过特定的装置和材料将过多或剩余的热量储存起来，需要时再释放利用，从而解决由于时间和空间限制以及供热和用热的不匹配、不均匀等造成的能源利用率过低等问题。在储热技术中，相变储热的研究和应用最为广泛。

物质从一种状态变为另一种状态称为相变，通常有固-气相变、液-气相变、固-液相变和固-固相变(物质从一种结晶形式转变为另一种结晶形式的相转变)。在相变的过程中伴随着能量的吸收和释放，这部分能量称为相变潜热，将其储存起来加以利用的过程就是相变储热。相变储热材料是相变储能技术的基础，根据其相变形式和过程可以分为四类：固-气相变储热材料、液-气相变储热材料、固-液相变储热材料和固-固相变储热材料。

相变储能的基本原理是将物质在相变过程中等温释放的相变潜热通过盛装相变材料的原件储存起来，等到需要时将其以一定形式释放出来。相变储能具有以下优点：

(1) 储能密度高。相变储热主要是利用物质在物态变化时单位质量(或体积)相变储热量大的特点把热能储存起来加以利用。物质在相变时所吸收(或放出)的潜热为数百至数千千焦每千克，如常见水的比热容仅为 4.2 $kJ \cdot kg^{-1} \cdot ℃^{-1}$，而冰融化时的潜热可达 335 $kJ \cdot kg^{-1}$。因此，相变储能技术的储能密度高，储热量更多。

(2) 温度恒定。物质在等温或近似等温的条件下发生相变，因此在储热和放热过程中热流基本保持稳定。一般的相变储热材料在储热或放热的温度波动范围仅为 2～3 ℃，系统中除了要调节热流量的装置外几乎不需要其他温度调节或控制系统，大大降低了储能成本。

相变储能也不可避免地存在一些缺点。例如，当系统温度在熔点附近时，相变材料往往以固、液两相存在，难以泵送，所以相变材料通常不能同时作传热介质。在收集、储存和释放热量过程中，一般都需要两个独立的流体循环回路。此外，相变材料通常不能同时具有较大的热扩散系数和比热容，而同时符合这两点要求的相变储热材料又一般具有较低的导热系数和扩散系数，需要设计和制作特殊的热交换器，这也增加了成本。

总的来说，相变储能技术在各个领域都有广泛的应用，它不仅能回收二次利用工业废热及余热、减少环境污染，还可以实现节能减排、替代不可再生能源，具有较大的应用前景。

3.3 电池储能技术

3.3.1 引言

随着科技的发展，越来越多的电子产品以惊人的速度进入人们的日常生活，大如电动汽车、各种家电，小到手机、智能手环，它们的外形和功能多种多样，能满足人们现有的大多数日常需求。在享受科技带来的声色绚烂的数码生活的同时，又是否关注过、了解过决定这些电子产品的体积和使用时间的电池呢?

电池是指盛有电解质溶液和电极以便产生电流的杯、槽或其他容器，通过电化学氧化还原反应将化学能转换成电能的装置。电池具有正极、负极之分。随着科技的进步，电池泛指能产生电能的装置。

单体电池由三个主要部分组成：

(1) 负极(或阳极)：放电时将电子传给外电路，自身则通过电化学反应被氧化。

(2) 正极(或阴极)：放电时从外电路接受电子，通过电化学反应被还原。

(3) 电解质：由溶质、溶剂和添加剂组成的离子导体，在电池正、负极之间通过离子移动，实现电荷的转移。

电池按照工作性质可划分为一次电池(原电池)、二次电池(蓄电池)、燃料电池(连续电池)和储备电池(激活电池)四种。其中，二次电池可以多次重复充放电循环使用，实际上是一种电化学能量的储存装置，又称为储能电池，是一种新型的储能技术。目前世界各国都投入极大的人力和物力开发新型的储能电池。

推动电池产业和技术发展的动力主要来自以下几方面：

(1) 能源需求：全世界的化石能源不断消耗，人们必须寻找可替代的新能源。

(2) 生态与环境需求：日益严重的汽车尾气污染问题推动着新能源汽车的发展，要求开发无毒无污染的高能量密度、高安全性、长循环寿命的清洁电池。

(3) 信息技术的发展：移动通信等便携式电子产品的迅速发展，要求开发体积质量小、续航时间长、寿命长、免维护的电池。下一代可折叠的柔性电子器件也对柔性电池技术提出了要求。

(4) 航空航天和现代化武器装备的需求：人造卫星、宇宙飞船和野战通信要求开发高功率、轻质量、长寿命的储能电池和新型电池。

下面主要介绍二次电池体系的工作原理、结构、性能、应用和发展前景。

3.3.2 电池的基本概念

在学习电池的相关知识之前，首先要了解电池相关的一些基本概念。本小节将对之后学习过程中涉及的基本概念进行介绍。

1. 充放电

放电：当电池连接外部负载时，电子从负极(或阳极)经过外部负载流向正极(或阴极)。此时，负极(或阳极)被氧化，正极(或阴极)接受电子而被还原。电解质中的阴、阳离子分别移向负极、正极，使整个电路连通起来。电子产品使用的过程其实就是电池放电的过程[图 3.11(a)]。

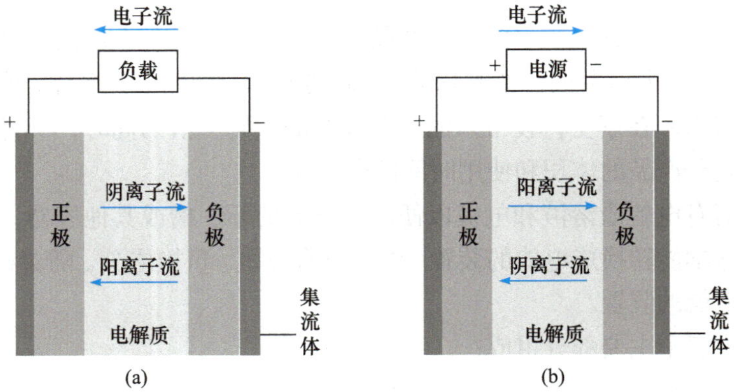

图 3.11 电池放电(a)和电池充电(b)示意图

放电速率是表示电池放电快慢的一种度量，为了比较不同容量的电池，用电池容量 C 与放电时间 t 的比而不是电流的绝对值来表示。例如，一个容量为 1 A · h 的电池，将其放电 2 h 后电池的电量完全放完，则它的放电速率为：C/2=0.5 C，而它的放电电流为 1 A · h/2 h=0.5 A。也就是说，放电速率实际上与电池容量的绝对值无关，只与放电完全所需要的时间有关。

放电深度是指电池在使用过程中，电池放出的容量和电池的理论容量的比值。

充电：二次电池在充电时，电流的流动方向与放电过程相反。电子从正极经过外部负载流向负极，正极发生氧化，负极则被还原。电解质中的阴、阳离子分别移向正极、负极。常用的电子产品充电就是这个过程[图 3.11(b)]。

充放电曲线：电池充电和放电过程中，电池的工作电压会随着时间的延续而不断发生变化。根据电池的工作电压和充/放电时间或容量绘制而成的曲线称为充放电曲线。曲线平坦则表示在电池充放电过程中，电池的工作电压平稳。测量电池的充放电曲线是研究电池性能的基本方法之一，通过充放电曲线可以得到很多电池的基本属性，如容量、电压、极化等。

2. 内阻

电池的内阻是指电流通过电池内部时受到的阻力，包括欧姆内阻和电化学反应中电极极化所导致的极化内阻。极化内阻又包括电化学极化内阻和浓差极化内阻。

欧姆内阻与电解质、隔膜和电极材料的性质有关。电解质的欧姆内阻与电解质的组成、浓度和温度有关。通常，要在电解液电导率最大的区间来选择电解液浓度，以降低其欧姆内阻，但还需要考虑电解液浓度对电池极化内阻、自放电、电池容量等的影响。隔膜的欧姆内阻是指隔膜对电解液离子迁移所造成的阻力。隔膜的欧姆内阻与电解液的种类、隔膜本身的材质和孔隙率有关。电极的欧姆内阻则包含正、负极活性物质的电阻，活性物质与集流体的接触电阻和集流体本身的电阻。与此同时，电池的欧姆内阻还与电池的尺寸、装配、结构等因素有关，装配越紧凑，电极间距越小，欧姆内阻就越小。

极化内阻是指化学电源的正、负极在进行电化学反应时所引起的内阻，包括由电化学极化和浓差极化所引起的电阻。极化内阻与活性物质的特性、电极的结构和电池的制造工艺有关。由于电化学极化和浓差极化随反应条件而变化，因此极化内阻会随放电深度和放电时间的改变而变化。

3. 电压

理论电压：电池的理论电压是由正、负极活性物质确定的，是指电池正、负极材料因化学反应而造成的电势差，由此产生的电压值。可以通过标准电极电势按照下面的公式进行计算：

电池的理论电压 = 正极还原标准电极电势 − 负极氧化标准电极电势

电池的电压只与参与化学反应的物质本性、电池的反应条件及反应物与产物的活度有关，与电池的形状、几何结构、尺寸无关。

开路电压：是指电池在非工作状态下(电路中无电流流过)，电池正、负极之间的电势差。此时，正、负极在电解质中不一定处于热力学平衡态，因此电池的开路电压总是小于电池的理论电压。电池的理论电压是通过热力学函数计算所得，而开路电压则可以直接通过测量得到。

工作电压：是指电池在工作状态下，也就是电路中有电流流过时电池正、负极之间的电势差，又称为端电压或负载电压。在电池放电工作状态下，当电流流过电池内部时，需克服电池的内阻所造成的阻力，所以工作电压总是低于开路电压，充电时则与之相反。电池内阻越大，电池的工作电压越低，与此同时在内阻上损失的能量会以热能的形式留在电池内导致电池温度上升，造成电池的安全问题。电池的工作电压与电池的工作条件相关，也就是与电池的放电方式有关，当电池放电时，欧姆内阻通常是不断变大的。

终止电压：通常将电池刚开始放电时的电压称为初始工作电压，电压下降到不宜再继续放电时的低工作电压称为终止电压。终止电压并不为零，根据不同的放电方式和对电池寿命的要求，电池的终止电压略有不同。电池低温或大电流放电时，电池极化较大，电压下降也较快，正、负极活性物质利用不充分，此时终止电压可以低一些来输出更多能量；小电流放电时，正、负极活性物质利用较为充分，终止电压则可以高一些，以便减少深度放电对电池寿命的影响。具体电池的终止电压还要根据正、负极活性物质的性质和性能决定。

过电势：又称超电势，是指电极反应偏离平衡时的电极电势与这个电极反应的平衡电势之间的差值。

4. 容量和比容量

容量是指电池储存电量的多少，是衡量电池性能的重要指标之一，表示在一定条件(温度、终止电压等)下电池输出的电量，用 C 表示，单位通常为安培 · 小时(A · h 或 mA · h，1 A · h=3600 C)。容量可以分为理论容量、实际容量和额定容量。

理论容量(C_0)是假设正、负极活性物质全部参与电池的电化学反应时所能释放出来的电量，可以根据法拉第定律计算得到。例如，活性物质的质量为 m(单位为 g)，其摩尔质量为 M(单位为 $g \cdot mol^{-1}$)，假设 1 mol 物质全部参与反应可以转移 n mol 电子，则其理论容量(mA · h)可以按下列公式计算：

$$C_0 = \frac{96\,485nm}{3.6M} \tag{3.3}$$

式(3.3)推导如下：1 mol 电子所带的电量为 96 485 C。$1\ C=1\ A \cdot s=\frac{1000\ mA}{3600}\ h=\frac{1}{3.6}\ mA \cdot h$，$n$ mol 电子所带的电量为 $\frac{96\,485n}{3.6}$ (mA · h)，则质量为 m 的活性物质的理论容量为 $\frac{96\,485nm}{3.6M}$ (mA · h)。

实际容量则指在一定放电条件下，电池实际可以输出的容量。实际容量既受理论容量的限制，又与电池的放电条件相关。由于电池存在极化等，通常正、负极活性物质无法全部被利用，所以电池的实际容量总是低于理论容量。

额定容量则是指电池在设计时规定一定放电条件下应该释放出来的最低容量，也称为标称容量。

电池的容量是衡量电池电化学性能最重要的指标之一。影响容量的主要因素是活性物质的质量和利用率。前者可以确定电池的理论容量，后者则主要决定电池的实际容量。电池的容量取决于组成电池的正、负极活性物质的容量，当正极和负极的容量不一致时，电池的容量则取决于容量小的那个电极的容量而不是正、负极容量之和。

为了方便比较不同型号的电池的性能，提出了比容量的概念。比容量是指单位质量或体积的电池(或活性物质)所能放出的电量；前者是质量比容量，计算公式为：质量比容量=容量/质量，单位是 $mA \cdot h \cdot g^{-1}$。后者是体积比容量，计算公式为：体积比容量=容量/体积，单位是 $mA \cdot h \cdot cm^{-3}$。

5. 能量和比能量

与容量相对应，同时考虑电压和电量，电池的电能也可以用能量表示，指电池在一定放电条件下对外做功所输出的电能，单位用 W · h 表示，可以分为理论能量和实际能量。

$$能量(W\cdot h)=电压(V)\times容量(A\cdot h) \tag{3.4}$$

电池的理论能量是指电池在常温、恒压的可逆放电条件下所能做的最大非体积功。此时假设电池在放电过程中始终处于平衡状态，放电电压始终等于其理论电压，且活性物质全部参与反应。因此，电池的理论能量只是理想状态下的能量，实际上是无法达到的。实际能量是指电池在一定放电条件下实际输出的能量。活性物质利用率会影响电池的实际能量。

与比容量相似，为了更好地进行不同电池性能的比较，提出了比能量(能量密度)的概念。比能量是指单位质量或体积的电池或活性物质所能放出的能量；前者是质量比能量，计算公式为：质量比能量=能量/质量=质量比容量×电压，单位是 $W\cdot h\cdot kg^{-1}$；后者是体积比能量，计算公式为：体积比能量=能量/体积=体积比容量×电压，单位是 $W\cdot h\cdot L^{-1}$。比能量也分为理论比能量和实际比能量，电池的理论比能量可以由理论比容量乘以理论电压得到，而实际比能量可以由实际能量除以电池的质量或体积得到。

6. 功率和比功率

电池的功率是指在一定的放电条件下，单位时间内电池所能输出的能量，单位为 W。比功率(功率密度)则指在一定放电条件下，单位时间内单位质量或单位体积的电池所输出的能量，质量比功率的单位为 $W\cdot kg^{-1}$，体积比功率的单位为 $W\cdot L^{-1}$。

功率和比功率这两个概念表示电池放电倍率的大小，功率大则表示电池可以在大电流或高倍率下放电。与容量、能量概念相类似，功率可以分为理论功率和实际功率。影响电池容量和能量的一些因素也同样影响功率，尤其是放电方式对电池的输出功率影响非常大。当电池以大电流放电时，电池的输出比功率增大的同时极化增大，电池的工作电压下降较快，因此电池的比能量降低；而当电池以小电流放电时，电池的输出比功率变小，但是极化也减小，使得电池的工作电压下降较慢，从而导致比能量增大。

7. 储存性能和循环寿命

电池的储存性能是指开路时，在一定的条件下储存一段时间后，容量自发降低的特性，这种现象也称为自放电。电池的容量降低率小，自放电少，就说明电池的储存性能好。自放电的发生主要是由于电极在电解液中处于热力学不稳定状态，会自发发生氧化还原反应，从而导致一部分电池容量的损失。影响自放电的因素有电池储存条件(温度、湿度等)以及活性物质、电解液、隔板和外壳等带入的有害杂质。自放电速率用单位时间内容量降低的百分数表示：

$$x=\frac{C_{前}-C_{后}}{C_{前}t}\times100\% \tag{3.5}$$

式中，$C_{前}$、$C_{后}$ 分别为储存前、后的容量；t 为储存时间，可以用天、月、年表示。

除了用一定时间内容量的变化来表示自放电的大小外，还可以用电池搁置至容量降低到规定值时的天数表示，称为搁置寿命。

循环寿命是衡量电池电化学性能的另一个重要指标，循环寿命越长，则电池性能越好。循环寿命是指在满足规定条件下，电池能够达到的最大充放电循环的次数。一般来说，在规定循环寿命时必须同时规定充放电的速率、放电深度及环境温度范围等条件。电池的循环寿命很大程度上取决于正、负极活性物质在充放电过程中的结构稳定性。

3.3.3 电池的发展史

1780 年，意大利解剖学家伽伐尼在做青蛙解剖实验时，偶然发现用铜制的解剖刀碰触置于铁盘内的青蛙时，青蛙立刻产生抽搐现象，就像是感受到了电流的刺激。他认为这是生物本身内在的自发电流，从而提出了原电池最早的雏形。

1799 年，意大利物理学家伏特将锌板和锡板浸在盐水中，发现连接两块金属的导线中有电流通过。随后，他将许多锌片与银片之间垫上浸透盐水的绒布或纸片平叠起来，发现用手触摸两端时可以感到强烈的电流刺激。伏特用这种方法成功组装了世界上第一个电池——伏特电堆，开创了电学发展的新时代。这个伏特电堆实际上就是串联的电池组。为了纪念伏特在电池发展史上里程碑意义的成就，科学界将他的姓简化为 Volt(伏特)，作为电压单位的名称。

1836 年，英国人丹尼尔改良了伏特电堆。他将锌负极浸于稀硫酸电解质中，同时将铜正极浸于硫酸铜溶液中，制成了第一个实际应用的丹尼尔电池，也就是铜锌电池。这种电池改善了电池电流衰减的缺点，增强了持续放电的性能，是第一个不极化且能保持平衡电流的电池。丹尼尔电池是最早能进行长时间工作的实用电池，其最大的特点是使用了多孔性的隔板以避免正极与负极的接触。这种电池早期应用在铁路的信号灯上。

1839 年，英国人格罗夫(Grove)首次发现了水解过程逆反应的发电现象，燃料电池的概念由此而来。1889 年，英国人蒙德(Mond)和兰格(Langer)以铂黑为电催化剂，以钻孔的铂为集流体，组装出第一个实际意义上的燃料电池。20 世纪 60 年代，燃料电池进入广泛的实用性开发阶段，首次应用在美国国家航空航天局的阿波罗号登月飞船上作为辅助电源，为人类登月球做出了积极贡献。

1859 年，法国人普兰特(Planté)发现了直流电通过浸在稀硫酸中的两块铅板时，在这两块铅板上能够重复地产生电动势，以此制成了蓄电池，也就是最早的铅酸电池。

1866 年，法国人勒克朗谢(Leclanche)发明了勒克朗谢电池，这是酸性锌锰电池的原型，也是电池发展的重大转折。它直接用锌筒外壳作为负极，电池中心是正极导电材料石墨棒，正极区是围绕着石墨棒的粉状二氧化锰和炭粉，负极区是糊状的 $ZnCl_2$ 和 NH_4Cl 混合物，这种类型的电池延续使用至今。直到 1888 年，加斯纳(Gassner)将淀粉加入锌锰电池的电解质氯化铵中，制成浆糊状，从此锌锰电池就成为干电池，促进了 20 世纪初手电筒的发明和使用。目前干电池的应用已经深入广大民众的生活之中。

20 世纪以来，电池技术得到了迅猛的发展，电池的种类不断增多，电池的应用领域也在不断拓展，人们生活的各个方面都离不开电池。1899 年，琼格尔(Jungner)发明了镍镉电池，又称为琼格尔电池，其负极是镉，正极是羟基氧化镍(NiOOH)。镍镉电池在 20 世纪初实现商业化，并在 20 世纪 80 年代得到迅速发展。1901 年，爱迪生以碱性水溶液作为电解液，发明了镍铁电池，负极是铁粉，正极是羟基氧化镍。20 世纪 60 年代末，人们发现了在一定温度和压力下可以吸放大量氢的储氢合金。20 世纪 90 年代，以储氢合金为负极、羟基氧化镍为正极的镍氢电池(镍-金属氢化物电池)得到快速发展并逐步取代镍镉电池。1974 年，美国科学家塔勒尔(Thaller)提出了将活性物质储存在液态电解质中的二次电池技术，液流电池随之诞生。20 世纪 70 年代，英裔美国科学家惠廷厄姆(Whittingham)使用二硫化钛和锂金属分别作为电池的正极和负极，组装成第一个实际意义上的锂电池；80 年代，美国科学家古迪纳夫(Goodenough)采用钴酸锂正极代替二硫化钛，使锂电池电压提升了一倍；之后，日本科学家吉野彰(Akira Yoshino)对锂电池电极组合进行了进一步优化，他使用一种碳材料石油焦作为负极，替代活泼的锂金属负极，这次改进带来了革命性的发展，使得电池更安全，性能更稳定，至此产生了第一代锂离子电池原型。2019 年的诺贝尔化学奖授予美国科学家古迪纳夫教授、英裔美国科学家惠廷厄姆教授和日本科学家吉野彰教授，以表彰他们在锂离子电池研发领域做出的突出贡献。诺贝尔化学奖评委会这样评价道：“轻巧、可充电且能量强大的锂离子电池已在全球范围内被应用于手机、笔记本电脑、电动汽车等各种产品，并可以储存来自太阳能和风能的大量能量，从而使无化石燃料社会成为可能。”

3.3.4 铅酸电池

铅酸电池(lead-acid battery)的电极主要由铅和它的氧化物构成，电解液是稀硫酸溶液。它是一种能量储存装置，充电时将电能转换为化学能储存，放电时又将化学能转换为电能释放。从普兰特发明铅酸电池至今已经有 160 多年的历史，是最古老、最成熟的一种化学储能技术，也是目前应用最广、产量最大的二次电池。电池主要由管式正极板、负极板、电解液、隔板、电池槽、电池盖、极柱、注液盖等组成(图 3.12)。下面主要介绍铅酸电池的工作原理、性能、应用和发展前景。

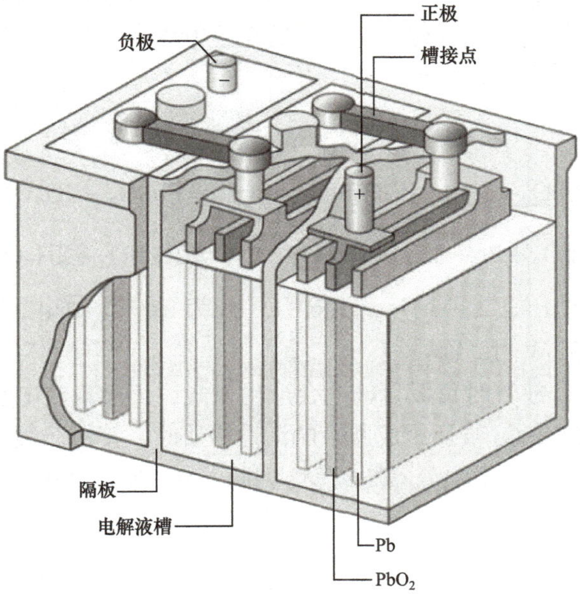

图 3.12 铅酸电池结构示意图

引自：http: //www.d1ev.com/kol/555054

1. 工作原理

铅酸电池负极的活性物质是海绵状的金属铅(Pb)，正极活性物质是二氧化铅(PbO_2)，电解液是稀硫酸。由于硫酸的一级解离常数远大于二级解离常数，一级解离完全，二级解离约 1%，也就是说在铅酸电池的电解液中 HSO_4^- 占大多数。在充放电的过程中，电池内部发生的反应如图 3.13 所示。

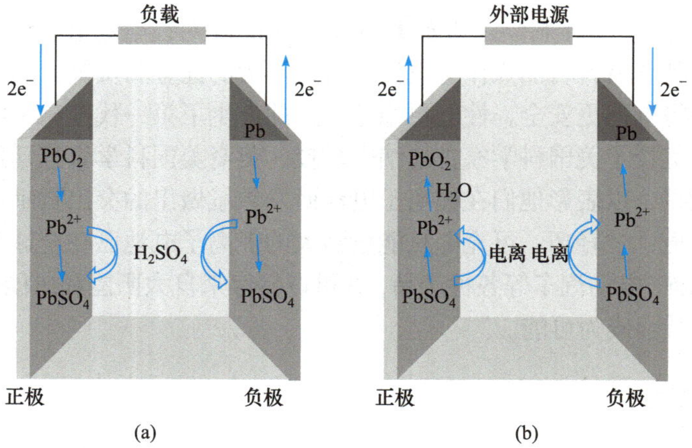

图 3.13　铅酸电池充放电示意图

铅酸电池连接外部电路放电时，电解质硫酸与正、负极板上的活性物质 PbO_2、Pb 发生电化学反应，生成新的化学物质硫酸铅($PbSO_4$)。放电时在正、负极板上生成的 $PbSO_4$ 在充电时被分解还原成硫酸、Pb 及 PbO_2。作为电解质的硫酸不仅起到传输离子、导通电池的作用，还参与电化学反应。电池放电时，电解液中硫酸不断被消耗，与此同时水不断生成，电解液中硫酸的浓度不断降低。与之相对应的是充电过程中硫酸的浓度不断升高。因此，可以根据电解液的浓度变化判断电池的充放电深度。充放电过程中电池内部的化学反应可以用式(3.6)和式(3.7)表示。

负极反应：
$$Pb + HSO_4^- - 2e^- \underset{充电}{\overset{放电}{\rightleftharpoons}} PbSO_4 + H^+ \tag{3.6}$$

正极反应：
$$PbO_2 + 3H^+ + HSO_4^- + 2e^- \underset{充电}{\overset{放电}{\rightleftharpoons}} PbSO_4 + 2H_2O \tag{3.7}$$

总反应：
$$PbO_2 + Pb + 2H^+ + 2HSO_4^- \underset{充电}{\overset{放电}{\rightleftharpoons}} 2PbSO_4 + 2H_2O \tag{3.8}$$

铅酸电池的理论电压是 2.105 V，开路电压一般为 2.0 V，放电的终止电压是 1.75 V，理论能量密度可达 $252\ W \cdot h \cdot kg^{-1}$。

传统的铅酸电池，放置时负极自放电会产生氢气，正极自放电会产生氧气。充电到最后阶段，当两极的 $PbSO_4$ 被还原成原来的活性物质时，正极产氧，负极产氢，电流几乎都用于水的电解，电解液中水分不断减少。因此，为了使电池正常工作，应该经常对电池补充纯水。

2. 性能

随着电池技术的不断发展，新型二次电池层出不穷，但是铅酸电池所具备的众多优势使得其短时间内特别是在起动和大型储能等应用领域难以被其他新型电池替代。下面主要介绍铅酸电池的性能，包括优点与缺点。

铅酸电池的优点如下：

(1) 铅酸电池是实现商业化生产时间最长、技术最成熟的电池，性能可靠稳定、适用性好、应用广；大容量电池技术成熟，能制成数千安时的电池，为大规模储能提供了便利。

(2) 采用稀硫酸作为电解液，电池采用常压或低压设计，安全不易燃。

(3) 工作电压较高，工作温度范围较宽，可以大电流脉冲充放电，适用于混合电动车等需要高倍率放电的装置。

(4) 能浮充电使用，浅充浅放电性能优异，适用于不间断电源、新能源储能、电网削峰填谷等领域。

(5) 铅酸电池易于保养维护，寿命较长，耐震耐冲击性能好，不易损坏。

(6) 铅酸电池原材料易得、取材方便、成本低，是最廉价的二次电池，单位能量的价格是锂离子电池或镍氢电池的 1/3 左右。同时，铅酸电池的主要成分为铅和铅的化合物，铅含量高达电池总质量的 60%以上，废旧电池的残值较高，回收价格超过新电池的 30%，再次降低了铅酸电池的综合成本。

(7) 铅酸电池组成简单、再生技术成熟、回收利用率高，可以通过修复翻新的方法再次利用，是最容易实现回收和再生利用的电池。

铅酸电池的缺点如下：

(1) 在充电末期或过充电时容易析出气体，过电势增大。

(2) 电解液腐蚀性强，电解液溢出将有环境污染隐患。

(3) 铅是重金属，铅酸电池制造产业链(包括原生铅冶炼、电池制造、电池回收、再生铅冶炼)存在较高的铅污染风险。如果管理不善，不仅会对环境造成污染，而且会对人体健康产生危害。

(4) 传统的铅酸电池能量密度偏低，实际能量密度只有 10～50 $W \cdot h \cdot kg^{-1}$，远低于理论能量密度(252 $W \cdot h \cdot kg^{-1}$)，只有锂离子电池的 1/3 左右。这主要是由于电池中的非活性成分(集流体、集流柱、电池槽、隔板等)占比过高，活性物质利用率低。并且铅酸电池体积较大，不适宜在质量轻、体积小的场合使用。

(5) 传统铅酸电池的循环寿命较短，理论循环次数仅为锂离子电池的 1/3 左右。影响其循环寿命的主要因素有热失控、环境温度、浮充电压、正极板的腐蚀、负极板的硫酸盐化、水损耗及超细玻璃纤维棉隔板弹性疲软等。

3. 分类

根据不同的分类依据，铅酸电池可以分为不同种类(图 3.14)。下面简单介绍四种分类方式。

(1) 按照用途分类，铅酸电池主要可分为启动用铅酸电池、动力用铅酸电池、固定用铅酸电池和其他用途铅酸电池四类。

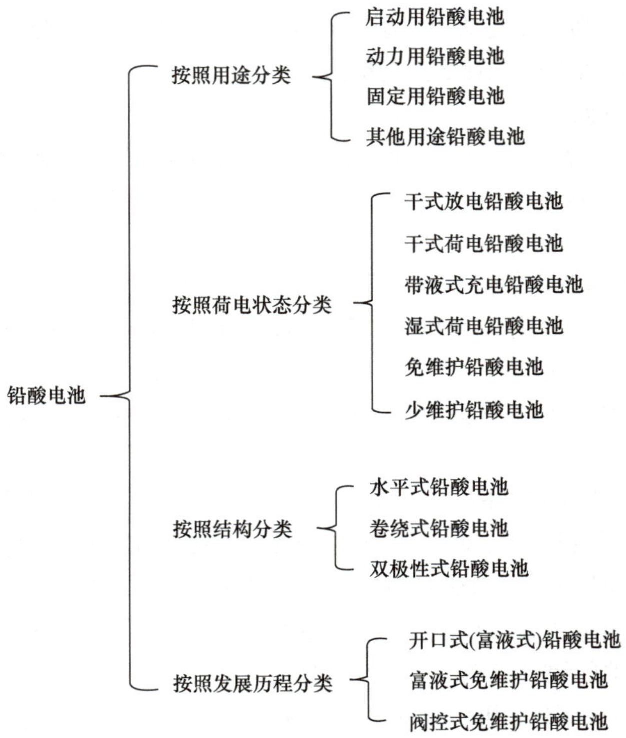

图 3.14 铅酸电池分类

启动用铅酸电池主要用于各种汽车、拖拉机、柴油机、船舶和海上平台内燃机的启动、点火和照明。要求此类铅酸电池启动时可以大电流放电，电池内阻小，低温启动性能可靠。

动力用铅酸电池主要为电动交通工具(自行车、游览车、高尔夫车、巡警车、低速电动乘用车、混合电动车)提供动力。要求此类铅酸电池的极板厚(耐撞击)、容量大(续航能力强)。

固定用铅酸电池主要用于发电厂、变电站、通信、医疗等机构，作为保护、自动控制、事故照明、通信的备用电源，也可作为供太阳能发电设备和风力发电机以及其他可再生能源能量储存转化的大规模储能电池。要求此类铅酸电池电解液浓度低、使用寿命和循环寿命长，可以浮充使用。

其他用途铅酸电池包括小型阀控式免维护铅酸电池、微型铅酸电池、矿灯用铅酸电池等。

(2) 按照荷电状态分类，铅酸电池主要分为干式放电铅酸电池、干式荷电铅酸电池、带液式充电铅酸电池、湿式荷电铅酸电池、免维护铅酸电池和少维护铅酸电池六类。

干式放电铅酸电池的极板为放电态，放置在没有电解液的电池槽中，使用时再灌入电解液，这种电池需要进行长时间的初始充电活化后才能使用。

干式荷电铅酸电池的极板为充电态，有较高的储电能力，放在干燥的、没有电解液的电池槽中，开始使用时灌入电解液，不需要初充电活化就可以直接使用。

带液式充电铅酸电池是指处于充电态的带电解液的蓄电池。

湿式荷电铅酸电池也处于充电态，开始使用时灌入电解液，不需要初充电活化即可使用，但储存时间没有干式荷电铅酸电池时间长。

免维护铅酸电池电解液的消耗量很小，在规定的工作寿命期间内不需要加水维护，使用寿命一般是普通蓄电池的两倍，具有耐高温、体积小、自放电率小的特点。

少维护铅酸电池是指在规定的工作寿命期间只需要少量维护，较长时间内加一次水的充电态的带液电池。

(3) 按照结构分类，铅酸电池可以分为水平式、卷绕式、双极性式等多种结构。

水平式铅酸电池又称为铅布电池，它是由美国电源公司开发的，其独特的结构使得电池可以水平放置和使用，因此称为水平式铅酸电池。这种结构的电池的极板是水平重叠分层置放的，极板上的活性物质和电解液接触充分，活性物质的利用率得到提高。在水平式铅酸电池的电池组上装有控制阀，防止气体产生膨胀。这种铅酸电池主要应用于电动汽车领域，由于在生产过程中没有铅蒸气产生，又称为绿色铅酸电池。水平式铅酸电池具有高能量密度、高功率、大电流放电性能好、能实现快速充电、满足动力电池要求的优点，缺点是寿命较短。

卷绕式铅酸电池最早由美国盖茨公司开始商用，目前国内的卷绕式铅酸电池主要应用于医疗设备、特殊仪器、电动玩具、电动工具、通信系统、计算机、应急照明电压开关、各类型摩托车、汽车、电力、电信、国防、消防等领域。卷绕式铅酸电池是将很薄的铅箔作为极板基片，将正极板、隔板、负极板交替叠放，紧紧地卷绕在一起，制成单体为圆筒状的电池。卷绕式铅酸电池的极板很薄，显著提高了电极的表观面积，减小了电流密度，从而降低了电化学极化。卷绕式铅酸电池具有启动电流大、启动速度快、充电迅速、自放电速率小、安全性能好、能量密度和功率密度较高的优点，而且循环寿命也得到很大的提高。

双极性式铅酸电池由双极性板、正负单极性板和双极性隔板及电解液组成。双极性是指一块基板的两面分别涂上正极膏和负极膏所形成的两个极性。铅酸电池最小单体开路电压是 2 V，双极性式铅酸电池最小单体是由一个双极性板加两个单极性板构成的开路电压为 4 V 的电池。与传统的铅酸电池相比，双极性式铅酸电池减少了板栅个数及汇流排铅零件的质量，同时铅耗量减少 40%左右、质量减轻 40%、体积减小 40%、能量密度提高约 50%、循环寿命可以延长 1 倍以上。同时由于双极性单体间内串，所以电流路径短、内阻小、充放电效率高。因此，双极性式铅酸电池具有大电流放电、快速充电、长循环寿命、低成本和低污染的优点。美国奥铁马电池有限公司与沃尔沃汽车制造商以“铅—渗透—陶瓷”作为单体电池间隔墙，合作开发了一种双极性陶瓷隔膜密封铅酸电池，目前已安装在本田的 Insight 混合动力电动车上作为动力电池，具有输出功率高、循环寿命长的优势。

(4) 按照发展历程分类，铅酸电池大致经历了开口式(富液式)铅酸电池、富液式免维护铅酸电池和阀控式免维护铅酸电池三个阶段。

开口式(富液式)铅酸电池没有永久性密封盖子，内部有流动的电解液且溶液在使用运输过程中容易溢出，造成环境污染和安全隐患。充放电过程中产生的气体和酸雾可以自由逸出，电池需要经常加水维护(一月一次)。

富液式免维护铅酸电池采用铅钙合金负极，减小了水分解的速度，在一定程度上缓解了电池充电失水问题。铅酸电池在 3～5 年的使用期限内不需补加水，主要应用于汽车等车辆启动。

阀控式免维护铅酸电池装有安全阀，当电池内部压力过大时气体可自行排出，外界气体并不能进入电池内部。这种铅酸电池利用吸液式超细玻璃棉隔板和气体再化合原理，使得充电过程副反应产生的氧气可以在电池内部再化合为水。由于充放电过程中没有水分的损失、没有酸雾的逸出，解决了电池漏酸、腐蚀、污染环境的问题，因此电池性能大大提高。阀控式免维护铅酸电池具有维护工作量小、使用寿命长、安全性高、搬运方便等优势。

4. 应用

经过 100 多年的发展与完善，铅酸电池已经成为世界上广泛使用的一种二次电池，主要应用于交通运输、通信电力、计算机、国防、科研等国民经济的各个领域，是人类生活和社会生产活动中不可缺少的产品。其应用大致总结如下：

(1) 汽车、摩托车启动用铅酸电池。汽车行业是我国列为重点发展对象的支柱产业，随着汽车工业的飞速发展，铅酸电池的用量也迅速增加，约占铅酸电池总用量的 80%。传统的富液式铅酸电池适用于大电流放电负载服务，如发动机启动，而阀控式铅酸电池则适用于低倍率、深循环的应用。我国是摩托车的第一生产和销售大国，从 1993 年我国摩托车产量首次超过日本至今，我国摩托车市场一直处于需求高峰。电动摩托车作为摩托车市场的重要领域，为铅酸电池开辟了新的巨大市场。

(2) 通信用铅酸电池。通信行业是铅酸电池的主要用户，特别是阀控式铅酸电池占目前市场需求总量的 60%以上。

(3) 电力用铅酸电池。我国电力系统将阀控式铅酸电池用于火力发电厂、变电所的控制保护和动力的直流系统中。

(4) 铁路内燃机车及电力机车用铅酸电池。铁路建设是基础建设的重点之一，“十三五”期间，国家在铁路系统的总投资达到 3.5 万亿元，因此内燃机车及电力机车用的铅酸电池的需求市场非常巨大。

(5) 电动汽车及电动自行车用铅酸电池。目前燃油汽车尾气的排放已经成为大气污染的主要来源之一。从 2001 年启动电动汽车重大科技项目的研发至今，我国电动汽车从无到有，技术处于持续进步状态，建立了具有自主知识产权的电动汽车全产业链技术体系。根据我国电动汽车发展计划，期望将公交车、出租车等短距离公共出行交通工具作为电动汽车使用的主要对象。作为短距离的私人代步工具，电动自行车的需求量也在逐年上涨。因此，需要发展更廉价长寿的高性能铅酸电池。

(6) 不间断电源(UPS)用铅酸电池。UPS 主要与计算机及精密仪器配套使用，停电时可以快速换到“逆变”状态，防止在使用中的计算机等仪器因为突然停电导致未来得及存储的重要文件丢失，同时起到保护仪器的作用。一般家用 UPS 使用的大多是免维护铅酸电池。

(7) 大规模储能用铅酸电池。近年来，我国大力发展清洁新能源，如风能、太阳能、水能等，但其波动性、间歇式的特点极大地限制了新能源的有效利用。电池储能电站可与新能源发电联合应用，是解决新能源发电并网问题的有效途径之一。例如，发电时先通过给铅酸电池充电将电能储存起来，需要时再通过逆变器将铅酸电池的直流电变为交流电，向外供电。某些场合需要的大型电池组的能量密度可达 50 MW · h · kg^{-1}，在这种场合的应用回避了铅酸电池能量密度低的缺陷，而铅酸电池具有的温度范围广、安全、价格低廉、性价比高的特点使其成为短时间内满足这种大规模储能需求的首要选择。

3.3.5 镍氢电池

镍氢电池(镍-金属氢化物电池)是新一代的高能二次电池，具有高容量、高功率、环境友好等优点，是当今二次电池的重要发展方向之一。镍氢电池的电解液是氢氧化钾溶液，正极为氢氧化镍，也称镍电极，负极为合金储氢材料，英文为 metal hydride，缩写为 MH，也称为储氢合金电极。因此，镍氢电池通常表示为 Ni/MH 电池。1984 年，荷兰、日本、美国等开始致力于储氢合金电极的研究。1988 年，美国奥文尼克(Ovonic)电池公司及日本的松下、东芝、三洋等电池公司先后成功开发了镍氢电池。我国在 20 世纪 80 年代末成功研制电池用储氢合金，南开大学化学系金属氢化物课题组研制成功镧镍、铁钛等储氢合金，取得国家发明专利和多项国际专利，获得镍氢电池的自主知识产权，1980 年研制成功中国第一支镍氢电池(图 3.15)，1990 年成功研制 AA 型镍氢电池。20 世纪 90 年代初至今，镍氢电池进入产业化发展阶段。目前，国产镍氢电池的综合性能已经达到国际先进水平。镍氢电池作为动力在电动汽车和电动工具方面应用的研究已经取得了一定进展，镍氢电池逐步向高能量型和高功率型双向发展。下面主要介绍镍氢电池的工作原理、性能、分类、应用和发展前景。

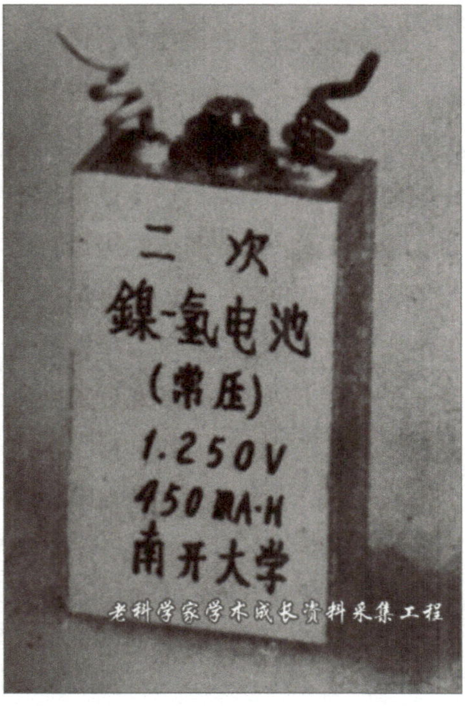

图 3.15 中国第一支镍氢电池(南开大学新能源材料化学研究组研制，1980 年)

引自：我的教育人生：申泮文百岁自述. 韩峰整理. 北京：中国科学技术出版社，2015

1. 工作原理

镍氢电池以储氢合金为负极，氢氧化镍为正极，氢氧化钾溶液为电解液。其充放电原理可以用图 3.16 表示，虚线表示充电过程的物质转移路线，实线表示放电过程的物质转移路线。

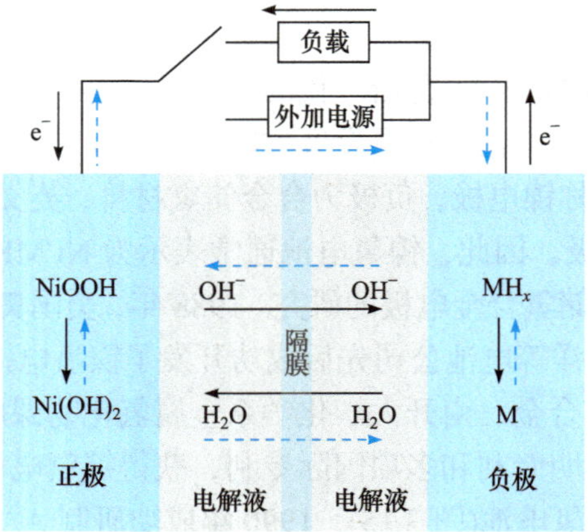

图 3.16　镍氢电池工作原理示意图

当镍氢电池充电时，正极材料 $Ni(OH)_2$ 与电解液中的 OH^- 反应生成碱式氧化镍(又称羟基氧化镍)NiOOH 和 H_2O，并释放出电子。而负极中的合金 M 与 H_2O 以及从正极转移过来的电子反应生成金属氢化物 MH_x(x 为配位数)，并释放出 OH^-。整个过程中，电解液中 OH^- 和 H_2O 的总浓度不变，但是在浓度差的驱动下 OH^- 和 H_2O 反向地从电极一端扩散到另一端。充电过程的总反应可以表示为 M 从氢氧化镍中夺取了 H，整个充电过程可以表示如下：

正极反应：
$$Ni(OH)_2 + OH^- - e^- \xrightarrow{\text{充电}} NiOOH + H_2O \tag{3.9}$$

负极反应：
$$M + xH_2O + xe^- \xrightarrow{\text{充电}} MH_x + xOH^- \tag{3.10}$$

总反应：
$$xNi(OH)_2 + M \xrightarrow{\text{充电}} xNiOOH + MH_x \tag{3.11}$$

同样，当镍氢电池放电时，电极反应与充电过程相反，MH 又将 H 返还给 Ni 生成氢氧化镍，OH^-、H_2O 移动方向也与充电过程相反，具体的化学反应过程如下：

正极反应：
$$NiOOH + H_2O + e^- \xrightarrow{\text{放电}} Ni(OH)_2 + OH^- \tag{3.12}$$

负极反应：
$$MH_x + xOH^- - xe^- \xrightarrow{\text{放电}} M + xH_2O \tag{3.13}$$

总反应：
$$xNiOOH + MH_x \xrightarrow{\text{放电}} xNi(OH)_2 + M \tag{3.14}$$

值得指出的是，无论是充电还是放电过程，H 都是以 H_2O 为载体从电极一端转移到另一端。镍氢电池的工作电压为 1.2 V，一般采用负极过量、正极限量的设计方法。当电池过度充电时，正极一侧会放出氧气，氧气经过扩散在负极与水反应生成 OH^-。当电池过度放电时，正极上的 NiOOH 全部还原为 $Ni(OH)_2$，继续放电则会发生水的还原，生成氢气，氢气转移至负极重新被氧化成水。因此，镍氢电池需要具有耐过充和过放的能力，一般来说充电电压不高于 1.5 V，放电电压不低于 1.0 V。

2. 性能

镍氢电池作为一种绿色环保的高性能电池，在二次电池领域占据着重要地位。下面主要介绍镍氢电池的性能，包括优点与缺点。

镍氢电池的优点如下：

(1) 能量密度高。镍氢电池以氢氧化镍为正极，高能储氢合金材料为负极，其容量是同尺寸镍镉电池的 1.5～2 倍。目前镍氢电池的质量比能量可达 100 $W \cdot h \cdot kg^{-1}$，体积比能量可达 300 $W \cdot h \cdot L^{-1}$。

(2) 环境相容性好，不存在重金属污染问题，所以镍氢电池又称为绿色环保电池。

(3) 可以大电流快速充放电，充放电速率高，倍率性能好。

(4) 与镍镉电池相比，没有明显的记忆效应。

(5) 低温性能好，耐过充放能力强。

镍氢电池的缺点如下：

(1) 镍氢电池的寿命较短，自放电现象较为严重。镍氢电池自放电包括可逆自放电和不可逆自放电。当环境压力低于电极中金属氢化物的平衡氢压，氢气会从电极中脱附出来，当吸氢电极与氧化镍正极组成镍氢电池时，这些逸出的氢气与正极活性物质 NiOOH 反应生成 $Ni(OH)_2$，会损失一部分电池容量，但这部分容量可以通过再充电复原，所以称为可逆自放电。不可逆自放电主要是由负极的化学或电化学因素所引起的。例如，合金表面电势较负的稀土元素与电解液反应形成氢氧化物等，使合金组成发生变化，吸氢能力下降，这部分容量损失无法用充电方法复原。

(2) 镍氢电池的高温性能较差。

(3) 成本较高，价格高于铅酸电池。

3. 分类

(1) 按照电池内部压力，镍氢电池可分为高压镍氢电池和低压镍氢电池。

高压镍氢电池是 20 世纪 70 年代初由美国的克莱因(Klein)和斯托克尔(Stockel)等首先研制的，单体电池采用氢电极为负极、镍电极为正极，在氢电极和镍电极间夹有一层吸饱 KOH 溶液的石棉膜作为隔膜。氢电极是以活性炭作载体、以聚四氟乙烯(PTFE)作黏结剂的多孔气体扩散电极，由含铂催化剂的催化层、拉伸镍网导电层和多孔聚四氟乙烯防水层组成。高压镍氢电池可靠性强，具有较好的过放电、过充电保护，可耐较高的充放电率，能量密度高，可以通过氢压来指示电池的荷电状态，并且循环寿命长(可达数千次之多)，低温性能优良。但是，电池需要耐高压容器(充电后氢压高达 3～5 MPa)，电池密封难度大、成本高，存在氢泄漏的安全隐患且自放电严重。因此，目前研制的高压镍氢电池主要应用于空间技术领域，民用领域则主要使用安全系数高、成本相对较低的低压镍氢电池。

(2) 按照封装方式，镍氢电池可分为极板盒式镍氢电池(又称袋式或盒式电池)、无极板盒式镍氢电池(包括烧结式、压成式、黏接式和发泡式等)和密封镍氢电池。

(3) 按照形状，镍氢电池可分为圆柱形和方形(图 3.17)。在应用过程中，由于活性物质的结构变化，电极会发生膨胀，圆柱形电池的耐压程度要远高于方形电池，所以一般圆柱形电池的安全阀开启压力比方形电池高得多。而方形电池在应用中容易发生膨胀，组合应用时需要采取防膨胀措施。

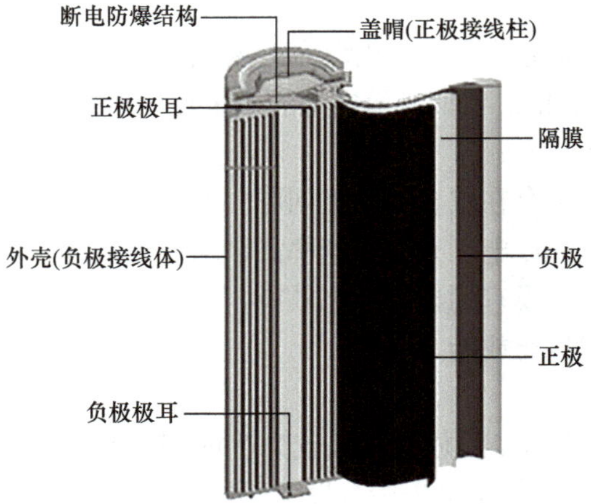

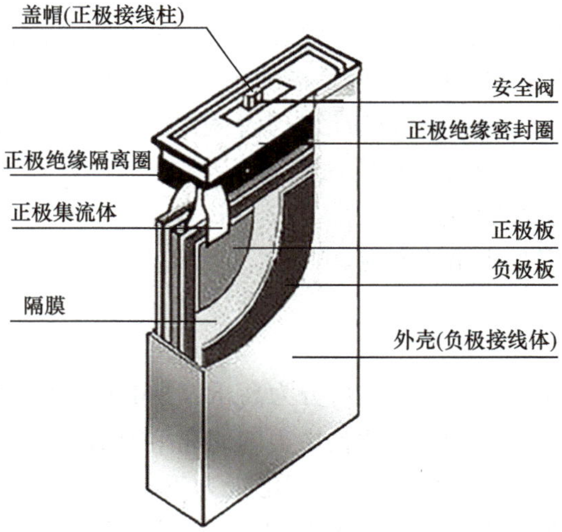

图 3.17　圆柱形和方形镍氢电池示意图

引自：https://www.sohu.com/a/223532672_733088

4. 应用及前景

目前电池的发展主要集中在电动汽车用大容量电池、手机和便携式电子设备用小型号电池、电动工具和电动车等用高功率电池。另外，氢镍电池在军事和航天中也有应用。下面从三个方向简单介绍镍氢电池的应用。

1) 民品电池

个人电脑、移动电话等便携式电子产品的飞速发展，促使小型二次电池向小型化、高容量、快充放方向发展。镍氢电池的出现给小型二次电池注入了新的活力。但是，近年来受高能量密度的锂离子电池和低成本的镍镉电池的竞争影响，镍氢电池在民品市场空间仅剩下为数不多的领域，只有电动工具保留少量应用镍氢电池的，如美国的 iRobot 机器人吸尘器。在 iRobot 机器中搭载了一个由 12 个 D 型电池串联而成 14.4 V、4500 mA · h 的镍氢电池包。因此，镍氢电池在朝着低成本化、高容量化和轻质化发展的同时必须致力于拓展新的应用市场。目前，高功率的镍氢电池已进入电动自行车市场，与常规的铅酸电池相比，镍氢电池的质量大大减轻，使得电动自行车更加轻巧、便捷、安全，受到越来越多人士的欢迎。

2) 动力电池

由于受到复杂工况影响，动力电池的性能指标在能量密度、功率密度、循环寿命、工作温度、大倍率充放电等方面要求比较苛刻，同时对动力电池的管理系统的要求也更加严格。因为充电时电池会发热，正极材料在温度较高时放电效率较低，无法满足动力输出。普通镍氢电池在 45 ℃下充电效率约为 80%，1 C 以上放电效率为 85%，且高温下充电析氧副反应严重，内压增大会导致镍氢电池迅速失效。因此，制备高性能耐高温的电极材料是动力电池的基本要求。

与锂离子动力电池、氢氧燃料电池等其他新能源汽车动力电池体系相比，镍氢动力电池在技术成熟度、安全性、产品稳定性及快速充放电能力等方面具有突出优势(三种动力电池的对比见表 3.3)。镍氢动力电池的主要特点有：质量比功率高(商业化功率型镍氢电池可达 135 $W \cdot h \cdot kg^{-1}$)；循环次数多(可达 1000 次以上)；无重金属污染；无记忆效应；使用范围宽(正常使用温度范围为−30～55 ℃)；安全可靠(镍氢动力电池在短路、挤压、针刺、安全阀工作能力、跌落、加热等安全性、可靠性试验中无爆炸、燃烧现象)。

表 3.3 三种动力电池的对比

	镍氢动力电池	锂离子动力电池	氢氧燃料电池
一般特点	能量密度适中 充放电速度快 稳定性好，安全 工艺成熟，成本低 回收价值高，可循环使用	能量密度高 充放电速度较快 稳定性和安全性差 工艺复杂，成本高 回收价值低，污染	能量密度高 充放电速度快 稳定性一般，安全 工艺复杂，成本很高 受制于制氢技术
新能源汽车产业化应用	EV：不应用(能量密度不足) HEV：已产业化 PHEV：研发阶段	EV：已产业化 HEV：已产业化 PHEV：已产业化	EV：部分产业化 HEV：研发阶段 PHEV：研发阶段

注：EV(electric vehicle)代表纯动力汽车；HEV(hybrid electric vehicle)代表混合动力汽车；PHEV(plug-in hybrid electric vehicle)代表插电式混合动力汽车。

镍氢电池是目前在 HEV 动力电池领域中应用最为成熟的二次电池，综合性能最佳，是混合动力汽车所用电池体系中最早被实际验证并被商业化、规模化的电池体系，占据 90%以上的市场份额。相对于传统汽车，混合动力汽车的使用成本优势是其发展的前提。当前条件下，混合动力汽车的使用成本优势体现在 15 万元以上价位汽车。随着锂电池技术的提高，以及大规模制造导致成本降低，锂离子电池未来有可能替代镍氢产品成为 HEV 动力电池的主流，目前已经有部分 HEV 的动力电池被锂离子电池取代。但是，锂离子动力电池还存在充电桩、续航里程、循环次数、充电时间、安全性等一系列问题，目前从成本和商业化的角度看，未来一段时间内镍氢电池仍是 HEV 动力电池的主流。

3) 智能电网

应用于智能电网的储能蓄电池主要有铅酸电池、锂离子电池、钠硫电池、全钒液流电池、镍镉电池、镍氢电池。其中，镍镉电池已经逐步被镍氢电池取代，铅酸电池的历史最悠久、技术成熟、成本低，但是由于对环境有污染，欧洲许多发达国家已经明确将逐步淘汰铅酸电池，而采用其他更加环保的新能源技术。锂离子电池在大规模集成技术上还未成熟，大容量的储能应用主要还在示范运行中。钠流电池和全钒液流电池这两种新兴技术被市场看好，正在飞速发展的过程中。2010 年，江苏春兰清洁能源研究院有限公司与上海市电力公司合作开发了 100 kW 镍氢电池储能系统，并在上海世博会上展示。2012 年 12 月，湖南科力远新能源股份有限公司(以下简称“科力远”)自主研发了中国首套微网分布式新能源储能节能系统，采用当前全球最先进的日本松下湘南工厂(2011 年被科力远成功收购)车用高能动力镍氢电池技术，不间断运行两月后电池一致率高达 99.89%，功率最高达 5 MW，使用寿命长达 8 年。

3.3.6 液流电池

液流电池是一种大规模的高效电化学储能装置，可以通过溶液中的电化学活性物质的价态变化，实现电能与化学能相互转换与能量存储。1974 年，美国国家航空航天局的工程技术人员最初提出液流电池的概念，即将原先储存在固体电极上的活性物质溶解在电解液中，通过电解液循环流动给电池供给电化学反应所需的活性物质，活性物质具有流动性。因此，液流电池储能的容量不再受有限的电极体积和面积限制，可以根据实际需要独立设计所需储能活性物质的数量，实现电化学反应场所(电池)与储能活性物质在空间上的分离，电池功率与容量设计相对独立，更适合大规模蓄电储能需求。在可再生能源发电、智能电网、分布式电网建设等市场需求的驱动下，以液流电池为代表的大规模储能基础设施建设将成为重要的产业建设环节。

1. 工作原理

液流电池由正极、负极、隔膜、正极储液罐、负极储液罐、流动泵等组成(图 3.18)。

与传统的二次电池用活性物质直接做电极不同的是，液流电池的电极均为惰性电极，只为电极反应提供发生的场所，活性物质通常以离子状态储存在电解液中。正、负极电解液分别储存在两个储液罐中，为了阻隔正极和负极活性物质混合后发生自氧化还原反应，避免能量损耗，通常在电池内部正极电解液和负极电解液之间设置离子交换膜，起分隔两种电化学活性物质的作用。在充放电过程中，利用流动泵将储存在正、负极储液罐中的电解液输送到电池内部，使其在电极表面发生电化学反应，实现活性物质在电池内部的循环。

通常情况下，单电池无法满足储能所需的电压条件。为了提高电池两端的输入/输出电压，在实际使用过程中，通常将一定数量的单电池串联成电池组，可以输出额定功率的电流和电压。当风能、太阳能发电装置的功率超过额定输出功率时，通过对液流电池

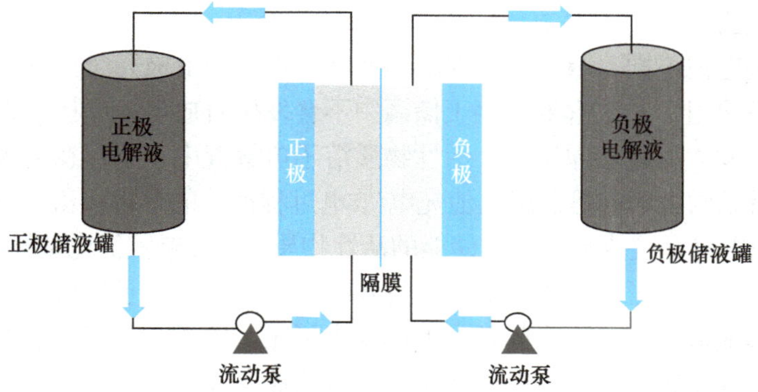

图 3.18 液流电池结构示意图

充电，将电能转换为化学能储存在电池中；当发电装置不能满足额定输出功率时，电池开始放电，把电池储存的化学能转换为电能，保证电功率稳定输出。

液流电池具有以下特点：

(1) 功率和容量相互独立，储存容量由储液罐中电解液的浓度和体积决定，而输出功率则取决于电池的反应面积、电池模块的大小和数量。由于二者可以独立设计，因此受场地限制小，系统设计的灵活性更大。

(2) 液流电池能量转换效率高，启动速度快。

(3) 具有很强的过载能力和深度放电能力。

(4) 部件多为廉价的碳材料和工程塑料，材料来源丰富、电池结构简单、易于回收、成本优势明显。

2. 分类

为了对液流电池的技术特征进行明显区分，根据液流电池中正、负极活性物质的状态数量，可将液流电池分为双液流电池(液-液型液流电池)、沉积型液流电池及金属空气液流电池。表 3.4 给出了液流电池的具体分类。以下选择有代表性的体系分别进行讨论。

表 3.4 不同种类液流电池的特点和代表类型

分类		特点	代表类型
双液流电池		正、负极活性物质均溶于电解液；电化学氧化还原反应过程均发生在电解液中，反应过程中无相转化发生；需要隔膜	全钒液流电池；多硫化钠溴液流电池；全铬液流电池；钒溴液流电池等
沉积型液流电池	单沉积型	正极电化学氧化还原反应发生在电解液中，无相转化发生；负极发生金属的沉积溶解，充放电过程中存在相转化；需要隔膜	锌溴液流电池；锌碘液流电池；全铁液流电池；锌钒液流电池等
	全沉积型	正极电化学反应过程为固-固相转化；负极发生金属的沉积溶解；正、负极电解液组分相同；不需要隔膜	锌锰单液流电池；金属-PbO_2单液流电池等
金属空气液流电池		正极电化学反应为气体反应；负极发生金属的变价反应	锌氧液流电池，钒空气液流电池等

1) 双液流电池

与传统二次电池不同，双液流电池的储能活性物质与电极完全分开，功率和容量设计独立，易于模块组合；电解液储存于储罐中不会发生自放电；电极只提供电化学反应的场所，自身不发生氧化还原反应；活性物质溶于电解液中，不存在电极枝晶生长刺破隔膜的危险；流动的电解液可以把电池充电/放电过程产生的热量移出，避免电池热失效问题。氧化还原电对是液流电池实现储能的活性物质，是影响液流电池性能的主要因素。

全钒液流电池：为了避免正、负极电解液为不同的金属离子组成的液流电池所存在的正、负极电解液混合交叉污染问题，人们提出了正、负极电解液的活性物质为同种金属的不同价态的离子组成的液流电池体系，全钒液流电池就是其中一种。在众多的液流电池中，全钒液流电池储能技术是目前研究最多也是最接近产业化的大规模储能技术。1984年，澳大利亚新南威尔士大学的Shyllas-Kazacos利用不同价态的钒离子相互转化实现电能的储存与释放，这是全钒液流电池的最初来源。全钒液流电池分别以含有VO^{2+}/VO_2^+、V^{2+}/V^{3+}混合价态的钒离子硫酸水溶液作为正极、负极电解液，充放电过程中电解液在储液罐与电堆之间循环流动。在电解液流动过程中，钒离子不断扩散并吸附到石墨毡电极纤维表面，与它发生电子交换，反应后的钒离子经过脱附，离开原来的石墨毡电极纤维表面，再次回到流动的电解液中。具体反应过程如下：

正极反应：
$$VO_2^+ + 2H^+ + e^- \underset{\text{充电}}{\overset{\text{放电}}{\rightleftharpoons}} VO^{2+} + H_2O \tag{3.15}$$

负极反应：
$$V^{2+} - e^- \underset{\text{充电}}{\overset{\text{放电}}{\rightleftharpoons}} V^{3+} \tag{3.16}$$

总反应：
$$VO_2^+ + V^{2+} + 2H^+ \underset{\text{充电}}{\overset{\text{放电}}{\rightleftharpoons}} VO^{2+} + V^{3+} + H_2O \tag{3.17}$$

全钒液流电池的理论电压为1.259 V，根据电解液的浓度和电池的充放电状态，电解质中钒离子存在形式会发生些许变化，从而影响电极电势，实际使用时全钒电池的开路电压一般为1.5～1.6 V。由于使用同种元素组成电池系统，理论上避免了正极半电池和负极半电池间不同种类活性物质相互渗透产生的交叉污染，以及由此引起的电池性能劣化。经过优化的电池系统能量效率可达75%～85%，充放电循环次数可达13 000次以上，性能远远高于现有的二次电池。

2) 沉积型液流电池

沉积型液流电池中的正极、负极共用一种电解液，在充放电过程中，至少有一个氧化还原电对的充放电产物沉积在(或原本在)电极上。根据电化学沉积反应的数目，沉积型液流电池又分为单沉积型液流电池和全沉积型液流电池。单沉积型单液流电池是指电池充放电过程中，正、负极只有一侧氧化还原电对的充放电产物沉积在电极上的沉积型液流电池。而正、负极都发生沉积反应的液流电池为全沉积型液流电池。与双液流电池相比，单沉积型液流电池具有结构简化、能量密度高、成本低等特点，但是电池的容量受固体电极所限，寿命有待提高；沉积型金属电极的均匀性和稳定性，以及兼顾正、负电极性能的电解液等问题也有待进一步研究。下面对典型实例锌溴液流电池进行介绍。

锌溴液流电池属于单沉积型液流电池，利用金属锌和卤族元素溴组成氧化还原体系，完成电能的储存与转化过程。由于锌离子(或溴)在一次充电过程中可以储存两个电子，因此同样体积、同样浓度的水溶液，锌溴液流电池储存的电量是全钒液流电池的两倍。锌溴液流电池的基本原理可用下列反应式表示：

正极反应：
$$Br_2 + 2e^- \underset{\text{充电}}{\overset{\text{放电}}{\rightleftharpoons}} 2Br^- \tag{3.18}$$

负极反应：
$$Zn - 2e^- \underset{\text{充电}}{\overset{\text{放电}}{\rightleftharpoons}} Zn^{2+} \tag{3.19}$$

总反应：
$$Br_2 + Zn \underset{\text{充电}}{\overset{\text{放电}}{\rightleftharpoons}} ZnBr_2 \tag{3.20}$$

正、负极电解液同为 $ZnBr_2$ 水溶液，通过泵循环流过正、负电极表面并在上面发生反应。充电时锌沉积在负极上，正极生成的溴迅速被电解液中的溴配位剂配合，生成油状配合物，使水溶液中溴的含量大幅度减少。由于溴配合物的密度大于电解液密度，在电解液循环过程中逐渐沉积在储罐底部，显著降低了电解液中溴的挥发性，从而提高了系统的安全性。在放电时，负极表面的锌逐渐溶解，同时配合物状态的溴被重新泵入循环回路中，分散后转变成溴离子。此时，溴化锌重新成为电解液的主要成分，此反应具有良好的电化学完全可逆性。

与全钒液流电池相比，钒空气液流电池采用氧气扩散电极取代了全钒液流电池的正极，钒电解液用量减少一半，钒空气液流电池系统的能量密度提高一倍，显著地降低了电池装备成本。但是，由于正、负极活性物质的相态不同，会出现正极一侧的氧气向负极一侧扩散以及负极一侧溶液向正极一侧渗透等问题，不仅造成了电池容量的损失，也严重影响了电池的稳定运行。此外，与锌氧液流电池面临的相同问题是，氧气扩散电极中发生气、液、固三相界面的电化学反应，电化学催化剂的制备与电极构造设计都十分重要。作为一项具有广阔应用前景的电池技术，钒空气液流电池还需要克服很多技术障碍才能进入应用阶段。

3. 应用

液流电池是一个庞大繁杂的家族，只要将电化学活性物质溶解在稳定的电解液中，加上一对电极就能构成液流电池。液流电池电解液在电池充放电过程中循环流动，可以不断供给电池反应过程所需的活性物质，电池储能容量仅取决于电解液中活性物质的数量，更容易实现大规模储能。同时，循环流动的电解液可以将电池充放电过程产生的热量不断带出电堆，可以有效地调节控制电池运行温度。但是，电解液流动需要消耗一定的动力，这在一定程度上降低了储能效率。对于传统液流电池来说，在逐步实现全钒液流电池、锌溴液流电池商业化的同时，开发具有溶解度大、化学性质稳定、电极反应可逆性高、无析氧/析氢副反应、电对平衡电势差大等特点的新电对，以及开发非水体系的新体系是一项很有意义且充满希望的工作。下面以已经实现商业化的全钒液流电池为例，介绍液流电池的应用和发展前景。

1) 大规模可再生能源发电并网

风能、太阳能等可再生能源发电受时间、昼夜、季节等因素影响，具有明显的不连续、不稳定及不可控的非稳态特性，不仅进一步加重了电网系统调峰难度，还会对电网的电压频率、谐波等电能质量造成不良影响，严重时会危害电网负荷的安全稳定运行。目前可再生能源的并网运行为满足对电力质量的需求，往往以牺牲电能使用效率为代价。

全钒液流电池安全性好，能量转换效率高，电池均一性好，充放电性能佳，响应速度快，电池使用寿命长，并且可以实时准确地监控电池状态，适合配备于可再生能源发电系统。钒电池的快速响应和适应频繁充放电切换的能力可以有效地平滑和稳定风电输出，这样的使用频次是其他储能技术电池难以达到的。我国对液流电池的研究始于 20 世纪 90 年代初。早期的研究单位包括中国地质大学、中国工程物理研究院、中国科学院大连化学物理研究所、中南大学等。进入 21 世纪以来，中国科学院大连化学物理研究所、中南大学和中国工程物理研究院先后组装出千瓦级全钒液流电池电堆。2012 年，全球最大规模的 5 MW/10 MW·h 全钒液流电池储能系统应用示范工程由大连融科储能技术发展有限公司承建。该系统与位于辽宁省法库县的卧牛石 50 MW 风电场配套使用，用于实现跟踪计划发电、平滑风电功率输出，从而提升风能发电并网能力。该储能电站于 2013 年 2 月 22 日一次送电成功，该项目不仅提升了电网风电接纳能力，提高了风电场运行水平，而且为电池储能技术在电网运行中更广泛的应用打下了坚实基础。

2) 电网削峰填谷

电网的基本功能是为用户提供充足、可靠、优质的电能。当前电力负荷峰谷差日益增大，白天高峰和夜间低谷差值达到发电量的 30%～40%，现有的电网装机容量难以满足峰值负荷的要求。将储能设备纳入电网后，可在用电低谷时作为负荷储存能量，在用电高峰时作为电源释放电能，减小峰谷负荷差值。给电力系统带来的好处是：减少发电设备投资，提高发电整体利用效率，减少火力机组参与调峰；减少输电网络损耗；提高了电网的整体负荷水平控制能力。虽然储能技术为电力系统带来许多好处，但受制于技术成熟度和建设成本等问题，储能作为调峰电源在电网中的比例还比较低(适用于电力调峰的储能技术性能指标可见表 3.5)。我国的电力储能装机容量仅占全国电力总装机容量的 1.7%。随着需求的日渐增长，储能系统应用示范已逐步推行，预期未来在电网中的应用将有大幅提升。

表 3.5 适用于电力调峰的储能技术性能指标

功率/MW	响应时间/mim	电压/kV	放电时间/h	放电容量/(MW · h)	放电周期
1～200	<10	4.2～115	1～4	1～200	60 次/年，1 次/天

全钒液流电池规模化技术成熟可靠，将其应用于电力系统，构建智能电网，可以调节用户端负荷平衡，提高火力发电设备的能量效率，保证智能电网的稳定运行，提高电力系统对可再生能源发电并网的兼容能力，是实现电力系统节能减排的重要手段。未来，随着液流电池储能技术的发展日渐成熟，将会有更多更广泛的应用。

3) 应急备用电站

电力系统可能因配电线路或电站故障、恶劣天气干扰、电网突发事件等意外状况而中断。而对于特殊的用电场合，如医院、实验室、数据中心、通信基站及军用舰艇等，电力中断将导致巨大的经济损失甚至人员伤亡。因此，配置应急备用电站在电力系统发生故障时提供后备电能是非常必要的。据统计，大部分电力中断或电压骤降持续时间都比较短，99%的电力中断持续时间少于 3 s，90%的电力中断持续时间不足 1 s。在这种情况下，精密电子仪器和数据存储通信设备的使用受到的影响最大。因此，要求应急电源具有很快的响应速度，并且在短时间内可提供较大的功率。而对于医院、工厂、军事基地等大型设施，则需要备用电源在紧急情况下能够提供稳定、长效的电能，因此功率和容量规模是首要考虑因素。

全钒液流电池的响应速度快，放电时间长，功率和容量可独立设计、灵活调控，因此既适用于电子设备的短时间保护性电源，也可用于大规模不间断电源。而且相比传统的铅酸电池等后备电源技术，液流电池本身不使用高环境毒性的重金属，对环境友好。目前液流电池在该方面的示范应用取得了一定进展。

4) 离网供电系统

离网可再生能源供电系统已成为偏远地区、边防海岛、通信基站等应用场合的重要电力解决方案。储能是离网可再生能源供电系统中不可或缺的重要组成部分。传统的离网供电系统一般采取添加柴油机的方式保证系统供电连续，或者必要时中断供电来保证系统安全。但是柴油机混合发电系统不能自治运行，而且油料燃烧将带来环境污染。加入储能装置既可起到平抑系统电能波动、缓解发电量和负荷需求矛盾的作用，又可实现系统的自治运行。

离网供电系统规模较小，一般为几千瓦到数十千瓦，是液流电池应用示范初期的重要领域。无市电或弱市电地区的新能源通信基站是一种典型的离网用电模式。钒电池因其循环寿命长、免维护、备电时间长等优势成为新能源通信基站的储能设备佳选。例如，普能公司针对无市电或弱市电地区的新能源通信基站推出了额定功率 5～10 kW，电压等级 48 V，储能容量 10 kW · h、20 kW · h、40 kW · h 的全钒液流电池系统，并广泛应用提高新能源供电稳定性，减少柴油机的使用。

4. 发展前景与挑战

尽管我国液流电池储能技术处于国际领先水平，但要推进液流电池储能技术产业的发展，还需要政府、企业及相关研究机构的共同努力。只有不断创新、完善技术、大幅度降低液流电池的制造成本，才能满足产业化的要求，真正将液流电池储能技术推向市场。提高液流电池的可靠性、稳定性，降低成本主要包括以下挑战：

(1) 开发新一代高性能、低成本的国产化全钒液流电池的关键材料和电堆技术，提高液流电池的功率密度和性价比。目前液流电池堆的功率密度较低、材料用量大，成本高，严重影响其产业化。需要研究开发更稳定的钒电解质溶液，拓展电解质溶液的使用温度范围，设计优化新型电堆结构，研究开发高功率密度全钒液流电池电堆技术，使电堆的工作电流密度由现在的 60～80 $mA \cdot cm^{-2}$ 提高到 160～200 $mA \cdot cm^{-2}$。

(2) 开发高可靠性、高稳定性、低成本的大功率液流电池单体电堆技术。开发优化高效的液流电池管理系统、储能系统控制策略和综合能量管理技术。应在大规模可再生能源发电、电网调峰、分布式供电等领域开展应用示范，探索液流电池储能技术的商业化模式，推进其产业化进程。

(3) 制定国家液流储能电池的相关标准，申请成为国际标准，从而提高我国液流电池储能技术在国际电工委员会(IEC)的话语权，奠定我国在全球全钒液流电池技术中的领军地位。

(4) 制定液流电池储能技术的产业策略，探索并完善商业模式。

3.3.7 金属离子电池

金属离子电池是一种主要通过金属离子在正、负极之间反复嵌入和脱出，实现充放电功能的二次电池。下面主要介绍目前已经实现商业化的锂离子电池和正在研制阶段的钠离子电池的相关知识。

1. 锂离子电池

移动通信和便携式电子设备的迅猛发展推动二次电池向小型化、轻型化和长寿命方向发展；同时汽车尾气污染的问题也在一定程度上推动了高比能量、长寿命二次电池及电动汽车行业的发展。为了满足新形势下能源结构和产业发展的需求，高能量密度的锂离子电池应运而生。在所有的金属元素中，锂金属具有最小的原子量和最负的标准电极电势(−3.04 V vs SHE)，以及最高的质量比容量($3860\ mA\cdot h\cdot g^{-1}$)，是高能量密度电池的首选材料。

1) 发展历程和工作原理

20 世纪 70 年代，惠廷厄姆提出了锂离子电池(lithium-ion battery，LIB)和插层电极的概念，以层状 TiS_2 为正极，Li-Al 合金为负极。20 世纪 80 年代，阿曼德(Armand)提出“摇椅式”电池的构想，利用低嵌锂电势层间化合物作负极，以高嵌锂化合物作正极，利用充放电过程中锂离子在正、负极之间穿梭，组成了没有金属锂的锂离子二次电池，成功解决了锂负极材料的安全问题。1980 年，“锂电之父”古迪纳夫等研究了 $LiCoO_2$ 正极的嵌锂动力学行为，为锂离子电池的商用奠定了基础。随后，$LiMn_2O_4$、$LiFePO_4$、$LiNi_{1-x-y}Co_xMn_yO_2$ 等正极材料也相继问世。1983 年，日本化学家吉野彰等研究了石墨材料嵌锂的动力学行为，目前常见的商业化锂离子电池负极大多为石墨。

锂离子电池具有高电压、高功率、长寿命、无污染等优点，满足小型电池和环保的要求，一经问世便迅速席卷整个电池市场，也立即掀起了全球范围内的研发狂潮。目前，人们还在不断研发新的电池材料，改善设计和制造工艺，希望继续提高锂离子电池的性能。负极材料从石墨拓展到 $Li_4Ti_5O_{12}$、硅基材料等，正极材料则包括尖晶石类材料、层状材料及橄榄石类材料等。锂离子电池的工作原理如图 3.19 所示。充电过程中，锂离子从正极材料中脱出进入电解液，通过电解液扩散并穿过隔膜到负极，嵌入负极晶格中，同时得到外电路从正极流入的电子，负极材料被还原并处于富锂状态，正极被氧化处于贫锂状态，放电过程则与之相反。在正极材料中一般存在可供锂离子占据的空位。这些空位组成一维、二维、三维或无序的离子传输通道。例如，$LiCoO_2$ 和石墨为具有二维通道的典型层状结构的嵌入化合物，目前部分商用的锂离子电池就是以 $LiCoO_2$ 为正极，以石墨为负极，以溶有 $LiPF_6$ 的碳酸丙烯酯(PC)和碳酸乙烯酯(EC)的有机溶剂为电解液构成的。以此电池为例，其充电过程可以具体表示如下：

正极反应：
$$LiCoO_2 - xe^- \xrightarrow{\text{充电}} Li_{1-x}CoO_2 + xLi^+ \tag{3.21}$$

负极反应：　$$6C + xLi^+ + xe^- \xrightarrow{充电} Li_xC_6 \tag{3.22}$$

总反应：　$$LiCoO_2 + 6C \xrightarrow{充电} Li_{1-x}CoO_2 + Li_xC_6 \tag{3.23}$$

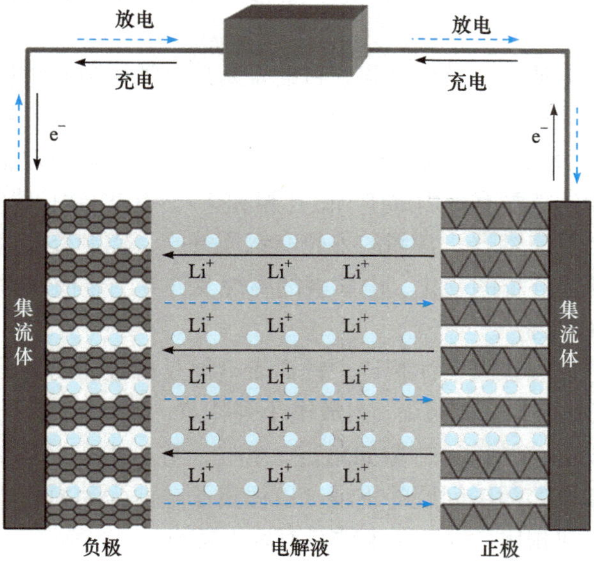

图 3.19　锂离子电池的工作原理示意图

锂离子电池实际上是一种固态浓差电池，其充放电过程就是锂离子在正、负极之间来回嵌入和脱嵌的过程，所以也称为“摇椅电池”。只要正、负极材料中至少一极材料可以储存锂，并且其电化学电势存在显著差异(一般来说大于 1.5 V)就可以形成锂离子电池。

2) 电池的结构和组成

与镍氢电池等一样，锂离子电池包括四个基本组成部分：电极、电解液、隔膜和外壳。

电池的核心部分是电极，由活性物质、导电剂、黏结剂和集流体组成。活性物质是电池在充放电过程中可以通过电化学反应释放或储存电能的物质，决定了电池的电化学性能和基本特征。锂离子电池的正极活性物质应该具有开路电压高、能量密度大、循环寿命长、安全性能好、能快速充放电的特点，通常采用具有高嵌锂电势的过渡金属氧化物，目前主要材料有层状钴酸锂、尖晶石型锰酸锂、钴镍酸锂、钴镍锰复合氧化物、磷酸铁锂等。负极材料主要要求其具有比容量大、电势低、循环性能好、安全等特性，目前天然石墨和焦炭是使用最广泛的两类负极材料。在电极制作过程中通常需要加入导电剂(如乙炔黑等)来提高正、负极材料的电导率，以更好地满足锂离子电池的实际应用需要。黏结剂的作用是使活性物质和导电碳更好地附着在集流体上。集流体一方面可以将活性材料中的电子传导出来，并使电流分布均匀，另一方面也起到支撑活性物质的作用。锂离子电池正极的集流体是铝箔，负极的集流体是铜箔。

电解液的作用是传导正、负极间的锂离子，应具有较宽的电化学窗口(大于 4 V)、较高的离子电导率、良好的热稳定性和电化学稳定性、高安全性和低毒性等特点。电解质的选择在很大程度上取决于电池活性材料的工作原理，影响锂离子电池的能量密度、安全性能、循环性能、倍率性能、低温性能和储存性能。目前商业化的锂离子电池主要采用的是有机溶剂电解质体系，包括有机溶剂和导电锂盐。目前商用的导电锂盐主要是 $LiPF_6$ 或 $LiClO_4$，有机溶剂主要为碳酸乙烯酯、碳酸丙烯酯、二甲基碳酸酯和甲乙基碳酸酯等的混合溶剂。为了改善锂离子电池的电化学性能，通常在电解液中加入一些功能添加剂，如阻燃剂、防冻剂等。

隔膜置于锂离子电池正、负极之间，目的是防止电池正极和负极直接接触而短路，同时其微孔结构可以让离子顺利通过。因此，隔膜应具有良好的隔极阻止性、离子穿透性、亲液性、耐液性、耐氧化性、抗充放性等特性。隔膜直接影响电池的循环性能和安全性，锂离子电池常用的隔膜有聚丙烯(PP)微孔膜和聚乙烯(PE)微孔膜等。

外壳就是电池的反应容器，常用的外壳有钢质外壳、铝制外壳和铝塑膜等。通常要求外壳能够耐受高低温环境的变化、电解液的腐蚀及外界的碰撞压力等。

3) 电池的特点和性能

与常用的铅酸电池和镍氢电池相比，锂离子电池具有最高的能量密度，尤其是质量比能量，还具有无记忆效应、无污染、自放电小等特点，已广泛应用于移动电话、笔记本电脑等便携式电子设备，在军事领域(如鱼雷、声呐、无人机等)中也被广泛采用。随着人们对汽车尾气排放带来的污染问题的重视，以锂离子电池为动力的电动汽车发展也十分迅速。与其他二次电池相比，锂离子电池具有以下特点：

(1) 能量密度高。其实际质量比能量可达 200 $W \cdot h \cdot kg^{-1}$，如果采用目前能量密度最高的富锂锰基正极材料和硅/碳复合负极材料组成锂离子电池，其质量比能量可高达 400 $W \cdot h \cdot kg^{-1}$，体积比能量可达 500 $W \cdot h \cdot L^{-1}$，远远超过传统的二次电池。因此，锂离子电池在小型化和轻量化电池方面具有广阔的发展前景。

(2) 开路电压高。锂离子电池采用有机溶剂电解液体系，单体电池电压可达 3.6 V 以上，是镍氢电池的 2～3 倍。目前正在研究的高电压正极材料可使锂离子电池的单体电池电压高达 4.5～5 V，这进一步提高了锂离子电池的能量密度。

(3) 自放电率小。室温下锂离子电池的月自放电率小于 10%，低于镍氢电池的 15%。采用磷酸铁锂正极材料的锂离子电池的月自放电率可小于 3%。

(4) 环境友好。锂离子电池不含有铅、镉、汞等有害物质，本身不污染环境。

(5) 安全性好。锂离子电池采用具有与金属相近电动势的石墨作负极，锂离子在石墨中可逆地脱嵌，降低了金属锂沉积的概率，提升了锂离子电池的安全性能。

(6) 循环寿命长。锂离子电池循环寿命一般在 1000 次以上，采用磷酸铁锂正极材料的锂离子电池的循环寿命可达 2000～3000 次。

尽管锂离子电池存在诸多优点，但是也存在不可忽视的缺点，主要有以下几点：

(1) 内阻大。锂离子电池电解液为有机溶液，与水体系相比，其电导率低得多，导致其电池内阻是镍氢电池的 10 倍多。

(2) 工作电压变化大。

(3) 电池放电速率较大时，容量下降较快，不能大电流放电。

(4) 与镍氢电池和铅酸电池相比，其成本较高。

4) 应用与发展前景

自 20 世纪 90 年代初开发以来，锂离子电池已成为化学电源领域最具竞争力的电池体系。锂离子电池可以通过选择不同材料，控制材料结构与形貌，控制电极与电池结构来达到使电池单一功能突出的效果，被广泛应用于储能和动力领域。

(1) 电子产品。高能量密度的锂离子电池可以发展小型化和轻量化电池，其电芯能量密度达到 200 W · h · kg^{-1} 以上，在电子产品市场得到了普遍应用，主要包括手机、笔记本电脑、数码相机、摄像机等。目前生产的笔记本电脑和手机使用的电池基本都是锂离子电池。由于手机和笔记本电脑需求向轻型化和薄型化发展，对聚合物锂离子电池的需求也日益增加，因此锂离子电池的市场极大且长期稳定，极具持久力和潜力。

(2) 交通工具。新能源汽车的应用为电池开辟了巨大的发展空间，也为处于产业链上下游的各类企业提供了新的机遇。对于处于下游的新能源汽车的制造企业，更安全、高性能、长循环的动力型锂离子电池的运用，使其整车从试制阶段进入量产，推动了锂离子电池动力汽车行业的技术革命。在电动两轮车方面，《电动自行车安全技术规范》(GB 17761—2018)规定电动自行车整车质量不得超过 55 kg，行业领头企业牛电科技、雅迪、爱玛、新日、绿源等已经实现电动车锂电化，锂离子电池逐步取代了铅酸电池。尽管国内外投入大量财力物力研究，但是动力型锂离子电池仍存在发展瓶颈。使用寿命较短(10～15 年)、工作温度区间过小(只能在 30～50 ℃正常工作)，无法应对低温环境、成本过高、安全性能等因素使其全面商业化受到限制。目前，大部分混合型动力电池都使用技术更加成熟、成本更低的镍氢电池。但是具有高能量密度的锂离子电池也受到了汽车制造商的青睐，随着锂离子电池技术的更加成熟，锂离子电池逐渐取代镍氢电池占据这一市场。目前随着比亚迪“刀片电池”和宁德时代高集成动力电池开发平台(cell to pack，CTP)，即电芯直接集成到电池包等技术的发展，越来越多的新能源汽车搭载了锂离子电池，如五菱宏光 MINI、特斯拉 Model 3、比亚迪汉、蔚来 ES6、特斯拉 Model S 等车型。

(3) 国防军事。锂离子动力电池在航天及军事领域也有广阔的应用前景。锂离子电池一直被称为第三代航天电源，世界各国都对锂离子电池在空间领域的应用进行了研究和评估。NASA、ESA(欧洲航天局)、JAXA(日本宇宙航空研究开发机构)都已经开展了多年的工作，英国在 STRV-1d 小型卫星上首先使用了锂离子电池作为储能电源。2008 年中国发射的神舟七号伴飞小卫星也采用了锂离子电池作为储能电源，这是锂离子蓄电池组在国内航天器上的首次使用。它标志着我国已经成为继美、英、日后世界上第四个独立掌握空间用锂离子蓄电池储能技术的国家，开创了我国空间储能电源技术发展的新纪元。随着锂离子电池材料和技术的日益成熟，将会有更多的航天器采用锂离子电池作为储能电源。除了用于航天军事中，锂离子电池还用于一些尖端武器的动力装置中，如水下机器人、潜艇等；锂离子电池的高能量密度和轻质量可促进武器向灵活、机动的方向发展。美国、法国等军事强国已经在水下蛙人运载器、水下机器人、水下无人运载器(UUV)、鱼雷训练用操雷等军事设备上应用了锂离子动力电池，并且正在不断推广中。

(4) 储能应用。锂离子电池高的功率密度和能量密度、较长的循环寿命、反应灵敏、高的转换效率和低自放电率使其成为最具竞争力的化学储能技术之一。2008 年，美国 A123 Systems 公司(现在已被中国万向集团收购)开发出 HAPU 柜式磷酸铁锂电池储能系统，主要用于电网频率控制、系统备用、电网扩容、系统稳定、新能源接入等服务，2 MW

容量系统已服务于美国能源服务公司(AES)的南加利福尼亚电厂。我国国家电网在河北省张北县投资建设了集风力发电、光伏发电、储能电站、智能变电站一体化的“风光储输示范工程”。其中，风力发电 100 MW，光伏发电 40 MW，储能 20 MW，该示范项目安装了磷酸铁锂储能装置 1 MW(共 63 MW · h)。2019 年，湖南首个储能电站——长沙电池储能电站一期示范工程正式并网，该项目共包含芙蓉、榔梨、延农 3 个锂电池储能电站，总功率达 60 000 kW，总容量 120 000 kW · h。锂离子储能电池目前主要需要克服的是安全性、寿命和成本问题。寿命、安全性和成本很大程度上取决于其电极材料体系的选择和匹配。因此，选择长寿命、高安全、低成本的材料体系是当前锂离子储能电池技术的发展方向。

2. 钠离子电池

在衡量储能技术的多项指标中，资源和成本是重要的甚至是需要优先考虑的指标。金属钠作为仅次于锂的第二轻金属元素，在地壳中的丰度高达 2.3%～2.8%，比锂的丰度高 3 个数量级(图 3.20)，价格上也具有很大优势(表 3.6)。因此，与锂离子电池原理、结构相似的钠离子电池也逐渐进入人们的视野。钠离子电池可以认为是在锂离子电池基础上发展起来的一种摇椅式二次电池。与锂离子电池相似，充放电过程中，钠离子在正、负极材料之间往返脱出与嵌入，也是一种固体浓差电池。目前，钠离子电池的发展还处于材料的探索阶段，世界各国针对钠离子电池的电极材料已经开展了大量研究工作。

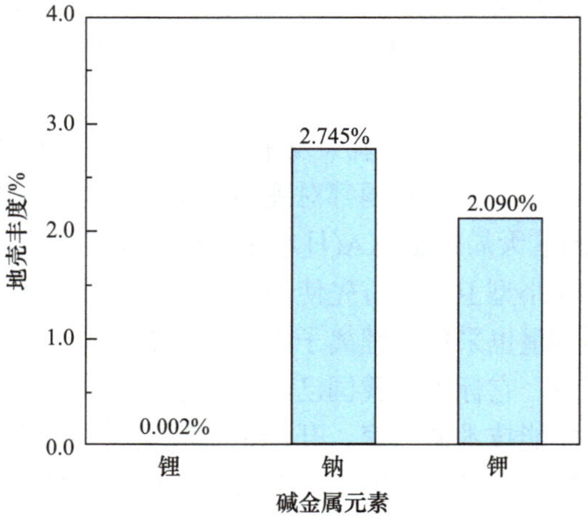

图 3.20　碱金属元素在地壳中的丰度

表 3.6　不同碱金属原材料价格

金属	规格/%	价格/(万元 · 吨$^{-1}$)	主要矿产
锂	>99.7(工业级)	36～42	锂辉石，透锂长石，锂云母，磷锂铝石，铁锂云母
钠	>99.7(工业级)	1.5～1.7	氯化钠，钠长石，芒硝(硫酸钠)，天然碱(硅酸钠)等
钾	>98.5(工业级)	8.5～9.5	氯化钾，钾长石，硫酸钾等

钠离子电池的组成和工作原理与锂离子电池类似，正极材料除了磷酸盐或氟化磷酸盐外，还可以用镍锰层状过渡金属氧化物。负极材料可选择碳类、合金和化合物，电解液则是含有钠盐的有机电解液。钠离子电池使用的电极材料相较于锂离子电池而言储量更丰富，价格更低廉，所以当对电池质量和能量密度要求不高时，钠离子电池是一种良好的锂离子电池的替代品，与锂离子电池相比，其优势在于：

(1) 钠盐原材料储量丰富，价格低廉，采用铁锰镍基正极材料，与锂离子电池三元正极材料相比，原料成本可以降低一半。

(2) 钠离子电池的电解液具有高的离子电导率。

(3) 钠不与铝形成合金，因此负极可采用铝箔作为集流体，可以进一步降低成本和电池质量。

2015 年，法国国家科学研究中心的研究人员首次开发出了业界标准的 18650 规格的钠离子电池。2017 年，中国科学院物理研究所以钠离子电池技术相关专利出资成立了中科海钠科技有限责任公司，是国内首家专注于钠离子电池开发与制造的企业。2018 年 6 月，中国首辆钠离子电池低速电动车在中国科学院物理研究所园区内示范演示，预示着钠离子电池在低速交通工具领域的发展前景。2019 年 1 月，辽宁星空钠电电池有限公司自主研发的钠离子电池投入量产阶段，预计规模化生产后年产值超过 100 亿元，标志着世界首条钠离子电池生产线投入运营。钠离子电池具有与锂离子电池相似的工作原理，以及钠元素丰富的资源和低廉的价格，因此被认为在大规模储能领域中具有广阔的应用前景，是未来储能电池的重要发展方向，但是目前钠离子电池还处于实验研究阶段。2021 年 6 月 28 日，在中国科学院 A 类战略性先导科技专项大规模储能关键技术与应用示范项目的支持下，中国科学院物理研究所与中科海钠在山西太原综改区联合推出了全球首套 1 MW · h 钠离子电池光储充智能微网系统，并成功投入运行(图 3.21)。该系统以钠离子电池为储能主体，结合市电、光伏和充电设施形成一个微网系统，可根据需求与公共

图 3.21　全球首套 1 MW · h 钠离子电池光储充智能微网系统正式投入运行

引自：https://mp.weixin.qq.com/s/w60xwaA1JFTkEg69daocvQ

电网智能互动。此次钠离子电池光储充智能微网系统的研制成功，标志着我国在钠离子电池技术及其产业化方面走在了世界前列，同时意味着钠离子电池即将步入商业化应用新阶段。

3.3.8 金属电池

金属电池是区别于金属离子电池的概念，是指直接用金属单质作负极的电池体系，一般包括锂金属电池、钠金属电池、金属硫电池、金属空气电池等。其理论能量密度远远超过金属离子电池，是未来储能电池的发展方向，但是受限于技术，目前大部分金属电池还处在研究阶段。下面分别介绍几种研究较多的金属空气电池和金属硫电池体系。

1. 金属空气电池

金属空气电池是一种介于原电池与燃料电池之间的“半燃料电池”，其特点是选用具有还原性的金属单质作为负极、以空气电极作为正极，同时具有原电池和燃料电池的特性，并具有容量高、能量密度高、放电电压平稳、成本低、污染小、结构简单等优点，是一种非常具有发展和应用前景的新型电池体系。采用空气中的氧气作为正极活性物质，理论上正极的比容量是无限大的，再加上金属负极的高比容量，使得金属空气电池具有极高的理论能量密度，远高于传统的二次电池，被誉为下一代高比能电池。

金属空气电池的主要优点如下：

(1) 能量密度高。由于正极所使用的活性物质氧气来自空气，理论上具有无限大的正极容量，因而金属空气电池的理论能量密度比一般的金属离子电池大得多，属于高能化学电源。

(2) 性能稳定。金属空气电池工作电压平稳，安全性好。有些金属空气电池(如锌空气电池)可以在很高的电流密度下工作，如果采用纯氧气氛代替空气还可以大幅度提高电池放电性能。

(3) 成本低。金属空气电池的电极和构成电池的其他材料均为常见的材料，不使用昂贵的贵金属，成本低廉。

(4) 环境友好。相对于其他电池体系，金属空气电池更加环保易于回收。其正极消耗空气，负极消耗金属，电池废弃后，正、负极物质容易分离，回收方便，不对环境造成污染。

金属空气电池的缺点如下：

(1) 金属空气电池属于开放体系，电池无法密封，电解液容易挥发，影响电池的容量和寿命。

(2) 金属空气电池充电过电势大，充电效率低，一般小于 50%。

(3) 潮湿环境储存性能差，空气中的水扩散到负极会加速负极自放电。

(4) 金属负极如锂、钠等比较活泼，对空气中的水、CO_2、SO_2 等敏感，目前测试研究需要在纯氧气氛下进行。

(5) 金属负极如锂、钠等的使用带来了安全隐患。

1) 锂空气电池

锂空气电池是以金属锂为负极，以空气中的氧气为正极活性物质，采用水溶液或非水溶液作为电解质，通过锂与氧气之间的电化学反应获得能量的一种化学电源。与其他金属空气电池相比，锂金属具有最低的氧化还原电势(−3.04 V)和最高的质量比容量，因此锂空气电池具有最高的理论能量密度(表 3.7)。其容量取决于锂负极，其理论能量密度为 5210 W · h · kg^{-1}(含氧气质量)或 11 140 W · h · kg^{-1}(不含氧气质量)，但是其市场化应用还有很长的路要走。

表 3.7 四种金属空气电池的性能对比

金属空气电池	理论开路电压/V	理论能量密度(含氧气质量)/(kW · h · kg^{-1})	理论能量密度(不含氧气质量)/(kW · h · kg^{-1})
锂空气电池	2.91	5.210	11.140
钠空气电池	1.94	1.677	2.260
镁空气电池	2.93	2.789	6.462
锌空气电池	1.65	1.090	1.350

根据电池内部构造和电解液组成，可以将锂空气电池分为四种：有机电解质体系、水基电解质体系、混合电解质体系及固态电解质体系，其构造和原理如图 3.22 所示。水基电解质体系的锂空气电池由金属锂负极、固态电解质膜、水基电解质、空气电极组成。

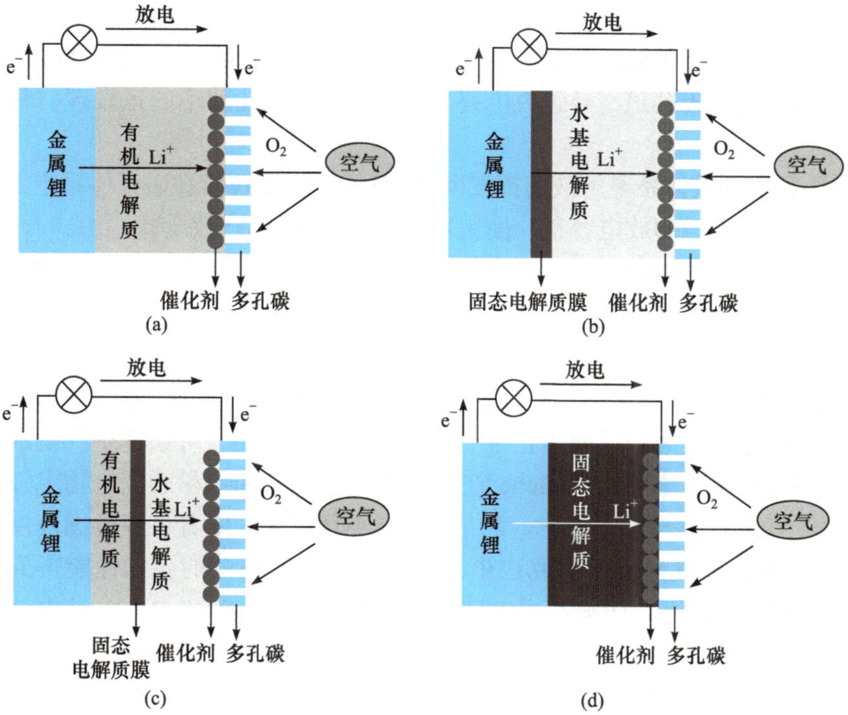

图 3.22 不同类型锂空气电池的构造和原理示意图

(a) 有机电解质体系；(b) 水基电解质体系；(c) 混合电解质体系；(d) 固态电解质体系

有机电解质体系的锂空气电池由金属锂负极、有机电解质、空气电极组成。混合电解质体系的锂空气电池由金属锂负极、有机电解质、固态电解质膜、水基电解质、空气电极组成。固态电解质体系的锂空气电池由金属锂负极、固态电解质、空气电极组成。电池放电时，反应过程如下：

负极反应： $$Li - e^- \xrightarrow{放电} Li^+ \tag{3.24}$$

正极反应： $$2Li^+ + O_2 + 2e^- \xrightarrow{放电} Li_2O_2 \tag{3.25}$$

放电过程又称为氧还原过程，充电过程则与放电过程相反，称为氧析出过程。由于放电过程中，绝缘的放电产物 Li_2O_2 会附着在多孔导电正极上，覆盖反应活性位点，并阻塞氧气扩散通道，进而导致放电终止，在电池上的体现就是放电平台陡降。充电时，由于放电产物的绝缘特性，在没有合适催化剂的存在下，往往会表现出一个较高的充电过电势。因此，如何通过电极构筑及选择合适的催化剂从而有效地改变反应路径，降低氧还原和氧析出反应的过电势是研发高性能锂空气电池的关键。

虽然锂空气电池具有极高的能量密度，已经初步证实了其可行性，但是还有许多关键问题亟待解决。目前制约其发展和应用的主要因素如下：

(1) 在空气中使用如何防止其他气体进入电池。金属锂过于活泼，能与空气中的水迅速反应导致负极锂的腐蚀。同时，空气中的水和 CO_2 会与放电产物反应生成副产物，导致电池循环性能的下降。

(2) 需要开发廉价高效的正极催化剂。没有催化剂的氧析出和氧还原速率非常缓慢，为了降低正极反应过程的电化学极化，必须加入高效廉价的氧析出催化剂。

(3) 需要优化空气电极的孔隙率。锂空气电池的放电产物一般沉积在碳材料堆积的空隙中，堵塞空气电极孔道，导致放电终止。因此，合适孔隙率的正极碳材料是非常必要的。

(4) 需要解决开放体系电解液的挥发问题。有机液体电解质在敞开体系中工作存在容易挥发的问题，对电池的放电容量、使用寿命及安全性能造成影响。

在成功解决这些问题的基础上，高能量密度的锂空气电池未来可在电动汽车、便携式电子产品甚至军事领域中发挥重要的作用。

2) 锌空气电池

锌空气电池是以金属锌为负极，以空气中氧气为正极，以碱性水溶液为电解液的电池体系，是金属空气电池中目前为止唯一市场化应用的电池。对于锌空气电池的研究最早可追溯到 1878 年，法国人 Maiche 在锌锰电池中用碳和铂粉的混合物电极代替二氧化锰碳包，开发了锌空气电池技术。20 世纪 60 年代以来，随着世界各国高度重视燃料电池的研发，对锌空气电池的研究也更加深入，锌空气电池的各种性能得到大幅度提高。特别是 1965 年采用聚四氟乙烯(PTFE)作为黏结剂制备空气电极，使电池放电性能得到极大提高，大大推进了空气电池的发展。锌空气电池最初主要应用在小功率设备上，近年来各国开始投入大量人力财力进行锌空气电池在大功率设备上的应用研究。1995 年，以色列电燃料(Electric Fuel)公司首次将锌空气电池用于电动汽车上，使其进入实用化阶段。

锌在地壳中的储量丰富，容易获取，与金属锂和金属钠相比成本更低。锌空气电池正极活性物质为空气中的氧气，不占用电池空间，理论能量密度达到 1350 $W\cdot h\cdot kg^{-1}$，在实际应用中可以达到 220～300 $W\cdot h\cdot kg^{-1}$，且具有很大的提升空间。此外，锌空气电池放电电压平稳，环境友好，内阻小，储存寿命长，充电迅速，当锌燃料消耗殆尽时，仅需更换锌片就可完成电池的充电。同时，与锂、钠有机系空气电池相比，锌空气电池的负极锌在空气中稳定且以碱性水溶性作为电解质，更加安全可靠。

但是，锌空气电池也存在缺点：空气电极中催化剂的催化活性较低，导致在大电流放电时，催化氧化还原反应速率较慢；锌负极存在自放电现象；二次锌空气电池在充电时有锌枝晶生成；密封不严会造成电解液渗漏，且碱性电解液易与空气中二氧化碳反应。

根据电极反应原理可以将锌空气电池分为一次电池、二次电池和机械再充式电池三类。其中，一次锌空气电池指经过一次放电使用后不能再次使用的电池，具有放电电流小、使用寿命长、价格低廉、储存寿命长、体积小、质量轻等特点。二次锌空气电池指电池经过放电使用后，经过充电可以再次使用的电池，并且在充电过程中氧气会向大气中释放，具有操作简单安全的特点。机械再充式电池指电池放电结束后，锌负极被消耗殆尽，需要更换锌负极并补充电解液的电池。

锌空气电池结构主要由四部分组成：空气电极、锌负极、电解质(通常为 30%～40%的 KOH 电解液)，液-气隔离通风装置。其中，空气电极具有双重功能，可以吸附空气中的氧气进入电池中从而提供活性物质，其活性表面能让空气渗透却不让液体渗透，空气电极的性能在一定的环境下将决定电池的最大电流输出和最大能量输出，其参数值越高，空气电池的性能就越好。

高性能的空气电极应具备的特点为：催化性能良好，成本低廉；机械强度高，导电性好；性能稳定，能长期循环使用；透气性良好且电解液能浸润催化层不渗透。氧气在空气正极上被还原的过程通常可以分为六个步骤：空气中氧气扩散；氧气溶解在气-液界面；溶解氧扩散至包围催化剂液膜的分子层；扩散氧在催化剂发生还原反应；离子在电解质液膜中的传导；电极骨架上的电子传递。

以碱性电解液为例，放电时，电池发生如下反应：

正极反应：
$$O_2 + 2H_2O + 4e^- \xrightarrow{\text{放电}} 4OH^- \tag{3.26}$$

负极反应：
$$2Zn + 4OH^- - 4e^- \xrightarrow{\text{放电}} 2ZnO + 2H_2O \tag{3.27}$$

电池的理论电压为 1.6 V，开路电压为 1.4～1.5 V，工作电压为 0.9～1.3 V。电池工作时，在正极上，从空气中扩散得到的 O_2 与外电路得到的电子发生还原反应生成 OH^-，后者通过溶液迁往负极与金属锌反应，从而维持正、负极材料的电中性；在负极上，金属锌与 OH^-反应生成 ZnO，同时释放电子到外电路。负极上形成的 ZnO 则与电解液进一步反应生成锌酸盐并溶解于电解液中，反应方程式为

$$ZnO + 2OH^- + H_2O \longrightarrow Zn(OH)_4^{2-} \tag{3.28}$$

目前，锌空气电池已经在汽车上得到应用，考虑到其较低的功率密度，比较适合公共汽车和微型动力车。我国的锌储量居世界第一，由锌空气电池驱动的电动自行车已经

走上了街头，其最大的特点是续驶里程长，可以达到 200 km 以上，另一个独特之处是它采用换电池代替传统电动车充电的方式，每次换电池大约 3 min，更加便捷。除了车用领域，锌空气电池在电网储能方面也展示出极大的应用前景，其所需成本是天然气调峰电站的一半。作为一个相对成熟的空气电池体系，如果进一步优化空气电极，降低电池极化，不断完善技术，锌空气电池必将展示出更大的应用潜力和前景。

2. 金属硫电池

下面以钠硫电池为例介绍金属硫电池。钠硫电池是 1967 年美国福特汽车公司发明的，是最典型的金属钠为电极的二次电池之一，是目前已实现应用的一种大规模静态储能技术。2000～2014 年，除抽水蓄能、压缩空气及储热项目外，钠硫电池在全球储能项目中所占的比例为 40%～45%，占据领先地位。但是近些年随着锂离子电池技术的快速发展，锂离子电池已占据主要电化学储能市场。钠硫电池以金属钠为负极，以单质硫为正极，以单一 Na^+导电的 Na-β″-Al_2O_3 陶瓷兼作隔膜和电解质。

为了保证固体电解质 β″-Al_2O_3 具有足够高的离子电导率，通常需要较高的工作温度。但在过高的温度下，正极的硫和多硫化钠会产生很高的蒸气压，导致电池安全性降低，因此钠硫电池的工作温度为 300～350 ℃。图 3.23 是中心为钠负极的钠硫电池的工作原理和结构示意图。金属钠装载在 Na-β″-Al_2O_3 电解质陶瓷管中形成负极。整个电池包括熔融钠负极、钠极毛细层、固体电解质、熔融硫(或多硫化钠)、硫极导电网络(一般为碳毡)、集流体和外壳兼集流体等部分。在电池的工作温度下，钠与硫均呈熔融态。电池放电时，其反应过程如下：

正极反应： $$2Na^+ + xS + 2e^- \xrightarrow{放电} Na_2S_x \quad (3.29)$$

负极反应： $$2Na - 2e^- \xrightarrow{放电} 2Na^+ \quad (3.30)$$

总反应： $$2Na + xS \xrightarrow{放电} Na_2S_x \quad (3.31)$$

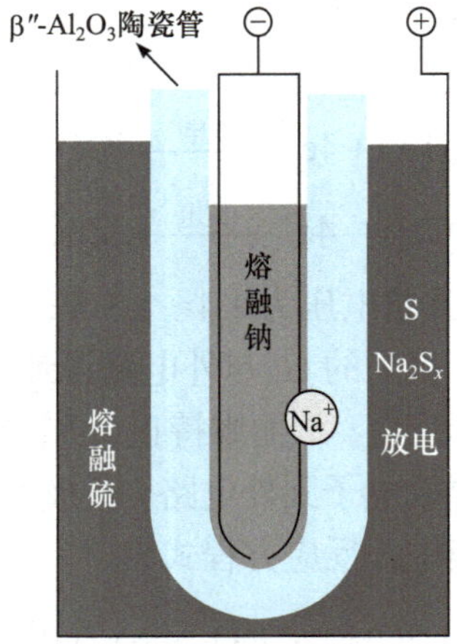

图 3.23 钠硫电池的工作原理和结构示意图

负极钠失电子变为 Na^+，Na^+通过 β″-Al_2O_3 固体电解质迁移至正极与硫离子反应生成多硫化钠，同时电子经外电路到达正极使硫变为硫离子。反之，充电过程中，Na^+通过固体电解质返回负极与电子结合生成金属钠。钠硫电池的开路电压与正极材料的成分有关，通常为 1.6～2.1 V。钠硫电池具有以下主要的特性：

(1) 能量密度高。钠硫电池的理论能量密度为 760 $W \cdot h \cdot kg^{-1}$，实际能量密度可达 150～200 $W \cdot h \cdot kg^{-1}$，是铅酸电池的 3～4 倍。

(2) 容量大。用于储能的钠硫单体电池的容量可达到 600 A · h 甚至更高，能量达到 1200 W · h 以上，单模块的功率可达到数十千瓦，可直接用于储能。

(3) 功率密度高，电池的放电电流密度可达到 200～300 $mA \cdot cm^{-2}$，充电电流密度通常减半执行。

(4) 库仑效率高。由于采用单离子导电的固体电解质，电池中几乎没有自放电现象，充放电效率几乎为 100%。

(5) 电池运行无污染。电池采用全密封结构，运行中无振动、无噪声，没有气体放出。

(6) 寿命长。钠硫电池中没有副反应发生，各材料部件具有很高的耐腐蚀性，产品的使用寿命为 10～15 年。

(7) 电池结构简单，制造便利，原料成本低，维护方便。

但是钠硫电池也存在一些缺点。首先，钠硫电池在 300～350 ℃高温度区间运行，为储能系统的维护增加了难度。其次，液态的钠与硫直接接触时会发生剧烈的放热反应，给储能系统带来很大的安全隐患。钠硫电池中使用陶瓷电解质隔膜，本身具有一定的脆性，运输和工作过程中可能发生陶瓷的损伤或破坏，一旦陶瓷破裂，钠与硫将直接反应，造成安全问题。最后，钠硫电池在组装过程中需要操作熔融的金属钠，因此有非常严格的安全措施。

我国的钠硫电池技术发展迅速。20 世纪 80 年代，中国科学院上海硅酸盐研究所研制了 30 A · h 全密封车用钠硫电池并成功进行了车试。2006 年起与上海市电力公司合作，开发成功 650-1(φ 89 mm×560 mm)型储能电池，这也是目前国内外公开报道的最大容量单体电池，质量比能量达到 160 $W \cdot h \cdot kg^{-1}$，体积比能量为 347 $W \cdot h \cdot L^{-1}$，体积比功率为 40 $W \cdot L^{-1}$，可实现近千次循环。2007 年 1 月研制成功容量达到 650 A · h 的单体钠硫电池，并在 2009 年建成了具有年产 2 MW 单体电池生产能力的中试线，可以连续制备容量为 650 A · h 的单体电池。中试线涉及各种工艺和百余台套检测设备，其中有近 2/3 为自主研发，拥有多项自主知识产权，形成了有自己特色的钠硫电池关键材料和电池的评价技术。2010 年上海世博会期间，中国科学院上海硅酸盐研究所和上海市电力公司合作，实现了 100 kW/800 kW · h 钠硫电池储能系统的并网运行。2012 年 1 月由中国科学院上海硅酸盐研究所、上海市电力公司和上海电气(集团)总公司联合成立了上海电气钠硫储能技术有限公司，实现储能钠硫电池的批量化生产与应用，设计产能为 50 MW，成为世界第二大钠硫电池生产企业。2015 年，上海电气钠硫储能技术有限公司在崇明岛风电场实现了兆瓦时级的商用示范。

钠硫电池具有较高的功率密度和能量密度、低原材料成本和制造成本、温度稳定性及无自放电的特性，是具有市场活力和应用前景的储能电池。到目前为止，钠硫电池在以下几个方面已经广泛应用：

(1) 削峰填谷。在用电低谷期间储存电能，在用电高峰期间释放电能满足需求，这是钠硫电池主要的储能应用。

(2) 可再生能源并网。以钠硫电池配套风能、太阳能发电并网，可以在高功率发电时储能，在高功率用电时释能，提高电能质量。

(3) 独立发电系统。用于边远地区、海岛的独立发电系统，通常与新能源发电相结合。

(4) 工业应用。企业级用户在采用钠硫电池夜间充电、白天放电以节省电费的同时，还能够提供不间断电源和稳定企业电力质量。

钠和硫在资源上的优势以及大容量钠硫电池在规模化储能方面的成功应用，激发了人们开发钠硫电池更多新设计和技术的热情，促进了钠硫电池储能技术的快速发展。

3.4 储 能 产 业

3.4.1 储能设备应用场景

储能在我国电力市场主要有 5 个应用领域：电源侧、可再生能源并网、辅助服务、电网侧和用户侧(图 3.24)。其中，辅助服务和用户侧是储能应用最具盈利潜力、有望率先实现商业化的领域。

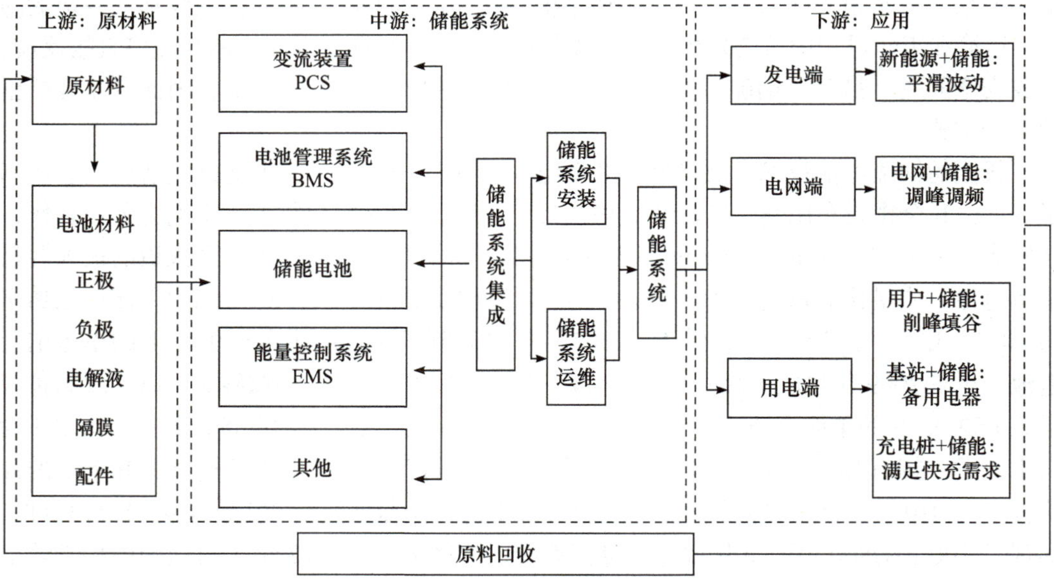

图 3.24 储能行业产业链

1. 电源侧

在传统火力发电领域，储能技术主要用于辅助火电机组动态运行、取代或延缓新建发电机组。

1) 辅助火电机组动态运行

火电机组的输出需要根据调度的要求进行动态调整来实现负荷和发电之间的实时平

衡。然而，动态运行会造成机组部分组件蠕变，使设备受损，提高发生故障的可能性，增加检修的费用，从而导致整个机组使用寿命缩短。储能技术的快速响应可以使储能装置和火电机组联合作业，辅助动态运行，提高火电机组的效率，避免对机组的损害，减少维护和更换设备的成本。

2) 取代或延缓新建发电机组

目前我国起调峰作用的通常是煤电机组，由于要为负荷尖峰留出余量，经常不能满发，影响经济性。利用储能技术则可以取代或延缓发电侧对新建发电机组的需求。在负荷低时，通过原有的高效机组给储能系统充电，在尖峰负荷时由储能系统向负荷放电。

2. 可再生能源并网

1) 解决太阳能和风能发电场弃风、弃光问题

由于风能和太阳能等可再生能源的波动性和时效性较大，特别是在一些偏远的地区，电网常常无法完全消纳风电和光电，导致弃风、弃光率居高不下，造成严重的电力资源浪费。应用储能技术可以减小或避免弃风、弃光。在可再生能源发电场站安装储能系统，输电通道阻塞或电网调峰能力不足时，可以通过储能系统存储电能；在可再生能源发电水平低的时段，通过储能系统释放电能，提高电站的上网电量。

2) 提高可再生能源并网的友好性

由于可再生能源发电具有随机性和波动性，大规模并入电网时会影响电网的功率平衡，因此需要预测发电功率，合理安排发电计划，缓解调峰压力，降低系统备用容量，提高电网对可再生能源的接纳能力。在集中式可再生能源发电场站配置大容量的储能系统，可实现场站与储能联合出力，并实时跟踪出力计划，平滑出力，满足并网要求，提高可再生能源并网的友好性。

3. 辅助服务

在电力辅助服务领域，储能主要用于电力调频、调峰和备用容量。

1) 调频

电力系统频率是电能质量的主要指标之一。在实际运行中，电力系统中原动机的功率和负荷功率的变化会引起电力系统频率的变化。频率的偏差会影响用电和发电设备的安全、高效运行，甚至损害设备。在系统频率偏差超出允许范围后，必须进行频率调节。与传统发电机组调频相比，储能设备调频具有响应速度快、调节速率大、正确率高等优势。

2) 调峰

在电力系统实际运行过程中，总的用电负荷有高峰和低谷之分。高峰负荷仅在一天的某时段出现，需要配备一定的发电机组在高峰负荷时发电，满足电力需求，平衡电力系统中电力的生产和消费。当电力负荷供需紧张时，储能系统可向电网输送电能，协助解决局部缺电问题。抽水蓄能是目前完全实现商业化的储能技术，调峰是抽水蓄能电站一个主要的应用领域。

3) 备用容量

备用容量指的是除满足预计负荷需求外，在发生事故时预留的有功功率(有功功率是

指保持设备运行所需要的电功率，也就是将电能转化为其他形式的能量，如机械能、光能、热能等的电功率)储备来保障电能质量和系统安全稳定运行。储能设备可以为电网提供备用辅助服务，通过对储能设备进行充放电操作，可调节电网有功功率平衡。储能设备提供备用辅助服务时不需要一直保持运行，只要使用时能够被立即调用提供服务即可。此外，储能设备还可以同时提供削峰填谷、调频、延迟输配线路升级等其他服务，因此经济性较好。

4. 电网侧

在输电网中，负荷的增长和电源的接入，尤其是大容量可再生能源发电的接入都需要新增输变电设备、提高电网的输电能力。然而，受限于用地、环境等因素，输变电设备投资大、建设周期长，无法满足负荷增长和可再生能源发电迅速发展的需求。大规模储能系统可以安装在输电网中提升电网的输送能力，降低对输变电设备的投资成本。

与在输电网中的应用类似，在配电网中接入储能系统可以减少或延缓配电网升级投资。除此之外，还可提高配电网运行的安全性、经济性、可靠性及接纳分布式电源的能力。

5. 用户侧

1) 分时电价管理，降低用户的整体用电成本

分时电价是指电力部门根据实时用量的变化(高峰、平段、低谷)对各时段制定的不同电价。在电力市场实施分时电价时，储能系统可以帮助电力用户实现分时电价管理。在低电价时给储能系统充电，高电价时使用储能系统放电，可以降低用户的整体用电成本。

2) 容量费用管理

在电力市场中，存在电量电价和容量电价。电量电价指的是按用户所用电度数计费的电价。容量电价则主要由用户用电功率的最高值决定，与在此功率下使用的时长及用电总量都无关。使用储能设备为用户最高负荷供电，可以减少容量费用，节约总用电费用，这个应用主要面向工业用户。

3) 提升用户的电能质量和可靠性

在用户侧安装的储能系统服务对象明确，其具有相对简单和可靠的组成结构，可以保证输出更高质量的电能。在电网异常发生电压暂降或中断时，可以改善电能质量，解决闪断现象；在供电线路发生故障时，可以确保重要用电负荷不间断供电，从而提高供电的可靠性和电能质量。

4) 提高分布式能源就地消纳

对于安装光伏发电的居民用户，配置家庭储能设备可以在光伏发电的白天充电，在负荷较高的夜间放电，甚至可以实现电能自给自足。此外，在配电网故障时，家庭储能设备还可继续供电，降低电网停电影响，提高供电可靠性。对于工商业用户，在其安装有可再生能源发电装置的区域投资储能系统，可以平抑可再生能源发电的波动性，提高电能质量，并利用峰谷电价差获利。

3.4.2 储能产业市场

在智能电网和可再生能源占比高的能源系统、能源互联网中，储能是重要组成部分和关键支撑技术。美国能源部全球储能数据库(DOE Global Energy Storage Database)的数据表明，1997～2020 年，全球储能装机由 100 GW 增加到 191.1 GW 左右，增长了 91%(图 3.25)。储能装机较大的国家有中国(占全球储能装机的 19%)、日本(17%)、美国(14%)和一些欧洲国家(西班牙、意大利、德国等)。尽管储能系统多种多样，但抽水蓄能电站在储能总装机中一枝独秀，占比高达 94%。大部分抽水蓄能电站和水电站、核电站结合应用，在很多国家都有推广。受到现有技术和经济性的限制，其他类型的储能(电化学蓄电池、压缩空气系统、热储能器等)普及程度较小。与此同时，由于具体条件不同，储能目的各有差异，储能方式的选择还取决于对发电装机、储能时长、单位成本、效率、使用年限、充电次数、占地面积、环境影响等诸多方面的要求。

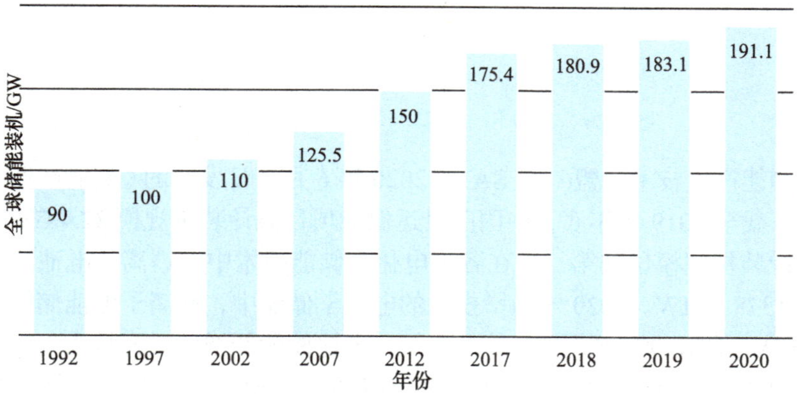

图 3.25 1992～2020 年全球储能装机增长情况

随着应用储能系统重要性的日益增长，世界各国纷纷出台储能激励措施，支持储能技术的发展，制定相关规范和标准，以及建立和完善涉及储能的法律法规等，如欧美部分国家已开始积极完善能源领域立法等。在各国政府的政策积极鼓励下，储能市场得到了迅速发展，未来新建储能项目及装机总规模有望实现快速增加。

虽然我国储能产业起步较晚，但发展速度令人瞩目。与全球储能市场类似，我国抽水蓄能的累计装机规模占比最大。截至 2018 年年底，抽水蓄能在我国已投运的储能项目中占比为 94.0%，电化学储能的累计装机规模占比 3.6%，位列第二。作为全球装机规模最大、发展最为成熟的储能技术，大部分抽水蓄能电站和水电站、核电站一起结合应用。很多国家尤其是发达国家在核电的开发、水能、风能的利用和蓄能配套方面都已有一定成功经验。国际可再生能源机构(IRENA)2017 年发布的报告《电力储存与可再生能源——2030 年的成本与市场》指出，尽管目前抽水蓄能仍占绝对优势，但是由于未来其成本下降空间有限，而各类电池储能成本有希望下降 50%～60%，预计 2030 年抽水蓄能装机将小幅增至 235 GW，而电池储能将快速攀升至 175 GW。根据中国化学与物理电源行业协会储能应用分会的统计，2020 年我国新增投运储能装机容量总计 2586.1 MW，其中抽水蓄能新增装机容量为 1800 MW，占比 69.60%，排名第一；电化学储能新增装机容量为 785.1 MW，占比

30.36%，排名第二(图 3.26)。

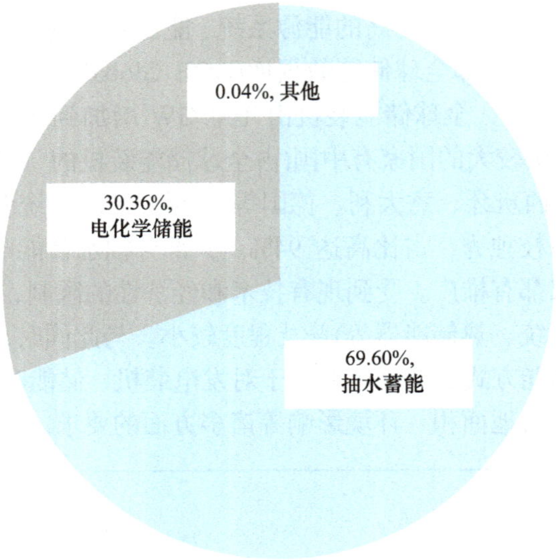

图 3.26　2020 年中国新增储能项目装机规模分布

中关村储能产业技术联盟(CNESA)于 2020 年 6 月 3 日发布的《储能产业研究白皮书 2020》显示，截至 2019 年年底，中国已投运储能项目累计装机规模 32.4 GW，其中电化学储能的累计装机规模位列第二。在各类电化学储能技术中，锂离子电池的累计装机规模最大，为 1378.3 MW。2020 年新增投运的电化学储能中，锂离子电池储能新增装机容量为 762.3 MW，占比 97.1%，排名第一；铅酸电池储能新增装机容量为 14.2 MW，占比 1.8%。截至 2020 年年底，锂离子电池的累积装机在各类电化学储能技术中占比达 80.6%，其次是铅酸电池和液流电池(图 3.27)。目前，我国的磷酸铁锂电池、全钒液流电池、阀控式铅酸及铅炭电池已经具有较强的国际竞争力。

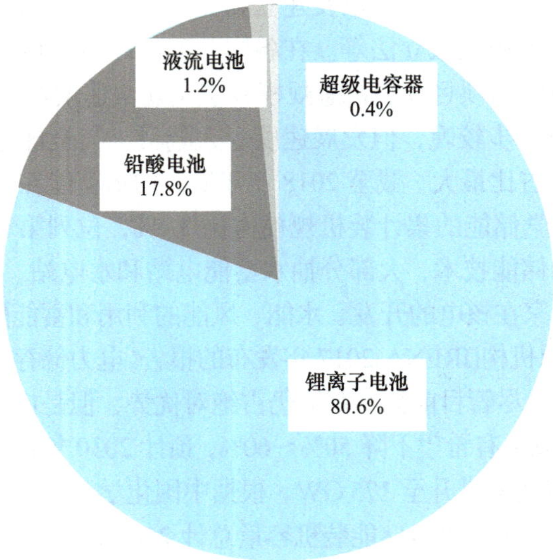

图 3.27　截至 2020 年年底中国已投运电化学储能项目累计装机规模分布

3.4.3 我国储能产业发展前景

1. 储能产业发展机遇

近年来储能技术迅速发展，许多技术已进入商业示范阶段并展现出一定的经济性。总体来看，机械储能是目前最成熟、成本最低、使用规模最大的储能技术，电化学储能是应用范围最广泛、发展潜力最大的储能技术。目前，全球储能技术的开发主要集中在电化学储能领域。

近年来利好储能产业的政策陆续出台，国家对储能行业发展的支持力度也不断加大。从中央到地方先后出台了一系列储能行业政策，旨在推动储能产业建设，促进可再生能源消纳。这些政策上的利好为“可再生能源+储能”提供了发展机遇。

从资源储量的角度出发，据估计中国目前已探明锂矿储量约为320万t，主要分布在西北地区，其中西藏、青海和四川地区的锂矿资源最为丰富。作为生产锂电池的重要原材料，其丰富的资源储量也为储能发展提供了资源保障。在技术方面，在多年的产业实践中涌现了一批以宁德时代新能源科技股份有限公司、比亚迪股份有限公司为代表的，在国际范围内具有影响力的储能技术公司。因此，无论是从资源结构还是技术储备方面来看，中国在“可再生能源(光伏)+储能”领域的发展都有很大的潜力。

2. 储能产业面临的挑战与发展前景

一是市场机制不健全。中国储能产业起步晚，最近几年国家才开始重视。北美、日本20年前就有了储能方面的产业政策，也都已经形成了各自的运行机制。目前，国内已经有了一些地区性规定，提供了一些发展机会和市场模式，但离整体产业的健康发展还有很大距离。储能企业希望未来这些规定能够上升到政策层面，真正纳入电力体制改革，成为法规，这样可以提高投资方参与的可靠性，也可以尽量减少投资风险。

二是技术前景尚不明朗。如何把技术直接变成实际的商业模式，最终能否支持公司真正盈利，也存在风险。目前还没有完全搞清楚在储能方面什么技术最具经济性、最有竞争力，即从商业角度来看最有前景的储能技术还不确定。例如，很久以前就大概知道了硅是太阳能发电主要的技术方向，可以提出商业模式。现在储能技术还没有达到那样的阶段，不清楚未来方向是液流电池、压缩空气还是锂电池，因此不知道如何投入资金和精力来降低成本。从未来发展看，或许有两类主要技术方向，一是对长寿命应用来说应该是液流电池，二是对短寿命应用来说应该是锂电池。无论哪种技术，只有完成了科学实验阶段，达到可以盈利，才能谈得上大范围的推广应用。

三是储能设备还需要提高可靠性。如果电池储能不能使用10年以上，则对于电力系统调节来说没有意义。如果寿命问题和安全性解决不了，谈价格也没有意义。在运营风电、光电中，不需要1∶1的储能配备，按照10%～15%配就可以了。如果天气预报预估风电的误差是20%，那么配上15%的储能，就可以提高发电效率，提升电网稳定性，而且电网调度机构就可以对其他机组进行合理安排。风电和太阳能项目通常要运行20年，因此储能设备至少要有10年的寿命期。

总体而言，我国储能产业还处于发展的初级阶段，以示范应用为主，与发达国家的产业化进程相比还有一定的差距。中国的储能产业起步可以追溯到2000年年初，历经二十几年，储能走过了技术研发、示范应用和商业化初期三个阶段。2012年，大连融科储能技术发展有限公司同国电龙源电气有限公司合作的卧牛石 5 MW/10 MW · h 全钒液流电池储能电站是当时全球最大规模的商业化项目，与风电场联用，成功实现了电能储存、削峰填谷、功率平滑和改善电网质量的功能。2018年，为了解决江苏镇江东部地区由于谏壁发电厂机组停运以及镇江燃机无法投运带来的220 MW的负荷缺口，江苏省电力公司利用新兴电化学储能技术建立了镇江电网储能电站，这是中国首个百兆瓦电网侧储能电站集群，也是当时世界容量最大的电化学储能电站(图3.28)。目前我国没有一种储能技术在市场上占据绝对优势，能实现盈利的项目少之又少。储能行业想要取得长足发展，实现规模化、商业化，需要解决经济性、政策性和技术性三方面问题。

图3.28 镇江电网储能电站

引自：http://img.lookpay.com.cn/portal/202001/02/181447jqsjfwpwvxgrqrxm.jpg

随着市场对储能需求的增加，储能行业焕发出勃勃生机，储能产业发展前景广阔，储能逐渐向规模化发展转变。目前储能产业要经历由研发示范向商业化初期过渡、商业化初期向规模化发展过渡这两个阶段。通过降低技术成本、提高性能以及多方位参与电力市场等措施，加快储能规模化商业化的应用。

随着全球气候变暖和化石能源短缺，大力开发和使用可再生能源(如风能、水能、潮汐能、太阳能等)刻不容缓。然而，可再生能源发电具有间断性和波动性的特点，规模化使用并网会影响电网稳定运行，必须结合大规模储能系统配合使用来增加可再生能源发电的稳定性和可靠性。2017年9月政府发布《关于促进储能技术与产业发展的指导意见》，明确指出大力支持储能系统在可再生能源领域的应用，鼓励可再生能源发电项目配置储能设施，促进可再生能源消纳。各地也纷纷出台各种利好政策，旨在推动储能产业建设，更好地开发可再生能源。这些政策的出台为“可再生能源+储能”模式的发展提供了很好的机遇。

思 考 题

1. 简述储能技术的分类，比较其优缺点。
2. 简述抽水蓄能的工作原理。
3. 举例说明相变储热在科学研究和实际生产生活中的应用。
4. 分别写出铅酸电池、镍氢电池的正、负极反应式及总反应式。
5. 金属离子电池和金属电池分别有哪几种？
6. 简述液流电池的工作原理。与其他体系相比，液流电池最大的特点是什么？
7. 试分析制约锂空气电池商业化的主要问题。
8. 简述哪些电池体系在储能产业中具有应用前景。

第 4 章　新能源概论

4.1　太阳能工程

4.1.1　太阳能简介

太阳能一般是指太阳光的辐射能量和热量(简称太阳的热辐射能)。

没有太阳给予的光和热，植物无法进行光合作用产生氧气，就没有生命的存在。地球上的生命自诞生以来，就主要依赖于太阳提供的热辐射能生存。太阳能为人类文明的发展做出了重要贡献。公元前 1000 年前后，世界上大多数民族还处在钻木、摩擦或打击取火的时代，我国古代的西周人已经发明和使用了阳燧(图 4.1)，利用太阳光聚焦产生热量取火。

图 4.1　中国古代阳燧的光学照片

太阳能是农业发展的动力，是生命存在和人类社会发展重要的物质基础。一个典型的例子就是太阳历，即根据太阳位置确定农业季节，以确定农时，进而安排农业生产。随着化石燃料日趋减少，太阳能更加成为当今社会人类使用能源的重要组成部分之一，并随着时代不断发展。

太阳能资源的优点众多，主要有以下几点：

(1) 丰富性。每年到达地球表面的太阳辐射能约为 130 亿 t 标准煤，约为目前全球耗能总和的 2×10^4 倍，可以说储量巨大。

(2) 长久性。太阳辐射源源不断供给地球，按目前太阳产生的核能速率估算，其储量可维持上百亿年，而地球寿命约为几十亿年，因此太阳能对人类来说是取之不尽的。

(3) 普遍性。太阳辐射能分布在地球上大部分地区，地域限制小，对解决偏远地区的供能问题有极大的可行性和优越性。

(4) 洁净安全。太阳能素有“洁净能源”和“安全能源”之称，其几乎不产生任何污染，比常规能源清洁，也比核能安全。

(5) 经济性。太阳能适用于长期发电，其原料成本低，是 21 世纪最清洁、最廉价的能源之一。

太阳能资源虽然拥有众多优势，但也存在以下不足：

(1) 分散性。虽然到达地球表面的太阳热辐射能总量很大，但能流密度很低，地面处的能流密度仅约为 0.5 $kW \cdot m^{-2}$。

(2) 间断性和不稳定性。太阳热辐射能不但随昼夜、季节、纬度和海拔等因素规律变化，而且受天气影响产生随机性变化。

4.1.2　资源分布

太阳能资源的分布与地球上各地的纬度、地理状况、海拔高度和气候条件等息息相关。太阳能丰度一般以全年辐射总量(单位为 $MJ \cdot m^{-2}$ 或 $kW \cdot h \cdot m^{-2}$)和全年日照总时数表示。每年辐射到地球的太阳能资源为 23 000 TW · h(太瓦时)，将太阳能资源的 0.1%加以利用，就可以满足地球每年的能量需求。

1. 世界太阳能资源分布

按照目前世界太阳能资源分布图来看，印度洋地区、太平洋地区的太阳能年辐射总量最高，大西洋地区比较丰富，南北两极相对稀缺。下面分别介绍代表性的地区和国家。

北非地区：摩洛哥、阿尔及利亚、突尼斯、利比亚和埃及等地区具有较大的太阳能热发电潜能。

阿尔及利亚的太阳能年辐射总量为 9720 $MJ \cdot m^{-2}$，技术开发量每年约 169 440 TW · h。摩洛哥的太阳能年辐射总量为 9360 $MJ \cdot m^{-2}$，技术开发量每年约 20 151 TW · h。埃及的太阳能年辐射总量为 10 080 $MJ \cdot m^{-2}$，技术开发量每年约 73 656 TW · h。突尼斯、利比亚等国家太阳能年辐射总量大于 8280 $MJ \cdot m^{-2}$。阿尔及利亚有 2381.7 km^2 的陆地区域，其沿海地区太阳能年辐射总量为 6120 $MJ \cdot m^{-2}$，高地和撒哈拉地区太阳能年辐射总量为 6840～9540 $MJ \cdot m^{-2}$，全国总土地的 82%适合太阳能热发电站的建设。

南欧地区：包括葡萄牙、西班牙、意大利和希腊等。

西班牙的太阳能年辐射总量为 8100 $MJ \cdot m^{-2}$，技术开发量每年约 1646 TW · h；意大利的太阳能年辐射总量为 7200 $MJ \cdot m^{-2}$，技术开发量每年约 88 TW · h；希腊的太阳能年辐射总量为 6840 $MJ \cdot m^{-2}$，技术开发量每年约 44 TW · h；葡萄牙的太阳能年辐射总量为 7560 $MJ \cdot m^{-2}$，技术开发量每年约 436 TW · h。西班牙的南方地区是最适合建设太阳能热发电站地区之一，该国也是太阳能热发电技术水平最高、太阳能热发电站建设最多的国家之一。

北美地区：美国的太阳能发电产业很成熟，是目前全球排行第二的太阳能使用开发地区。根据美国《太阳能市场洞察》2021 年第二季度报告，美国在第一季度的发电量就超过 100 GW，与前一年相比提升了 47%。

美国太阳能使用分为五个地区：一地区为美国亚利桑那州和新墨西哥州地区，太阳能年辐射总量为 9198～10 512 $MJ \cdot m^{-2}$，加利福尼亚州、内华达州、犹他州、科罗拉多州和得克萨斯州的南部，占总面积的 9.36%；二地区为犹他州、怀俄明州、堪萨斯州、俄克拉何马州、佛罗里达州、佐治亚州和南卡罗来纳州等，占总面积的 35.67%，太阳能年辐射总量为 7884～9198 MJ · m^{-2}；三地区为美国北部和东部大部分地区，占总面积的 41.81%，太阳能年辐射总量为 6570～7884 MJ · m^{-2}；四地区为阿拉斯加州大部分地区，占总面积的 9.94%，太阳能年辐射总量为 5256～6570 MJ · m^{-2}；五地区为阿拉斯加州最北端的小部分地区，占总面积的 3.22%，太阳能年辐射总量为 3942～5256 MJ · m^{-2}。

澳大利亚分为四个地区：一地区太阳能年辐射总量为 7621～8672 MJ · m^{-2}，主要在澳大利亚北部，占总面积的 54.18%；二地区太阳能年辐射总量为 6570～7621 MJ · m^{-2}，在澳大利亚中部，占总面积的 35.44%；三地区太阳能年辐射总量为 5389～6570 MJ · m^{-2}，在澳大利亚南部，占总面积的 7.90%。四地区太阳能年辐射总量低于 6570 MJ · m^{-2}，仅占 2.48%。澳大利亚中部的广大地区人烟稀少，土地荒漠，适合大规模的太阳能开发利用。

亚洲地区：目前太阳能资源拥有量最多的是中国，中国重视太阳能发电建设。2020 年中国太阳能光伏发电量达 2611 亿 kW · h，比 2019 年增加了 371 亿 kW · h，增长率达 16.6%。中国最大的光伏发电站——青海塔拉滩光伏电站于 2012 年开始修建，项目占地 609.6 km^2。

日本非常重视环保节能发电，大力推动太阳能发电政策。日本欧力士集团在三重县的第三个大型太阳能电站，该太阳能发电场包括超过 200 000 块东芝太阳能电池板，占地 110 万 m^2(是 45 000 个座位的东京巨蛋球场的 25 倍)，是三重县规模最大的太阳能发电厂。

中东地区：几乎所有地区的太阳能辐射总量都非常高，以色列、约旦和沙特阿拉伯等国的太阳能年辐射总量均约为 8640 MJ · m^{-2}；阿拉伯联合酋长国的太阳能年辐射总量为 7920 MJ · m^{-2}，技术开发量每年约 2708 TW · h；以色列的技术开发量每年约 318 TW · h。伊朗的太阳能年辐射总量为 7920 MJ · m^{-2}，技术开发量每年约 20 000 TW · h；约旦的太阳能年辐射总量约 9720 MJ · m^{-2}，技术开发量每年约 6434 TW · h。以色列的总陆地区域面积为 20 330 km^2，内盖夫沙漠占以色列国土面积的一半以上，也是太阳能利用的最佳地区之一，以色列的太阳能热利用技术处于世界最高水平之列。

根据太阳能发电量排名，中国占据榜首的位置(表 4.1)。

表 4.1 世界各国太阳能发电量(太阳能光伏发电量/MW，2017～2020 年)

排名	国家	2017 年	2018 年	2019 年	2020 年
1	中国	78 070	131 000	223 800	254 355
2	美国	40 300	51 000	77 700	93 200
3	日本	42 750	49 000	61 800	71 400
4	德国	41 220	42 000	47 250	53 900
5	意大利	19 279	19 700	24 300	21 700
6	印度	9 010	18 300	46 270	47 400
7	英国	11 630	12 700	12 677	13 500
8	法国	7 130	8 000	9 900	10 860
9	澳大利亚	5 900	7 200	17 950	17 627
10	西班牙	5 490	5 600	15 040	14 089

2. 我国太阳能分布

我国太阳能资源十分丰富，据估算，我国陆地表面每年接受的太阳辐射能约为 5×10^{19} kJ。

我国太阳能资源分布有如下特点：太阳能的高、低值中心都处在北纬 22°～35°一带，高值中心在青藏高原，低值中心在四川盆地；西部年辐射总量高于东部，且除西藏、新疆外，基本上北部高于南部；因南方多数地区云雾雨多，在北纬 30°～40°地区，太阳能随纬度增加而增长，与一般的太阳能随纬度变化的规律相反。全国各地太阳能年辐射总量达 3350～8370 MJ · m^{-2}，平均值为 5860 MJ · m^{-2}。

按照太阳能年辐射总量的大小，我国太阳能资源大致划分为五类地区，见表 4.2。

表 4.2　我国太阳能资源及其分布情况

区域划分	一类地区	二类地区	三类地区	四类地区	五类地区
年辐射总量 /(MJ · m^{-2})	6700～8370	5860～6700	5020～5860	4190～5020	3350～4190
日照时间 /(h · a^{-1})	3200～3300	3000～3200	2200～3000	1400～2200	1000～1400
地区	青藏高原、甘肃北部、宁夏北部、新疆东部、青海西部和四川甘孜部分地区	新疆大部、河北西北部、山西北部、内蒙古南部、宁夏南部、甘肃中部和青海东部等地区	山东、河南、河北东南部、山西南部、吉林、辽宁、云南、陕西北部、广东南部、福建南部、江苏北部和安徽北部等地区	长江中下游、福建、浙江和广东部分区域	四川、贵州两省
特点	太阳能资源最丰富的地区。特别是西藏，仅次于撒哈拉沙漠，位居世界第二位	太阳能资源较丰富区域	太阳能资源中等区域，具有利用太阳能的良好条件	春、夏季多阴雨，秋、冬季太阳能资源还可以	太阳能资源最少的地区，但仍具有一定的利用价值

从表 4.2 中可以看出，我国太阳能资源分布存在不均匀的现象，资源主要分布在西北地区。

一类地区：我国太阳能资源最丰富的地区，太阳能年辐射总量为 6700～8370 MJ · m^{-2}。一类地区包括宁夏北部、甘肃北部、新疆东部、青海西部和西藏西部等。尤以西藏西部最为丰富，最高达 9210 MJ · m^{-2}。

二类地区：我国太阳能资源较丰富地区，太阳能年辐射总量为 5860～6700 MJ · m^{-2}，相当于日辐射量 4.5～5.1 kW · h · m^{-2}。二类地区包括河北西北部、山西北部、内蒙古南部、宁夏南部、甘肃中部、青海东部等。

三类地区：我国太阳能资源中等地区，太阳能年辐射总量为 5020～5860 MJ · m^{-2}，相当于日辐射量 3.8～4.5 kW · h · m^{-2}。三类地区主要包括山东、河南、河北东南部、山西南部、吉林、辽宁、云南、陕西北部、广东南部、福建南部、江苏北部、安徽北部等。

四类地区：我国太阳能资源较差地区，太阳能年辐射总量为 4190～5020 MJ · m^{-2}，相当于日辐射量 3.2～3.8 kW · h · m^{-2}。四类地区包括湖南、湖北、江西、浙江、福建北部、广东北部、江苏北部、安徽南部以及黑龙江、台湾东北部等。

五类地区：我国太阳能资源最少的地区，主要包括四川大部分地区和贵州，太阳能年辐射总量为 3350～4190 MJ · m^{-2}，相当于日辐射量只有 2.5～3.2 kW · h · m^{-2}。

相关专家指出，一个城市如果增加 20%的投资用于太阳能取暖设施建设，就可解决城市 70%的供热问题。西藏是离太阳最近的地方，也是太阳能最丰富的地区，利用这一得天独厚的优势不仅能够获得取之不尽的天然资源，而且不会对环境产生任何污染。

按照太阳能年辐射总量的大小，可以将全国划分为资源丰富带、资源较富带、资源一般带及资源贫乏带共四个带。一、二、三类地区，年日照时数大于 2200 h，太阳能年辐射总量高于 5016 MJ · m^{-2}，是中国太阳能资源丰富或较丰富的地区，面积为全国总面积的三分之二以上。尤其是青藏高原地区，其平均海拔高度在 4000 m 以上，大气层稀薄，透明度高，纬度低，日照时间长。太阳能辐射值最大的是被誉为“日光城”的拉萨市。即使是四、五类地区，太阳能辐射值稍小，其太阳能利用效果也保持良好。总之，我国是太阳能资源十分丰富的国家，这样优越的自然环境极其有利于利用和开发太阳能。

4.1.3 太阳能的利用方式

太阳能与人类的社会活动密不可分。2000 多年前的战国时期，人们就知道利用铜制凹面镜聚焦太阳光生火，利用太阳能晒干物件、制作食物等。目前，人们对太阳能的转换、收集、储存运输等方面的应用研究十分广泛，取得显著的进展。

1. 太阳能热水系统

现代最广为人知的太阳能应用是太阳能热水技术。考量整个系统使用寿命内的安装费用和能源成本等方面，太阳能热水技术已被证明对家庭和工业应用具有成本效益。这些系统的技术实用性早已得到认可，目前已被许多国家的商业部门采用。住宅太阳能热水器是一项有前途的古老技术，发展至今已趋成熟，是目前我国新能源和可再生能源行业中最具发展潜力的技术之一。太阳能热水器不仅可以为民用提供生活用热水，还可以为商业用和工农业用提供热水。此外，太阳能热利用与建筑一体化技术使得供暖成本逐渐降低，同时激发了其潜在的巨大市场。

1) 太阳能热水器发展历史

太阳能热水器发展有悠久的历史。

1891 年，美国马里兰州的肯普发明了第一台太阳能热水器，命名为“顶峰”。它的基本构造是四个涂黑的铁罐，罐与罐通过管道相连，放置在一个白松木盒子里，盒子四周及底部用油毛毡衬垫隔热，顶部盖着玻璃板，向南倾斜安装在屋顶上。使用热水时，打开室内的冷水阀，水罐下面流入的冷水就可以把热水从上面顶出来。顶峰热水器的出现，给美国太阳能热利用的发展带来新的契机。

1898 年，美国人沃克对顶峰热水器进行改造与加工，设计了沃克热水器，其最大的特点是将四个水罐减少至一到两个，同时将热水出口置于罐的顶部，冷水出口置于罐的底部，保证最大化利用最热的水。同时，水罐下方还放了一块抛光金属板，将直射光反射至热水器上，提高整个系统的热性能。该热水器于 1902 年获得美国专利，并在美国得到了广泛的应用。

顶峰热水器和沃克热水器存在的共同缺点是水的加热速度很慢。1905 年，美国人哈斯克尔将水罐的形状改为扁形，扁形水罐划分成许多流槽，冷水沿槽的底管流入，通过底管上的众多小孔进入流槽，最后热水由槽顶的有孔管道汇集流出，从而提高了水的加热速度。1907 年，这种改进的顶峰热水器获得美国专利。

但是上述热水器制得的热水使用时间有限，仅可白天使用，晚上便会变成凉水，因而很难满足人们的需求。美国工程师贝利进一步进行改进，增加了一个密封且隔热性较好的储水箱，热水进入储水箱可以保温至晚上或次日再使用，满足了人们昼夜使用的需求。1913 年，这种热水器的芯体被一场大雪冻裂，贝利又进一步改进，由两个独立的集热器循环系统、储水箱和供水系统组成。最大的改进是利用由水和乙醇的混合物组成的防冻液体作为传热介质，在集热器和储水箱内的盘管中循环，这样可以不断加热储水箱内的冷水，满足了更多的需求。此后，太阳能热水系统不断发展，人们对太阳能的利用更加重视。目前商用的太阳能热水器采用真空管，内、外层间的真空可以很好地减少热量损失，通过内层表面特殊涂层可以最大限度地吸收、利用太阳热辐射能。

2) 太阳能热水系统的类型

现代太阳能热水系统主要由集热器、储存装置及循环管路三部分组成。按照形成水循环的动力，可分为自然循环式和强制循环式两种循环方式。

自然循环式太阳能热水系统如图 4.2(a)所示。储水箱位于集热器的上方。集热器、储水箱和上下循环管组成的闭合回路中，集热器中的水接受太阳辐射被加热，水温上升，密度减小，热水受浮升力沿管道上升，上循环管中的水变为热水。由于集热器和储水箱中的水温差异，产生热虹吸现象。上循环管中的热水流入储水箱，储水箱底部的冷水通过下循环管流入集热器下集管，两者不断循环，水箱上部就有可使用的热水。水流量与集热器太阳能的吸收量成正比。水流经集热器不需要安装水泵，因为是以热虹吸压头为动力，所以安装相对简单。

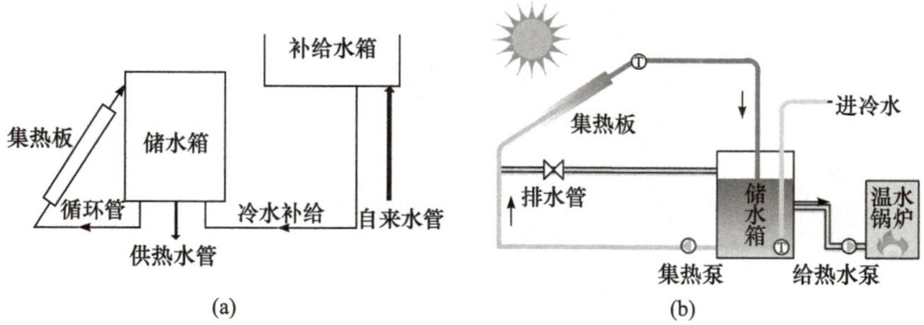

图 4.2　自然循环式(a)和强制循环式(b)太阳能热水系统

虽然自然循环式太阳能热水系统安装维护更加简单，但其原理是依靠温差导致的压差进行循环，对集热器的相对位置、连接管的管径和配置方式有所限制。因此，对于大型的供热水系统，需采用强制循环式。这种强制循环式太阳能热水系统主要由集热器、储水箱、水泵、控温器和管道构成。水在集热器和储水箱之间循环。如图 4.2(b)所示，当集热器顶端水温高于储水箱底部水温时，控制装置启动，让水流动。为防止夜间水逆流造成热损失，在水的入口处设有止回阀。这种循环方式可以获得较高的水温，但是也存在控制装置容易发生异常、漏水等弊端。因此，一般情况多选用自然循环式太阳能热水器，仅在大型热水系统及需要获得高水温的情况下才选用强制循环式。

2. 太阳能热发电

太阳能热发电又称聚焦型太阳能热发电(concentrating solar power，CSP)，其工作原理是利用集热器将太阳辐射能转换成热能，依靠热力循环进行发电。太阳能发电技术主要包括太阳能热发电和光伏发电。太阳能热发电主要产生于朗肯循环，太阳能为蒸发器提供热源。一般工质通常为水，在蒸发器中变成水蒸气并被过热，进入透平，通过喷管加速后驱动叶轮旋转，带动发电机发电。离开透平的水蒸气由于其压力和温度降低，成为(温)饱和蒸汽，进入冷凝器，通过冷却介质(水或空气)放热，凝结为液体，再被重新泵送回蒸发器，重复循环。

太阳能热发电系统由集热系统、热传输系统、蓄热与热交换系统和汽轮机发电系统构成。根据太阳能聚光跟踪理论和实现方法的差异，将太阳能热发电分为四种方式：槽式聚焦系统、塔式聚焦系统、蝶式聚焦系统及反射菲涅尔聚焦系统。

槽式太阳能热发电系统(图 4.3)的工作原理：利用抛物线形曲面反射镜的槽式聚光系统，将太阳光聚焦在接收管上，加热管内传热工质，在换热器内产生蒸汽，驱动常规汽轮机发电。这种系统的特点是用线聚焦代替点聚焦，能使聚焦的吸收管线随着柱状抛物面反射镜一起随太阳轨迹运动。1980 年美国 Luz 公司开发这类热发电系统，1985 年美国加利福尼亚州莫哈维沙漠建了 9 个发电装置，总容量 354 MW，年发电总量为 10.8 亿 kW · h，技术不断改良，系统效率达 13.6%。

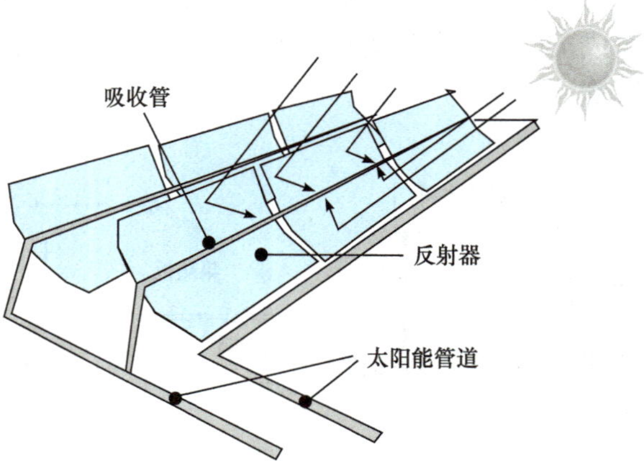

图 4.3 槽式太阳能热发电系统

塔式太阳能热发电系统(图 4.4)是一高大的中央吸收塔在空旷的地面上，塔顶上带有一个接收器。塔的周围布有一定数量的定日镜，通过独立跟踪太阳的定日镜，聚焦太阳光到塔顶接收器，产生高温蒸汽，再由传热介质将获得的热量输送到塔下的透平发电装置，驱动发电机发电。第一座塔式太阳能热发电系统装置是建于美国加利福尼亚州南部的 Solar One，该装置采用水-蒸汽系统，发电功率为 10 MW。

图 4.4　塔式太阳能热发电系统

3. 光热转换

光热转换是指通过反射、吸收或其他方式把太阳辐射能集中起来，转换成足够高温度的过程，以有效地满足不同负载的要求。太阳能光热转换将太阳能投射到太阳能接收设备上进行最大限度的采集和吸收，并转换为热能，加热水或空气，提供热能，是能量之间的转换。

光热转换目前常用的有四种材料：蓄热材料、导热材料、热电材料和集热材料。

蓄热材料目前主要包括相变储热材料、显热储热材料等，它的优点是蓄热密度大、储热过程近似等温、储热过程中容易操控，因此被广泛使用，也拥有极高的发展潜力。多个国家将部分物质实现了工业生产，主要商品有石蜡、脂肪酸类、高分子化合物等。

导热材料目前还是一种新型工业材料。因为大多数分散的集热器与蓄热器之间的距离相对较远，所以导热材料是必不可少的存在。目前国际上研究倾向于在蓄热和导热过程中采用相同的材料，以降低热交换系统的复杂程度，从而达到降低系统成本的目的。现在使用最多的导热材料主要有导热流材料和导热流管道材料。未来会使用更多的材料如石墨烯、导热黏合剂石墨烯制备设备、导热测试仪、加热元件、导热硅胶片等进行导热。

热电材料(又称温差电材料)是一种能将热能和电能相互转换的功能材料，其原理主要是利用 1823 年发现的塞贝克效应(又称第一热电效应，是指由于两种不同电导体或半导体的温度差异而引起两种物质间产生电压差的热电现象，一般规定热电势方向为：在热端电子由负流向正)。

1834 年发现的佩尔捷效应为热电能量转换器和热电制冷的应用提供了理论依据。在目前对宇宙的探索、医学物理的应用及资源紧缺的情况下，热电材料的研究具有非凡的意义。目前对于热电系统及其材料的研究中，科学家发现热电材料中热电发电可以给自身供能且无须照看，这种电源无液态或气态介质，因此不存在污染环境的问题，可实现精确控温，并且响应速度快，器件使用寿命长。

热电材料主要分为半导体金属合金型热电材料、方钴矿型热电材料、金属硅化物型热电材料、氧化物型热电材料 4 种。在氧化物型热电材料的研究中，目前日本处在国际领先的地位。目前已经商业应用的热电材料有 PbTe(工作温度为 230～530 ℃，主要用于发电)、Bi_2Te_3/Sb_2Te(工作温度为室温至 130 ℃，主要用于小规模发电及制冷)、SiGe(工作温度高于 530 ℃，主要用于外太空发电)。

集热材料目前运用最广泛的就是太阳能热水器，太阳辐射波长主要为 0.25～2.5 μm，其主要电磁辐射带来光与热，太阳光谱中的红外线产生了主要的热效应，太阳光照射人体可以感受到热，说明人体与太阳光产生了光热转换。在物理学中物体所呈现的颜色实际上是这个物体仅反射特定波长范围的光后吸收了其余波长的光，其中物体呈现黑色是因为吸收了所有波长的光，因而能够将所有光能转换成热能，最大限度地实现太阳能的光热转换。

4.1.4 光伏电池的工作原理、制造及应用场景

PN 结(图 4.5)是半导体器件的核心。N 型半导体一般指含电子浓度较高的半导体，主要是因为自由电子导电。P 型半导体因含有较高浓度的空穴而具有导电性。

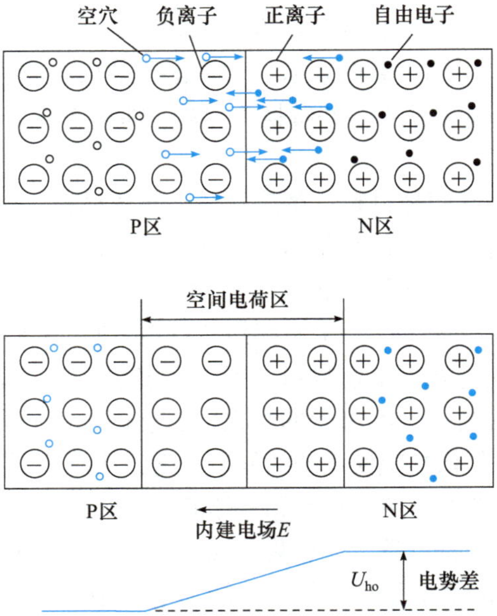

图 4.5 PN 结示意图

黑暗条件下，当 N 型半导体和 P 型半导体相接触时，两种半导体间载流子浓度梯度导致空穴由 P 型半导体向 N 型半导体扩散，电子由 N 型半导体向 P 型半导体扩散，形成扩散电流。失去了空穴和电子，P 型半导体和 N 型半导体在 PN 结附近分别带负电和正电，产生内建电场。电场的作用又使载流子运动产生漂移电流，其方向与扩散电流相反。载流子运动产生的扩散电流和漂移电流最终相互抵消达到平衡，这一情况称为平衡 PN 结。

光伏效应，即光生伏特效应，是指半导体或金属与半导体受到光照射时在结合界面处产生电压与电流的现象。在光电效应中，材料的电子吸收了光子的能量，可以使其溢出表面成为自由电子。而在光生伏特效应中，由于材料内部的不均匀(如当材料内部形成 PN 结时)，在内建电场的作用下，受到激发的电子和空穴向相反方向移动而形成正、负两极，当外接电路时，就可以对用电器供电，这是太阳能电池的基本原理。

光照条件下，半导体内部产生空穴-电子对，一般光生载流子对少数载流子(少子)浓

度影响较大，从而导致漂移电流明显增大，扩散电流和漂移电流失去平衡关系。此时，PN 结中产生一个由 N 区指向 P 区的电流，即短路电流(J_{SC})。当向 PN 结施加正向电压至恰好抵消光生电流时，这个电压称为开路电压(U_{OC})。

太阳能光伏电池(简称光伏电池)是一种近年发展起来的新型电池。光伏电池以半导体 PN 结在太阳光照的条件下产生光伏效应为基本原理，直接将光能转换成电能。太阳能光伏发电系统由太阳能电池组件、控制器、逆变器、蓄电池组成。太阳能电池组件是太阳能光伏发电系统的核心部分，其作用是将太阳辐射能转换为电能，或送往蓄电池中储存起来，或推动负载工作。

1839 年，法国物理学家贝克勒尔(Becquerel)第一次在化学电池中观察到了光伏效应；1876 年，在观察到固态硒(Se)系统中的光伏效应后，Se/CuO 光电池被开发；1941 年，硅光电池开始被报道；1954 年，美国贝尔实验室蔡平(Chapin)等开发出了效率为 6%的单晶硅光电池，这是世界首例实用型光伏电池。此后，光伏电池得到飞速发展。

20 世纪 60 年代初，人造卫星开始利用光伏电池作为能量来源，空间光伏电池的设计日趋成熟。随着光伏电池能量转换效率的提升及成本的下降，70 年代光伏电池的应用开始转移到民生用途，转向地面发电领域。晶体硅电池是太阳能电池的主要类型，其在半个世纪以来得到迅猛发展，尤其在转换效率上有巨大提升。单晶硅电池的实验室最高效率已经从最初的 6%提升到目前的 24.7%，而多晶硅电池的实验室最高效率提升到 20.3%。另外，薄膜电池的研究也得到了较大发展，非晶硅、碲化镉和铜铟硒薄膜电池的实验室效率分别达到了 13.0%、16.4%和 19.5%。其他新型电池，如多晶硅薄膜电池、染料敏化电池等也不断取得进展。仅仅经过 40 多年的时间，光伏电池已经成为空间卫星的基本电源和地面无电、少电地区及某些特殊领域的重要电源，并将发展成为 21 世纪世界能源舞台的主要成员之一。

1. 几种典型的光伏电池

1) 无机硅太阳能电池

通常的硅材料光伏电池，其核心部分是半导体材料 N 型硅和 P 型硅，然后是两边接触层、抗反射层和封装。P 型硅和 N 型硅接触后，必然在接触处形成 PN 结，并在结区形成内建电场，方向由 N 型区指向 P 型区。无机硅太阳能电池的发电原理示意图如图 4.6 所示。太阳光子的能量从紫外光区的 3.5 eV 到红外光区的 0.5 eV。当太阳光照射到半导体表面，如果光子能量被半导体层吸收，则太阳光子冲击半导体内部 N 型区和 P 型区中原子的价电子，较低能量价带中的电子被激发，跨越能隙成为较高能量导带中的自由电子，相应地在价带中形成一个带正电的空穴。只有超过某一能量(这个最低阈值称为能隙 E_g)的光子才能被吸收并将电子激发到导带，否则就会躲过吸收，这种能被吸收的光子称为热光子。

经过上述激发，在半导体材料内部产生很多处于非平衡状态的电子-空穴对。这些被光激发的电子和空穴发生碰撞后会在半导体中复合恢复到平衡状态。其中，复合过程对外不呈现导电作用，属于光伏电池能量自动损耗部分。一般希望有更多的光激发载流子中的少数载流子能运动到 PN 结区，通过 PN 结对少数载流子的牵引作用而漂移到对方区

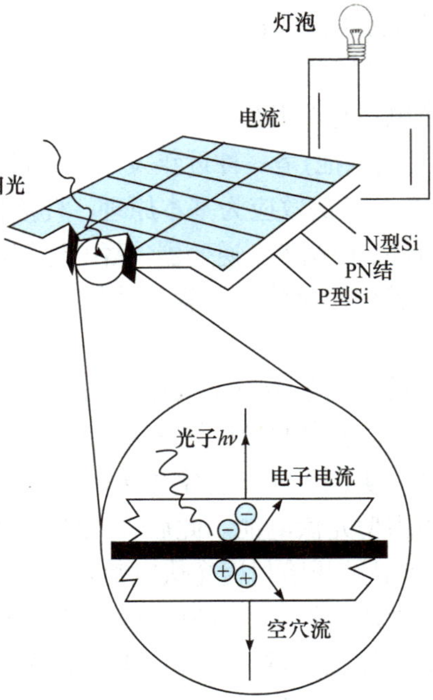

图 4.6 无机硅太阳能电池的发电原理示意图

域，对外形成与 PN 结势垒电场方向相反的光生电场，一旦外接电路中有负载，就会做功。这种由光产生的电动势就是光生伏特电动势。

2) 化合物半导体太阳能电池

化合物半导体太阳能电池是一大类太阳能电池。研究、应用较多的有砷化镓(GaAs)、铜铟硒($CuInSe_2$)、碲化镉(CdTe)、磷化铟(InP)等太阳能电池。化合物半导体材料大多是直接禁带材料，光吸收系数较高，因此仅需数微米厚的材料就可以直接制备出高效率的太阳能电池。并且化合物半导体的禁带宽度一般较大，其太阳能电池的抗辐射性能明显高于硅太阳能电池。但由于多数化合物半导体有毒性，易对环境造成污染，目前化合物半导体太阳能电池只用于一些特殊场合。

砷化镓太阳能电池是一种ⅢA-ⅤA 族化合物半导体光伏电池。砷化镓是一种很理想的太阳能电池材料，它与太阳光谱的匹配较适合，禁带宽度适中，耐辐射，且高温性能比硅强，在 250 ℃的条件下光电转换性能仍然良好。与硅太阳能电池相比，砷化镓太阳能电池的光电转换效率高，硅太阳能电池理论效率为 23%，而单结砷化镓太阳能电池的转换效率已经达到 27%；可制成薄膜和超薄型太阳电池，同样吸收 95%的太阳光，砷化镓光伏电池的厚度只需 5～10 μm，而硅太阳能电池则需大于 150 μm。砷化镓太阳能电池最高光电转换效率约 30%，特别适合做高温聚光太阳能电池。但目前大多采用液相外延法或金属有机化学气相沉积技术制备，成本高，产量有限，因此降低成本和提高生产效率已成为研究重点。砷化镓太阳能电池目前主要用在航天器上。

铜铟硒(CIS)太阳能电池是以多晶 $CuInSe_2$ 半导体薄膜为吸收层基本材料的太阳能电池。金属镓元素部分取代铟，称为铜铟镓硒(CIGS)薄膜太阳能电池。铜铟硒太阳能电池光吸收性能好，因此膜厚只有单晶硅太阳能电池的约 1/100。CIS/CIGS 太阳能电池是在玻璃或其他廉价衬底上分别沉积多层薄膜而构成的光伏器件，其代表性结构为：光/金属栅状电极/减反射膜/窗口层(ZnO)/过渡层(CdS)/光吸收层(CIS/CIGS)/金属背电极(Mo)/衬底。

与传统硅太阳能电池相比，碲化镉(CdTe)薄膜太阳能电池结构较为简单，通常只由透明导电氧化层(TCO 层)、碲化镉吸收层、玻璃衬底、硫化镉(CdS)窗口层、背接触层和背电极等组成。在薄膜太阳能电池中，碲化镉通常夹在两层硫化镉材料中，这种 PN 结称为 P-I-N 结构。其基本工作原理正是基于光伏效应，当光入射时，PN 两端形成电势，进而输出电流对外做功。碲化镉是公认的高效廉价的薄膜太阳能电池材料，其带隙结合能为 1.45 eV，与太阳光谱非常匹配，适合于光电能量转换；其光吸收系数极大，如厚度为 1 μm 的薄膜可吸收大于 99%的 CdTe 禁带辐射能量，因而降低了对材料扩散长度的要求。

3) 功能有机高分子材料太阳能电池

如上所述，在传统的无机硅光伏电池中，入射太阳光被光敏层吸收后在半导体硅内产生可自由移动的电子和空穴，它们在 PN 结本征电势的驱动下分别被输送到阴极和阳极，然后通过外电路产生电流，完成发电过程。但在功能有机高分子材料太阳能电池中，光电响应过程是在光敏层中产生的。共轭聚合物吸收光子以后并不直接产生可自由移动的电子和空穴，而是产生具有正、负偶极的激子，只有这些激子被解离成可自由移动的载流子，并被相应的电极收集以后才能产生光伏效应；否则，由于激子具有高度可逆性，它们可通过发光、弛豫等方式重新回到基态，不产生光伏效应。

4) 染料敏化太阳能电池

瑞士人格雷策尔(Grätzel)在 1991 年发明了染料敏化太阳能电池，使用了染料敏化来模仿自然界植物通过光合作用吸收太阳能的原理。电池中染料的作用类似使植物变绿、负责吸收光能释放电子的叶绿素。

最初的染料敏化太阳能电池由透明导电玻璃、多孔纳米晶体 TiO_2 薄膜、染料敏化剂、电解质溶液和透明对电极组成，其工作原理与一般太阳能电池有明显的差别：在这种新型太阳能电池中，染料分子中的电子吸收太阳能后由基态跃迁到激发态，但该激发态不稳定，电子快速注入紧邻的能量较低的 TiO_2 导带，使染料变为氧化态。进入 TiO_2 导带中的电子传输到导电玻璃片，从外电路通过负载传输到对电极。同时，电解质中发生氧化还原反应，一方面将电子输送到染料分子使其氧化态得到还原，另一方面将空穴传输到对电极，在表面上与外电路来的电子复合，从而完成一个光电化学循环过程。染料敏化太阳能电池实际上就是一种光电化学太阳能电池。

图 4.7 为染料敏化太阳能电池的发电原理示意图。图中表示了各种不同状态的电子能级。光照下的电池电压为光照时 TiO_2 的准费米能级与电极的电化学势之差ΔV，而电极的电化学势等于在电极之间传递电荷的氧化还原反应对能斯特(Nernst)势 R/R^*，S 表示敏化剂，S^*表示电激发的敏化剂，S^+表示氧化后的敏化剂。

高性能的敏化剂需要具备以下特点：

(1) 能紧密吸附在宽带隙半导体表面，要求染料分子中含有羧基、羟基等极性基团。

(2) 对可见光的吸收性能好，在整个太阳光谱范围内都有较强的吸收。

(3) 染料分子具有比电解质中的氧化还原电对更正的氧化还原电势。

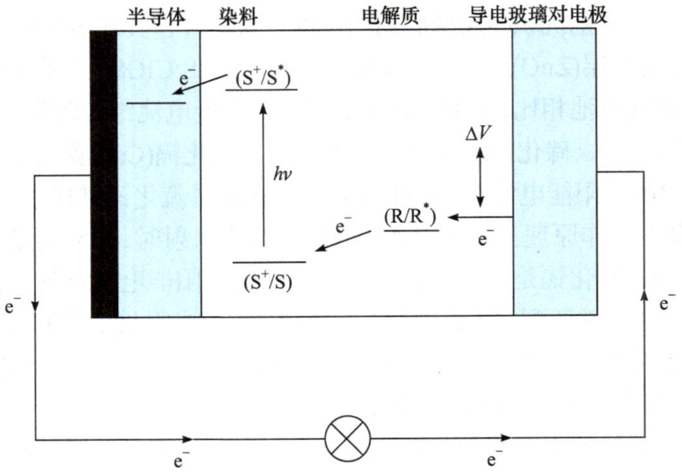

图 4.7 染料敏化太阳能电池的发电原理示意图

(4) 染料在长期光照下具有良好的化学稳定性。

(5) 染料的氧化态和激发态具有较高的稳定性。

(6) 激发态能级与宽带隙半导体导带能级匹配，激发态能级高于宽带隙半导体导带能级，保证电子的快速注入。

(7) 染料分子能溶解于与半导体共存的溶剂。

金属钌(Ru)的联吡啶配合物系列、金属锇(Os)的联吡啶配合物系列、酞菁和菁类系列、卟啉系列、叶绿素及其衍生物等都可作为敏化剂。

5) 钙钛矿太阳能电池

钙钛矿是一种与矿物钙钛氧化物($CaTiO_3$)具有相同晶体结构的材料。钙钛矿的结构通式为 ABX_3，其中 A 为无机或有机阳离子，B 为金属离子，X 为氧或卤素基团。阳离子 A 位于立方体顶点位置，金属离子 B 位于立方晶胞体心处，阴离子 X 位于立方体面心[图 4.8(a)]。钙钛矿太阳能电池(perovskite solar cell，PSC)是利用钙钛矿型的有机金属卤化物半导体作为吸光材料的太阳能电池。钙钛矿太阳能电池结构简单，典型的结构自下往上依次为：透光/导电玻璃层(ITO 或 FTO)、电子传输层、钙钛矿层、空穴传输层、金属电极[图 4.8(b)]。当光从玻璃侧入射时，钙钛矿层吸收光子，产生自由载流子，通过空穴传

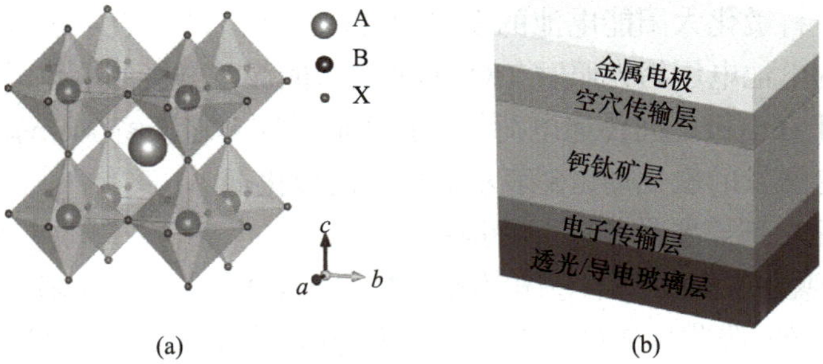

图 4.8 钙钛矿晶体结构(a)和钙钛矿太阳能电池结构(b)示意图

输层和电子传输层分别传输到正极和负极，经由外电路，对外供电。

有机无机杂化钙钛矿材料具有突出的光电特性，如高吸收系数、长载流子寿命和扩散长度，且可低温溶液加工。目前，钙钛矿太阳能电池的世界最高光电转换效率纪录已超过 26%。其理论值可达到 50%，是目前商业化的太阳能电池转换效率的 2 倍左右。晶硅太阳能电池的理论转换效率极限是 29.4%，硅太阳能电池实验室转换效率最高已经达到 26.6%。随着晶硅太阳能电池的转换效率越来越接近极限，太阳能电池企业开始将目光投向钙钛矿太阳能电池，希望寻求新的技术以突破转换效率的极限。但是目前钙钛矿太阳能电池最大的问题是稳定性不足。

2. 光伏电池的制造工艺

太阳能电池种类众多，具有各自的制造工艺。目前地面光伏系统大量使用的是以硅为基底的硅太阳能电池，可分为单晶硅、多晶硅、非晶硅太阳能电池。根据制作太阳能电池所用材料的不同，一般可分为以下几类。

1) 单晶硅太阳能电池

单晶硅太阳能电池广泛用于空间和地面，这种太阳能电池以高纯的单晶硅棒为原料。在电弧炉中用碳还原石英砂制成纯度约 99%的冶金级半导体硅，然后在流化床反应器中进行化学反应，使其杂质水平达到电子级半导体硅的要求。

将单晶硅棒切成 300 μm 厚的硅片，经过成型、抛磨、清洗等工序，制成待加工的原料硅片。通过掺杂和扩散将单晶硅片进行加工。一般掺杂物为微量的硼、磷、锑等，掺杂完成后再在石英管制成的高温扩散炉中进行扩散，形成 PN 结。然后使用丝网印刷法，将配好的银浆印在硅片上做成栅线烧结。同时制成背电极，并在有栅线的面上涂减反射膜，以防止大量的光能被光滑的硅片表面反射。这样就制成了单晶硅太阳能电池的单体片。

单体片可按所需要的规格用串联和并联的方法组装成太阳能电池组件(太阳能电池板)，最后用框架进行封装，组成各种大小不同的太阳能电池阵列。目前单晶硅太阳能电池的光电转换效率为 15%左右，实验室成果可以达到 20%以上。单晶硅太阳能电池由于其转换效率最高，技术也最为成熟，在大规模应用和工业生产中占据主导地位。但是，生产单晶硅太阳能电池需要消耗大量的高纯硅材料，需要复杂的工艺和大量的电力，其生产成本超过单晶硅太阳能电池生产总成本的 1/2，且现阶段难以大规模降低。因此，科研人员大力寻找单晶硅太阳能电池的替代产品。薄膜太阳能电池因其具有耐高温、可快速制备的优势而受到关注。

2) 多晶硅太阳能电池

多晶硅太阳能电池是将多晶硅薄膜生长在低成本的衬底材料上，用相对薄的晶体硅层作为太阳能电池的激活层，不仅保持了晶体硅太阳能电池的高性能和稳定性，而且材料的用量大幅度下降，明显降低了电池成本。

多晶硅太阳能电池的工作原理与其他太阳能电池一样，是基于太阳光与半导体材料的作用而形成的光伏效应。多晶硅太阳能电池板的制作工艺与单晶硅太阳能电池板类似，其光电转换效率为 12%左右，稍低于单晶硅太阳能电池。但是其优势在于材料制造简便，节约电耗，总生产成本较低，因此得到大力发展。

目前，制备多晶硅薄膜的工艺主要有：化学气相沉积(CVD)法、等离子体增强化学气相沉积(PECVD)法、液相外延(LPE)法等。

化学气相沉积法是将衬底加热到一定温度(通常为 800～1200 ℃)，通入反应气体(如 SiH_4/H_2、$SiCl_4/H_2$ 等)，在保护气氛下反应生成硅原子并在衬底表面沉积 3～5 μm 的硅薄膜。等离子体增强化学气相沉积法是在非硅衬底上制备晶粒尺寸较小的多晶硅薄膜的方法。等离子体由 Ar 和少量的 H 组成。硅粉在高温等离子体中熔化，沉积在衬底上。得到的多晶薄膜厚度为 200～1000 μm。该薄膜是一种 P-I-N 结构(I 层为本征吸收层)，主要特点是在 P 层和 N 层之间有一层较厚的多晶硅本征层。其制备温度低(100～200 ℃)，晶粒小，几乎没有效率衰减的问题，但是也存在生长速度太慢及薄膜容易受损等弊端。液相外延法是将硅熔融在母液中，降低温度使硅析出成膜。该方法可以在平面和非平面衬底上生长硅薄膜材料。

为了提高效率，在制备过程中还采取了一系列工艺步骤：制备和选择衬底、制备隔离层和匹配层、增大晶粒、沉积多晶硅薄膜、制备 PN 结、光学限制(减少上、下表面反射)、电学限制(制备背场合前后电极的欧姆接触)、制备电极、钝化晶粒和表面等。

3) 非晶硅太阳能电池

非晶硅太阳能电池由透明氧化物薄膜层、非晶硅薄膜 P-I-N 层、背电极金属薄膜层组成，基底可以是铝合金、不锈钢、特种塑料等，制作方法也完全不同。由于非晶硅对太阳光的吸收系数大，非晶硅电池可以做到非常薄，为 1～2 μm，是单晶硅或多晶硅电池厚度的 1/500 左右，所以制作非晶硅太阳能电池消耗硅材料很少，电耗更低。

非晶硅太阳能电池的制造方法有多种，最常见的是用高频辉光放电法使得硅烷(SiH_4)气体分解沉积而成。辉光放电法是将一石英容器抽成真空，充入用氢气稀释后的硅烷，再使用射频电源加热，使硅烷电离成等离子体，并沉积在玻璃或不锈钢板的衬底上形成非晶硅薄膜。如果在硅烷中掺入适量的氢化磷或氢化硼，就可以得到 N 型或 P 型非晶硅膜。这种制备方法需要严格注意气压、流速和射频功率的控制，同时衬底的温度也需要注意。由于分解沉积温度低(200 ℃左右)，在制备非晶硅薄膜时所需要的能量较低，因而成本也较低，且单片电池面积可以做得很大，适用于大规模生产。非晶硅太阳能电池很薄，可以制成叠层式，或采用集成电路的方法制造，可一次制作多个串联电池，以获得较高的电压。但其光电转换效率偏低，国际先进水平仅为 10%左右。

4) 多元化合物太阳能电池

硫化镉(CdS)、碲化镉(CdTe)多晶薄膜电池的效率比非晶硅薄膜太阳能电池效率高，成本比单晶硅电池低，并且易于大规模生产。硫化镉太阳能电池虽然光电转换效率已提高到 9%，但是仍然无法与多晶硅太阳能电池竞争。并且镉有剧毒，会对环境造成严重的污染。因此，硫化镉、碲化镉多晶薄膜电池并不是晶体硅太阳能电池最理想的替代产品。

碲化镉薄膜制造工艺主要有丝网印刷烧结法、近空间升华法、真空蒸发法和电镀沉积法等。丝网印刷烧结法是通过将含 CdTe、CdS 染料进行丝网印刷得到膜，然后在 600～700 ℃可控气氛下热处理 1 h 后得到大晶粒薄膜。近空间升华法采用玻璃作衬底，衬底温度 500～600 ℃，沉积速率 10 μm · min^{-1}。真空蒸发法是将 CdTe 从约 700 ℃的加热坩埚中升华，冷凝在 300～400 ℃衬底上，典型的沉积速率为 1 nm · s^{-1}。

砷化镓太阳能电池的制备工艺主要有液相外延生长法和金属有机物化学气相沉积法。液相外延生长法主要是使用低熔点的镓作为溶剂，待生长的砷和掺杂剂锌、碲、锡等作为溶质，使溶质在溶剂中呈过饱和的状态。降温使溶质从溶剂中析出，在单晶衬底上定向生长，实现晶体的外延生长。金属有机物化学气相沉积法是利用含有化合物半导体元素的原料化合物在一定条件下分解实现砷化镓薄膜的外延生长，具有沉积温度低、适用范围广、生长温度范围宽、适宜大批量生产等优势。但其也存在难以原位监测生长过程，原料蒸气有毒且易燃等缺点。

5) 染料敏化太阳能电池

染料敏化太阳能电池主要包括镀有透明导电膜的玻璃基底、染料敏化的半导体材料、对电极和电解质等。其阳极为染料敏化半导体薄膜(TiO_2膜)，阴极为镀铂的导电玻璃。纳米晶体 TiO_2 太阳能电池具有成本低廉、工艺简单及性能稳定等优点。

染料敏化太阳能电池的制备方法主要是对光阳极上半导体薄膜的制备。可以先通过液相水解法、气相火焰法、溶胶-凝胶法等合成 TiO_2 纳米粒子，再将制得的 TiO_2 纳米粒子微粒均匀地涂在导电玻璃上后加热干燥，得到纳米多孔 TiO_2 膜。

6) 钙钛矿太阳能电池

从 2009 年至今，钙钛矿太阳能电池的光电转换效率从低于 3.8%迅速提高到 26.6%，可见钙钛矿太阳能电池的巨大潜力。但是，钙钛矿太阳能电池要实现商业化，还需要解决一系列问题。

在非平面结构的钙钛矿太阳能电池中，有机卤化铅在孔隙中的填充对光电转换效率影响很大，因此有机卤化铅沉积工艺对电池性能有很大影响。目前，有机卤化铅沉积工艺有一步沉积法、两步沉积法、双源蒸镀沉积法和蒸镀辅助溶液沉积法等。一步沉积法和两步沉积法是相对简单的制备方法(图 4.9)，可用于制备高性能电池。钙钛矿晶粒形貌难以控制是导致器件可重复性差的重要原因。制备晶粒大小分布均匀的高质量、大面积钙钛矿薄膜是制造钙钛矿太阳能电池的关键之一。高效率、大面积(>1 cm^2)钙钛矿太阳能电池的开发是实现其市场化应用的关键，但有机卤化铅钙钛矿太阳能电池存在均匀性、一致性差等问题，使得大面积钙钛矿太阳能电池的效率难以提高。通过优化电池结构布局、优化界面工程及电池制造工艺，可提高电池的光电转换效率。

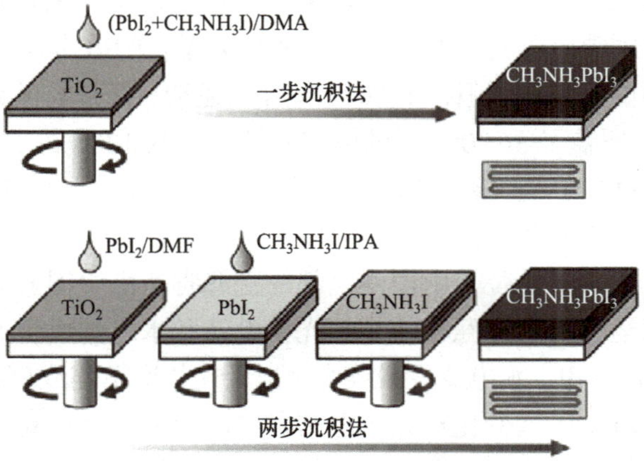

图 4.9 一步沉积法和两步沉积法工艺示意图

实际应用中，提高钙钛矿太阳能电池的稳定性，降低光电转换效率衰减速度，能够有效降低成本。有机卤化铅极易在水汽存在的条件下分解，避免钙钛矿电池材料的分解主要是阻止钙钛矿层与水的接触，可以通过在钙钛矿层表面增加保护层或疏水层及封装的办法解决。但是增加保护层或封装会增加实际操作的成本和难度，因此需要更好地研究分解机理，提升钙钛矿层本身结构的稳定性。

目前钙钛矿太阳能电池生产采用的工艺条件要求控制湿度，甚至是在惰性气体保护条件下完成装配，这是钙钛矿太阳能电池实现工业化生产的一大难题。另外，目前生产钙钛矿层制备的方法工序还比较复杂，不适合工业化大规模生产。成本方面，常用的空穴传输材料(Spiro-OMeTAD)和 Au、Ag 对电极材料的成本相对较高，目前开发的替代材料在电池性能方面表现较差。此外，寻找 Pb 元素的替代元素依然是重要的研究方向。

3. 光伏发电应用场景

太阳能电池具有无污染、使用场景丰富、可靠性高等优势，因此其研究与开发受到越来越广泛的关注和重视。

在光伏发电应用方面，日本和德国走在了世界前列。其中，以光伏建筑一体化(BIPV)为核心的光伏屋顶并网发电应用占据绝大多数的市场份额。光伏屋顶并网发电具有优势。首先，光伏屋顶并网发电只占用建筑物的屋顶，不需要额外占用土地；其次，这样的结构设计可以合理利用建筑物结构优势，从而省去光伏系统的支撑系统和额外的输电费用；最后，采用分散发电，可以避免 5%～10%的传输和配电损失，也降低了输电配电的前期投资和后期维修成本。但是目前的光伏屋顶并网发电应用也存在一些问题。由于光伏电池自身成本较高，因此其电价折算后一般高于常规火力发电的价格。这导致其在经济欠发达地区难以做到大规模普及应用。

随着光伏发电电池技术的不断发展，其应用形式日趋多样化，在各种电子产品、农村电气化、独立太阳能光伏矩阵发电站、应急或备用电源等领域都有应用。

目前我国在全国各地已建成多座光伏电站，主要为偏远山区居民供电。近年来，一些城镇也结合房屋建筑设计安装了一些并网光伏电站。

西藏安多县光伏电站是我国第一个自行设计、施工完成、独立运行的实用光伏电站。该电站于 1998 年建成，总装机容量为 100 kW。在此基础上，配合相当完备的高低压输配电系统，形成了我国首个以光伏发电为核心的独立运行的电力系统。

腾格太阳能公园位于宁夏中卫，于 2012 年开始建造，是目前世界上规模和产量最大的光伏电站(图 4.10)，覆盖了 36 700 km 的腾格里沙漠中的 1200 km，占干旱地区的 3.2%。该站点输出功率为 1547 MW。该光伏电站集成区每年可以新增上网 20 多亿度电，新能源总量占比 78%以上，占宁夏新能源的一半以上。

龙羊峡水光互补光伏电站位于中国西北部的青海省，由中国五大发电企业之一的国家电力投资集团公司运营。水光互补就是把光伏电站和水电站组合成一个电源。当太阳光照较强时，使用光伏发电，水电少发或停发。当天气状况不佳或夜晚时，通过电网调度自动调节水力发电，减少天气变化对光伏电站发电的影响。这提高了光伏发电电能的质量，解决了光伏发电稳定性差的问题，从而获得稳定可靠的电源。龙羊峡水光互补光伏

图 4.10 位于宁夏中卫的沙漠光伏产业园光伏电站(来源：新华网)

电站第一阶段于 2013 年完成，第二阶段于 2015 年完成。其总装机容量为 850 MW，可供 20 万户使用。

4. 光伏发电产业市场

自 20 世纪 70 年代全球爆发石油危机以来，太阳能光伏发电技术在西方发达国家引起了高度重视。各国政府从环境保护和能源可持续发展战略的角度出发，纷纷制定政策鼓励和支持太阳能光伏发电技术，光伏发电产业在全球迅速发展。随着多年来的研究和技术开发，太阳能光伏组件价格已大幅下降，太阳能转换效率也已提高，使太阳能光伏发电的商业化开发与应用成为可能。

在世界主要国家对光伏发电产业一系列鼓励支持政策的推动下，光伏发电产业自 2000 年以来保持着较快增长，光伏发电规模持续增长。2015 年《巴黎协定》通过之后，众多国家与地区纷纷提出相关的发展计划，在光伏技术研发与产业化方面提供支持，全球光伏发电产业进入规模化的发展方式，欧洲、大洋洲等传统市场继续保持稳定增长趋势，印度、南美、东南亚等新兴市场也快速启动，光伏发电在全球得到了更加广泛的应用，光伏发电产业逐渐成为众多国家的重要产业。全球光伏发电累计装机容量由 2000 年的 1.3 GW 增至 2020 年的 580 GW，年平均增长率达 22%。全球光伏发电年新增装机容量增长趋势明显，年新增装机容量由 2000 年的 0.3 GW 增至 2020 年的 134 GW，同比增长 23%。2020 年全球光伏发电年新增装机容量超过 134 GW，较 2019 年同比增长 22%，全球累计装机容量已经超过 760 GW。自 2011 年以来，美国、中国及亚太等其他地区和国家装机增长速度已经超越传统欧洲光伏发电市场，占据主导地位。据国际能源机构(IEA)预测，到 2030 年全球光伏发电累计装机容量有望达 1721 GW，到 2050 年将进一步增加至 4670 GW，光伏发电产业发展潜力巨大。

2010 年后，在欧洲经历光伏发电产业需求放缓的背景下，我国光伏发电产业迅速崛起，成为全球光伏发电产业发展的主要动力。2020 年，我国光伏发电新增并网装机容量达到 48.2 GW，同比增长超过 60%，累计并网装机容量高达 253 GW，位居全球首位。硅片方面，全国产量达到 109.2 GW，同比增加 19.1%，2020 年产量达到 161.3 GW。晶硅电池片方面，2018 年全国电池片产量约为 87.2 GW，同比增长 21.1%，产量超过 2 GW 的企业有 12 家，2019 年产量超过 90 GW。组件方面，2018 年全国组件产量达到 85.7 GW，同比增长 14.3%，以晶硅组件为主。组件产量超过 2 GW 的企业有 11 家，占总产量的 62.3%，2019 年组件产量超过 90 GW。而光伏发电市场也增加到 2018 年的 174 GW，2020 年累计装机容量为 253 GW，位居全球首位。

国内部分相关企业及其概况如下：

(1) 协鑫(集团)控股有限公司(简称“协鑫集团”)：光伏发电产业领军企业，旗下的保利协鑫能源控股有限公司是全球最大的多晶硅生产企业，2019 年多晶硅产量超过 8 万 t，位列全球第一。协鑫集成科技股份有限公司注重光伏与储能协同发展，推广多晶 PERC 电池及黑硅技术，未来将加大对多晶高效电池技术、N 型接触钝化技术、高密度叠瓦组件技术、新型双玻组件技术、智能高效分布式电站系统集成技术等方面的科研投入，力图打造差异化的产品。

(2) 西安隆基硅材料股份有限公司(简称“隆基股份”)：隆基股份自成立以来始终致力于高效太阳能单晶硅产品的研发与制造。目前已经构建起从单晶硅棒、硅片到电池、组件、光伏电站设计、采购、施工一体化模式(EPC)和投资等光伏全产业链发展模式。单晶硅片出货量位列全球单晶硅片首位；组件出货量位居国内组件出货的前三位，单晶组件全球产销第一。

(3) 通威集团有限公司：国内多晶硅生产的第一集团，通过不断地创新及技术改造将生产成本降低至 6 万元 · 吨$^{-1}$ 以下，产能位居全国第二位，此外还积极投身电池片及下游光伏电站的生产，在光伏新能源产业上具有核心竞争力。

(4) 晶澳太阳能科技股份有限公司(简称“晶澳太阳能”)：是全球领先的高性能光伏产品制造商，成立于 2005 年 5 月，2007 年 2 月在美国纳斯达克证券交易所挂牌上市。自 2010 年以来，晶澳太阳能一直是全球顶级的光伏电池生产商，并确立了一流光伏组件供应商的地位。目前已发展成为覆盖硅片、电池、组件及电站业务的垂直一体化全球光伏领军企业，在国内外拥有 12 个生产基地，硅片产能达 3.0 GW、电池产能达 6.5 GW、组件产能达 7.0 GW。目前累计出货超过 23 GW。

(5) 天合光能股份有限公司(简称“天合光能”)：是全球最大的光伏组件供应商和领先的太阳能光伏整体解决方案提供商。1997 年创立于江苏常州，2006 年在美国纽约证券交易所上市，2016 年和 2017 年连续两次被彭博新能源财经(BNEF)评选为“全球最具融资价值组件品牌”。截至 2017 年年底，天合光能光伏组件累计出货量全球排名第一。

(6) 阳光电源股份有限公司(简称“阳光电源”)：是一家专注于太阳能、风能等可再生能源电源产品研发、生产、销售和服务的国家重点高新技术企业。主要产品有光伏逆变器、风能变流器、电力系统电源等，并提供项目咨询、系统设计和技术支持等服务。阳光电源是我国目前最大的光伏逆变器制造商、国内领先的风能变流器企业，也是我国新能源行业为数极少的掌握多项核心技术、并拥有完全自主知识产权的企业之一。

(7) 天津中环半导体股份有限公司(简称“中环股份”)：致力于半导体节能产业和新能源产业，是一家集科研、生产、经营、创投于一体的上市公司，拥有独特的半导体材料—节能型半导体器件和新能源材料—高效光伏电站双产业链。公司致力于半导体节能和新能源两大产业。产品广泛应用于智能电网传输、新能源汽车、高铁、风能发电逆变器、集成电路、消费类电子产品、航天航空、光伏发电等多个领域。公司主导产品电力电子器件用半导体区熔单晶-硅片综合实力全球前三，国外市场占有率超过 18%，国内市场占有率超过 80%；单晶晶体晶片的综合实力、整体产销规模、研发水平全球领先，高效 N 型硅片市场占有率稳居前列。

5. 光伏发电产业发展机遇

1) 技术

随着硅基、铜铟镓硒、碲化镉薄膜等类型太阳能电池效率的提升和技术的进步，薄膜太阳能电池技术有望在未来光伏发电市场上占据重要位置。特别是我国的铟、镓、碲等资源相对丰富，在薄膜太阳能电池的原材料成本等方面具有强大的竞争力，这将成为我国发展薄膜光伏发电的重要优势。新型太阳能电池包括染料敏化、有机聚合物、量子点、钙钛矿等，作为未来高效低成本太阳能电池的代表，具有巨大的发展潜力。钙钛矿太阳能电池从 2009 年 3.81%的转换效率发展到超过 22%的认证效率(经权威机构认证后的效率)，只用了短短六七年时间，到 2021 年 6 月，转换效率已达到 26.7%，充分体现了新型太阳能电池的发展潜力。

2) 成本

随着光伏发电技术的进步及产业规模的大幅扩大，全球光伏发电的成本逐年下降。2008 年全球光伏发电的平均度电成本约为 38 美分，2015 年则下降到 7.3 美分左右，未来几年仍有较大幅度的下降空间。通过技术提高和规模化，可以降低光伏项目的前期投资，通过逆变器、运行维护水平等的提高，可以提高系统效率，从而提高光伏电站的满发小时数，提高太阳能利用率，降低度电成本。

3) 市场

以中国、日本为代表的亚太市场占据了全球 59%的光伏发电市场份额，光伏发电市场的中心由欧洲转移到亚太地区。各个新兴市场如印度、拉丁美洲、非洲、中东等的市场规模正在逐步扩大。我国市场西北地区逐步饱和，华北、华中、华东和华南地区的分布式光伏发电的规模不断扩大。

6. 光伏发电产业面临的挑战

(1) 如何继续快速降低成本？过去 10 年，光伏发电的成本下降已超过八成。但成本的下降越往后越难。2021 年，我国光伏发电全面进入平价时代，但目前随着总体成本的下降，非技术成本占比越来越高。据统计，有 15%左右的成本并非光伏发电企业自身能够控制，如土地、税收等。此外，生产环节能耗高，存在一定的污染。

(2) 随着规模的快速增加，如何实现电网及时高效消纳？随着大规模高比例接入电网，光伏发电的消纳将变得越来越困难，需要电网和光伏发电 行业共同商讨解决。“十四五”期间，光伏发电可利用的土地空间越来越紧张，需要开发更多可利用的空间建设分布式光伏电站。目前光伏发电刚刚实现表观平价上网，全面参与电力市场和煤电等传统能源竞争还存在较大的难度。

7. 光伏发电产业前景

光伏发电具有节能环保、资源丰富、成本回收期短、所发电能馈入电网的优点，但是依然存在环境污染、市场竞争激烈、弃光率较高的劣势。未来光伏发电产业将注重以下几方面的发展。

1) 集中式与分布式并行发展

在集中式光伏发电产能过剩的情况下，分布式光伏发电无疑是一个很好的突破口。与集中式光伏发电相比，分布式光伏发电不受地区限制，可以在人口稠密的中东部地区安装，并且规模较小，可就地消纳。但分布式光伏发电的发展仍面临挑战。一方面，分布式光伏发电的安装范围受到限制；另一方面，分布式光伏发电系统给传统配电网运维检修带来困难。因此，集中式与分布式并行发展是最好的出路。

2) 推动储能技术发展

中国的发电系统一直以来都是发电、供电、用电同时进行。受到昼夜交替这一自然现象的影响，光伏发电的显著性特点就是随机性、间歇性和波动性，这导致它难以满足用户固定的用电需求。因此，在电力富余时将其储存，在电力短缺时再释放出来，是最完美的解决办法。这充分显示了储能技术的重要性。储能技术的突破与普及将是能源史上的一大进步，它能跨越时空对能源进行分配调节，这对能源的生产和消费都有革命性的意义。

3) 光储充一体化发展模式

电动汽车充电的主要场地，在提供充电服务的同时也会产生大量的电费，而安装光伏发电后企业可以缓解能耗开销，多余电可以出售。今后光储充一体化发展模式将成为一段时期内最佳的配备模式。

4) 建设多能互补友好型电网

从目前美国电网分布式电源遇到的困境看，由于原来电网的规划和布局完全建立在传统电源的基础上，形成了分布式电源发展和电网架构背道而驰的局面。因此，应根据分布式电源的发展趋势，调整电网投资规划，提高能源利用效率，这将使电源建设和电量消费结构更趋合理和完善。

4.2 风能工程

4.2.1 基本概念

风能(wind energy)是空气流动所产生的动能，本质上是太阳能的一种转化形式。由于太阳辐射造成地球表面各部分受热不均匀，引起大气层中压力分布不平衡，在水平气压梯度的作用下，空气沿水平方向运动形成风。风能是可再生的清洁能源，总储量非常巨大，一年中技术可开发的能量约 5.3×10^{13} kW · h。虽然风能储量大，但它的能量密度低(只有水能的 1/800)，并且不稳定。在一定的技术条件下，风能可作为一种重要的能源得到开发利用。

风能资源的总量取决于风能密度和可利用的风能年累积小时数。风能密度是单位迎风面积可获得的风的功率，与风速的三次方和空气密度成正比。

风能的优点有：

(1) 作为洁净的能量来源，风能设施日趋进步，生产成本大量降低，在适当地点，风力发电成本已低于其他发电形式。

(2) 风能设施多为立体化设施，可保护陆地和生态。

(3) 风力发电是可再生能源。

(4) 风力发电节能环保。

风能虽有众多优点，但也存在一些缺点：

(1) 风能密度低，不稳定，地区差异大。

(2) 风能具有广域分散性、随机性和能量的低密度性。

(3) 风力发电需要大量土地兴建风力发电场，才可生产较多的能量。

(4) 进行风力发电时，风力发电机会发出巨大的噪声，对生态环境有一定的影响。

风能利用形式主要是将大气运动时所具有的动能转化为其他形式的能量。在赤道和低纬度地区，太阳高度角大，日照时间长，太阳辐射强度大，地面和大气接受的热量多，温度较高；在高纬度地区，太阳高度角小，日照时间短，地面和大气接受的热量少，温度低。这种高纬度与低纬度之间的温度差异形成了南北之间的气压梯度，使空气做水平运动。

理论上风应沿水平气压梯度方向吹，即垂直于等压线从高压向低压吹。然而，地球的自转使空气水平运动发生偏向的力，称为地球自转偏向力。这种力使北半球气流向右偏转，南半球向左偏转。因此，地球大气运动除受气压梯度力外，还要受地球自转偏向力的影响。大气真实运动是这两个力综合影响的结果。

实际上，地面风不仅受这两个力的支配，而且在很大程度上受海洋、地形的影响。山隘和海峡能改变气流运动的方向，还能使风速增大，而丘陵、山地的摩擦大使风速减小，孤立山峰因海拔高使风速增大。因此，风向和风速的时空分布较为复杂。

海陆差异对气流的运动也有影响。在冬季，大陆比海洋冷，大陆气压比海洋高，风从大陆吹向海洋；夏季相反，大陆比海洋热，风从海洋吹向内陆。这种随季节转换的风称为季风。海陆风也是白昼时，大陆上的气流受热膨胀上升至高空流向海洋，到海洋上空冷却下沉，在近地层海洋上的气流吹向大陆，补偿大陆的上升气流，低层风从海洋吹向大陆称为海风；夜间(冬季)时，情况相反，低层风从大陆吹向海洋，称为陆风。

在山区由于热力原因引起的风白天由谷地吹向平原或山坡，夜间由平原或山坡吹向谷地，前者称为谷风，后者称为山风。白天太阳出来后，阳光照在山坡上，空气受热后上升，沿着山坡爬向山顶，这就是谷风。夜间太阳下山，山顶和山腰冷却得非常快，因此靠近山顶和山腰的一薄层空气冷得也特别快，而积聚在山谷里的空气还是暖暖的。这时，山顶和山腰的冷空气一批批地流向谷底，这种从山顶和山腰流向山谷的空气就形成了山风。

当太阳辐射能穿越地球大气层时，大气层吸收大部分的能量，其中一小部分转变成空气的动能。热带比亚热带吸收较多的太阳辐射能，产生大气压力差导致空气流动而产生风。至于局部地区，如高山和深谷，白天高山上空气受到阳光加热而上升，深谷中冷空气取而代之，因此风由深谷吹向高山；夜晚高山上空气散热较快，于是风由高山吹向深谷。又如，在沿海地区，白天由于陆地与海洋的温度差而形成海风吹向陆地；反之，晚上风由陆地吹向海上。

地球吸收的太阳能有 1%～3%转化为风能，总量相当于地球上所有植物通过光合作用吸收太阳能转化为化学能的 50～100 倍。这些风的能量最后因与地表及大气间的摩擦力而以各种热能方式释放。

风能可以通过风车来提取。当风吹动风轮时，风力带动风轮绕轴旋转，将风能转化为机械能。而风能转化量直接与空气密度、风轮扫过的面积和风速的平方成正比。空气的质流穿越风轮扫过的面积随着风速及空气的密度而变化。指定质量的动能与其速率的平方成正比。因为质流与风速呈线性增加，对风轮有效用的风能将与风速的立方成正比。

要估计在一个特殊地点上的风速风土学，需要经常用到概率分布作用。最频繁应用的分布是二参量威布尔分布，因为它能依照从高斯到指数各种各样的分布形状。

风的强弱程度通常用风力等级来表示，而风力的等级可由地面或海面物体被风吹动的情形加以估计。目前国际通用估计风力的方法多以蒲福风级为标准。蒲福是英国海军上将，在 1805 年首创风力分级标准。最初仅用于海上，随后扩展到陆地，并屡经修订，才变成今日通用的风级。实际风速与蒲福风级的经验关系式为

$$V = 0.836B^{3/2} \tag{4.1}$$

式中，B 为蒲福风级数；V 为风速($\mathrm{m \cdot s^{-1}}$)。

一般来说，风力发电机组启动风速为 2.5 $\mathrm{m \cdot s^{-1}}$，脸上感觉有风且树叶摇动情况下，就已开始运转发电了；而当风速达 28～34 $\mathrm{m \cdot s^{-1}}$ 时，风机将自动侦测停止运转，以降低其对受体本身的伤害。

4.2.2 资源分布

1. 世界风能分布及装机容量

世界风能资源多集中在沿海和开阔大陆的收缩地带，8 级以上的风能高值区主要分布在南半球中高纬度洋面和北半球的北大西洋、北太平洋及北冰洋的中高纬度部分洋面；大陆风能则一般低于 7 级，其中以美国西部、西北欧沿海、乌拉尔山顶部和黑海地区等多风地带风能较大。

英国拥有得天独厚的海洋风力、波浪和潮汐资源，根据英国皇家财产局(The Crown Estate)的数据，英国具有商业开发价值的风力发电总量高达 48 GW，其海上风力发电的潜力约是整个英国当前电力消耗量的 3 倍。英国在泰晤士河口、瓦士湾和西北部开展较大规模的风力发电项目。2020 年可运行的风力发电装机容量约达 24 GW，排名全球第六位；根据风能发展规划，2030 年海上风力发电量将满足全英国三分之一的电力需求。目前，英国的海上风力发电处于世界领先地位。

20 世纪 70 年代，美国政府开始将现代风力发电技术纳入国家能源战略中。自 2005 年起，美国成为风力发电装机容量增长最快的国家，到 2008 年累计装机容量成为全球第一。按照 2030 年风力发电占 20%的规划愿景，美国风力发电累计装机容量需从 2006 年的 11.6 GW 提高到 2030 年超过 300 GW，前 10 年保持每年 20%的增幅，到 2018 年后保持每年新增 16 GW 装机容量。届时，实现累计装机容量 304.8 GW，其中海上风力发电占 18%左右(54 GW)，风力发电年发电量接近 1200 TW · h，可以满足 20%的电力需求。美国能源部于 2010 年出台了“海上风能创新与示范计划”，并与内政部合作从资源评估、技

术协作、标准制定、环境影响评价等方面进行周密筹划，期望通过协同工作推动和加速商业规模海上风能项目的发展，实现美国海上风能未来 20 年的发展目标，到 2030 年装机容量达到 54 GW，发电成本为 0.07 美元 · $(kW \cdot h)^{-1}$。

欧洲风能协会发布了 2018 年欧洲风力发电统计数据：欧洲 2018 年新增风力发电装机容量 11.7 GW，其中陆上风力发电新增 9 GW(拆除了 0.4 GW，净增 8.6 GW)，海上风力发电新增 2.7 GW。虽然风力发电在欧洲 2018 年的新增电力装机容量中占比 49%，但和 2017 年的新增历史最高值相比下降了三分之一，是近七年来新增装机容量最少的一年。欧盟 28 国风力发电总装机容量达到 178.7 GW(欧洲风力发电总装机容量为 189 GW)，其中陆上风力发电累计 160 GW，海上风力发电累计 18.5 GW，继续保持欧盟第二大电力来源的地位。德国 2018 年新增装机容量继续保持欧洲老大的地位，占比 29%。而随着可再生能源义务证书政策的终结，英国 2018 年风力发电的新增装机容量只有 1.9 GW，其中 2/3 来自海上风力发电。风力发电提供了欧盟总电力的 14%，比 2017 年(12%)提高 2%，继续保持在欧洲总发电量中所占比例上升的势头。2018 年，丹麦风力发电在国内发电占比最高，达到 41%；其次为爱尔兰的 28%；葡萄牙 24%位列第三；德国 21%位居第四。

值得关注的是，英国和比利时的海上风力发电和陆上风力发电发电量平分秋色，而丹麦的海上风力发电量也几乎达到陆上风力发电发电量的一半。能源与气候变化部的分析表明，到 2030 年英国的海上风力发电装机容量有望达到 40 GW。2020 年英国海上风力发电装机容量潜能范围为 10～26 GW，中位值上限可以达到 18 GW。要达到中位值上限，需要高达 30%的年均增长率。

2. 我国风能分布

我国地域辽阔，海岸线漫长，有丰富的风能资源。根据科学站的观测，我国陆地 10 m 高度层次的风能功率密度约为 100 $W \cdot m^{-2}$，风能资源总量约为 32.26 亿 kW，但只有约 10%可以利用，也就是可利用风能总量为 2.53 亿 kW；海边可开发利用风能约 7.5 亿 kW，陆地和海边的风能总量共计约 10 亿 kW，仅次于俄罗斯和美国，居世界第三位。

我国风能主要分布在三北(东北、华北、西北)地区和沿海及其岛屿地区，有湖泊和特殊地形的内陆如鄱阳湖、湖南衡山、安徽黄山、云南太华山周围有时也能形成较为丰富的风力。三北地区处于中高纬度，风能功率密度为 200～300 $W \cdot m^{-2}$，有的可达 500 $W \cdot m^{-2}$ 以上。沿海地区有效风能功率密度在 200 $W \cdot m^{-2}$ 以上。

西北地区风能资源丰富地带主要集中在甘肃、新疆、宁夏、青海各省，其中甘肃瓜州和玉门，新疆阿拉泰、哈密和乌鲁木齐，宁夏吴忠、银川和中卫，青海海西蒙古族藏族自治州的风能资源最丰富。甘肃的瓜州和玉门地区年平均风速为 7.0～8.0 $m \cdot s^{-1}$。新疆阿拉泰、哈密和乌鲁木齐风能较好的地带年平均风速可达 7.5 $m \cdot s^{-1}$ 以上。宁夏吴忠和银川年平均风速约 7.0 $m \cdot s^{-1}$ 左右，中卫市相对较小，约 6.5 $m \cdot s^{-1}$。青海海西蒙古族藏族自治州的年平均风速为 6.3～7.1 $m \cdot s^{-1}$。

东北地区黑龙江大庆、哈尔滨、佳木斯、牡丹江和伊春等地具有相对较好的风能资源，其中牡丹江地区的年平均风速在 7.5 $m \cdot s^{-1}$ 左右。吉林白城、四平和松原地区的风能资源较为丰富，年平均风速为 6.5～7.5 $m \cdot s^{-1}$。目前辽宁省风力发电项目比较集中的地区，瓦房店、彰武、康平和法库是重要的风能资源地区。

华北地区的河北北部和内蒙古部分地区风能资源最为丰富，主要集中在张家口、乌兰察布一带，风速基本在 7.5 $m \cdot s^{-1}$ 以上，开发价值较大。

山东、江苏、浙江、福建、广东沿海地区蕴含的可开发风能非常丰富。其中，山东东营、威海、烟台，江苏南通、盐城，浙江宁波、台州和舟山，福建福州、莆田、漳州，广东潮汕、江门、阳江和湛江的海域附近风能资源最丰富。山东和江苏沿海年平均风速基本在 6.0～7.0 $m \cdot s^{-1}$，福建沿海地区年平均风速相对较大，基本在 7.0～8.0 $m \cdot s^{-1}$，是目前我国发展海上风力发电的重要地点。

云贵高原海拔较高，又属于暖湿气流交汇地区，风能资源比较丰富。该区域风况较好的地区主要集中在云南楚雄、大理和贵州毕节、六盘水等地。其中，楚雄和大理地区的风速可达 8.0 $m \cdot s^{-1}$ 以上。

4.2.3 利用方式

1. 风力利用的具体表现形式

(1) 风力提水：我国东南沿海、内蒙古、青海、甘肃和新疆北部地区的风能资源丰富，地表水源也丰富，是我国可发展风力提水的较好地区。风力提水(图 4.11)可用于农田灌溉、海水制盐、水产养殖、滩涂改造、人畜饮水及草场改良等，是弥补当前农村、牧区能源不足的有效途径之一，具有较好的经济、生态、社会效益，发展潜力巨大。

图 4.11 风力提水

(2) 风力制热：风力制热具有能量转换效率高等特点。由机械能转变为电能不可避免要损失能量，但是由机械能转换为热能时，理论上可以达到 100%的效率。农村、边远地区能源的最终使用形式主要是热能，如采暖、加热、保温、烘干、水产养殖、家禽饲养及蔬菜大棚等，因此使用风力制热最有利、最便捷。目前国际上风力制热仍处于示范试验阶段，而在我国应用较少。

(3) 风帆助航：风帆助航(图 4.12)是风能利用的最早形式。现在除了仍在使用的风帆船外，还发展了主要用于海上运输的现代大型风帆助航船。据介绍，风帆作为船舶的辅助动力，可以减少燃料消耗的 10%～20%。

图 4.12　风帆助航

(4) 风力发电：近年来开发了风力发电(图 4.13)形式，分为水平轴和垂直轴两种，应用的主要是水平轴。随着科技的发展，人们认识到水平轴带来的一些不利因素，如噪声大、体积大、结构复杂和抗风能力差等，因此世界各国开始大力研发垂直轴风力发电机。我国在这方面最早开始研究，2001 年上海模斯电子设备有限公司开发一款新型风力发电机，经过技术论证后，最终采用新型(H 型)垂直轴风力发电机的方案，2002 年年底产品投入使用，得到了理想的效果。另外，欧洲和日本也在 2003 年开始研制垂直轴风力发电机，在市场需求的驱动下，各国都表现出了极大的热情。

图 4.13　风力发电

从现有的资料来看，中小型风力发电机今后发展的方向还是以垂直轴为主。海上有丰富的风能资源和广阔平坦的区域，因此近海风力发电技术成为研究和应用的热点。多兆瓦级风力发电机组在近海风力发电场的商业化运行是国内外风能利用的新趋势。随着风力发电的发展，陆地上的风力发电装机总数已经趋于饱和，海上风力发电场将成为未来发展的重点。海上风力发电是国际风力发电产业发展的新领域，是“方向中的方向”。

4.2.4 风力发电机组的结构和原理

1. 风力机的种类

从能量转换的角度看，风力发电机组由两大部分组成，一是将风能转换为机械能的风力机，二是将机械能转换为电能的发电机。

风力机的种类很多，但其原理和结构大同小异，主要靠受风力作用而旋转的风轮将风能转变为机械能。因此，风力机依风轮的结构及其在气流中的位置主要可分为两大类：水平轴风力机和垂直轴风力机。此外，还有一些比较特殊的类型，如扩压型和旋风型，还处于探索性研究阶段，没有被大规模地推广应用。水平轴风力机是目前最成功的一种形式。而垂直轴风力机因其发电机效率低、需启动设备，还有技术问题尚未解决，故生产较少，发展缓慢。

如图 4.14 所示，水平轴风力机的结构特征是风轮的旋转平面与风向垂直，旋转轴与地面平行。风力机的主要部件有叶片、传动轴、齿轮箱、发电机、尾翼和塔架等。风轮上的叶片以与旋转平面成特定角度(安装角)的状态安装在水平轴上，从而接收风能驱动机械。其叶片数目的多少决定风力机的用途。叶片数较多，如 12～24 片的风力机通常是低速风力机。在风速较低时，它有较高的风能利用系数和较大的转矩。由于启动力矩大、启动风速低，因此很适合提水。叶片数少，如 2～3 片的风力机通常是高速风力机。其叶片较少，比较轻便，容易大型化。由于高速旋转对传动结构的要求低，在风速较高时有较大的风能利用系数，因此很适合发电。

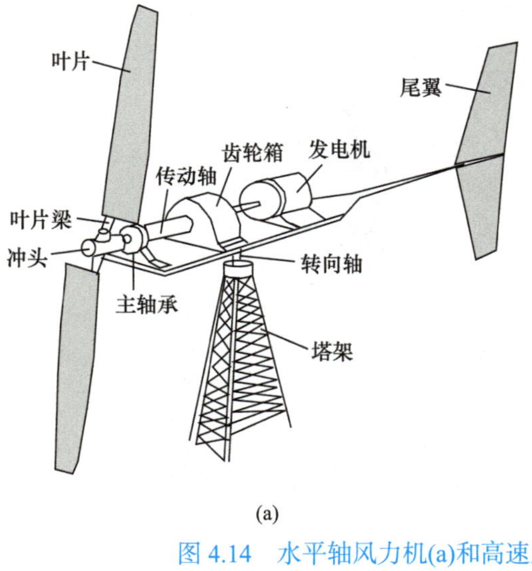

(a)

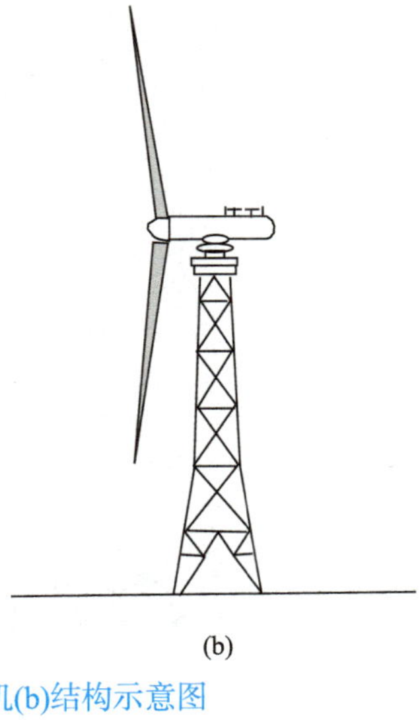

(b)

图 4.14 水平轴风力机(a)和高速风力机(b)结构示意图

水平轴风力发电机是目前技术最成熟、生产应用最广泛的一种风力发电机。目前，

10 kW 以下的风力发电机，尤其是小功率的微型风力发电机绝大多数是水平轴风力发电机。如图 4.15 所示，水平轴风力发电机又分为两种。一种是上风向风力发电机，风轮在塔架的前面迎风旋转，依靠尾翼调整风轮的迎风面；另一种是下风向风力发电机，风轮在塔架的后面，叶片受到的阻力可以保证迎风面的正确取向。但是风先经过塔架再到风轮，会消耗一部分风能，从而影响风力机做功。由于尾翼结构设计生产并不复杂，因此目前大量使用的是上风向风力发电机。

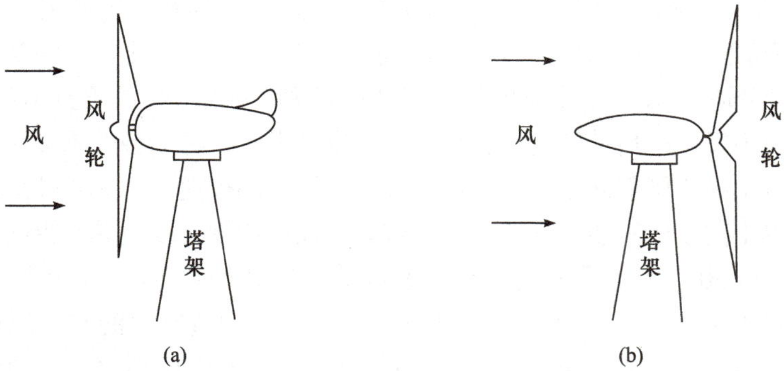

图 4.15　两种不同风向的水平轴风力发电机

(a) 上风向风力发电机；(b) 下风向风力发电机

如图 4.16 所示，垂直轴风力发电机的旋转轴与地面垂直，风轮的旋转平面与风向平行。它具有几个非常突出的优点：一是风轮机塔架结构设计简单；二是发电机传动机构和控制机构等装置位置较低，方便操作和后期维修；三是叶片制造简单，成本较低；四是叶轮运行时不受风向的影响，因此不需要迎风装置，大大简化了结构。垂直轴风力发电机分为两个主要类型，即阻力型和升力型。S 型风轮是典型的阻力型风力发电机，由芬兰人萨窝纽斯在 20 世纪 20 年代发明。它由两个轴线错开的半圆柱形叶片组成 S 型，启动转矩较大，因而启动性能良好。但是它的转速较低，而且在运行中会产生不对称气流，从而产生侧向推力。S 型风力发电机的风能利用系数一般低于水平轴风力发电机。它的转速不高，风能利用系数也低于高速型的其他垂直轴风力发电机。

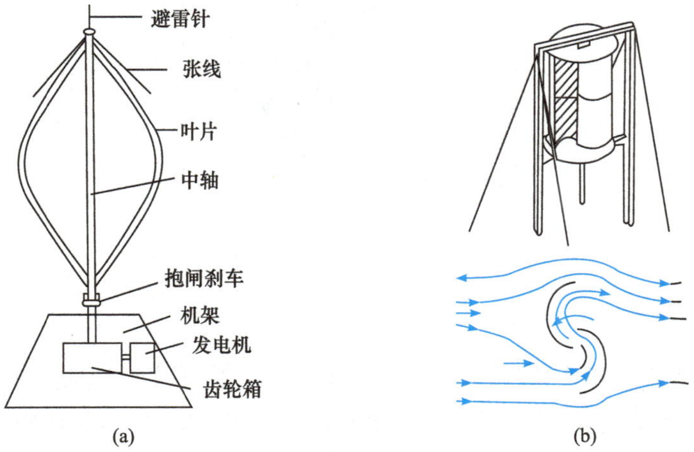

图 4.16　垂直轴风力发电机(a)和 S 型风轮(b)结构示意图

升力型垂直轴风力发电机利用翼型的升力做功，其中最典型的是由法国人戴瑞斯首创的戴瑞斯型风力发电机。根据风叶的形状，戴瑞斯型风力发电机又分为 H 型、◇型和 Y 型、Φ 型等，其中以 H 型和 Φ 型风轮最为典型。戴瑞斯型风力发电机的转速高、旋转惯性大、结构相对简单，适合制造大型风力发电机。

风能具有风力不稳定的特性，因此风力发电机的快速启动对风力发电机的应用特别重要。尽管戴瑞斯型风力发电机具有很多优点，但是它的启动转矩小，启动性能较差，必须先依靠其他动力启动，达到要求的转速才能正常运行。因此，这种风力发电机都需要设计启动机构和离合器等，增加了系统的复杂性，提高了制造成本。可以在戴瑞斯型风力发电机的上下部都安装一个小型的萨窝纽斯型风力发电机，以改善其本身的启动性能，弥补戴瑞斯型风力发电机启动转矩的不足。我国也开发了一种新型的垂直轴风力发电机。这种风力发电机不同于戴瑞斯型，启动性能好。在较低的风速下，无须外加启动力就可以正常运行。它也不同于萨窝纽斯型基于曲面构成的捕风构件，因而具有更高的运行效率。

早在 20 世纪 50 年代，我国著名科学家钱学森就提出了“风洞风车”的概念。利用附加的扩压管在叶轮的后部造成一个低压区，从而增加通过叶轮的空气流量，达到提高风力发电机效率的目的，如图 4.17 所示。与水平轴风力发电机相比，这种扩散器型风力发电机不仅能使流经风轮的风速提高，从而增加输出功率，而且可以增强系统的抗风能力。20 世纪 80 年代，我国成功研制出一台这样的小型风能转换装置，风轮直径为 5 m，由 24 片动叶和 25 片静叶组成。其在 15 $m \cdot s^{-1}$ 的风速下输出功率为 2 kW。国际上对扩散器型风能装置也十分关注，美国、苏联等先后进行了许多研究工作。近年来，在扩散器型风力发电机的基础上又发展出一种新型风力发电机。这种风力发电机在主叶片的尖端安装一个折形或弧形的附件，称为端翼。叶轮旋转时，这个附件能起到类似扩散器的作用。这样不仅解决了由于扩散器存在而限制风力发电机大型化发展的问题，而且提高了风力发电机的经济性。

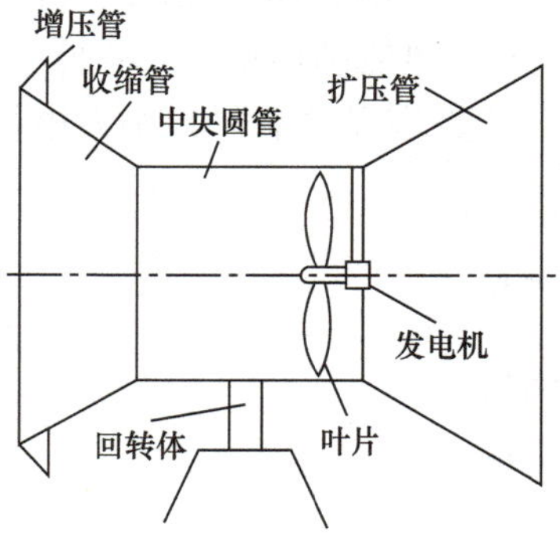

图 4.17 扩散器型风力发电机

2. 风力机的结构

风力机是把风的动能转换成机械能的机械设备，下面以水平轴风力发电机为例，介绍风力发电机的主要组成部件：风轮、调速装置、调向装置、传动装置和塔架等(图 4.18)。

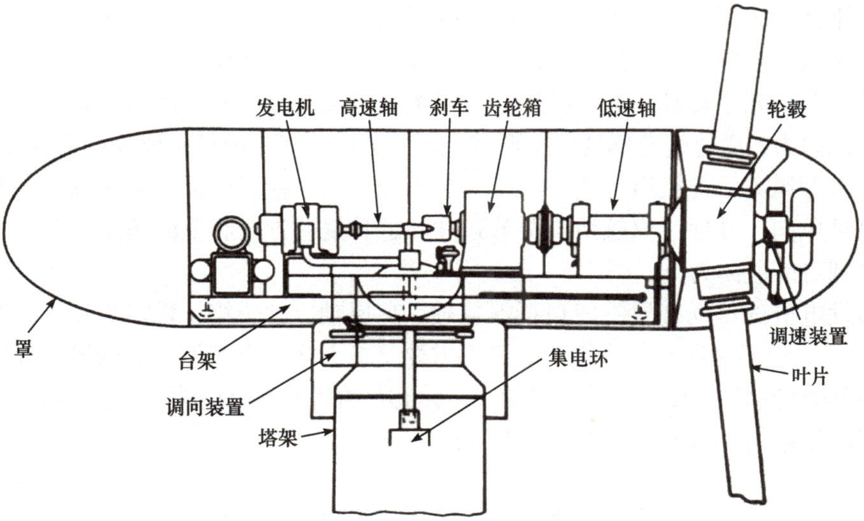

图 4.18　风力发电机的结构组成

风轮是风力发电机接受风能的部件，是安装在轮毂上的叶片。其作用是捕捉和吸收风能后，将其转化成机械能，再经由风轮轴传递给传动装置。风轮一般由叶片、叶柄、轮毂及风轮轴等组成。风力发电机叶片横截面的形状接近流线形。小型风力发电机的叶片通常是加工优质木材并在表面涂上保护漆制成。大、中型风力发电机使用木制叶片时，不像小型风力发电机由整块木料制作而成，而是将很多纵向的优质木条胶接在一起。木制叶片的翼型后缘部分可以使用质地很轻的泡沫塑料填塞，再在表面包覆玻璃纤维以形成整体。采用泡沫塑料不仅可以减轻质量，而且能使翼型重心前移，减少叶片转动时产生的不良振动。为了进一步减轻叶片质量，可以使用一根金属管作为受力梁，以蜂窝结构的泡沫塑料或轻质木料作中间填充物，外面再包上一层玻璃纤维。为了降低成本，有些中型风力发电机的叶片采用金属挤压件，或者用玻璃纤维或环氧树脂抽压成型。有些小型风力发电机为了进一步降低成本，叶片用管梁和具有气动外形的较厚的玻璃纤维蒙皮做成。但这样整个叶片的宽度、厚度等不能变化，难以达到高效率。

总的来说，小型风力发电机的叶片部分采用木质材料，中、大型风力发电机的叶片都倾向于采用玻璃纤维或高强度复合材料。轮毂是风轮的枢纽，也是叶片根部与主轴的连接部件。所有从叶片传来的力都通过轮毂传递到传动装置，再传到风力发电机。轮毂也可以控制叶片的桨距，在设计中应保证强度足够高，结构简单。在条件允许的情况下，叶片采用定桨距结构更好。将叶片固定在轮毂上，可以简化结构设计、提高寿命，还能有效地降低成本。

在大多数情况下，无论风速如何变化，风力发电机的转速总保持恒定或不超过某一限定值。因此，需要引入调速或限速装置来控制风力发电机的转速。当风速过高时，其可以限制功率，并减小作用在叶片上的力。从原理来说，调速或限速装置大致有三类：第一类是使风轮偏离主风向；第二类是利用气动阻力；第三类是改变叶片的桨距角。这三种方法都能控制风力发电机的功率。

下风向风力发电机的风轮能自然地对准风向，因此一般不需要调向控制。上风向风力发电机则必须采用调向装置，常用的有以下几种：一是尾舵，主要应用于小型风力发电机，其优点是不需要特殊控制就能自然对准风向。二是侧风轮，是在机舱的侧面安装一个旋转轴与风轮主轴垂直的小风轮。如果主风轮没有完全对准风向，则侧风轮会被风吹动产生偏向力，通过蜗轮蜗杆结构调整主风轮方向。三是电动机驱动的风向跟踪系统，主要用于大型风力发电机组。整个偏航调节系统主要包括风向标和偏航系统调节软件。风向标测试风向，并通过偏航系统调节软件确定其偏航方向和偏航角度，再进行角度的调节，直到对准风向为止。

风力发电机的传动装置一般包括低速轴、高速轴、齿轮箱、联轴节和制动器等，如图 4.19 所示。但不是所有的风力发电机都需要具备上述所有部件。有的风力发电机的轮毂不需要低速传动轴，直接连接到齿轮箱上。也有的风力发电机(特别是小型风力发电机)设计成无齿轮箱的，风轮直接连接到发电机。

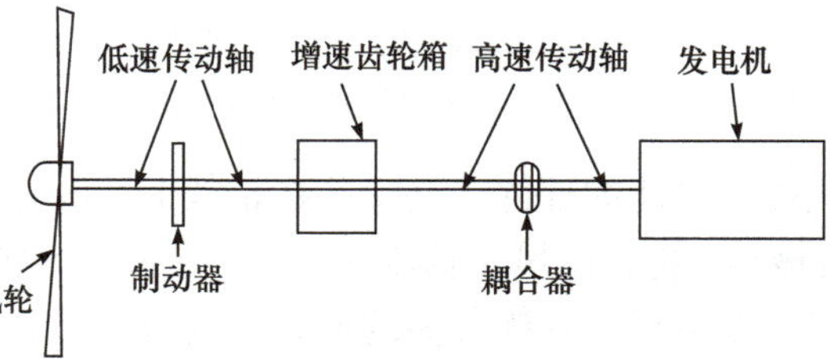

图 4.19 传动装置的部件及位置

风力发电机的塔架除了要支撑风力发电机自身的质量，还要承受风力的风压及风力发电机运行中的动载荷。它的刚度与风力发电机的振动密切相关，其对小型风力机影响不大，但对大、中型风力发电机的影响则不能忽略。按发电机和塔架的关系分类，有一塔一机和一塔二机。水平轴风力发电机的塔架主要可分为管柱型和桁架型两类。管柱型塔架对风的阻力较小，其组成可以从木杆到大型钢管和混凝土管柱。可以通过拉线加强小型风力发电机塔杆的抗弯矩能力。桁架型塔架常用于中、小型风力发电机。其优点是造价低，运输方便，缺点是会使下风向风力发电机的叶片产生很大的紊流。

3. 发电机的结构

发电机及其控制系统承担由机械能到电能的能量转换任务，它不仅直接影响这个转换过程的性能、效率和供电质量，还影响前一个转换过程的运行方式、效率和装置结构。按照电流类型可将发电机分为直流发电机和交流发电机。按照是否并网运行也可将发电机分为两类：一是独立运行风力发电系统中的发电机，主要是面向远离电网地区的，居住在边远地区或孤立海岛的中、小型风力发电机用户；二是并网运行风力发电系统中的发电机，这类发电机一般为大型发电机，直接或者间接与电网相连向外界输出能量。

早期的小容量风力发电装置通常采用小型直流发电机，一般有永磁式和电励磁式两种结构。永磁式直流发电机是利用永磁铁提供发电机所需的励磁磁通。电励磁式直流发电机则借助在励磁线圈内流过的电流产生磁通提供发电机所需的励磁磁通，根据励磁绕组与电枢绕组连接方式的不同，分为他励和自励(并励)两种形式。在风力发电装置中，直流发电机由风力机拖动旋转时，根据法拉第电磁感应定律，在直流发电机的电枢绕组中产生感应电动势，在电枢的输入端接上负载就会有电流流向负载，将风能转化为电能。

永磁式交流发电机的转子上没有励磁绕组，因此不存在励磁绕组铜损耗，与同容量的电励磁式发电机相比效率更高。转子上没有滑环，运转时更加安全可靠。并且发电机的质量轻、体积小、制造工艺简单，因此在小型及微型风力发电机中被广泛采用。其缺点是电压调节性能差。永磁式交流发电机的定子与普通交流发电机相同，包括槽内安装三相绕组和单相绕组的定子铁芯和定子绕组。

独立运行风力发电系统，是指那些没有并入电网，主要面向电网未通的边远地区或小型社区的风力发电系统。其一般利用小型风力发电机为蓄电池充电，再通过逆变器转化成交流电向终端供电的方式，或者采用中型发电机与柴油发电机或光伏电池组成混合供电系统进行供电。

4. 风力/柴油发电系统

目前在规模化电网难以到达的地区，通常使用柴油发电机组提供必要的生产生活用电。其发电成本高，且可能造成供电中断。而这些边远地区，特别是以海岛为主的大部分地区拥有丰富的风能资源，并且随着风电技术的日趋成熟，其生产成本已经接近甚至低于柴油发电的成本。因此，风力发电机组和柴油发电机组联用将为电网达不到的地区提供稳定可靠的电能，并降低二氧化碳排放，减少环境污染。目前正在研究和运行的风力/柴油发电系统的类型很多，但基本结构类似，整个系统一般包括：风力发电机组、柴油发电机组、蓄能装置、齿轮箱、发电机、控制系统、用户负载及耗能负载等部件，如图 4.20 所示。在实际应用中的形式包括：基本型/改进型风力/柴油发电系统、交替运行风力/柴油发电系统、具有蓄电池储能的风力/柴油发电系统、变速风力发电机组与柴油发电机组联合发电系统等。

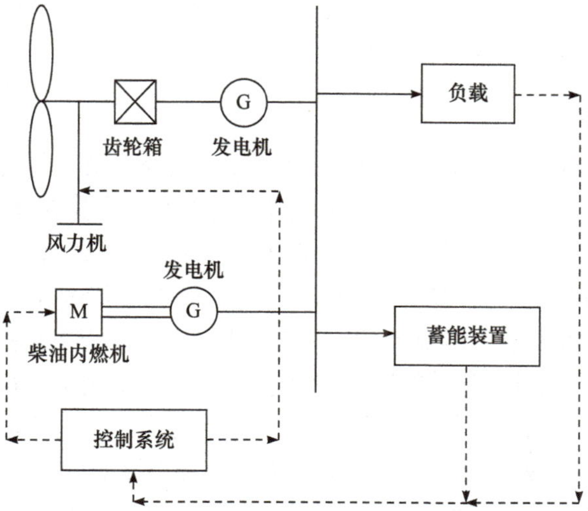

图 4.20　风力/柴油发电系统基本结构框图

基本型风力/柴油发电系统是让风力发电机组和现有的柴油发电机组并联运行。在系统运行过程中，风力发电机所需的无功功率由柴油发电机提供。即使在负载较小、风力较强、风力发电机组发出的有功功率已能满足负载要求的情况下，柴油发电机组也必须不停地工作。这种系统的优点是结构简单、控制方便，即使在无风的情况下也可以依靠柴油发电机组向负载连续供电。缺点是柴油发电机组的容量要比风力发电机组大很多才能保证系统稳定、安全、可靠地运行，因此节油效果较差。这种系统仅适用于风速和负载都相对稳定的情况。改进型风力/柴油发电系统有一定的调节作用。在运行中当风力所产生的电能不能满足负载的需求时，风力发电机和柴油发电机并联向负载供电。当风力足够大时，柴油发电机与柴油机断开，做调相机运行，为风力发电机组提供无功功率，同时控制负载中的耗能负载大小来维持功率平衡，保持频率稳定。该系统的节油效果有明显提高。

交替运行的风力/柴油发电系统在正常运行状态下仅风力发电机组投入运行。由于风能不稳定，随着风力的变化，依次接通或断开各类负载以保持供电系统的功率平衡和维持系统的频率稳定；当风速很低时，风力发电机组退出运行，同时柴油发电机组自动启动并投入运行。由于这种系统中风力发电机和柴油发电机没有并联运行，故结构比较简单、控制方便，柴油机运转时间极短，节油效果较好。但在风力/柴油发电机切换过程中会导致短时间供电中断，使得供电可靠性较差。另外，随着风力和负载的双重波动，可能造成柴油机频繁启停，进一步降低供电可靠性。

变速风力发电机组系统中，风力机驱动的发电机通过整流和逆变装置与柴油发电机并联运行，实现向负载连续供电。该系统在风力较大、负载较小时，由风力发电机单独供电；在风力和负载均较大时，风力发电机和柴油发电机并联供电；在风力较小、负载较小时，由柴油发电机单独供电。其优点是风力机可以变速运行，节油效果好。系统中整流、速变装置和蓄电池储能设备可以起到维持功率平衡和频率稳定的作用。缺点是结构复杂、控制困难且造价较高。

以上风力/柴油发电系统都具有各自的优缺点，因此需考虑用户需求及当地风力资源条件，从系统节油效果、系统可靠性、系统经济性(包括投资成本和后期运行费用)等方面进行综合考虑，确定最佳形式。

5. 飞轮/风力发电系统

对于容量较大(20 kW 以上)的独立运行风力发电系统，由于其所需的蓄电池容量大，投资成本高，经济上难以实现，所以较少采用普通蓄电池作为储能装置。飞轮储能技术具有寿命长、效率高、环保等优势，将其应用于风力发电系统可以有效解决独立运行风力发电系统的电能储存问题。飞轮储能电池是一种新型的机械储能电池，主要由储存能量的飞轮台、用于转换电能和机械能的电动机、用于支撑飞轮的磁悬浮系统、用于能量交换的电力电子控制系统和其他辅助装置构成。与传统的储能方式(如蓄电池)相比，飞轮电池具有以下优点：较快的充放电速度；较长的使用寿命，一般是化学电池寿命的 5～10 倍；干净、清洁，环境友好；储能十分稳定，不受外界温度等因素变化影响；很高的转换效率，其能量转换效率达到 90%以上，远高于化学电池的 60%。

图 4.21 为使用飞轮储能电池的独立运行式风力发电系统示意图。与单独的风力发电系统相比，其在效率和稳定性方面都得到了较大程度的改进。发电机将由风力机从风能

转换为的机械能进一步转换为电能。整流器将发电机发出的三相交流电整流成直流电，再由逆变器将其变换成所需的交流电提供给负载。飞轮储能电池并联于系统的直流电路中，通过从系统中吸收/放出能量来达到调节直流电压的目的。变流器是一个能量可双向传输的脉冲宽度调制(PWM)高频变流器，其主要功能是实现飞轮储能电池的能量双向输送和变频调速。

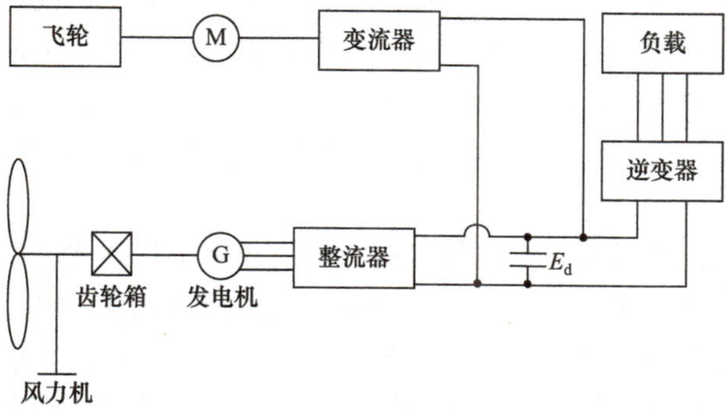

图 4.21 使用飞轮储能电池的独立运行式风力发电系统示意图

与单一的风力发电系统或采用普通蓄电池的风力发电系统相比，配备飞轮储能电池的独立运行式风力发电系统拥有更稳定的供电能力。根据风力状况的不同，系统可以采用以下三种形式向负载供电：当风能充足或负载较小时，即风力发电机的输出功率大于负载所需功率时，风力发电机的电能一部分通过逆变器提供给负载，另一部分通过变流器储存于飞轮储能电池中。飞轮储能电池此时为电动运行状态，通过逆变器的调速作用逐渐提高转速，将电能转换成机械能储存起来。当风能不足或负载较大时，即风力发电机的输出功率不足以满足负载的需要时，飞轮储能电池将储存于飞轮中的机械能转换成电能，与风力发电机联合向负载供电。当风力很小、风力发电机停止发电时，系统由飞轮储能电池单独为负载提供能量。变流器将永磁式发电机发出的交流电整流成直流电，再通过逆变器提供给负载。综合以上分析，在分析当地的风力资源和负载情况的基础上，选择适当的风力发电机功率和与之匹配的飞轮储能电池容量，对实现不间断供电、减小风力发电不稳定性、提升电能质量有相当程度的改善作用。

6. 风光互补发电系统

风光互补发电系统利用当地风能和太阳能可互补的特性，因此相较于其他各种独立运行的发电系统具有更高的可靠性。根据各地气象数据可以知道太阳能和风能资源之间存在非常好的互补性。从全年看，通常夏季太阳能比较充裕，而冬季风能较为丰富；从全天看，太阳能较强，即天气较晴朗时，风力通常较弱。另外，对气象数据进行分析可知，风力主要出现在夜间和凌晨，这也与太阳能具有很好的互补性。因此，对于电网很难到达的边远地区，可靠性较高的风光互补发电系统可以为要求电力稳定性好的用户提供较可靠的电力，如移动通信基站、光纤通信、输油管道和居民日常使用等。与单独的风力发电系统相比，风光互补发电系统有以下优点：利用风能和太阳能的互补特性，发电系统有较高的供电稳定性和可靠性，可以提供比较稳定的电能输出。在相同供电能力的情况下，可大大减少储能蓄电池或其他储能装置的设计和容量。基于合理的设计、匹配及运行控制，这种风光互补发电系统基本上可以实现由风光互补系统发电，很少需要启动备用电源，从而获得较好的社会效益和经济效益，也有利于保护环境。

风光互补发电系统主要由风力发电机组、光伏太阳能电池组、控制器、蓄电池组、逆变器、直流交流负载等部分组成。风力发电机组采取变速运行方式，通过各自的整流器及逆变器向负载供电，在直流环节并联储能装置，将多余电能存入储能装置。当储能装置没有充满且风速在额定风速以下时，风力发电机组采用最佳叶尖速比控制最大限度地利用风能，使得风力发电机在很大的风速范围内以最佳效率运行。当储能装置接近充满、电压达到充电截止电压时，风力发电机自动转为稳压控制运行，这样可避免蓄电池过充，以保护蓄电池。

太阳能电池阵列由单晶硅电池组件组成，分为很多子阵列并联向直流母线供电，各子阵列的通断采用无触点固态器件控制。当储能装置接近充满、电压达到充电截止电压时，依次关断部分子阵列，从而保证直流母线电压不超过最高设定值。风光互补发电系统产生的电能通过三相逆变器转换成恒频恒压交流电供给负载。逆变器采用可关断大功率晶体管 PWM 方案，在储能装置电压降到指定值后自动关断，避免储能装置过放电。

风光互补发电系统的主要特点是只需控制直流母线电压，统一调节各种设备，达到所需系统性能，且控制算法相对容易。采用分布式直流母线控制，系统容易扩展，如可以增减用电设备和发电设备(加装柴油发电机组)。储能单元分为长期储能单元和短期储能单元。其中，蓄电池是长期储能单元的最佳选择，而飞轮储能系统常用作短期储能单元。系统中的交流用电负载采用逆变控制单位集中供电。

对于分布式风光互补发电系统，不仅要对单个系统的发电单元、储能单元及能源变换单元分别进行设计，还需优化控制整个系统的运行。第一，控制系统的目的是稳定直流母线电压、提高系统供电质量。可以利用飞轮储能装置平衡母线电压，有效减小风能和太阳能瞬时变化引起的输出功率波动对母线电压的影响。第二，基于用电负载的变化，对供电单元按功率比例进行控制，使得各供电单元负载均衡。第三，在负载较大时，对风力发电机和太阳能电池采用最大功率点追踪控制模式；在负载较小时，对其采用“低应力”控制模式，即降低太阳能和风力发电机的输出功率，不以最大功率输出，延长系统寿命。第四，提高蓄电池的剩余容量，降低蓄电池的充放电次数，防止因充放电不当导致蓄电池配置容量减少。

7. 并网运行的风力发电系统

并网运行的风力发电系统可以得到电网的支撑，使得其可以以较高效率开发可利用的风力资源，从而减小由于风力资源的间歇特性造成的输出电能质量下降及伴随的储能问题。并网运行的风力发电系统可以增强供电的可靠性，同时可以降低储能设备需要，因此是国内外风力发电开发的主要发展方向。此外，在风力发电生产规模化、技术现代化的情况下，风力发电的成本将不断降低，再加上环境等因素带来的间接效益，采用大规模风力发电场并网发电在经济上也有较强竞争力。从运行控制特点上，并网型风力发电系统可分为恒速恒频风力发电系统和变速恒频风力发电系统。恒速恒频风力发电系统是指风力发电机组始终维持恒转速运转，不受风速波动影响，从而输出恒定的额定频率的交流电。自然风吹动风力机旋转，经齿轮箱升速后驱动发电机将风能转化为电能。目前水平轴的上风向风力机被国内外广泛使用，其有效风速范围为 3～30 $m \cdot s^{-1}$，额定风速一般为 8～15 $m \cdot s^{-1}$，风力机的额定转速为 20～30 $r \cdot min^{-1}$。这种机组结构简单、运行可靠、成本较低。但其一直恒速运行，因此无法达到较高的风能利用率，降低能量输出。变速恒频风力发电系统是指风力发电机组的转速虽然随着风速的改变而改变，但仍输出恒定频率的交流电。由于叶片的转速随着风速改变，因而可大大提高风能的利用率。但又要实现恒定频率输出，因此这种系统的发展依赖于电力电子技术的发展进步。

变速恒频风力发电系统根据结构和运行方式可分为直接驱动同步发电机系统和双馈异步发电机系统。在直接驱动同步发电机系统中，风力机直接与发电机相连，不需要齿轮箱升速。发电机输出电压的频率随转速变化，通过整流器、直流输电逆变器与电网相连，以在电网侧得到频率恒定的电压。在双馈异步发电机系统中，其定子绕组直接接入电网，转子采用三相对称绕组，经背靠背双向电压源变频器与电网相连，给发电机提供交流励磁，励磁频率即为发电机的转差频率。变速恒频风力发电机组实现了发电机转速与电网频率的解耦，降低了风力发电与电网之间的相互影响。但是变速恒频风力发电系统的结构复杂、成本较高、技术难度大，依赖于电力电子技术的发展。尤其是双馈异步发电机，不仅改善了风力发电机组的运行性能，而且大大降低了变频器的容量，正逐渐成为风力发电设备的主要选择。

4.2.5　风力发电发展概况

1. 国际风力发电发展概况

根据理论计算，太阳辐射到地球的热能中约有 2%转变为风能，全球大气中总的风能约为 10^{14} MW，其中可被开发的风能约为 3.5×10^{9} MW。这比全世界可用的水能总和大 10 倍。我国风能资源也很丰富，全国风能储量约 4.8×10^{9} MW，可开发利用的风能资源总量达 2.5×10^{5} MW，是我国电力总装机容量的 13.3%(至 2020 年我国风力发电总装机容量为 2.9 亿 kW)。

人类利用风能已有数千年的历史。在第一次工业革命之前，风车曾作为主要的动力用于航行、提水、磨面、灌溉等。20 世纪 70 年代，随着世界石油危机的爆发和环境的日益恶化，许多国家政府提供资金帮助风力发电研究，这大大促进了风力发电技术的发展和推广。

丹麦政府对购买风力发电机组的消费者给予补贴，并且对煤电征收能源税和二氧化碳排放税，对风力发电的收购电价进行补贴，使得风力发电机组的用户从满足自家电力需求转变为向电网销售电能并获取一定的利润。将购买机组从消费行为变为一种可行的投资方式，因而获得巨大的成功，培养出稳定的风力发电市场。良好的政府政策引导造就了以 VESTAS、BONUS 为代表的一大批知名风力发电机组生产厂家。

此后，德国和西班牙等欧洲国家也陆续出台了与风力发电发展密切相关的政策，其核心是以长期固定的高电价回收风力发电来提升风力发电装机容量。据统计，这些国家在 1996 以后风力发电增长率超过 30%，美国政府也推出了激励风力发电发展的计划。20 世纪 80 年代起，数以千计的风力发电机运送到美国加利福尼亚州，推进美国风力发电产业的发展。但由于丹麦早五年开始制造并占据高达 50%的市场份额，1985 年美国风能市场随着政府扶持政策的取消进入萧条期。由此可见，政府的扶持政策对风力发电的前期发展至关重要，甚至起决定性的作用。

20 世纪 90 年代，环境危机和能源危机的日益严重和技术的不断进步导致风力发电成本大幅下降，再加上国家政策的扶持，风力发电获得极其迅速的发展。总体来说，世界绩优风力发电场的发电成本自 80 年代以来下降了将近 90%。这主要得益于风力发电技术的进步、风力发电项目融资成本的下降以及形成规模的风力发电机组的制造和建设。全球风能协会(GWEC)的报告说明，综合全球 70 多个国家的风力发电情况可以知道，2020 年全球累计风力发电装机容量为 702 GW，预计到 2023 年，全球风力发电装机容量每年至少增加 55 GW。这一状况说明全球风力发电产业发展迅猛并有加速发展的趋势。就经济价值而言，风力发电已经在世界能源市场上占据了稳定的地位。风力发电装备产业也逐步成为全球能源产业中极其重要的部分。

2. 我国风力发电发展概况

我国风能资源十分丰富，10 m 高度层的风能理论上可以开发的储量为 3.2×10^6 MW。按实际可开发的风能储量占理论的 1/10，以及风能转化装置风轮的实际扫掠面积系数(0.785)，计算出实际可开发的风能储量约为 2.5×10^5 MW。这说明我国风能资源十分丰富，有利于风力发电的发展。

我国风能资源丰富地区主要在西北、华北、东北的草原或戈壁，还有东部、东南沿海及岛屿。这些地区通常缺乏煤炭资源。另外，从季节上来说，冬、春季风大而降雨量小；夏季风小而降雨量大，风力发电与水力发电有较好的互补性。

目前，我国风力发电场采用的国产风力发电机组主要有两种：一种是科技攻关的样机或后续生产的机组，其容量较小，技术和质量都存在问题，需要继续改进提高；另一种是通过与国外厂商合作生产的，其中有些部件用国产的替代，如轮毂、发电机和塔架等。这样合作生产的机组一般都能正常运行。我国大多数进口机组是较成熟的商品机组，其可靠性较高，主要有两类：一类是变桨距调节型机组，运行中通过改变桨距角获得最佳空气动力性能，整机质量较轻，但结构较复杂，机组价格较高，主要从比利时、美国、丹麦进口；另一类是定桨距失速调节型机组，轮毂结构简单，叶片固定在轮毂上。当风速超过额定值时，叶片失速使得升力下降，从而将机组功率调节在额定值以下，避免发电机超负荷工作。与变桨距调节型机组相比，这种机组的空气动力性能差，整机质量大。早年从丹麦进口的机组多属于这一类。

近年来，随着我国风力发电需求的增多，我国风力发电装备制造业的发展步伐也加快，迎来快速发展期，风力发电装备依赖进口的状况得到了根本改变。以新疆金风科技股份有限公司、大连华锐重工集团股份有限公司和东方电气集团东方汽轮机有限公司为代表的内资企业通过引进国际先进技术并消化吸收的方法成功实现技术创新，开发了具有自主品牌的兆瓦级风力发电设备。

4.2.6　风能产业市场

1. 国际风能产业市场

随着国际社会对能源安全、生态环境、异常气候等问题的日益重视，减少化石能源燃烧、加快开发和利用可再生能源已成为世界各国的普遍共识和一致行动。目前，全球能源转型的基本趋势是实现化石能源体系向低碳能源体系的转变，最终目标是进入以可再生能源为主的可持续能源时代。2015 年，全球可再生能源发电新增装机容量首次超过常规能源发电新增装机容量，标志着全球电力系统的建设正在发生结构性转变。风力发电作为技术成熟、环境友好的可再生能源，已在全球范围内实现大规模的开发应用。

丹麦早在 19 世纪末便开始着手利用风能发电，但直到 1973 年发生世界性的石油危机，对石油短缺以及用矿物燃料发电所带来的环境污染的担忧，风力发电才重新得到重视。此后，美国、丹麦、荷兰、英国、德国、瑞典、加拿大等国家均在风力发电的研究与应用方面投入了大量的人力和资金。2016 年，风力发电在美国已超过传统水力发电成为第一大可再生能源，并在此前的 7 年时间里，美国风力发电成本下降了近 66%。在德国，陆上风力发电已成为整个能源体系中最便宜的能源，且在过去的数年间风力发电技术快速发展，更佳的系统兼容性、更长的运行小时数及更大的单机容量使得德国《可再生能源法》最新修订法案(EEG2017)将固定电价体系改为招标竞价体系，彻底实现风力发电市场化。2020 年，整个欧洲地区风力发电占电力消费的比例达到 15%，其中丹麦的风力发电占电力消费的比例最高，达到 48%，并在风力发电高峰时期依靠其发达的国家电网互联将多余电力输送至周边国家；德国的装机规模最大。全球陆上风力发电平准化度电成本(levelized cost of energy，LCOE)区间已经明显低于全球的化石能源。

2019 年全球陆上风力发电总装机容量排序见图 4.22，排名前十位的国家依次是：中国(37%)、美国(17%)、印度(9%)、西班牙(6%)、瑞典(4%)、法国(3%)、墨西哥(3%)、德国(2%)、阿根廷(2%)、澳大利亚(2%)，其他国家和地区共占 15%。

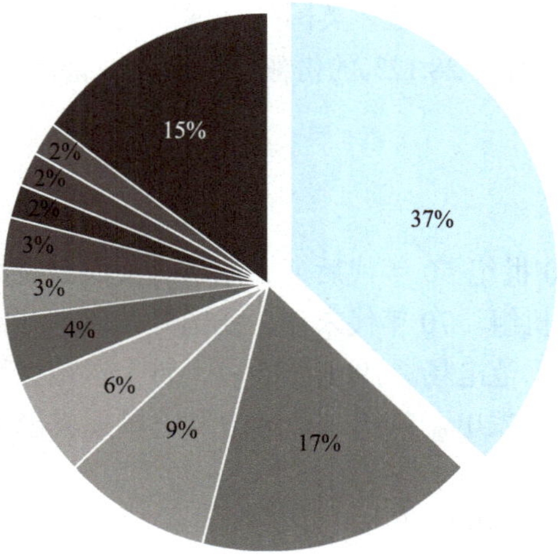

图 4.22　2019 年全球陆上风力发电总装机容量前十位的国家

中国是世界风能领域的大国，拥有世界三分之一以上的风力发电装机容量。甘肃省拥有世界最大的陆上风力发电场，装机容量达到 7965 MW，是世界第二大陆上风力发电场的 5 倍。目前，全球最大的风力发电平价基地乌兰察布风电基地一期 600 万 kW 示范项目正在建设当中。

美国的风力发电总装机容量位居世界第二位，装机容量为 96.4 GW，在陆上风力发电方面尤为强劲。全球最大的 10 个陆上风力发电场中有 6 个位于美国，其中包括加利福尼亚州的 Alta 风能中心(世界第二大陆上风力发电场，容量为 1548 MW)、俄勒冈州 Shepherd's Flat 风力发电场(845 MW)和得克萨斯州 Roscoe 风力发电场(781.5 MW)。

印度是亚洲风力发电量第二高的国家，也是除中国外唯一进入世界风力发电装机容量前十位的亚洲国家，总装机容量为 37 GW。该国拥有世界第三和第四大陆上风力发电场，分别是印度南部泰米尔纳德邦的 Muppandal 风力发电场(1500 MW)和印度西部拉贾斯坦邦的 Jaisalmer 风力发电场(1064 MW)。印度政府已制定了到 2022 年风力发电总装机容量 60 GW 的目标。

西班牙在风能方面表现强劲，总装机容量超过 27 GW，占西班牙电力供应的 18%。但过去几年，西班牙风力发电行业一直在急剧下降。在 2015 年没有新增装机容量之后，2016～2017 年的能源结构仅增加了 104 MW。

按装机容量计算，法国在十大风能国家中名列第六位。它目前正在远离核电，而核电此前已经满足了该国 75%的能源需求，并将使其在 2030 年前将陆上风力发电装机容量增加两倍。

相比陆上风力发电，海上风力发电具有风力发电机组发电量高、单机装机容量大、机组运行稳定，以及不占用土地、不消耗水资源、适合大规模开发等优势，同时海上风力发电一般靠近传统电力负荷中心，便于电网消纳，免去长距离输电的问题，因而全球风力发电场建设已出现从陆地向近海发展的趋势。经过 20 余年的发展，海上风力发电技术日益成熟。伴随着技术创新和成本的持续下降，全球海上风力发电总装机容量有望从 2015 年的 13 GW 激增至 2030 年的 100 GW。2020 年，全球海上风力发电新增装机容量 6067 MW，累计装机容量达 35 196 MW。其中，欧洲四国贡献了 64.77%(22 796 MW)的累计装机容量，其余装机容量大部分为中国贡献。英国是全球最大的海上风力发电市场，占全球累计装机容量的 29.00%，中国以 28.12%的份额位居第二，德国以 21.96%的份额位居第三(图 4.23)。

2. 国内风能产业市场

我国风力发电始于 20 世纪 50 年代后期，用于解决海岛及边远地区供电难问题，主要是建设非并网小型风电机组。70 年代末期，我国开始研究并网风力发电，主要通过引入国外风力发电机组建设示范电场。1986 年 5 月，首个示范性风力发电场——马兰风力发电场在山东荣成建成并网发电。从第一个风力发电场建成至今，我国风力发电产业发展大致可以分为以下 6 个阶段。

1) 早期示范阶段(1986～1993 年)

主要利用国外捐赠及丹麦、德国、西班牙政府贷款建设小型示范风力发电场，国家

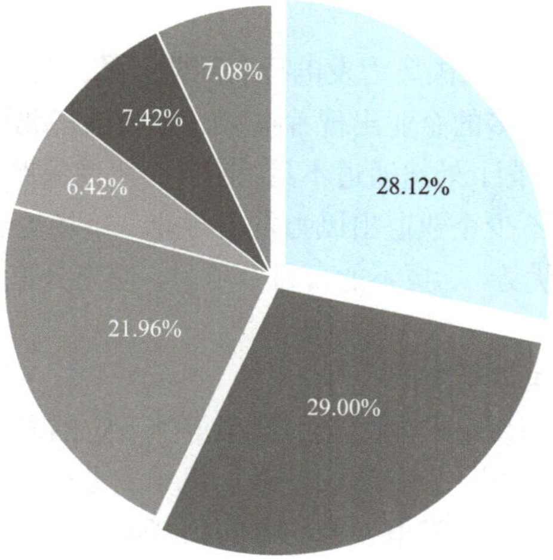

图 4.23 2020 年全球海上风力发电累计装机容量

中国：28.12%；英国：29.00%；德国：21.96%；比利时：6.42%；荷兰：7.42%；其他：7.08%

“七五”“八五”期间投入扶持资金，设立了国产风力发电机组攻关项目，支持风力发电场建设及风力发电机组研制。这期间相继建成福建平潭、新疆达坂城、内蒙古朱日和等并网风力发电场，在风力发电场选址与设计、风力发电设备维护等方面积累了一些经验。

2) 产业化探索阶段(1994～2003 年)

通过引入、消化、吸收国外技术进行风力发电装备产业化研究。从 1996 年开始启动“乘风工程”“双加工程”“国债风电项目”“科技支撑计划”等一系列支持项目，推动了风力发电的发展。其间，首次探索建立了强制性收购、还本付息电价和成本分摊制度，保障了投资者权益，促使贷款建设风力发电场开始发展。该阶段国产风力发电设备实现了商业化销售，国内风力发电年新增装机容量不断扩大，新的风力发电场也不断涌现。

3) 快速成长阶段(2004～2007 年)

国家不断出台一系列鼓励风力发电开发的政策和法律法规，如 2005 年颁布的《中华人民共和国可再生能源法》和 2007 年实施的《电网企业全额收购可再生能源电量监管办法》，以解决风力发电产业发展中存在的障碍，迅速提升风力发电的开发规模和本土设备制造能力。同时，在 2005 年出台的《国家发展改革委关于风电建设管理有关要求的通知》中有关“风电设备国产化率要达到 70%以上”(2010 年已被取消)等一系列政策的推动下，开启了装备国产化进程。2007 年新增装机容量达 3311 MW，同比增长 157.1%，内资企业产品市场占有率达 55.9%，新增市场份额首次超过外资企业。

4) 高速发展阶段(2008～2010 年)

我国风力发电相关的政策和法律法规进一步完善，风力发电整机制造能力大幅提升。2010 年，我国风力发电新增装机容量超过 18.9 GW，以占全球新增装机容量 48%的态势领跑全球风力发电市场，累计装机容量超过美国，跃居世界第一。但快速发展的同时，也出现了电网建设滞后、国产风力发电机组质量难以保障、风力发电设备产能过剩等问题。

5) 调整阶段(2011～2013 年)

经过几年的高速发展后，我国风力发电行业问题开始凸显，一是行业恶性竞争加剧，设备制造产能过剩，越来越多的企业出现亏损；二是我国三北地区风力资源丰富，装机容量大，但地区消纳能力有限，外送通道不足，使得弃风现象严重；三是风力发电机组质量无法有效保障。其间，不少企业退出风力发电行业，市场也逐渐意识到风力发电设备制造不能简单追求“低价优势”，更不能盲目上项目，应充分重视产品质量，并提高服务能力。

6) 稳步增长阶段(2014 年至今)

经过前期的洗牌，风力发电产业过热的现象得到一定的遏制，发展模式从重规模、重速度到重效益、重质量。“十三五”期间，我国风力发电产业逐步实行配额制与绿色证书政策，并发布了国家五年风力发电发展的方向和基本目标，明确了风力发电发展规模将进入持续稳定的发展模式。

我国风力发电行业经历了两轮高速发展时期。第一阶段从 2005～2010 年，之后经历了两年调整，从 2013 年年中开始，我国风力发电行业摆脱下滑趋势，在行业环境得到有效净化的形势下，开始了新一轮有质量的增长，并在 2015 年创新高。随后受前期抢装透支需求的影响，2016 年和 2017 年连续两年装机容量下滑，但 2017 年降幅趋缓，之后又稳步增加，到 2020 年呈现井喷状态(图 4.24)。

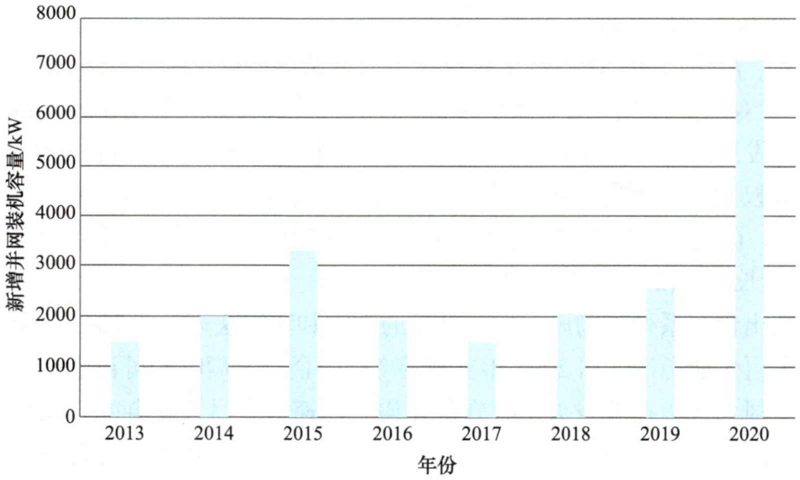

图 4.24　2013～2020 年我国风力发电新增并网装机容量

风力发电的发电量逐年增加，市场份额不断提升，已成为继火力发电、水力发电之后我国第三大电源(图 4.25)。

3. 国内风能主要企业

2019 年，已有 8 家整机制造企业的新增装机容量超过 1 GW(图 4.26)，其中金风科技新增装机容量超过 8 GW，占国内市场的 29.9%。

2020 年，中国风力发电新增装机容量 57.8 GW，其中金风科技新增装机容量达到

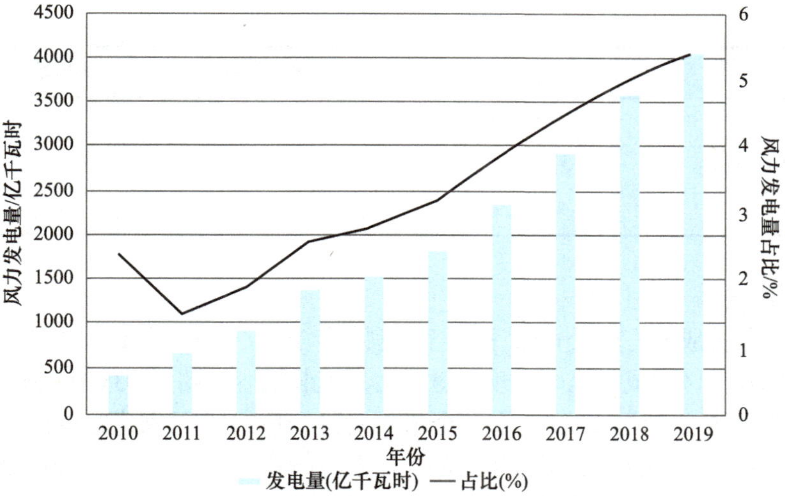

图 4.25　2010～2019 年我国风力发电量及占比

12.33 GW，市场份额达到 21%；其次为远景能源、明阳智能、上海电气和运达股份，前五家市场份额合计达到 64%(表 4.3)。截至 2021 年 12 月，全国累计装机容量达到 300 GW。

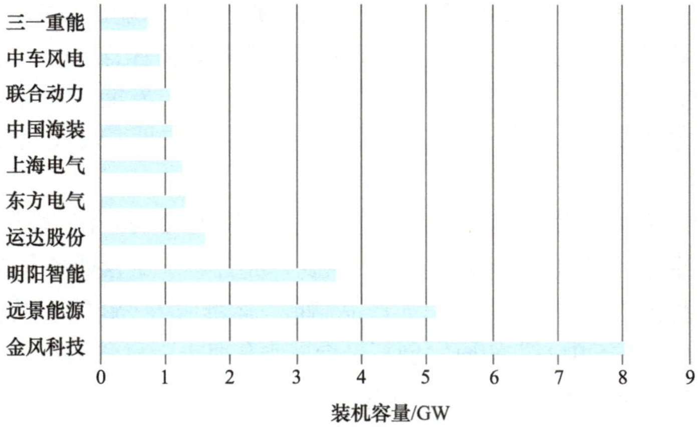

图 4.26　2019 年中国风力发电制造企业新增装机容量

表 4.3　2020 年中国风力发电整机制造企业新增装机容量

序号	制造商	装机容量/GW	中国市场占比/%
1	金风科技	12.33	21
2	远景能源	10.07	17
3	明阳智能	5.64	10
4	上海电气	5.07	9
5	运达股份	3.98	7
6	中车风电	3.84	7
7	三一重能	3.72	6

续表

序号	制造商	装机容量/GW	中国市场占比/%
8	东方电气	3.11	5
9	中国海装	2.92	5
10	联合动力	2.20	4

1) 金风科技

新疆金风科技股份有限公司(简称“金风科技”)成立于1998年，总部位于新疆乌鲁木齐经济技术开发区。成立至今实现全球风力发电装机容量超过73 GW，逾40 000台风力发电机组(直驱机组超过27 000台)在全球6大洲、近24个国家稳定运行。公司目前专注于风力发电系统解决方案、可再生能源、新业务投资孵化。公司在全球范围拥有7大研发中心，与7所全球院校合作，拥有强大的自主研发能力，承担国家重点科研项目近30项，掌握专利技术超过1400项，获得超过33种机型的设计与型式认证。

2) 远景能源

远景能源有限公司(简称“远景能源”)成立于2008年，总部位于江阴临港经济开发区新能源产业园。其近年来发展迅速，已成为全球领先的智慧能源技术解决方案提供商。业务包括智能风机的研发与销售、智慧风场管理软件服务、智慧风电技术开发、智慧风电资产管理服务、智能电网、储能电池、能源管理系统等，研发能力和技术水平已处于全球领先地位。远景丹麦全球创新中心是中国风力发电企业在丹麦最大规模的研发机构。

3) 明阳智能

明阳智慧能源集团股份公司(简称“明阳智能”)成立于2006年，总部位于广东中山。其致力于清洁能源全生命周期价值链管理与系统解决方案。主营业务包括新能源高端装备、兆瓦级风机及核心部件的开发设计、产品制造、运维服务、新能源投资运营。集团在全球布局了“一总部、五中心”的研发创新平台，建有博士后科研工作站、国家级企业技术中心、国家地方联合工程实验室，是国家知识产权优势企业和国家级高新技术企业，获得超过20种机型的设计与型式认证。

4) 联合动力

国电联合动力技术有限公司(简称“联合动力”)是中国国电集团为适应发展中国绿色能源事业需要，解决风电关键、重大设备国产化问题，在原龙威发电技术服务有限公司基础上组建的高科技公司，隶属于中国国电集团，总部位于北京。目前主要风力发电产品是与德国Aerodyn公司联合设计的1.5 MW风力发电机组，具有通用性强、功率曲线先进、结构成熟、运行可靠等优点，同时在发电机、齿轮箱、轴承等关键部件上采用了最新设计，单机容量最适合中国目前的环境及安装使用条件。公司现有机型涵盖1.5～6 MW各类机型，其中6 MW为国内最大机型。

5) 中国海装

中国船舶集团海装风电股份有限公司(简称“中国海装”)成立于2004年，总部位于重庆市两江新区。作为“国家海上风力发电工程技术研究中心”“重庆市风力发电装备工程技术研究中心”的依托单位，“重庆市风力发电装备科技重大专项”的牵头单位以及打造“超百亿风电产业企业集群”的重点实施单位，承担了国内单机功率最大的“5.0 MW近海风电机组研制国家科技支撑计划”和“5.0 MW 近海风电机组关键技术研制国际科技合作计划”两大国家项目。

4.2.7 风力发电产业发展前景

1. 风力发电产业发展机遇

1) 风力发电已在全球范围内实现规模化应用

风力发电作为应用最广泛和发展最快的新能源发电技术，已在全球范围内实现大规模开发应用。到 2020 年年底，全球风力发电累计装机容量达 702 GW，遍布 100 多个国家和地区。“十三五”期间，我国风力发电新增装机容量年均增长 17%，是装机容量增幅最大的新能源发电技术。

2) 风力发电已成为部分国家新增电力供应的重要组成部分

随着全球发展可再生能源的共识不断增强，风力发电在未来能源电力系统中将发挥更加重要的作用。美国提出到 2030 年 20%的用电量由风力发电供应，丹麦、德国等国把开发风力发电作为实现 2050 年高比例可再生能源发展目标的核心措施。

3) 风力发电开发利用的经济性显著提升

随着全球范围内风力发电开发利用技术不断进步及应用规模持续扩大，风力发电开发利用成本在过去五年下降了约 30%，风力发电开始逐步显现出较强的经济性。

4) 风力发电国内发展迅速，技术政策逐步完善

全国风力发电装机规模快速增长，开发布局不断优化，技术水平显著提升，政策体系逐步完善，风力发电已经从补充能源进入替代能源的发展阶段。

风力发电成为我国新增电力装机的重要组成部分。我国风力发电在电源结构中的比重逐年提高。到 2020 年年底，全国风力发电并网装机容量达到 7167 万 kW，年发电量 460 亿 kW · h，占全国总发电量的 18.1%，风力发电已成为我国继水力发电之后的第二大电源。

产业技术水平显著提升。风力发电全产业链基本实现国产化，产业集中度不断提高，多家企业跻身全球前 10 名。风力发电设备的技术水平和可靠性不断提高，基本达到世界先进水平，在满足国内市场的同时出口到 28 个国家和地区。风力发电机组高海拔、低温、冰冻等特殊环境的适应性和并网友好性显著提升，低风速风力发电开发的技术经济性明显增强，全国风力发电技术可开发资源量大幅增加。

行业管理和政策体系逐步完善。“十二五”和“十三五”期间，我国基本建立了较为完善的促进风力发电产业发展的行业管理和政策体系，出台了风力发电项目开发、建设、并网、运行管理及信息监管等各关键环节的管理规定和技术要求，简化了风力发电开发建设管理流程，完善了风力发电技术标准体系，开展了风力发电设备整机及关键零部件型式认证，建立了风力发电产业信息监测和评价体系，基本形成了规范、公平、完善的风

力发电行业政策环境，保障了风力发电产业的持续健康发展。随着“双碳”目标的提出，风力发电产业将进一步健康快速发展。

2. 风力发电产业面临的挑战

1) 经济性仍是制约风力发电发展的重要因素

与传统的化石能源电力相比，风力发电的发电成本仍比较高，市场对风力发电上网电价的接受能力差。风力发电产业的发展严重依托于国家政策性电价补贴，对补贴需求和政策依赖性较强，行业发展受政策变动影响较大。同时，评估化石能源环境成本的价格和税收机制尚未建立，风力发电等清洁能源的环境效益无法得到体现。

2) 我国目前自主创新能力差

我国风力发电产业起步较晚，风力发电产业的快速扩张主要依托于进口国外技术的方式完成。虽然经过多年的研发与经验积累，我国风力发电产业自主创新研发能力有了长足的发展，但仍与国外先进风力发电技术存在较大的差距。

3) 现有电力运行管理机制不适应大规模风力发电并网的需要

我国大量火力发电机组发电计划和开机方式的核定不科学，辅助服务激励政策不到位，省间联络线计划制定和考核机制不合理，跨省区补偿调节能力不能充分发挥，需求侧响应能力受到刚性电价政策的制约，多种因素导致系统消纳风力发电等新能源的能力未有效挖掘，局部地区风力发电消纳受限问题突出。

4) 支持风力发电发展的政策和市场环境尚需进一步完善

风力发电开发地方保护问题较为突出，部分地区对风力发电“重建设、轻利用”，对优先发展可再生能源的政策落实不到位。设备质量管理体系尚不完善，产业优胜劣汰机制尚未建立，产业集中度有待进一步提高，低水平设备仍占较大市场份额。生产企业普遍存在各自为战、技术共享平台建设落后的现象，相对于国际先进生产水平，行业整体制造能力差，严重缺乏技术竞争力，风力发电生产中诸多的关键技术和核心工艺依赖进口，严重制约了风力发电产业的发展。

3. 风力发电产业发展前景展望

1) 风力发电能源将成为我国电力能源的主力

随着国家产业结构的调整，风能利用率将越来越高。风能作为一种清洁可再生资源，已从电力基础能源的补充能源发展成为替代能源，甚至在未来将成为中国电力发展的主力。中国风力发电发展前景广阔，发展潜力巨大，风力发电项目必将成为我国基础电力能源的主力。

2) 风力机所受风荷载的气动特性问题研究将逐渐深入

随着风力发电技术的发展，单机容量将逐步加大，生产成本将进一步降低。为了适应风力发电技术的发展，制造出单机容量更大的风力机，就需要解决风力机的受力问题。风力机主要受风荷载的作用，而风速和风向的变化具有不确定性，因此对风力机的风荷载气动特性的研究非常复杂。但是对风力机进行该研究又是十分必要的，尤其是对风力机塔架、叶片等关键部位的气动特性研究非常重要。

3) 海上风力发电技术将继续高速发展

我国近海风能资源丰富，据中国气象科学研究院的初步测算，我国海上可开发风能储量为 7.5 亿 kW。此外，海上风力发电与陆上风力发电相比有其独特的优势。在海上风力发电技术不断进步、建设成本逐步下降及海上风力发电政策环境明朗的背景下，未来我国海上风力发电将迎来高速发展阶段。

4) 分布式风力发电的发展力度将加大

分布式风力发电是指风力发电所产生的电力就近接入当地电网使用，不采用大规模远距离的输电，进而减少输电过程中的电量损失，提高利用率。由于分布式风力发电具有诸多优点，从 2017 年开始国家鼓励积极推进分布式风力发电的大规模开发，打开分布式风力发电市场。

4.3 氢能工程

4.3.1 基本概念

氢能(hydrogen energy)是指氢元素在发生物理或化学变化的过程中所释放的能量。以氢气与氧气反应为例：

$$H_2(g)+\frac{1}{2}O_2(g)\longrightarrow H_2O(g)+2.82\times10^5\ J\cdot mol^{-1}$$

该反应热值高。燃烧氢所产生的热量约为同等质量的汽油的 3 倍，乙醇的 3.9 倍，焦炭的 4.5 倍。其燃烧产物为水，安全环保。氢元素是宇宙中分布最广泛的元素，占宇宙质量的 75%。氢元素在地球上存在的主要形式是水，而水是地球上最丰富的资源。氢气可以由水制取，氢燃烧变成水，这两个可逆过程演绎了自然物质循环利用、持续发展的经典过程。

4.3.2 氢能的特点

目前氢主要是作为重要的工业原料，在工业合成应用上起着重要作用。在能源转型过程中，氢更重要的是可以作为一种良好的清洁能源载体。氢能具有清洁高效、可储能、可运输、应用场景丰富等特点。

(1) 氢能是来源广泛、清洁、环保、高效的二次能源。

氢能是二次能源，可以通过多种方式制取，其资源制约小。利用燃料电池等能源转化方式，氢可以通过电化学反应直接转换成电能，产生水而不排放其他污染物。与汽油、柴油、天然气等化石燃料相比，电化学反应的转换效率不受卡诺循环限制，发电效率可超过 50%。所以说氢能是零污染的高效二次能源。

(2) 氢能是理想的能源互联互通中心。

氢能可以实现电力、热力、液体燃料等各种能源品种转换，是能源转化互联互通的中心。这是在可预见的未来实现跨能源网络协同优化的重要途径。当前能源体系主要由电网、热网、油气管网共同构成。基于燃料电池技术，氢能可以在不同能源网络之间转换，既可以将可再生能源与化石燃料转换成电力和热力，也可以通过逆反应产生氢燃料进行能源存储，从而实现不同能源网络之间的协同优化。

(3) 氢能有可大规模应用的储能介质。

随着可再生能源利用率不断提高，季节性乃至年度调峰的需求也与日俱增。储能技术的发展在未来能源系统中的作用更加重要。常规电化学储能及储热难以满足长周期、大容量的储能需求。而氢能可以更经济地实现电能或热能的长周期、大规模存储，可成为解决弃风、弃光问题的重要途径，保障未来高比例可再生能源体系的安全稳定运行。

(4) 氢能具有丰富的应用场景。

氢能应用模式丰富，能够帮助工业、建筑、交通等主要终端应用领域实现低碳化的目标。例如，使用燃料电池汽车应用于交通运输领域；作为储能介质支持大规模可再生能源的整合和发电；应用于分布式发电或热电联产为建筑提供电和热；为工业领域直接提供清洁的能源或原料等。

4.3.3 氢能的利用方式

1. 航空航天领域的氢能利用

1869 年，俄国著名学者门捷列夫整理出化学元素周期表。他从氢出发，把氢元素放在周期表的首位，使得人们对氢的研究和利用也更科学化。1928 年，德国齐柏林公司利用氢的巨大浮力，制造了世界上第一艘飞艇 LZ-127“齐柏林伯爵”号，首次把人们从德国运送到南美洲，实现了空中飞渡大西洋的航程。

20 世纪 50 年代，美国利用液氢作为超音速飞机的燃料，使用装载了氢气发动机的 B57 双引擎轰炸机，实现了氢能飞机上天。特别是 1961 年苏联宇航员加加林乘坐人造地球卫星遨游太空，1963 年美国的宇宙飞船上天，以及 1969 年阿波罗号飞船实现了人类首次登上月球的创举，这主要是氢燃料的功劳(表 4.4)。

表 4.4 利用氢能方式的发展历史

时间	事件
16 世纪	文献最早记载氢气，瑞士炼金术士帕拉切尔苏斯(Paracelsus)
1766～1781 年	卡文迪许(Cavendish，英国)发现氢
1783 年	拉瓦锡(Lavoisior，法国)命名氢：水是氢和氧的化合物，氢是一种元素
1839 年	格罗夫(英国)制造了最早的氢氧燃料电池
1929 年	德国 LZ-127“齐柏林伯爵”号飞艇环球飞行
20 世纪 50 年代初	美国利用液氢作为飞机燃料，B57 轰炸机改装为氢气发动机
1961 年	苏联宇航员加加林乘坐宇宙飞船遨游太空
1963 年	美国的宇宙飞船上天

续表

时间	事件
1969 年	美国阿波罗号飞船登月
1970 年	美国提出氢经济的概念
1976 年	美国斯坦福研究院开展了氢经济的可行性研究
1984 年 5 月	日本的氢汽车在富士高速公路上以 100 km · h^{-1} 的速度试车成功
1988 年 4 月	苏联成功试飞液氢飞机，美国通用汽车公司使用燃料电池的氢能概念车，可持续行驶 800 km，最高速度 190 km · h^{-1}

2. 汽车领域的氢能利用

以氢气代替汽油作汽车发动机的燃料这一设想已经得到日本、美国和德国等许多汽车公司的试验，从技术上被证明是可行的。氢气是一种高效燃料，能量几乎等于汽油燃烧的 3 倍。氢气燃烧不仅热值高，而且火焰传播速度快，点火能量低，所以氢能汽车比汽油汽车总的燃料利用效率高约 20%。而且，氢的燃烧主要生成物是水，只有极少的氮氧化物，没有汽油燃烧时产生的一氧化碳、二氧化硫等污染环境的有害成分。因此，氢能汽车是最清洁的理想交通工具。

目前氢动力汽车的主要问题是廉价氢的来源及汽车储氢的问题。氢能汽车的供氢主要是通过高压气瓶储氢。目前有两种氢能汽车，一种是全烧氢汽车，另一种是氢气与汽油混烧的掺氢汽车。使用掺氢 5%左右的汽车，平均热效率可提高 15%，节约汽油 30%左右。德国奔驰汽车公司已陆续推出各种燃氢汽车，包括面包车、公共汽车、邮政车和小轿车。以燃氢面包车为例，使用 200 kg 钛铁合金氢化物为燃料箱，代替 65 L 汽油箱，可连续行驶 130 km。掺氢汽车的特点是汽油和氢气的混合燃料可以在贫油区工作，能改善整个发动机的燃烧状况。当城市交通拥挤时，汽车发动机多运行于非满载负荷下，采用掺氢汽车尤为有利。特别是有些工业余氢未能回收利用，若作为掺氢燃料，其经济效益和环境效益都是可取的。

3. 氢能发电

大型电站，无论是水力发电、火力发电或核电，都是把发出的电送往电网，由电网输送给用户。但是各种用户不同时段的用电负荷不同，导致电网有时是高峰，有时是低谷。为了削峰填谷，电网中常需要启动快、使用灵活的发电站。氢能发电最适合这个角色。利用氢气和氧气燃烧，组成氢氧发电机组。这种机组的结构是火箭型内燃发动机再配以发电机。它不需要复杂的蒸汽锅炉系统，因此结构简单、维修方便、启动迅速、开停及时。在电网低负荷时，还可吸收多余的电进行电解水，生产氢和氧，以备高峰时发电用。这种调节作用对于电网运行是有利的。另外，氢和氧还可直接改变常规火力发电机组的运行状况，提高电站的发电能力。

4. 氢能的大众化应用

随着制氢技术的发展和化石能源的消耗，氢能利用迟早会进入民生领域。首先是发达的大城市，它可以像输送城市煤气一样，通过氢气管道送往千家万户。每个用户则采用金属氢化物储罐将氢气储存，分别接通厨房、浴室等，并且在车库内与汽车充氢设备连接。人们的生活靠一条氢能管道，可以代替煤气、暖气甚至电力管线。这样清洁方便的氢能系统将为人们创造舒适的生活环境，减轻许多繁杂事务。氢能在工业领域(如切割、焊接)的应用已有非常长的历史，特别是在首饰加工、有机玻璃制品火焰抛光、连铸坯切割、制药厂针剂拉丝封口等领域的应用非常普及。

新能源的安全性受到人们的普遍关注。从技术方面讲，氢的使用是较为安全的。氢在空气中的扩散性很强，氢泄漏或燃烧时可以很快地垂直上升到空气中，并消失得无影无踪。氢本身没有毒性和放射性，不会对人体产生伤害，也不会产生温室效应。科学家已经做过大量的氢能安全试验，证明氢是安全的燃料。例如，在汽车着火试验中，分别将装有氢气和汽油的燃料罐点燃，结果氢气作为燃料的汽车着火后，氢气剧烈燃烧，但火焰总是向上冲，对汽车的损坏比较缓慢，车内人员有较长的时间逃生。而汽油燃料的汽车着火后，由于液态的汽油会直接在车内燃烧，火焰向汽车四周蔓延，很快包围汽车，危及车内人员的安全。

4.3.4 燃料电池

燃料电池是利用氢气和氧气直接经过电化学反应而产生电能的装置。换言之，就是水电解槽产生氢和氧的逆反应。20 世纪 70 年代以来，日本、美国等抓紧研究各种燃料电池，现已进入商业性开发阶段。日本已建立万千瓦级的燃料电池发电站，美国有 30 多家厂商在开发燃料电池。德、英、法、荷、丹、意和奥地利等国也有 20 多家公司投入了燃料电池的研究，这种新型的发电方式已引起全球性的关注。燃料电池的原理是将燃料的化学能直接转换为电能，不需要进行燃烧，因而不受卡诺循环的限制，能源转换效率可达 60%～80%，而且污染少，噪声小，装置可大可小，非常灵活。最早，这种发电装置很小，造价很高，主要用作宇航领域的电源。现在生产成本已大幅降低，逐步转向地面应用。

燃料电池有多种分类方式，一般有以下几种：

(1) 按燃料电池的运行机理分，有酸性燃料电池和碱性燃料电池。

(2) 按电解质的种类不同分，有酸性、碱性、熔融盐类和固体电解质燃料电池。具体可分为碱性燃料电池(AFC)、磷酸燃料电池(PAFC)、熔融碳酸盐燃料电池(MCFC)、固体氧化物燃料电池(SOFC)、质子交换膜燃料电池(PEMFC)等。其中，质子交换膜燃料电池可冷启动和快启动，可以用作移动电源，满足燃料电池电动汽车使用的要求。

(3) 按燃料类型分，有氢气、甲醇、甲烷、乙烷、甲苯、丁烯、丁烷、汽油、柴油和天然气等燃料。除氢气和甲醇外，很多有机气体和液体燃料通常须经过重整器“重整”为氢气后，才能成为燃料电池的燃料。

(4) 按燃料电池工作温度分，有低温型，温度低于 200 ℃；中温型，温度为 200～750 ℃；高温型，温度高于 750 ℃。

在常温下工作的燃料电池，如质子交换膜燃料电池，需要采用贵金属作为催化剂。燃料的化学能绝大部分转化为电能，只产生少量的废热和水，不产生污染大气环境的氮氧化物。不需要废热能量回收装置，体积较小，质量较轻。但催化剂铂(Pt)会与工作介质中的一氧化碳(CO)发生反应后产生“中毒”现象而失效，使燃料电池效率降低或完全损坏。而且铂的价格很高，增加了燃料电池的成本。

在高温(600～1000 ℃)下工作的燃料电池，如熔融碳酸盐燃料电池和固体氧化物燃料电池，不需要采用贵金属作为催化剂。但由于工作温度高，需要采用复合废热回收装置来利用废热，体积大，质量重，通常只适合在大功率的发电厂中使用。

最实用的燃料电池是以氢或含富氢的气体为燃料，但是自然界不能直接获得氢。燃料电池氢的来源通常是石油、天然气、煤气、甲醇、乙醇、沼气等经过重整、裂解等化学处理后制取富含氢的气体燃料。氧化剂则采用氧气或空气，最常见的是用空气作为氧化剂。

燃料电池十分复杂，涉及化学热力学、电化学、电催化、材料科学、电力系统及自动控制等学科的有关理论。

下面重点介绍氢氧燃料电池和直接甲醇燃料电池的结构和原理。

氢氧燃料电池是质子交换膜燃料电池的一种，是以氢气作为燃料，氧气作为氧化剂，固态聚合物膜(质子交换膜)作为隔膜的高效发电装置(图 4.27)。其结构的核心部分是固态聚合物膜，通常为 Nafion 膜，位于燃料电池的中间部位，为质子传输提供通道。聚合物膜两侧分别是催化剂层和气体扩散层，紧挨着这两层的为膜电极，是电化学反应进行的主要场所。在膜电极外侧是专门用于传输反应气体的双极板，它的通道结构通常被设计成不同形状，以满足不同温度、湿度下进、出气体的需求，实现聚合物膜工作效率的最大化。

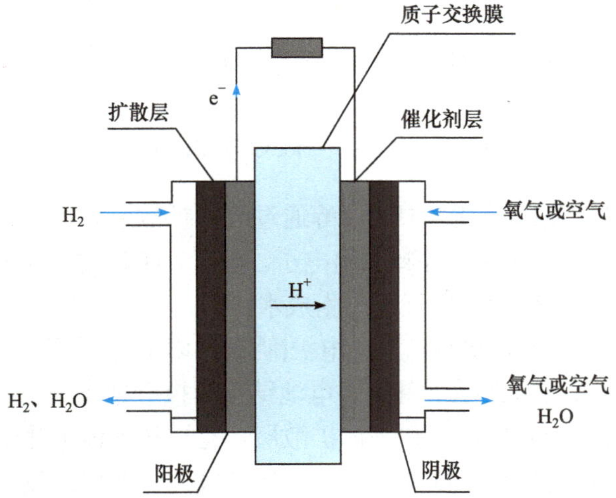

图 4.27　氢氧燃料电池的结构示意图

氢氧燃料电池在工作过程中，反应气体氢气和氧气经双极板的通道到达膜电极，进一步经过扩散层到达催化剂层，之后在催化剂的作用下完成氧化还原反应，并通过膜中的磺酸基团转移质子，此过程中电子在外电路移动形成电流回路。反应结束后，生成的水和气体通过双极板排出，整个过程中电极反应可表示如下：

阳极反应：

$$H_2 \longrightarrow 2H^+ + 2e^-$$

阴极反应：

$$\frac{1}{2}O_2 + 2H^+ + 2e^- \longrightarrow H_2O$$

总反应：

$$H_2 + \frac{1}{2}O_2 \longrightarrow H_2O$$

氢氧燃料电池具有较高的能量转换效率(60%～70%)、较好的耐低温性、快速运行的启动模式、良好的使用稳定性和环境友好性等优点，可作为汽车、船舶、飞艇等交通工具的动力电源。近年来，部分汽车企业已经完成氢氧燃料电池汽车的研发工作并尝试将其投入市场。从投入市场的氢氧燃料电池汽车的性能来看，其运行可靠性、环境适用性和续航里程等方面均已达到与传统内燃机汽车相媲美的水平。例如，丰田 Mirai 二代燃料电池轿车的电堆功率密度达到 5.4 $kW \cdot L^{-1}$(不计端板)。清华大学核能与新能源技术研究院开发的 100 kW 级金属双极板电堆的功率密度也超过 3.6 $kW \cdot L^{-1}$，但是在成本和寿命方面仍有很大的提升空间。此外，氢氧燃料电池由于其具有较低的目标特征信号、易于操作和维护、容量大、寿命长等特点，符合军用通信电源的特殊需求，能够提高装甲车、潜艇、无人机内通信电源的综合供电能力，减弱特征信号辐射，增加其安全性和可靠性，在军事领域受到广泛关注和应用。

直接甲醇燃料电池(direct methanol fuel cell，DMFC)的工作原理与质子交换膜燃料电池类似，两者的氧化剂均为氧气，不同点在于直接甲醇燃料电池的燃料是甲醇。其电极反应如下：

阳极反应：

$$CH_3OH + H_2O \longrightarrow CO_2 + 6H^+ + 6e^-$$

阴极反应：

$$\frac{3}{2}O_2 + 6H^+ + 6e^- \longrightarrow 3H_2O$$

总反应：

$$CH_3OH + \frac{3}{2}O_2 \longrightarrow CO_2 + 2H_2O$$

在直接甲醇燃料电池运行过程中，甲醇通过气体扩散层到达催化剂层，在催化剂表面发生氧化反应生成 CO_2 和 H^+，并释放出电子。随后，H^+通过质子交换膜到达阴极，同时电子通过外电路流向阴极，与氧气反应生成水。

直接甲醇燃料电池主要由极板流场、电极(阴极和阳极)、质子交换膜、催化剂层和气体扩散层等构成，如图 4.28 所示。其中，电池结构的核心是质子交换膜，能够允许质子迁移；质子交换膜两侧为催化剂层和气体扩散层，是燃料电池电化学反应的主要场所，因此也影响着燃料电池的电化学性能；催化剂层和气体扩散层外侧为极板流场，用于甲醇燃料和氧气的快速输送。与质子交换膜燃料电池相比，直接甲醇燃料电池因具有甲醇价格低廉且易于制备等优势，在便携式电源中展现出优异的商业化应用前景。目前，直接甲醇燃料电池主要应用于高能量密度、低功率密度的领域，如手机、交通系统、监视器及传感设备等。

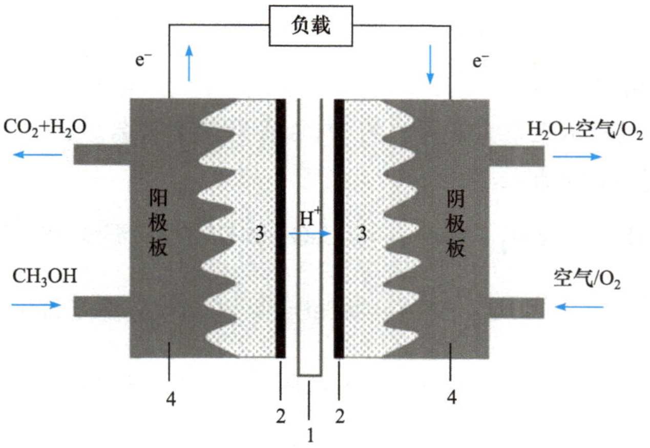

图 4.28 直接甲醇燃料电池的结构示意图

1. 质子交换膜；2. 催化层；3. 扩散层；4. 极板流场

4.3.5 制氢技术工程

氢气有很强的应用价值，工业上生产氢的方式很多，常见的有电解水制氢、煤炭气化制氢、重油及天然气催化转换制氢等。但这些反应消耗的能量都大于其产生的能量，使得制氢过程能量损耗较高，成本难以降低。因此，需要发展更加有效、成本低廉、环保的制氢手段。

1. 热化学制氢

当把水加热到很高温度(如 2000 ℃以上)时，部分水可以解离为氢气和氧气。但这个过程非常复杂，其中最突出的技术问题是体系需要保持高温和高压。热化学制氢是指在通过一组相互关联的化学反应构建封闭的循环系统。在该系统中投入水和热量，产出氢气和氧气，而参与制氢过程的其他化合物均不消耗。与水直接热解制氢相比，热化学制氢的每一步反应均在较低的温度(800～1000 ℃)下进行，这使得反应器的耐温要求降低、设备成本下降、操作条件也相对温和，更便于工程化，适用于核能发电站等废热利用。

热化学制氢的优点有：能耗更低；氢和氧的出口不同，无须分离；可稳定运行；反应温和，便于实现工业化等。热化学制氢的途径根据所使用的中间反应物体系，可分为氧化物体系、卤化物体系、含硫体系、杂化体系。迄今为止，已有上百种热化学制氢循环。其中，比较著名的有美国通用电气公司提出的碘硫循环和日本东京大学首先提出的 UT-3 循环。

1) 卤化物体系

在金属-卤化物体系中，具体的反应过程如下：

氢生成：
$$3MeX_2 + 4H_2O \longrightarrow Me_3O_4 + 6HX + H_2 \tag{4.2}$$

卤素生成：
$$Me_3O_4 + 8HX \longrightarrow 3MeX_2 + 4H_2O + X_2 \tag{4.3}$$

氧生成：
$$MeO + X_2 \longrightarrow MeX_2 + \frac{1}{2}O_2 \tag{4.4}$$

水解： $$MeX_2 + H_2O \longrightarrow MeO + 2HX \quad (4.5)$$

其中，金属 Me 可以为 Mn 和 Fe，卤素 X 可以为 Cl、Br 和 I。

本体系中，以日本东京大学提出的 UT-3 循环最为著名。其中，金属选用 Ca，卤素选用 Br，循环过程由 4 步反应组成：

水分解生成 HBr： $$CaBr_2 + H_2O \longrightarrow CaO + 2HBr \text{ (反应温度 750 ℃)} \quad (4.6)$$

氧生成： $$CaO + Br_2 \longrightarrow CaBr_2 + \frac{1}{2}O_2 \text{ (反应温度 600 ℃)} \quad (4.7)$$

Br_2 产生： $$Fe_3O_4 + 8HBr \longrightarrow 3FeBr_2 + 4H_2O + Br_2 \text{ (反应温度 300 ℃)} \quad (4.8)$$

H_2 生成： $$3FeBr_2 + 4H_2O \longrightarrow Fe_3O_4 + 6HBr + H_2 \text{ (反应温度 650 ℃)} \quad (4.9)$$

UT-3 循环的预期热效率为 35%～40%，如果同时发电，总效率可达 45%～50%。两步关键反应都为气固反应，大大简化了产物与反应物的分离。循环不需要用贵金属，所用的材料廉价易得。

2) 含硫体系

含硫体系中最著名、研究最广泛的是碘硫循环(iodine-sulfur cycle)，如图 4.29 所示。碘硫循环是美国通用原子能公司在 20 世纪 70 年代发明的。除美国外，日本、法国也都选择碘硫循环进行深入研究。该循环包括 3 个反应：

本生(Bunsen)反应： $$SO_2 + I_2 + 2H_2O \longrightarrow 2HI + H_2SO_4 \quad (4.10)$$

硫酸分解反应： $$H_2SO_4 \longrightarrow H_2O + SO_2 + \frac{1}{2}O_2 \quad (4.11)$$

氢碘酸分解反应： $$2HI \longrightarrow H_2 + I_2 \quad (4.12)$$

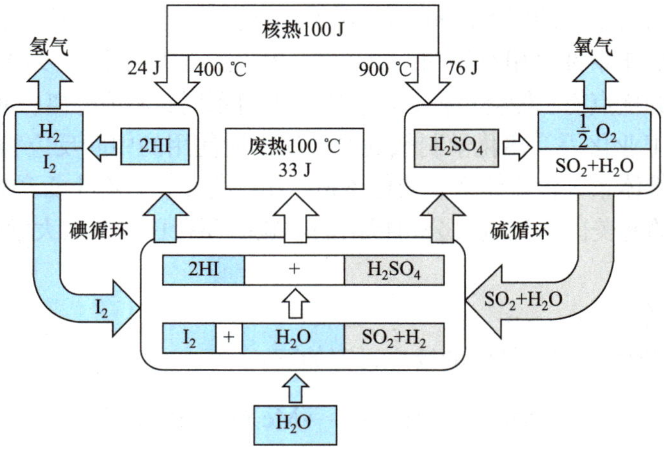

图 4.29 碘硫循环示意图

碘硫循环的优点为：循环中的化学过程都得到验证，可以连续操作；闭路循环，只需要加入水，其他物料可循环使用；预期效率高，可以达到约 52%，联合制氢与发电，效率可达 60%。此外，碘硫循环的效率与温度有很大关系，随着温度升高，效率也升高。

2. 化石能源制氢

氢可由化石燃料制取，也可由再生能源获得。2020 年全世界氢生产情况，商业用的氢大约有 96%是用煤、石油和天然气等化石燃料制取。我国制氢原料中，化石燃料的比重比世界平均比重高。我国生产的氢有 80%以上用于合成氨工业，而合成氨总体原料以煤为主，无烟煤、焦炭占 62%～65%，轻油和重油占 12%～16%，天然气占 18%～23%。全球氢产量约为 $5\times10^{7}\ \mathrm{t\cdot a^{-1}}$，并且以每年 6%～7%的速度递增。尽管化石燃料储量有限，制氢过程对环境造成污染，但更为先进的化石燃料制氢技术作为一种过渡，仍将在未来几十年的制氢工艺中发挥最重要的作用。目前，化石燃料制得的氢主要作为石油、化工和冶金工业的重要原料，如烃的加氢、重油的精炼、合成氨和合成甲醇等。某些含氢气体产物也作为气体燃料供城市使用。化石燃料制气在我国具有成熟的工艺，并建有许多工业生产装置。

1) 煤制氢技术

煤制氢技术发展已经有 200 多年历史。以煤为原料制取含氢气体的方法主要有两种：一是煤的焦化(或称高温干馏)；二是煤的气化。焦化是指煤在隔绝空气条件下，在 900～1000 ℃制取焦炭，同时每吨煤可得煤气 300～350 m^3。煤的气化是指煤在高温常压或加压下，与水蒸气或氧气(空气)反应转化成气体产物。两种方法的不同在于，前者焦炭是主产品，焦炉煤气为副产品；而后者的气体产物均为可用的产物，没有副产物。两种方法的相同点在于其气体产物中均含有可观的氢气，如焦炉煤气组成中含氢气 55%～60%(体积分数，下同)、甲烷 23%～27%、一氧化碳 6%～8%等。我国煤炭资源较为丰富，目前煤在能源结构中的比例高达 70%左右，专家预计，即使到 2050 年，我国能源结构中，煤仍然会占到 50%。洁净煤技术将是我国大力推行的清洁使用煤炭的技术。在多种洁净煤技术中，煤制氢将是我国最重要的洁净煤技术，是清洁使用煤炭的重要途径。随着石油工业的兴起，特别是天然气水蒸气转化制造氢气方法的出现，煤气化制造氢气技术呈现逐步减缓发展态势。但是随着石油天然气资源的日益枯竭，煤炭资源利用仍具有现实意义。煤气化制造氢气主要包括三个过程：造气反应、水煤气变换反应、氢的提纯与压缩。气化反应如下：

$$\mathrm{C(s)+H_2O(g)\longrightarrow CO(g)+H_2(g)} \tag{4.13}$$

$$\mathrm{CO(g)+H_2O(g)\longrightarrow CO_2(g)+H_2(g)} \tag{4.14}$$

煤气化是吸热反应，反应所需的热量由氧气与碳氧化反应提供。图 4.30 为传统的煤气化制氢技术工艺流程。首先将煤(分干法和湿法，干法为煤粉，湿法为水煤浆)送入气化炉，与空气分离得到的氧气反应，生成以一氧化碳为主的合成煤气，经过净化处理后，进入一氧化碳变换反应器，与水蒸气反应，产生氢气和二氧化碳，产品气体经分离二氧化碳、变压吸附后得到较纯净氢气和副产品二氧化碳。

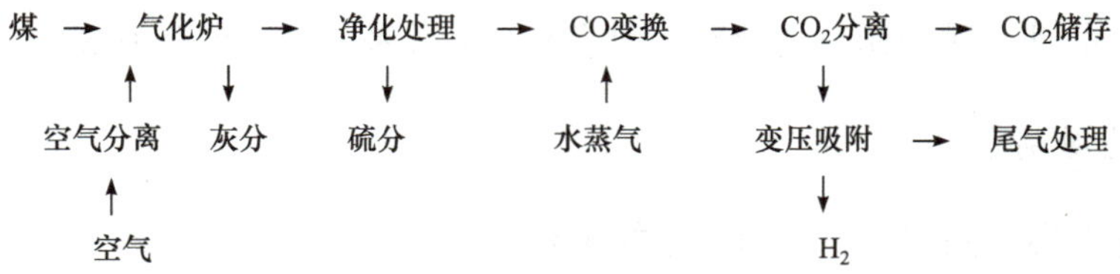

图 4.30 煤气化制氢技术工艺流程

2) 天然气水蒸气重整制氢技术

天然气是重要的气体化石燃料。天然气制氢的方法主要有：天然气水蒸气重整制氢、天然气部分氧化重整制氢、天然气水蒸气重整与部分氧化联合制氢、天然气(催化)裂解制造氢气。下面主要介绍天然气水蒸气重整制氢。

英国帝国化学工业公司(ICI)化学工业法，丹麦托普索法，美国西拉斯法、凯洛格法、福斯特-惠勒法等是目前世界工业界中普遍采用的蒸汽转化法。这些方法的工艺流程基本相同。一般将含有 75%～85%甲烷与一些低碳饱和烃、二氧化碳等的天然气配入一定比例的氢气，先将混合气预热到一定温度，经钴、钼催化剂加氢，氧化锌脱硫，再进入蒸汽转化炉进行天然气水蒸气重整制氢反应。

20 世纪 70 年代，英国帝国化学工业公司又开发了弱碱催化剂用于天然气水蒸气转化制氢工艺。该工艺至今仍被广泛应用，在该工艺中所发生的基本反应如下：

转化反应：
$$CH_4 + H_2O \longrightarrow CO + 3H_2 \tag{4.15}$$

变换反应：
$$CO + H_2O \longrightarrow CO_2 + H_2 \tag{4.16}$$

总反应：
$$CH_4 + 2H_2O \longrightarrow CO_2 + 4H_2 \tag{4.17}$$

反应均在一段转化的管式炉内完成，反应温度为 650～850 ℃，反应管出口温度为 820 ℃左右。若原料是按式(4.18)比例进行混合，则可得到 CO : H_2 = 1 : 2(物质的量比)的合成气：

$$3CH_4 + CO_2 + 2H_2O \longrightarrow 4CO + 8H_2 \tag{4.18}$$

天然气水蒸气重整反应是强吸热反应，其反应过程需要吸收大量的热。因此，该过程具有能耗高的缺点。其中，燃料成本占生产成本的 52%～68%。另外，水蒸气重整是慢速反应，需要昂贵的耐高温不锈钢管制作反应器。由于化学平衡及空速限制，一段转化不能将天然气全部转化，通常反应后的气体中残留甲烷为 3%～4%，因此需进行二段转化，残余的甲烷在二段转化炉中进行氧化反应。因此，该法有装置规模大和投资高的明显缺点。

我国大多数大型合成氨、合成甲醇厂均采用天然气水蒸气重整制备合成原料气，并建有大批工业生产装置。但在特大型装置的技术核心蒸汽转化工序仍需要采用国外的先进工艺技术，而在变换和变压吸附(PSA)工艺技术方面，则采用国产化的先进技术。中小型规模以天然气为原料制氢气技术主要运用的有我国曾开发采用的间歇式天然气水蒸气转化制氢工艺、加压蒸汽转化工艺和换热式两段蒸汽转化工艺。下面主要介绍加压蒸汽转化工艺。

该法是在有催化剂存在下与水蒸气反应转化制得氢气。从上面的转化反应式可以看出，1 体积甲烷可转化成 4 体积 CO 和 H_2 混合气，组分中的 CO 还可以进一步变换成 1

体积 H_2，反应结果为氢多碳少，因此用这种转化方法制取氢是高效、经济和理想的。由于反应进行到一定的程度就达到平衡，转化过程的平衡决定了最终的水蒸气转化气组成。加压蒸汽转化制氢工艺流程见图 4.31。

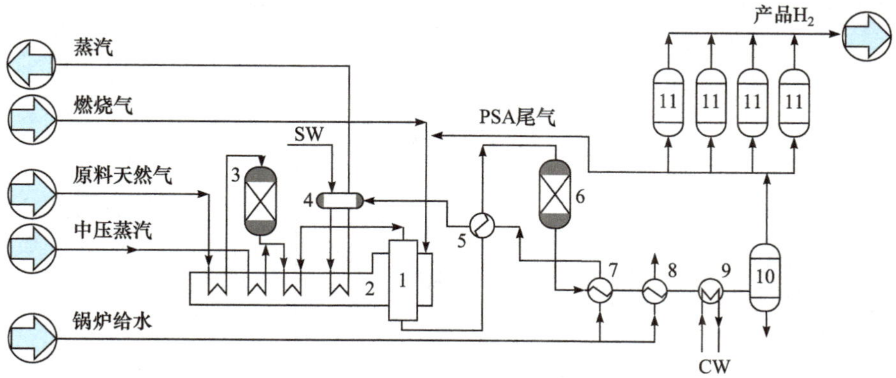

图 4.31　加压蒸汽转化制氢工艺流程

1. 转化炉管；2. 对流段；3. 脱硫器；4. 汽包；5. 废热锅炉；6. 中温变换炉；7. 锅炉给水预热器；8. 预热器；9. 冷却器；10. 分离器；11. 变压吸附器；CW. 冷却水；SW. 蒸汽

天然气中通常含一定的有机硫，它是转化催化剂的毒物，要求进入转化炉的气体中硫和氯含量小于 0.2 μg · g^{-1}。根据天然气含硫的多少选择脱硫精制方案，并需采用钴、钼加氢转化 ZnO 在高温下脱除有机硫，因此天然气首先经转化炉对流段加热后进入脱硫器，使总硫脱除至 0.2 μg · g^{-1} 以下。脱硫后的原料气与预热后的蒸汽进入辐射段转化反应器，在镍催化剂条件下反应。转化管外用天然气或回收的变压吸附(PSA)尾气加热，为反应提供所需的热量。转化炉的烟气温度较高，为回收高位余热，在对流段设置天然气预热器、锅炉给水预热器、工艺气和蒸汽混合预热器等，以降低排气温度，提高转化炉的热效率。转化气组成为 H_2、CO、CO_2、CH_4，该气体经过废热锅炉回收热量产生蒸汽，然后进入中温变换炉。在此转化气中的大部分 CO 变换为 H_2，变换后的气体 H_2 含量可达 75%以上。该气体进入 PSA 制氢工序进行分离，得到符合一定要求的纯氢气产品。加压蒸汽转化工艺参数为：反应的操作压力 1.5～3.5 MPa，操作温度 750～880 ℃，水碳比 2.75～3.5(物质的量比)。转化炉设备的类型有顶烧炉、侧烧炉等，常用的是顶烧炉，设置各种用途的换热单元回收热量，转化炉总热效率可提高到 90%。

3. 电解水制氢

化石能源枯竭、生态环境恶化、极端气候频发等问题促使可再生能源被高度重视并大力开发，而可再生能源自身间歇性、波动性等特点造成了大量的“弃水、弃风、弃光”。解决该问题的有效办法是将可再生能源的电力与电解水技术结合，制取高纯度的氢气与氧气，产生的气体直接使用或是转换成电力，提高可再生能源的利用率和占比。据统计，全球范围内的氢气制备方法中，2018 年，从终端产生的热值统计，天然气制氢占比最高，达到 48%；其次是石油气化制氢，占比 30%；煤气化制氢第三，占比 18%，电解水制氢占比 4%。

电解池是电解水制氢的主要装置。电解电压、电流密度、工作温度和压力对产氢量有比较明显的影响，它的部件如电极、电解质的改进是近年来的研究重点。电解水制氢的核心设备电解池由阴、阳电极和隔离氢气、氧气的隔膜构成，施加一定电压的直流电时，水分解成氢气和氧气。电解水制氢的过程示意图见图 4.32。

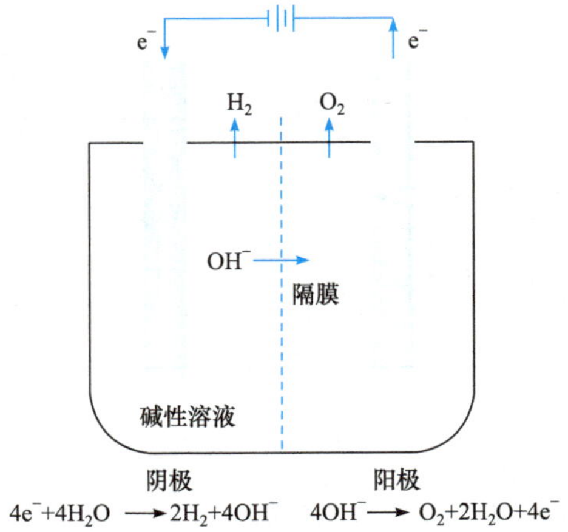

图 4.32　电解水制氢的过程示意图

纯水是很弱的电解质，它的导电能力很差。溶液中有带电的离子，使得水溶液能够导电，水溶液电导率的大小与离子浓度、温度等相关。当离子浓度增加时，电导率呈现先增后减的趋势。当温度升高时，其电导率也升高。电解水时，电解质的选择十分重要，需综合考虑水溶液的电导率、稳定性、腐蚀性和经济性等因素。目前电解水制氢一般采用碱溶液作电解质。常用的碱性电解质有氢氧化钾、氢氧化钠水溶液。

法拉第定律指出：电解时，在电极上析出物质的数量与通过电解质溶液的电流强度和通电时间成正比，即与通过溶液的电量成正比。可表达为

$$m = \frac{K_e It}{nF} M \tag{4.19}$$

式中，m 为化学反应生成物的质量(g)；K_e 为比例系数，称为电化当量；M 为物质的摩尔质量($g \cdot mol^{-1}$)；n 为电极反应中电子得失的数目；F 为法拉第常量(96 485 $C \cdot mol^{-1}$)；I 为电流(A)；t 为通电时间(s)。

当相同的电量通过不同的电解质溶液时，各种溶液在两极上析出的物质的质量与它的电化当量成正比。电解水时在阴极上析出氢和在阳极上析出氧的反应机理依电解液的性质而有所不同，但总反应是相同的，都是在阴极析出氢，在阳极析出氧。

要使电解水能够进行，在电解池的一对电极上所加的电压必须大于水的理论分解电压。它是在理想情况下没有任何损耗的最小电压，等于氢氧电池的可逆电动势 E。在 1 atm(1 atm = 1.013×10^5 Pa)及 25 ℃下，水的理论分解电压为 1.23 V。但在实际生产中，电解池的电极过程是不可逆的。这时，电极电势值将偏离平衡电势值，这种现象称为电极的极化现象。在施加给水的分解电压中，氢和氧的过电势占较大的比例。因此，降低过电势对降低电能消耗是十分重要的。

极化现象可分为浓差极化和活化极化两类。浓差极化是由于电极过程某些步骤的相

对迟缓，电极表面附近的反应物浓度不同于电解池中溶液的浓度。电极电势受电极表面附近溶液的浓度控制，结果使电极电势偏离其平衡电势。这种因浓差极化而产生的过电势称为浓差过电势。活化极化是由于参加电极反应的某些粒子缺少足够的能量(活化能)来完成电子的转移或状态的变化，结果在阴极上放电的离子数不足而电子数过剩，阴极电势变小；在阳极上放电的离子也相应减少而电子不足，阳极电势变大。因活化极化而产生的过电势称为活化过电势。

电解水制氢是在直流电的作用下，通过电化学过程将水分子解离为氢气、氧气，分别在阴、阳两极析出。根据电解质不同，主要可分为碱性电解水制氢、质子交换膜(PEM)电解水制氢、固体氧化物电解水制氢三大类(表 4.5)。

表 4.5　三种电解水制氢技术综合对比

特性	碱性电解水制氢	质子交换膜电解水制氢	固体氧化物电解水制氢
能源效率/%	60～75	70～90	85～100
运行温度/℃	70～90	70～80	700～1 000
电流密度 /$(A \cdot cm^{-2})$	0.2～0.5	1～2	1～10
能耗 /$(kW \cdot h \cdot N^{*}m^{-3})$	4.0～5.5	3.8～5.0	2.6～3.6
启停速度	启停较快	启停快	启停慢
动态响应能力	较强	强	—
电能质量需求	稳定电源	稳定或波动	稳定电源
电解质	20%～30% KOH	PEM(常用 Nafion)	Y_2O_3/ZrO_2 等
系统运维	有腐蚀液体，后期运维复杂，成本高	无腐蚀性液体，运维简单，成本低	目前以技术研究为主，尚无运维需求
电解槽寿命	可达 12 000 h	已达到 10 000 h	—
电解槽成本 /(美元 · kW^{-1})	400～600	约 2 000	1 000～1 500
安全性	较差	较好	较差
占地面积	较大	占地面积小	—
特点	技术成熟，已实现工业大规模应用，成本低	可再生能源适应性好，无污染，成本高(PEM 与贵金属电极)，商业化水平低	部分电能被热能取代，转换效率高，高温限制材料选择，尚未实现产业化
国外代表企业	法国 Mcphy 能源公司，挪威 Nel 公司，美国 Teledyne 公司	美国 Proton 公司，加拿大 Hydrogenics 公司	—
国内代表企业	天津市大陆制氢设备有限公司，苏州竞立制氢设备有限公司	北京中电丰业技术开发有限公司，南通安思卓新能源有限公司	—

* N 代表标准条件(0 ℃、1 atm)下氢气的体积。

20世纪20年代，碱性电解水制氢技术已经实现工业规模的产氢，满足氨生产和石油精炼等工业需求。70年代后，能源短缺、环境污染及太空探索方面的需求带动了质子交换膜电解水制氢技术的发展，同时特殊领域发展所需的高压紧凑型碱性电解水制氢技术也得到了相应的发展。目前可实际应用的电解水制氢技术主要有碱性电解水制氢与质子交换膜电解水制氢两类技术，固体氧化物电解水制氢具有更高能效，但还处于实验室开发阶段。

4.3.6 发展现状与趋势

我国氢能产业仍处于示范应用初期，与发达国家存在较大差距。2017年以来，我国各地方政府也开始出台适合自身发展的氢能支持政策。上海2017年率先出台燃料电池汽车发展规划，此后武汉和苏州相继发布氢能产业规划。目前，我国煤化工制氢的产量世界第一，但在燃料电池技术研发、氢能关键材料和装备制造等方面相对滞后，基础研发与核心技术投入不足，氢能产业发展总体落后于发达国家。

在国家及各地政策激励下，我国众多国有企业及民营企业积极参与京津冀、长江三角洲和珠江三角洲地区氢能产业布局。企业通过自主研发和技术引进的方式，在制氢储氢、加氢站、燃料电池及氢能汽车制造等诸多领域开展布局。

京津冀地区能源、电力及汽车企业云集，其氢能产业规划布局更加全面，涵盖制氢、加氢站、燃料电池及氢能汽车制造等领域。河北沽源建设了国内首个风电制氢示范工程，并于2019年投产。

长江三角洲地区能源化工企业众多，侧重于氢能制备及加氢站建设，投资的制氢和加氢站项目较多，已建成23座加氢站，其中上海市11座、江苏省8座、浙江省4座。

珠江三角洲地区氢能项目主要涉及氢能汽车和燃料电池产业。广东省吸引了众多燃料电池企业和汽车制造企业，致力于燃料电池核心技术研究，侧重发展氢能汽车，已成为华南地区燃料电池及氢能汽车制造基地。

作为国家战略性新兴能源的重要组成部分，我国正在加快推动氢能开发和产业应用。未来我国氢能将在交通运输减排、电能替代等方面发挥重要作用。一是与电动汽车互为补充，共同推动交通运输领域碳减排。二是建设氢能源发电系统。未来在用户侧推广应用小型氢氧燃料电池分布式发电系统，满足家用热电联供的需要，推动家庭电气化进程，促进电能替代。

根据我国首部《中国氢能源及燃料电池产业白皮书》(以下简称《白皮书》)发布的消息，中国是全球第一产氢大国，初步评估现有工业制氢产能为2500万 $t \cdot a^{-1}$，已掌握部分氢能基础设施与一批燃料电池相关核心技术，制定出台国家标准86项次，具备一定的产业装备及燃料电池整车的生产能力。

同时，中国燃料电池车经过多年研发积累，已形成自主特色的混合技术路线，并经历规模示范运行。截至2018年年底，累计入选工信部公告《新能源汽车推广应用推荐车型目录》的燃料电池车型共计77款，并在上海、广东、江苏、河北等地实现了小规模全产业链示范运营，为氢能大规模商业化运营奠定了良好基础。

2018年，我国氢能产量约2100万t，如按照能源管理，换算热值占终端能源总量的份额为 2.7%。同年，中国氢能联盟成立，标志着中国氢能大规模商业化应用开启。

《白皮书》分析，与发达国家相比，中国在氢能自主技术研发、装备制造、基础设施建设等方面仍有一定差距。近年来，我国氢能及燃料电池产业化逐步呈现能源与制造大型骨干企业加速布局、基础设施薄弱，有待集中突破、区域产业集聚效应显著 3 个显著特点。在基础设施方面，产业链企业主要分布在燃料电池零部件及应用环节，氢能储运及加氢基础设施发展薄弱，成为“卡脖子”环节。

根据中国氢能联盟的统计，预计到 2030 年，中国氢气需求量将达到 3500 万 t，在终端能源体系中占 5%。

因此，中国氢能联盟发出《中国氢能及燃料电池产业发展行动倡议》，呼吁坚持战略引领，实现氢能及燃料电池产业高质量发展；加强科技创新，支撑氢能及燃料电池产业自主发展；完善标准体系，保障氢能及燃料电池产业健康发展；探索试点示范，推动氢能及燃料电池产业有序发展；加强国际合作，推动氢能及燃料电池协同发展。

未来 30 年，我国的氢能基础设施产业总体将分成三个阶段。

第一阶段(当前到 2025 年)：形成顶层路线清晰、产业政策基本健全、安全监管基本完善、市场竞争相对有序、商业模式不断创新、产业聚集加速、加氢关键装备技术基本实现国产化的产业发展态势，为产业健康持续发展奠定基础。

本阶段已完成氢能在我国的发展定位与战略目标，形成自上而下相对健全的行业发展指导意见、审批管理和财税优惠政策，基于信息化基本完成全国氢能基础设施安全网络体系。在发展路线上，本阶段氢源将以城市周边富裕的工业副产氢、化工与电子行业配套的小规模化石能源制氢为主，少部分地区的电解水制氢为辅；储运以 20 MPa 高压气态为主，完善 45 MPa 以上压力储运技术及标准，并完成应用验证；加氢站将基本覆盖先行示范的城市，对外商业化运营站将达 100 座以上，并完全掌握 70 MPa 加氢机、平均流量 200 $m^3 \cdot h^{-1}$ 以上 90 MPa 压缩机、平均流量 800 $m^3 \cdot h^{-1}$ 以上 45 MPa 压缩机等关键装备技术，基本实现国产化。

第二阶段(2025～2035 年)：形成产业政策健全、行业监管完善、市场竞争有序、商业模式成熟、加氢关键装备技术完全国产化，高效、安全、低成本的供氢网络的产业发展形势，为产业高质量持续发展奠定基础。本阶段的产业政策、行业监管健全成熟，补贴及财税优惠政策开始退坡，产业处于以市场驱动下有序竞争且日益激烈的发展环境。在发展路线上，氢源将以煤制氢等大规模集中供氢(部分配套碳捕获、利用与封存)与绿色电解水制氢为主，工业副产氢为辅，并将充分挖掘市场已有氢源，形成大规模氢气运输的格局，低成本、高效安全的全国供氢网络开始构建；储运以 45 MPa 以上高压气态为主，完善液氢储运技术及标准，开展长距离液氢运输及液氢加氢站应用；全国性骨干加氢网络雏显，对外商业化运营加氢站将达到 1000 座以上，关键装备及技术完全国产化，并处于全球领先水平。

第三阶段(2035～2050 年)：形成高效低碳的氢能供给网络，市场引领、价格调节、体制机制科学健全的高质量发展格局。在发展路线上，以可再生能源制氢为主(包括太阳能光解水制氢技术)，煤制氢(配套碳捕获利用与封存)为辅，各地也将根据资源与工业的发展情况，因地制宜地选择“深绿”的供氢方案，并配套包括城市管道输氢在内的多种运氢方案，最终实现供氢网络与工业、电力、建筑、交通行业不同程度的融合；基本形成覆盖全国的加氢网络，对外商业化运营加氢站将达到10 000座以上，关键装备及技术达到全球领先水平。

4.4 生物质能工程

4.4.1 概述

生物质被誉为“绿色煤炭”，是指自然界中通过光合作用储存能量、有生命的、可以生长的各种有机物质，包括动物、植物、微生物及其产生的废弃物。这里作为研究对象的生物质，一般是指农业、林业、畜牧业的废弃物，如秸秆、稻壳、花生壳、甘蔗渣、锯木屑、动物粪便，以及城市生活垃圾、生活污水和工业废水等。

生物质能是指储藏在生物质中以化学能的形式存在的能量。以绿色植物为例，生物质所含能量的多少与植物品种、生长周期、抗病抗灾能力、日照时间与强度、温度、湿度、雨量、土壤条件、种植与收获方法等诸多因素密切相关。生物质能可转换为常规的固态、液态和气态燃料，具有矿物燃料属性，是一种取之不尽、用之不竭的可再生能源。与传统的矿物燃料相比，生物质能具有可再生、无污染、燃烧灰分低、循环过程净二氧化碳零排放、可储存、易运输、受自然条件限制小等突出优点。

目前，生物质能在人类的生产生活中的利用价值正在不断提高。据相关报道，生物质能已经成为能源结构中位于煤、石油、天然气之后的第四大能源。作为一种可再生低碳能源，生物质能具有很大的发展潜力，对替代或部分替代传统化石能源、改善生态环境、实现人类社会的可持续发展具有重大意义。

4.4.2 光合作用

光合作用是指绿色植物(包括藻类)吸收太阳光能，还原二氧化碳，生成富能有机物，并释放氧气的过程。其主要包括光反应、暗反应两个阶段，涉及光吸收、电子传递、光合磷酸化、碳同化等一系列反应步骤，反应式为

光反应：
$$H_2O + ADP + P_i + NADP^+ \longrightarrow O_2 + ATP + NADPH + H^+ \tag{4.20}$$

暗反应：
$$CO_2 + ATP + NADPH + H^+ \longrightarrow (CH_2O) + ADP + P_i + NADP^+ \tag{4.21}$$

总反应：
$$CO_2 + H_2O \longrightarrow (CH_2O) + O_2 \tag{4.22}$$

如图4.33所示，光反应发生的场所在叶绿体类囊体薄膜上，H_2O在光驱动下氧化分解，释放O_2，同时$NADP^+$还原为NADPH，ADP磷酸化生成ATP，光能转换为ATP中活跃的化学能；暗反应发生的场所在叶绿体基质中，光反应生成的NADPH供氢、ATP分解供能，将大气中的CO_2还原为糖类，ATP中活跃的化学能转换为糖类中稳定的化学能。

化学反应的本质是旧化学键断裂和新化学键生成的过程。由以上反应式可以看出，反应前后碳、氢、氧三种原子的数目并未发生变化，而是三者之间发生了重排，即原子之

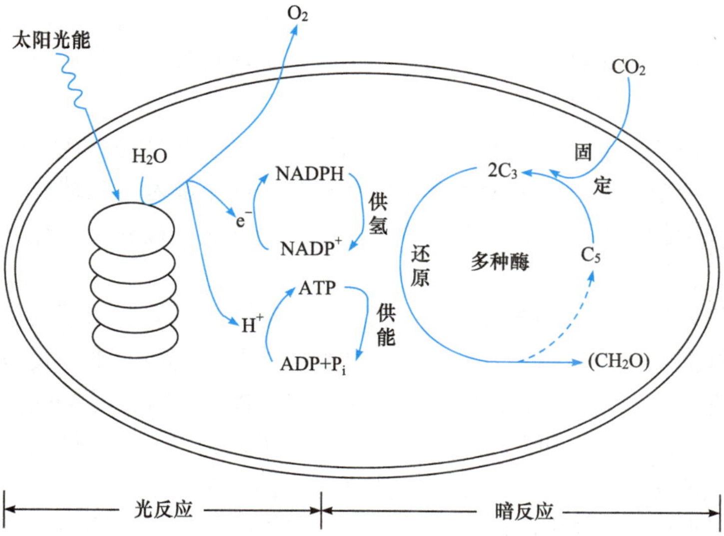

图 4.33　光合作用示意图

间的结合方式发生了变化。不同原子之间的化学键对应的能量值不同，因此化学反应过程中伴随着能量的吸收(储能)或释放(产能)。为了清晰地表现出反应前后各物质中化学键所对应的能量，可表述为如下形式：

$$(\mathrm{O}\overset{795}{=\!=}\mathrm{C}\overset{795}{=\!=}\mathrm{O})+\left(\begin{array}{c}\mathrm{H}\\ |{\scriptstyle 460}\\ \mathrm{O}\\ |{\scriptstyle 460}\\ \mathrm{H}\end{array}\right)\rightleftharpoons(\mathrm{O}\overset{485}{=\!=}\mathrm{O})+\left(\begin{array}{c}\mathrm{H}\\ {\scriptstyle 385}|\\ \mathrm{C}\overset{795}{=\!=}\mathrm{O}\\ {\scriptstyle 385}|\\ \mathrm{H}\end{array}\right)+460\ \mathrm{kJ\cdot mol^{-1}} \tag{4.23}$$

碳原子与氧原子之间的化学键(C═O)、氢原子与氧原子之间的化学键(H—O)、氧原子与氧原子之间的化学键(O═O)、碳原子与氢原子之间的化学键(C—H)的键能分别为 795 $\mathrm{kJ\cdot mol^{-1}}$、460 $\mathrm{kJ\cdot mol^{-1}}$、485 $\mathrm{kJ\cdot mol^{-1}}$、385 $\mathrm{kJ\cdot mol^{-1}}$，计算可得反应物的总键能为 2510 $\mathrm{kJ\cdot mol^{-1}}$，产物的总键能为 2050 $\mathrm{kJ\cdot mol^{-1}}$。根据能量守恒原理，反应发生后，伴随着二氧化碳和水转化为糖类和氧气，另有 460 $\mathrm{kJ\cdot mol^{-1}}$ 的能量储存起来。

据有关报道，地球上每年由于绿色植物的光合作用，消耗约 7×10^{11} t 二氧化碳，生成 5×10^{11} t 有机物，与此同时伴随着巨大的能量转换。光合作用固定的太阳能约占到达地球表面太阳能总量的千分之一，若以年为单位，每年合成的有机物中储存的太阳能约为全世界每年消耗能量的 10 倍。可见，光合作用对实现自然界的能量转换、维持大气中的碳-氧平衡具有重要意义。

4.4.3　生物质资源的种类与特点

广义上，生物质指自然界中所有的动物、植物、微生物及其产生的废弃物，即一切有生命的、可以生长的有机物；狭义上，作为可利用能源的生物质种类也有很多，且根据来源的不同，具体可划分为农业生物质资源、林业生物质资源、畜牧业生物质资源、人类生活污水和工业有机废水生物质资源、城镇固体有机废弃物生物质资源等。

农业生物质资源：主要是指能源植物，包括草本能源植物、油料植物、用于制取碳氢化合物的植物等；农业生产过程中的废弃物，如农作物收取后残留在农田的秸秆，有玉米秸秆、高粱秸秆、小麦秸秆、大豆秸秆、稻草、棉秸秆等；农产品加工业产生的废弃物，如稻谷加工成大米后剩余的稻壳等。

林业生物质资源：主要是指森林(树木)生长过程中提供的生物质资源，包括薪炭林、树木生长过程中掉落的树叶、森林培育和间伐时产生的零散木材和枝枝等；木材采伐、运输和加工过程中的废弃物，如枝杈、木屑、梢头、截头、板皮等；林业副产品的废弃物，如果实的壳和核等。

畜牧业生物质资源：主要指畜禽排泄物，包括动物的尿液、粪便以及未完全消化的物质等。畜禽排泄物实质是由粮食、农作物秸秆、牧草等转换而来。我国的畜禽主要有牛、羊、猪、鸡、鸭、鹅等，它们的多少直接影响畜牧业生物质资源的总量。

人类生活污水和工业有机废水生物质资源：是指人类生产生活过程中，所产生的废水中含有的可供能源利用的生物质资源。人类生活污水主要是城镇及农村居民家庭生活中、商业和服务业日常运转中所产生的各种废水，如冷却水、厨房排水、洗衣排水、洗浴排水、粪便污水等。工业有机废水主要指各种工业生产中所产生的可直接排放的、无污染的废水，特别是酿酒、制糖、制药、屠宰、造纸等行业产生的废水中富含有机物质。

城镇固体有机废弃物生物质资源：是指城镇居民家庭生活中、商业和服务业日常运转中所产生的各种固体有机废弃物中含有的可供能源利用的生物质资源。这种生物质资源通常成分复杂，受居民平均生活水平、能源消费结构、生活习惯、季节性变化、城镇建设等多种因素的影响。固体垃圾分类措施有利于这种生物质资源的回收利用，这需要人们在日常生活中自觉对废弃物分类投放。

生物质资源遍布世界各地，储量极大，远比石油丰富，且可源源不断地再生，但当前的利用率较低。据统计，全球每年经光合作用产生的生物质总共可达 1700 亿 t 左右，其中作为能源利用的生物质资源还不到总量的 1%。我国土地面积辽阔，生物质资源相当丰富，年产量相当于美国与加拿大总产量的 84%，欧洲总产量的 121%，非洲总产量的 131%。

与传统化石能源相比，生物质资源具有明显优势，具体表现为资源分布十分广泛、对环境友好、总量大、可再生等。例如，内燃机汽车使用从生物质资源中获取的乙醇、液态氢，燃烧后产生 SO_2、NO_x 及灰尘的量很少，且 CO_2 净排放量为零，有利于改善环境；在贫瘠或被侵蚀的土地上种植能源植物，不仅可以提高可利用生物质资源的产量，还有利于改善土壤条件，提高土地利用率。

然而，生物质资源也存在不足之处，如对季节和气候等环境条件的依赖性大，产量不稳定；比容一般较大，能量密度低，运输成本高；有些生物质易腐烂变质，难以储存等。

4.4.4 生物质能的利用方式

有关生物质能的利用最早可以追溯到“钻木取火”时期，古人利用生物质燃烧产生的火烤制食物、取暖、照明、冶炼等，从而使人类文明进入了新的阶段。生物质能的传统利用方式为直接燃烧，如至今仍存在的农村居民家中烧柴做饭，就是对生物质的直接燃烧利用。生物质能过去被看作是“穷人的燃料”，后来人们逐渐认识到生物质能是对环境、社会有利的能源，从而加大了对其的开发利用。随着科学技术的不断发展，现代生物质能的利用多为借助热化学、生物化学、催化化学等相关知识，通过一系列先进的转换技术，生产固态、液态、气态等高品质的终端能源产品，为人类的生产、生活提供燃料、电力等。

生物质能转换技术是指通过一定的方法将生物质能转变成可直接利用的终端能源产品的技术。如图 4.34 所示，生物质能转换技术总体上可以分为直接燃烧技术、生物转换技术、热化学转换技术及其他转换技术共四类。

1. 直接燃烧技术

直接燃烧技术是将生物质直接点燃，使其中的可燃成分与空气中的氧气(也可为纯氧或其他氧化剂)发生剧烈的化学反应并释放大量热的过程，是最普通、最古老的生物质能转换技术。其转换过程可用下式表示：

$$\text{生物质} + O_2 \xrightarrow{\text{燃烧}} CO_2 + \text{热量}$$

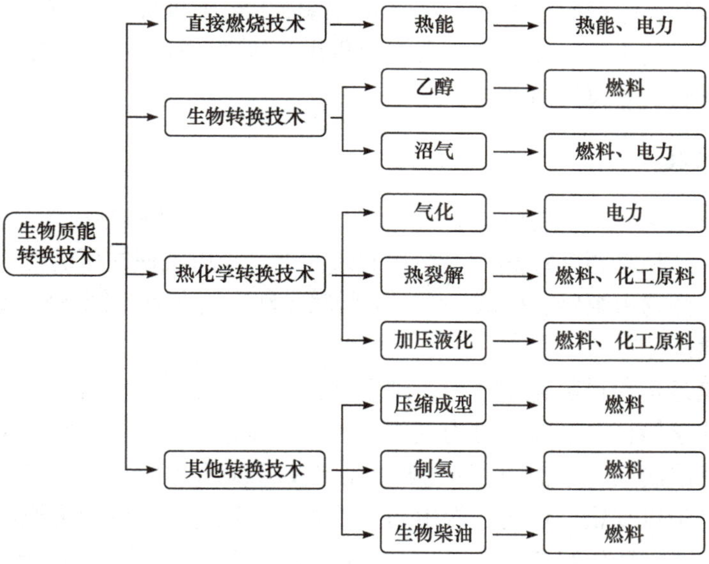

图 4.34　生物质能转换技术主要类别

燃烧过程中，生物质中储存的化学能转变成热能释放出来，由此可认为燃烧过程实质上可以看作是光合作用的逆过程。燃烧过程中产生热量的多少与生物质的种类、空气(氧气)的供应是否充足等因素有关。

生物质的直接燃烧需在燃烧设备中进行。将生物质的燃烧限定在具有一定空间的燃烧设备中，既有利于热量的收集，减少损失，也便于调节燃烧程度，条件可控。燃烧设备多种多样，既有简单的炉灶、锅炉，也有复杂的内燃机等。

2. 生物转换技术

生物转换技术是指采用微生物发酵(有氧或厌氧)的方法，将生物质转变成可直接利用

的燃料物质的技术。其转换过程可简单表示为

$$生物质\xrightarrow[厌氧微生物发酵]{微生物发酵}液体/气体燃料+CO_2 \tag{4.24}$$

式中，经转换得到的液体燃料主要为乙醇，气体燃料主要为沼气。

3. 热化学转换技术

热化学转换技术是指在加热条件下，用热化学方法将生物质转换成可直接利用的燃料物质的技术，主要包括气化法、热裂解法和加压液化法 3 种。

气化法是指利用空气中的氧气或含氧物质作为气化剂，在加热条件下，将生物质中的碳氧化生成可燃气体的过程。

热裂解法是指生物质在无氧或缺氧条件下进行热降解，最终转换为生物油、木炭和可燃气体的过程。不同的热裂解工艺决定产物中每种成分的比例，低温慢速热裂解(<500 ℃)对应的产物主要为木炭，中温快速热裂解(500～650 ℃)对应的产物主要为生物油，高温闪速热裂解(700～1100 ℃)对应的产物主要为可燃气体。热裂解法的能量转换效率较高，通过控制合适的反应条件，一般可获得原生物质 80%～85%的能量。

加压液化法是指生物质在较高压力下的热化学转换过程，所需温度较低，一般低于中温快速热裂解法所对应的温度。

4. 其他转换技术

其他转换技术主要有生物质压缩成型、生物质制氢、生物柴油等。

生物质压缩成型是指在加热或不加热的条件下，采用机械加压的方法，使锯木屑、稻壳等生物质废弃物由细碎、松散、无定形的状态转变为各种不同形状(棒状、粒状、块状等)的密实成型燃料。

生物质制氢是指通过热化学转换、微生物转换等方法分解有机物，并产生氢气的过程。其中，热化学转换法制氢又分为气化制氢和热裂解制氢；微生物转换法制氢又分为厌氧微生物发酵法制氢、光合微生物光解法制氢及厌氧微生物和光合微生物联合产氢等。

生物柴油是指以动物、植物、微生物的油脂及餐饮行业废油等为原料，在催化剂的作用下与烷基醇通过酯化和酯交换反应，生成长链的脂肪酸单烷基酯(脂肪酸甲酯、脂肪酸乙酯)燃料。这种燃料的分子链长度为 14～20 个碳原子，与化石燃料柴油的分子链长相当，物理化学性质也相似，可直接供内燃机使用。

4.4.5 生物质能应用场景

1. 生物质燃烧发电

生物质燃烧发电工艺流程如图 4.35 所示。生物质单独或与煤按照一定比例和过量空气在锅炉中燃烧，产生的热烟气和锅炉的热交换部件换热，产生的高温高压蒸汽在蒸汽轮机中膨胀做功，带动发电机发电。与燃煤发电相比，生物质燃烧发电在生产规模上受到一定限制，因为生物质原料的来源、收集范围通常是有限的，并且其密度较小，给原料

运输造成一定困难。目前，纯生物质燃烧发电技术基本用于小型生物质电厂，由于燃料的来源、储存等问题，单台机组一般不超过 35 MW。生物质和煤混合燃烧发电则可用于大型生物质发电厂。生物质燃烧发电工艺一般包括以下几个部分：生物质燃料供应系统、锅炉系统、发电系统和灰渣处理系统。

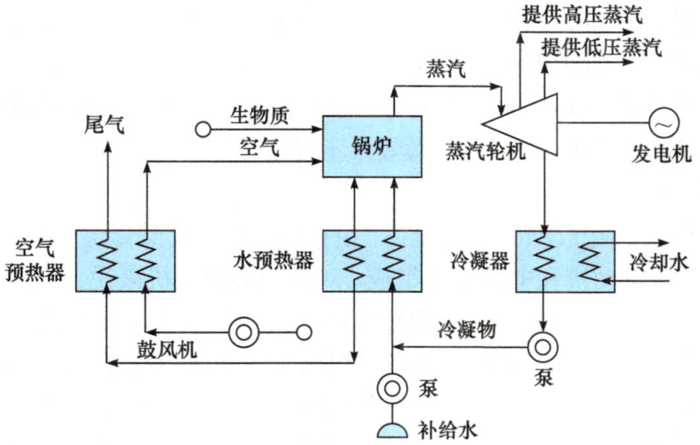

图 4.35　生物质燃烧发电工艺流程

1) 生物质燃料供应系统

生物质燃料供应系统包括生物质的收集、检测、打包、储运、进料入炉。对于不同种类的生物质，供应系统也不相同。例如，秸秆入炉就有多种方式：可以将秸秆打包后入炉，或者将秸秆粉碎压块后入炉，或者与其他燃料混合后入炉。粉碎压块入炉的生产成本最高，但适应性最强；秸秆打包入炉的成本最低，但秸秆中木质素含量的不同对锅炉的要求不同，适应性较差。

2) 锅炉系统

在生物质发电系统中，最为特殊的是锅炉设计。生物质直接燃烧技术的锅炉可采用自然循环的汽包锅炉，过热器分两级布置在烟道中，烟道尾部布置省煤器和空气预热器。由于生物质灰中碱金属的含量相对较高，因此烟气在高温(450 ℃以上)时具有较高的腐蚀性。此外，飞灰的熔点较低，易产生结渣的问题。如果灰分变成固体或半流体，运行中就很难清除，会阻碍管道中烟气至蒸汽的热量传输，严重时甚至会完全堵塞烟气通道，将烟气堵在锅炉中。为了解决这些问题，专门设计的过热器系统已经用在最近的发电厂中。

3) 发电系统

发电系统一般采用国内技术较为成熟的蒸汽轮机、抽凝式供热机组，其与常规的火力发电相似。

4) 灰渣处理系统

锅炉燃烧后的灰可作为上等的肥料，因此锅炉底灰和除尘器滤下的飞灰经输送机转运到锅炉房外的周转灰库，并装车或包装外运。对于直接燃烧发电的系统，可采用灰渣分除或灰渣混除系统，将产生的灰渣全部综合利用。

2. 生物质压缩成型

生物质压缩成型设备主要包括干燥设备、固化成型机和炭化设备。

1) 干燥设备

生物质固化成型要求原料的含水率小于 10%。当物料的含水率太高时，无法保证物料成型及成型产品的质量，因此必须对原料进行干燥。从国内外干燥设备现状分析，采用气流干燥效果较好，其他形式的干燥设备多存在原料着火和干燥效果不佳的缺点。气流干燥的热源为生物质燃烧产生的烟道气，加料的位置必须是烟道气温度最高处，干燥管路的长度一般不少于 30 m，否则干燥效果不好。

2) 固化成型机

成型机是生物质固化成型的关键设备，由挤压螺杆、成型套筒、支承托架、减速传动部分、电加热套圈、电动机和电控箱等组成。对常用的成型机来说，螺杆和物料在高温下呈干摩擦状态，工作环境恶劣，所以螺杆很快磨损，造成成型机不能连续正常工作。因此，在设计时螺杆和套筒分别采用高耐磨材料制成，其使用寿命可达 1000 h，从根本上解决了成型机维修量大、螺杆使用寿命短等问题。设备连续化生产能力强，生产的成型燃料密度高、质量好。目前，热压成型工艺在生物质压缩成型中占主要地位，国内外最常见的成型设备是螺旋挤压式成型机、活塞冲压式成型机和压辊式颗粒成型机。我国最常用的是螺旋挤压式成型机，活塞冲压式成型机和压辊式颗粒成型机大多还处于研究开发阶段。

螺旋挤压式成型机利用螺杆挤压生物质，如图 4.36 所示。它靠外部加热维持成型温度 150～300 ℃，使木质素、纤维素等软化，挤压成生物质压块。启动时成型部件和物料温度低于成型温度，因此需要用电热元件加热成型部件。为避免成型过程中原料水分快速汽化造成成型块开裂和“放炮”(产生高压气体向外冲出)现象，一般将原料的含水率控制在 8%～12%。成型压力的大小随原料和所要求成型块密度的不同而异，一般为 49～127 MPa，成型燃料的形状通常为直径 50～60 mm 的空心燃料棒。

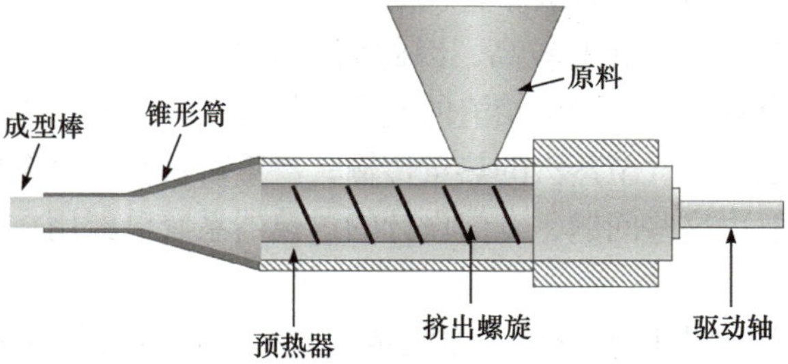

图 4.36　螺旋挤压式成型机的部件结构

螺旋挤压式成型机运行平稳，生产连续，所产成型产品密度高、质量好、热值高，而且适合再加工成为炭化燃料，因此在印度、泰国、马来西亚等国家和我国的成型机市场中一直占据着主导地位。但螺旋挤压式成型机也存在一些不利于其商业化发展利用的因素：一是产量低，单位产品能耗高，对原料含水率、颗粒大小等要求苛刻；二是螺杆等磨损严重，使用寿命短。因此，需要对螺旋挤压式成型机进行更深入的研究以解决这些问题。

3) 炭化设备

该设备可把成型燃料棒通过加热裂解制成机制木炭，能够提高生物质成型燃料的价值品质，扩大其应用领域。炭化设备分为两种：一是砖土窑，这是目前我国普遍采用的一种设备，但是它炭化周期长，工艺不易掌握，产品质量也很不稳定；二是外热式干馏炭化釜，它只需控制炭化时间和最终炭化温度就可以得到质量较好的木炭。

3. 生物液体燃料

1) 生物质直接液化工艺

20 世纪 70 年代初，美国矿务局匹兹堡能源研究中心(PERC)的阿佩尔(Appell)等提出著名的 PERC 法(图 4.37)，是在 300～350 ℃充入压力为 14～24 MPa 的 CO 或 H_2，以 Na_2CO_3 为催化剂，把木屑转化为重油。该法进行木材液化时，液化油得率为干原料木材质量的 42%左右。元素分析结果表明，液化油中含碳 76.1%、氢 7.3%、氧 16.6%，液化油的相对密度为 1.10，产品液化油的燃烧热与原料木材燃烧热比值表示的热效率为 63%左右。

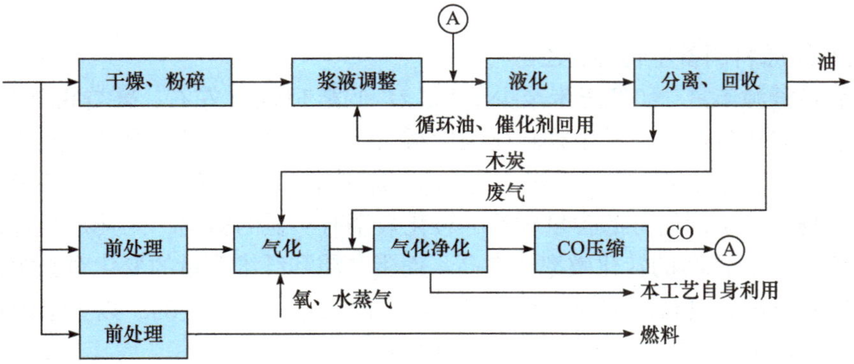

图 4.37　PERC 法的工艺流程

LBL 法是美国能源部与加利福尼亚大学联合研究开发而成(图 4.38)。其特点是用预水解代替 PERC 法的木材干燥粉碎及用液化油混合的工序，其余操作相同。目前正在筹建日处理 200 t 木材的试验性工厂。此法预水解时，用木材质量 0.17%的 H_2SO_4 作催化剂，在 180 ℃、1.0 MPa 的压力下预水解 45 min，得到的预水解产物中和后，加入原料木材质量 5%的 Na_2CO_3 作催化剂，然后在 360 ℃和 28 MPa 条件下，用 CO 进行高压液化。LBL 法的木材液化油的产率为绝干木材质量的 35%左右。元素分析结果表明，液化油中含碳 81.4%、氢 7.8%、氧 10.8%，相对密度 1.10，发热量 35 900 $J \cdot g^{-1}$。

HTU 法是由荷兰的生物燃料公司与壳牌(Shell)公司开发的。其特征为在无催化剂的条件下，将木材仅以水热进行液化。水热液化的反应途径中，碱性催化剂的作用被认为是抑制油缩合为炭，从而有利于油的稳定化。而 HTU 法通过反应时间控制缩合反应的进行，也可以理解为水热下的快速热分解。图 4.39 为 HTU 法的工艺流程。该试验装置成功连续运行 3 周，设计能力为消耗原料 6 $t \cdot h^{-1}$，得到的油在室温下为固体，加热后具有流动性。

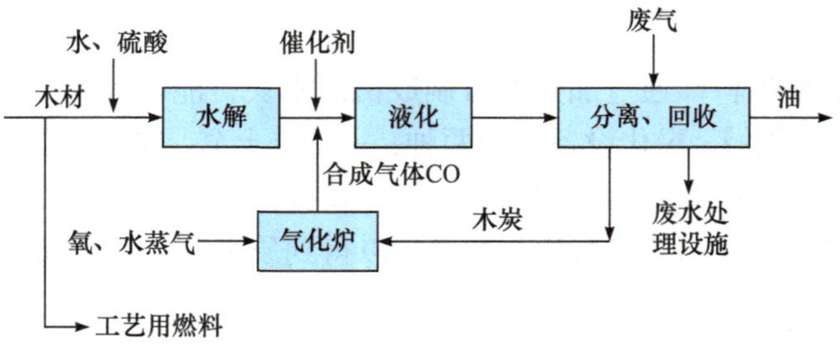

图 4.38 LBL 法的工艺流程

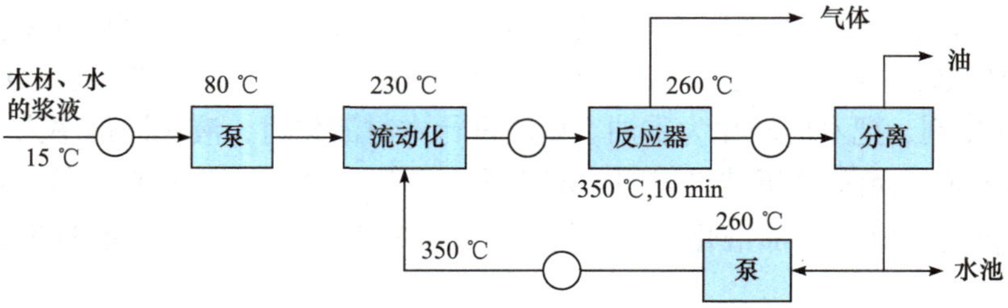

图 4.39 HTU 法的工艺流程

2) 淀粉质原料制备生物燃料乙醇

我国淀粉资源丰富，年产玉米至少 1.2 亿 t，小麦 1.0 亿 t 左右，薯类 0.35 亿 t。它们都是可再生的有机资源，将其生物转化为燃料乙醇，可以缓解日益增长的能源问题。玉米、小麦和薯类是富含淀粉的经济农作物，这些原料中除富含淀粉外，还含有蛋白质、纤维和果胶类物质。不同组分的含量对乙醇转化效率有明显的影响，尤其是当直链淀粉的含量高于 35%时，乙醇的转化效率非常高，而蛋白质和纤维含量的变化对乙醇转化效率的影响小。直链淀粉含量高的原料品种是乙醇发酵工业中所需要的，以玉米淀粉做原料生产乙醇是目前美国和欧洲等国广泛使用的方法。

发酵法生产乙醇的工艺有干法和湿法，不同的工艺会产生不同的副产品，包括酒糟蛋白饲料、玉米粕、玉米油、CO_2、沼气等。吉林燃料乙醇项目引进国外先进技术和关键设备，以玉米为原料，采用改良湿法生产燃料乙醇。如图 4.40 所示，生产过程包括玉米预处理(粉碎)、脱胚制浆、液化、糖化、发酵、蒸馏、脱水和变性。玉米经过水或酒糟离心清液在一定温度下进行浸泡，浸泡后的玉米经破碎磨破碎，分离出胚芽并将纤维及淀粉颗粒粉碎到一定的粒度，脱胚后的玉米淀粉浆(含有淀粉、蛋白质和纤维等物质)送入液化工段。

对淀粉原料进行预处理是为了提高淀粉酶的水解糖化效率，其处理方法主要是物理法(机械研磨、超微粉碎等)。预处理是否适当对水解糖化效果和淀粉转化率会产生一定影响。原料还可以通过化学、物理化学等方法处理。但无论采用何种方法，都要提高酶的水解率，减少碳水化合物的损失，降低对水解及发酵过程起抑制作用的副产物的产生，以及优化工艺流程的性价比。

淀粉在高温下糊化，同时在 α-淀粉酶的作用下降解，物料的黏度降低，这一过程称为液化。液化后的醪液称为液化醪。液化前需要加入氢氧化钠和氨水调节物料的 pH 并补

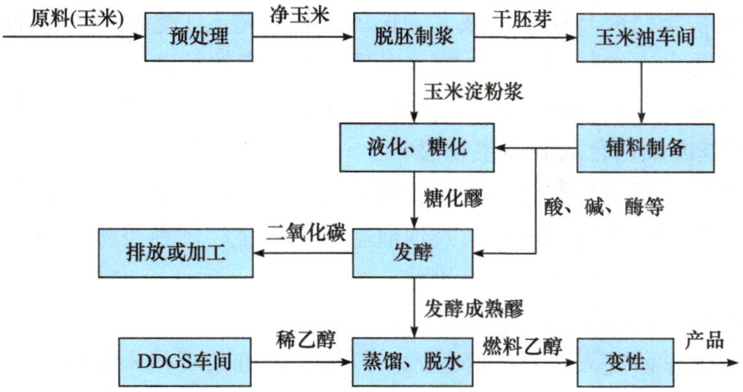

图 4.40　燃料乙醇的生产流程

DDGS：干酒糟及其可溶物

充部分氮源，同时加入氧化钙用于保持α-淀粉酶的稳定性。液化醪经稀硫酸调节 pH 后加入糖化酶进行糖化。糖化的目的是将液化醪中的淀粉及糊精水解成酵母能发酵的糖类(主要是单糖、部分二糖及三糖，如葡萄糖、麦芽糖、蔗糖等)，糖化后的醪液称为糖化醪。通过酵母对糖化醪进行连续发酵。在发酵过程中，酵母将糖转化成乙醇和 CO_2，同时释放热量。产生的二氧化碳经水洗回收随之带出的乙醇，排入大气。

通过蒸馏装置对含有乙醇的发酵成熟醪进行蒸馏提纯。产生的高纯度乙醇蒸气经过两级分子筛的交替吸附作用吸除水分，从分子筛出来的含有少量水分的乙醇气体经冷却后即为燃料乙醇。分子筛即 3A 沸石。该材料的微孔孔径比水分子大，而小于乙醇分子，因此水分子可以被吸附，而乙醇分子可以从其表面通过，产生高纯度乙醇气体。所产生的燃料乙醇加入体积分数为 2%～5%的变性剂(汽油)，成为变性燃料乙醇产品。

3) 合成生物学应用于生物质能转化

生命体可看作是具有不同功能的生物零件的有序组合。合成生物学是以工程学理论为指导，其方法是通过设计合成各种复杂生物功能模块、创造新的生物组件和体系，目的是应用于特定化学物生产、生物材料制造、基因治疗、组织工程等领域。合成生物学可从基本的生物组件构建复杂的人工生命体系，对整个生命过程进行重新设计、改造、构建。合成生物学的研究应用主要包括两个方面：

一是“自上而下”的方法。通过对天然存在的生物系统进行重新设计和改造，修改已存在的生物系统，赋予其新的功能。

二是“自下而上”的方法，通过设计和构建新的生物元件、组件和系统，创造自然界中尚不存在的人工生命系统。

合成生物学的发展大体经历了三个阶段：

第一阶段，创建时期(2000～2003 年)：产生了许多具备领域特征的研究手段和理论，特别是基因线路工程的建立及其在代谢工程中的成功运用。

第二阶段，扩张和发展期(2004～2007 年)：这一阶段的特征是领域有扩大趋势，但工程技术进步比较缓慢。

第三阶段，快速创新和应用转化期(2008～2013 年)：这一阶段涌现出的新技术和工程手段使合成生物学研究与应用领域大为拓展，特别是人工合成基因组的能力提升到了接近染色体长度的水平，基因组编辑技术出现前所未有的突破。

在转化生物质为具有成本效益的生物燃料方面，合成生物学有重要的应用。

(1) 利用转基因细菌合成高能生物燃料。

美国佐治亚理工学院与联合生物能源研究院科学家通过转基因工程改造细菌，让它们能合成蒎烯，有望用于导弹发射及其他航空领域。生物燃料可弥补石油中提炼燃油的有限供给，甚至促进新一代发动机的开发。

(2) 利用经遗传改造的细菌将生物质能直接转化为乙醇。

美国佐治亚大学研究人员对能降解木质纤维素的细菌嗜热木聚糖酶进行遗传改造，删除了嗜热木聚糖酶的一个乳酸脱氢酶基因，引入了制造乙醇的热纤梭菌的一个乙醛/乙醇脱氢酶基因，其直接将以柳枝稷为原料的生物质能转化成乙醇燃料。研究结果表明，这种经过合成生物学设计的菌株把柳枝稷生物质能转化成它的总发酵终产物的 70%。该研究未来有望实现工业化生产，生产出物美价廉的燃料。

(3) 利用经遗传改造的细菌将细菌合成生物柴油的效率倍增。

美国能源部联合生物能源研究院的研究人员构建出一个动态传感器调节系统，可以在脂肪酸燃料或化学品生产过程中控制相关基因的表达，调节微生物体内的代谢变化，使葡萄糖生产生物柴油的产量提高 3 倍。

2020 年，科技部发布了国家重点研发计划专项。其中，“合成生物学”重点专项总体目标是针对人工合成生物创建的重大科学问题，围绕物质转化、生态环境保护、医疗水平提高、农业增产等重大需求，突破合成生物学的基本科学问题，构建几个实用性的重大人工生物体系，创新合成生物前沿技术，为促进生物产业创新发展与经济绿色增长等做出重大科技支撑。

4.4.6 生物质能的发展现状与趋势

1. 国际生物质能的发展现状与趋势

近年来，随着国际石油价格的持续上涨以及《联合国气候变化框架公约的京都议定书》的正式生效，生物质能的开发利用在全世界范围内得到空前重视，联合国开发计划署、世界能源委员会和美国能源部均把生物质能作为首要发展的可再生能源。目前，关于生物质能的开发利用，多数技术和装置已达到实用化水平，实现了工业化生产。但不同国家对生物质能的利用程度存在较大差别，如发达国家主要利用生物质能发电、生产液体燃料等，而某些发展中国家利用生物质能几乎仅为采暖和炊事。

美国对生物质能的开发利用处于世界领先水平。

目前美国的生物质能发电已成为其供电系统中的重要组成部分。据统计，美国已经建成超过 450 处生物质能发电站，累计装机容量超过 13 GW，仅低于欧洲，且仍在不断增长。美国用于发电的生物质原料主要是各大农场的农业废弃物、木材厂或纸厂的森林废弃物、人类的生活垃圾等。

美国是较早开发燃料乙醇的国家，起初是为了降低原油的对外依赖度，经大力发展并推广，目前已成为世界上主要的燃料乙醇生产国和消费国。2017 年，美国的燃料乙醇产量达 158 亿 gal(1 gal=3.7854 L)，占全球总产量的 58%。由于玉米种植业的技术先进、规模化程度高，玉米是美国农业的主要农作物，因而它也是生产燃料乙醇的主要原料，占全部原料的 40%。

与燃料乙醇相比，美国的生物柴油技术始于 20 世纪 90 年代初，起步较晚，规模也相对较小。为推进其快速发展，美国通过出台相关法案和财政补贴政策支持生物柴油的生产和消费。美国能源信息署的统计数据显示，2017 年美国的生物柴油产量约为 15.92 亿 gal。美国用于生产生物柴油的原料主要为大豆(除玉米外美国的另一种主要农作物)。

在欧洲，生物质能是需求量最大的可再生能源，约占可再生能源消耗总量的 65%，在欧洲能源结构中发挥着举足轻重的作用。欧盟在第六研究框架计划中对可持续能源技术的投入总预算为 8.1 亿欧元，其中生物质能独占 30%左右，由此可见生物质能的重要性。如此大力度的投入，欧盟希望各成员国在已建立的研究条件的基础上，掌握有关生物质能的资源供应、高效热电联供、液体燃料转换及利用等方面的关键核心技术。

2014 年，欧盟委员会和欧盟理事会初步确定到 2030 年的能源发展目标，主要内容为将温室气体排放量降低 40%(基于 1990 年)，将可再生能源在总的能源消耗中的比重提高至 27%。2018 年，欧盟委员会、欧盟理事会和欧洲议会一致同意，要细化 2030 年能源系统发展目标。欧洲议会和欧盟理事会还就可再生能源、能源效率、能源调控达成协议，可再生能源在总的能源消耗中的占比进一步上调至 32%。为实现上述发展目标，欧洲各国根据本国的能源发展规划及转型方向，纷纷注重发展生物质能。

奥地利的气候与能源发展战略提出，到 2030 年要减少温室气体排放 200 万 t。实现这一目标的具体途径是将现有的重油供热系统替换为清洁燃料供热系统，为此要建造约 40 万套可再生能源供热装置。生物质能供热系统无须额外的电力驱动，是实现这一目标的最优选择。奥地利生物质能协会主席 Titschenbacher 认为，只有加快生物质能的开发利用，才更贴合欧洲能源“可再生性、供应可靠性、可获得性”三大发展主题。

瑞士现推行的“依靠碳税融资，发展生物燃料”策略是一项既有利于减少温室气体排放、缓解环境压力，又促进生物质能发展的重要举措。瑞士木质能源联合会总裁 Imbach 表示，为促进生物质能的发展，政府计划将最高二氧化碳排放税提高至 182 欧元。目前，就供热方面，锅炉燃料油和天然气仍占据瑞士全国供热系统所消耗总能量的 70%，生物质能仅占 11%；通过提高碳税，有望将生物质能所占比例提高至 25%。

法国同样采取“利用征收碳税，刺激生物质能发展”策略。当前，法国拥有 58 座核电站，全国能源供应仍主要依赖核电；但生物质能在可再生能源中的比重已达 40%。欧洲木质颗粒委员会主席 Vial 表示，二氧化碳排放税是促使能源消费大众转而使用可再生清洁能源的主要推动力，这将对法国的能源转型产生巨大影响。到 2022 年时，二氧化碳排放税将达到每吨 86 欧元，若动力原料的价格不变，那么相对于锅炉燃料油和天然气，木质颗粒燃料的价格优势将分别达到 62%和 44%。

德国聚焦于清洁能源转型，在生物质能的开发与利用领域取得卓越成就。德国是世界上最大的生物柴油生产国，早在 2007 年，其产量就达到 2.89 Mt，后来由于政府取消对生物柴油企业的免税优惠政策，产量出现一定缩减。生物质发电方面，德国计划在 2022

年以前彻底淘汰核电，到2030年可再生能源在电力系统中的占比争取达到65%。德国生物质能协会董事Zigmund认为，与其他可再生能源相比，生物质能的广泛开发利用更有利于安全快捷地实现抑制全球变暖的目标。

此外，北欧的丹麦、芬兰、瑞典等国的生物质发电技术领先世界。例如，丹麦的BWE公司率先在生物质直接燃烧发电方面取得显著成就，其秸秆燃烧发电技术使丹麦成为生物质能源利用大国。芬兰建造许多燃烧站，小型燃烧站仅为供热，大型燃烧站则可热电联供。瑞典以不具备工艺价值的废木材为原料，采用热电联产装置同时供热、供电，其联合汽化工艺为世界领先水平。

2. 我国生物质能的发展现状与趋势

我国是农业大国，生物质资源丰富，理论储量可达50亿t左右。与发达国家相比，我国对生物质能的研究起步稍晚，但发展迅速，目前与世界先进水平相比无明显差距，各有所长。当前可供开发利用的生物质资源主要为各类生物质废弃物，如农作物秸秆、薪柴、禽畜粪便、工业有机废弃物、城市固体垃圾等。以前两种生物质为例，我国每年的农作物秸秆总量超过6亿t，薪柴产量在2亿t左右。除以上各类生物质废弃物，甘薯、木薯、甜高粱、巨藻、绿玉树、蕉芋等高产能源作物近年来也被广泛关注与研究。近年来，我国在生物质燃气、生物质液体燃料、生物质发电等重点研发领域突飞猛进，相继攻克厌氧发酵微生物调控、沼气工业化利用、秸秆类生物质资源高效生物降解、高值化转换液体燃料等关键技术难点，建成兆瓦级沼气发电、千吨级纤维素乙醇、万吨级生物柴油及气化合成燃料等示范工程。

我国政府非常重视生物质能的发展，连续在多个国家五年计划中将生物质能的开发利用作为重点研发项目。2012年3月，国家出台的《可再生能源电价附加补助资金管理暂行办法》中明确指出，对包括生物质能发电在内的可再生能源实行电价补贴政策。当前，生物质发电、生物质燃料乙醇均已有相关产业政策的支持，生物质天然气、生物质固体燃料等相关扶持政策也会相继出台。2016年，伴随着我国进入“十三五”规划时期，国家能源局下发《生物质能发展“十三五”规划》，规划中指出，我国生物质能利用要基本实现商业化和规模化，年利用量相当于约5800万t标准煤。其中，生物质天然气、生物质液体燃料、生物质压缩成型燃料年利用量分别达80亿m^3、600万t、3000万t；生物质发电总装机容量达1500万kW(农林业生物质直燃发电、城镇人类生活垃圾焚烧发电、沼气发电分别为700万kW、750万kW、50万kW)，年发电量900亿kW · h。

我国生物质能发展潜力巨大，持续保持稳步增长趋势。2020年，生物质能发电累计达1326亿kW · h，同比增长19.4%。“十四五”期间将继续稳步推进生物质能多元化开发。

发展生物质能具有一系列生态、社会和经济效益，体现在国家的能源安全、生态环境、农村经济、社会生活等多层次和多方面。例如，种植能源作物，不仅可以获得生物质能，改善土壤条件，保护生物多样性，还可以催生新的经济增长点，增加农村就业机会，提高农村居民收入，振兴农村经济。针对我国的实际生物质能利用，以生物质为原料，将其转换为高品质的气体、液体或固体燃料，不仅可以缓解化石燃料的急剧消耗所带来的能源危机和环境问题，还可以改善石油过分依赖进口的被动局面，对实现国家能源安全战略具有重大意义。

无论是储量、技术、国家政策还是发展前景与意义，我国生物质能利用态势向好。但目前仍存在生物质能在总的能源需求中占比过低、利用率不高，以及严重依赖国家补贴等问题。我国生物质能的未来有望由单一的生物质能发电转向生物质能热电联产或生物质能供热、供冷，进而向综合能源服务转型升级。借着国家政策的大力支持，当前我国生物质能发展正在积极突破瓶颈，向低能耗、高效率、高附加值的方向发展。作为一种可再生清洁能源，未来的能源结构中，生物质能将会成为不可或缺的重要组成，为天空增蓝、为社会创收、为国家可持续发展贡献巨大能量。

4.5 地 热 能

4.5.1 地热能简介

人类对地球内部热能的认识起源于对某些自然现象的思考。火山爆发会喷出炽热的岩浆，温泉可以源源不断地涌出热水，这些现象证明地球内部是热的。但热源是什么？为什么火山和温泉的分布都是不均匀的？这些问题促使科学家对地热资源进行深入探究。

地球的平均半径约 6371 km，由表及里可分为地壳、地幔、地核(包括内核和外核)三层，如图 4.41 所示。地球深处(地幔和地核)的温度非常高，蕴藏着丰富的能量，是一个巨大的热能库。地热能是指来自于地球深处的可再生能源，其能量来源于熔融岩浆和放射性物质(铀-238、铀-235、钍-232、钾-40 等)的自发衰变。地热能为板块构造运动、造山运动、地震等地质活动提供驱动能，同时以火山爆发、温泉等形式向地球外部直接散发能量。

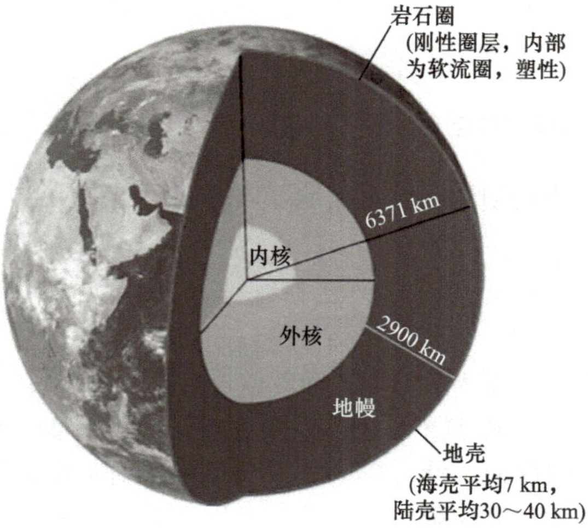

图 4.41 地球内部构造示意图

引自：杨丽芝，杨雪柯. 2016. 清洁能源地热. 济南：山东科学技术出版社

地热能的储存主要有五种形式，分别是蒸汽型、热水型、地压型、干热岩型和岩浆型。其中，应用最广、开发技术最为成熟的是蒸汽型地热能和热水型地热能。

(1) 蒸汽型地热能：其能量载体是蒸汽，温度高于 150 ℃，且焓值高；蒸汽来源区的压力基本不随深度变化，有强大的热源补给。

(2) 热水型地热能：其能量载体是单相的热水，包括温度低于大气压下饱和温度的热水、温度高于沸点的有压力的热水及湿蒸汽等；根据温度范围，有高温(150 ℃以上)、中温(90～150 ℃)和低温(25～90 ℃)之分。

(3) 地压型地热能：其能量载体是地压水，实际是机械能(压力差)、地热能(高温)和化学能(溶于水中的天然气)三种能量之和；地压水被不透水层(页岩等)封闭在距地表 4～5 km 深的沉积盆地中。

(4) 干热岩型地热能：其能量载体是地下普遍存在的热岩体，是一种比蒸汽型、热水型和地压型地热能储量更大的地热资源；距地表 10 km 以内、干而不透水的热岩体才具有开采价值。

(5) 岩浆型地热能：其能量载体是地球深处的高温岩浆，约占已探明地热资源总量的 40%。高温岩浆在火山喷发时被带至地面，要直接利用地球内部高温岩浆中的能量，技术难度很大。

地球内部不同区域的地质构造、传热条件等存在很大不同。地温梯度又称地热增温率，是指地表以下等温面法线朝地心方向上单位距离的温度增加值。热流密度是指单位时间内通过地球表面单位面积上散失的热量。这两个指标是判断正常地热区和异常地热区的依据。从全球来看，地壳的平均地温梯度为 1.5～3.0 $℃ \cdot hm^{-1}$，平均热流密度为 5.9～6.3 $\mu J \cdot cm^{-2} \cdot s^{-1}$。若一个地区的地温梯度和热流密度与上述平均值相近，则该地区属于正常地热区；若远高于上述平均值，则为异常地热区。

异常地热区通常产生在地壳断裂运动活跃的地区、火山区、岩浆活动区等。在此类区域，可利用地热资源多存在于地壳较浅处，甚至露出地表，如温泉便是天然溢出的地热蒸汽或地热水；此外，若具备良好的水文地质条件，则可以开发具有重大经济效益的地热田。

4.5.2 热量在地球内部的传递

地球的温度分布是不均匀的，热量在地球内部的传递主要通过辐射、传导和对流三种传热方式。

1. 辐射

地球的热量可以通过电磁辐射的形式向外散发，称为热辐射。当物体具有温度(大于绝对零度 0 K)时都会辐射电磁波，且物体温度越高，辐射的总能量越大。热辐射的光谱是连续谱，波长覆盖范围理论上可从 0～∞；一般的热辐射主要靠波长较长的可见光和红外光传播。由于电磁波的传播无须任何介质，因此热辐射是真空中唯一的传热方式。

热辐射对地球深处的热量传递的贡献较少，其主要存在于地表处。利用这一特性，红外遥感技术应运而生。热红外遥感已广泛用于表征地表性能、监测地理环境，如勘探地热资源、监测火山活动、及时发现森林火灾等。

2. 传导

热传导是指直接通过物理接触的方式进行热传递，是地球内部的主要传热方式。从微观角度来看，热传导实质上是物质中的分子、原子、电子因振动、位移和相互碰撞而发生的能量传递过程。

假设地球深处的某一处岩石的温度高于其周围的岩石，高温岩石中的原子振动频率(动能)高于低温岩石中的原子振动频率(动能)。由于岩石之间存在物理接触，热量便从原子振动频率大的部分向原子振动频率小的部分传递，最终达到各处温度相同的平衡状态。达到平衡状态(热平衡)的速率取决于物质的热导率和热扩散率。

热导率又称导热系数，是物质导热能力的量度。热导率与地温梯度、热流密度存在以下关系：

$$q = \lambda \frac{\nabla T}{x} \tag{4.25}$$

式中，q 为热流密度($J \cdot m^{-2} \cdot s^{-1}$ 或 $W \cdot m^{-2}$)；λ 为热导率($W \cdot m^{-1} \cdot K^{-1}$)；$\frac{\nabla T}{x}$ 为通过某一距离的地温梯度($K \cdot m^{-1}$)。

热导率既取决于物质的原子结构、键强度、化学组成等微观特性，也取决于物质的孔隙度、孔隙间的填充物、相态等宏观特性。物质不同，热导率不同，如矿物的热导率比常见金属的热导率低一两个数量级。通常，岩石和土壤是多孔物质，而水和空气是最常见的孔隙填充物；由于水的热导率高于空气的热导率，对于两份相同的岩石或土壤，孔隙间填充水的样品比孔隙间填充空气的样品的导热能力强。

此外，无论是物质的微观特性还是宏观特性，均随温度变化，因此热导率也是温度的函数。表 4.6 为一些常见物质在不同温度下的热导率。石英和碱性长石在地壳中的含量丰富，但二者热导率之间的差异接近 3 倍(25 ℃)。由此可见，地壳中岩石的热导率在很大程度上受到这两种主要矿物相对含量的影响。

表 4.6 一些常见物质在不同温度下的热导率

物质 \ 热导率/($W \cdot m^{-1} \cdot K^{-1}$) \ 温度/℃	25	100	150	200
石英	6.5	5.01	4.38	4.01
石灰岩	2.99	2.51	2.28	2.08
花岗岩	2.79	2.43	2.25	2.11
玄武岩	2.44	2.23	2.13	2.04
碱性长石	2.34	—	—	—
干沙	1.4	—	—	—
水	0.61	0.68	0.68	0.66

图 4.42 进一步展示了石英、石灰岩、花岗岩、玄武岩及水的热导率与温度的相关性。从图中可以明显看出，温度对不同物质的热导率的影响是不同的；从 25～200 ℃，石英的热导率变化幅度最大，而石灰岩、花岗岩、玄武岩的热导率变化幅度较小；四种矿物的热导率随温度升高均呈下降趋势，而水的热导率随温度升高呈现出先轻微增加后又减小的现象。

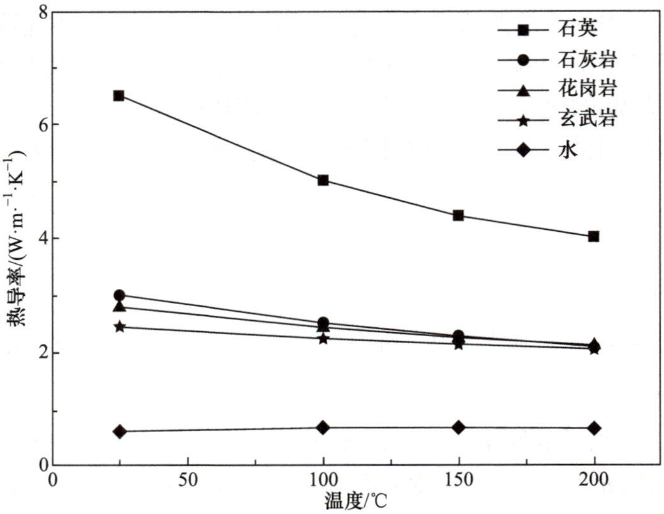

图 4.42 一些常见物质的热导率与温度的关系

热扩散率又称导温系数，是表征物质热传递速率的参数。热扩散率为热导率与恒容热容的比值

$$\kappa = \frac{\lambda}{C_V} \tag{4.26}$$

式中，κ 为热扩散率($m^2 \cdot s^{-1}$)；C_V 为恒容热容，是指单位体积的物质温度升高 1 K 所需的热量($J \cdot m^{-3} \cdot K^{-1}$)。

与热导率不同，热扩散率综合了物质的导热能力及其单位体积热容的大小。物质的热扩散率越高，热量穿透一定距离所需的时间越短，温度改变越迅速。在相同条件下对金属和岩石加热，金属的升温速率比岩石快，其本质原因就是前者的热扩散率远高于后者。又如，虽然水的热导率是空气的 20 多倍，其恒容热容却是空气的 3000 多倍，因而同体积的空气比水的温度变化快得多。

3. 对流

热对流又称对流传热，是指流体中的质点发生相对位移而引起的热量传递过程。

在重力作用下，密度较小的物质将位于密度较大的物质之上。在由具有不同密度的物质随机分布组成的行星体中，当所有的物质顺序排列时，具有最高密度的物质在行星体中心，具有最低密度的物质在行星体最外缘，该行星体最终达到平衡状态。这种密度排列称为密度分层。假如物质能够流动，密度分层会随时间自然发生。这种情况发生的速率取决于所涉及物质的黏度和密度差。早期的地球在几十万年内达到这种密度分层状态，但这并不会形成一个静态的行星，因为这不是一个稳定的结构。

黏度是指加压时物质流动的阻力，其单位是 Pa · s。具有高黏度的物质是由于分子结构不同而具有高摩擦的物质。表 4.7 为地质和常见物质的黏度。

表 4.7　地质和常见物质的黏度

物质	温度/℃	黏度/(Pa · s)
熔化的流纹岩	约 1 400	约 3.55×10^{11}
上地幔	约 1 000	约 1×10^{19}
下地幔	约 3 500	1×10^{21}～3×10^{22}
蜂蜜	20	10.0
焦油	20	30 000
水	20	0.001

在缺乏能量源时，对于组成地球的物质的分布来说，密度分层的地球是一个稳定的结构。但是，热的、熔化的外核是一个非常大的能量源，可以源源不断地加热地幔的基部。如前所述，组成地球的矿物是不良热导体，因此地幔基本上是一个围绕地核的热绝缘体。随着地幔基部的加热，紧邻地核的矿物膨胀，从而密度减小。此外，它们也变得不那么黏稠。随着上述情况的发生，部分热扰动的下地幔开始经历重力不稳定性，因为与上部较冷且密度更大的地幔相比，它们变得相对活跃。最终，密度和黏度减小带来的综合效应克服流动的阻力，加热的下地幔开始浮升到地表。此时，对流开始发生。

低黏度、显著热膨胀、存在重力(对于浮力效应是必要的)和低的热导率(或热源与散热点之间距离大)是有利于对流发生的物理条件。此外，热源和散热点之间的温度上升比简单的由于压力随深度增加导致的温度上升更大。

除以上定性描述，有利于对流发生的条件还可以用下列关系式定量表示：

$$Ra = \frac{g\times\alpha\times\nabla T\times d^3}{v\times\kappa} \tag{4.27}$$

式中，Ra 为瑞利数，量纲为一；g 为重力加速度($m\cdot s^{-2}$)；α 为热膨胀系数(K^{-1})；∇T 为垂直地温梯度(K)；d 为深度间隔(m)；v 为运动黏度($m^2\cdot s^{-1}$)；κ 为热扩散率($m^2\cdot s^{-1}$)。

Ra 表示热传递中传导和对流的相对贡献。当 $Ra>1000$ 时，对流是主要的热传递机制，而较低的 Ra 值则代表传导是主要的热传递机制。对于地幔，Ra 的估计值为 10^5～10^7，这取决于地幔的矿物学模型、温度随深度的分布和可能的对流翻转规模。显然，从下地幔到地球表面的热传递过程是对流过程占主导地位。正是地球的这种基本属性驱动板块构造运动，这也解释了地热资源在全球范围内分布的原因。

4.5.3 地热资源的分布、勘探与评价

1. 地热资源的分布

地热能的储量丰富，但传到地表的能量只占其中很小的部分，且地球表面积很大(约 $5.11\times10^8\ km^2$)，单位面积所释放的热量很小，甚至难以察觉。不同地区的地表热流量差异较大，即地热能的分布是不均匀的，热流高的地区地热资源丰富。全球范围内，著名的地热带有环太平洋地热带，大西洋中脊地热带，地中海及喜马拉雅地热带，红海、亚丁湾与东非裂谷地热带，中亚地热带等。

我国地处欧亚板块，东方及东南方向受太平洋板块和菲律宾海板块，西南方向受印度洋板块相互运动的强烈影响，地热资源较为丰富。我国的地热资源总量约占全球总量的 7.9%，可采储量大约相当于 4.63×10^{11} t 标准煤。根据地质构造特征，我国地热资源分布可分成东部、西部和西北部三大区域。

(1) 东部地区。东部共有四个地热活动区，分别是：①台湾地热带，为高温地热带，岛上地壳运动活跃，地震活动频繁，水热活动区有 100 余处，其中温度高于 100 ℃的有 6 处，于 1981 年在宜兰县清水地热田建成了 3000 kW 的地热电站；②华北断块区，拥有丰富的低温地热资源，长轴呈北向东伸展，温度从 50～60 ℃至 80～110 ℃，最高可达 118 ℃；③华南断块区，闽粤沿海是地热能资源的富集区，出露温泉有 800 余处；④东北断块带，东北三省的出露温泉有 40 多处，其中有一半温泉的温度为 60～90 ℃。

(2) 西部地区。西部共有两个地热活动区，分别是：①喜马拉雅地热带，是我国主要的高温地热带，热储温度为 150～200 ℃，该地热带地表显示类型繁多，有水热爆炸、间歇喷泉、沸泉、热泉、热水湖等 20 余种；②川西及昆仑南部地热带，为中高温地热资源，温度一般为 50～96 ℃。

(3) 西北地区。主要分布在青海和新疆地区。青海地热属于地下盆地热水田类型，热水温度多为 20～40 ℃和 40～60 ℃，少数在 80 ℃以上。新疆 80%以上的温泉分布在基岩裸露、裂隙发育、切割强烈的中高山和中低山区。

2. 地热资源的勘探与评价

地热资源的勘探方法有：地球化学勘察、地球物理勘察及钻探。

地球化学勘察是通过检验地壳或温泉中的某些化学元素的含量圈定异常地热区及确定地热田的勘探开发的前景。异常地热区，特别是和近期火山活动有关的异常地热区，以 As、Hg、HBO_2 含量高为其显著特征。这是由于高温地热水对岩石的热蚀变会出现蚀变矿物。因此，可利用 As、Hg、HBO_2 的含量高低和水热蚀变带寻找和圈定异常地热区；还可利用温泉水水质检验得到的 SiO_2、Ca、Mg、Na、K 等化学成分和元素，按地球化学温标的公式计算热储温度，以确定地热田是否有开发价值。

地球物理勘察的方法很多，主要有以下 6 种。

(1) 地温测量：即通过热敏电阻测温仪测量井内温度的垂直分布，进而圈定出地热异常分布的范围。

(2) 航空红外测量：即利用红外线可在很短时间内了解大范围的地热情况，发现地热

异常，了解其地热活动和温度分布。

(3) 磁法勘探：在地热异常地区，在同一岩性层内往往显示低磁异常。磁性勘察对近期火山活动的地热异常区效果最好，这是因为含有硫化氢的热流体在运移过程中会与岩石中的磁铁矿发生化学反应而生成黄铁矿，导致磁性减弱，出现低磁异常。例如，河北怀来后郝窑地热田，异常地热区麻岩的磁异常值比非地热异常区的磁异常值低 1×10^{-7}～5×10^{-7} T。

(4) 重力勘探：由重力大小能确定与地热条件有关的地质构造特征。在沉积盆地型地热区，重力高值区往往是基岩形成的潜山(凹中凸)，而潜山的平面形状往往和地热异常相吻合。例如，北京市东南城区地热田位于北京凹陷内的局部凸起上，由重力圈出的构造与该地热田的异常地热区基本一致。

(5) 电法勘探：普遍采用电阻率法圈定热储面积。因岩石的电阻率除与岩性、热水矿化度有关外，也与温度存在密切关系。例如，我国西藏地区的地质勘探工作就是利用该地区的电阻率资料作为依据。

(6) 地震勘探：地震资料能帮助人们较准确地了解岩层及基岩埋深、断裂展布和构造圈闭等，但不能直接圈出热储面积，与地温资料结合起来分析效果更好。

一般来说，用反射波法在沉积盆地勘探的效果最好。钻探是获得地热流体的重要手段，通过钻探验证物理、化学勘探的成果，地热勘探区的地质情况将更加准确和接近实际。通过钻探还可了解热储孔隙度、比热容、热导率及渗透率等。

地热资源评价是估算能从热储中取出的地热能的数量。在开发每个地热田之前，必须在地热勘探成果基础上做出资源评价。地热资源评价包括地热能资源量及地热流体化学质量的评价。地热资源量是决定地热田是否有开发利用价值的重要指标。地热流体化学成分不仅影响地热田的开发利用，而且对医疗价值及环境污染有重要影响。例如，矿化度超过 $1\ g\cdot L^{-1}$，并有硫化氢、氟、砷等的热水具有很高的浴疗价值；而在农田灌溉中，因为硫化氢具有腐蚀性，且氟、砷等污染环境，故矿化度必须小于 $1\ g\cdot L^{-1}$。因此，在制定地热能开发利用的规划时，应根据不同目的，按照有关法规、标准和实际情况进行全面评价。

4.5.4　地热能利用条件、方式与技术

根据目前的开发技术，可能利用的地热资源指地壳表层以下 5 km 以内的岩石和地热流体中的热量。

1. 地热能利用条件

地热能开发利用的条件包括资源质量、经济评价和社会环境效益三个方面。

(1) 资源质量：包括地热的温度、压力、流体成分、埋藏深度、流量和储量。温度是地热资源利用的重要方面，对确定地热利用途径和经济有效利用起决定性作用。流体中的化学成分是确定利用中腐蚀、结垢的原因及材料选择的依据。地热流体中的盐分使流体的焓值下降，以及结垢后导致热交换量减少，换热效率下降，并且是地热利用中的化学污染源。埋藏深度影响开发利用技术的难度与经济效益，埋藏越深，技术难度越大，原始基建投资越大。流量和储量是决定是否有开发价值及开发潜力大小的主要依据之一。

(2) 经济评价：总的是对所勘探地热田中每立方米热水提取的价值，在扣除生产总费用后的净收益进行比较和概略的计算，从而求得每立方米热水能获得的利润，以及整个地热田开发的总利润。地热资源开发具有一定的风险性，因此一定要做好全面经济分析。除资源质量外，地热田自然参数(如地形、规模、形态、产状、空间分布特点及补给条件等)、政治经济地理参数(主要是国民经济对地热田的需求情况)、价值参数(成本、系统年生产能力总投资、利率和投资效率)等都是地热田经济评价的主要内容。

(3) 社会环境效益：地热田的开发要纳入国家计划，适应国民经济发展的布局，照顾并有利于老少边穷地区的资源利用与经济发展；要大、中、小型结合，高、中、低温型结合，高效合理利用，从而获取更大的社会效益。开发利用地热能直接涉及生态平衡与环境保护，这是人类共同关心的问题，应予以足够重视。

2. 地热能利用方式与技术

地热能的利用有直接利用和间接利用。直接利用一般指对温度低于 150 ℃的地热流体的热利用。间接利用主要是指利用温度在 150 ℃以上的地热能进行发电。

1) 地热能直接利用

随着科技的不断创新，一些工业化国家对地热能的直接利用已经从小型单项利用的传统模式转变为大规模工程阶梯利用模式。目前，地热能的直接利用广泛应用于工业加工、民用采暖和空调、洗浴、医疗、农业温室、农田灌溉、土壤加温、水产养殖和畜禽饲养等各个方面，既节能减排，又创造了良好的经济效益。

a. 地热采暖

地热采暖是将地热能直接用于采暖、供热和供热水，是仅次于地热发电的地热利用方式。我国许多地区有较丰富的低温地热资源，将这些低温地热资源用于采暖供热，具有无污染、可昼夜供热水和保持室温恒定舒适等优势，只要利用得当，不仅可以持续发展，还能保护生态环境的完整性。地热采暖虽然初步投资较高，但成本只相当于燃油锅炉供暖的 1/4。这不仅节省能源、运输、占地等，而且大大改善了大气环境，经济效益和社会效益十分明显。因此，地热能是一种比较理想的采暖能源。

b. 地热浴疗、洗浴、游泳

自古以来，人们便知道温泉水能治疗疾病。地热水本身具有高于体温的温度，可以促进人体血液循环，舒活筋骨，放松肌肉。地热水中还含有多种化学成分、少量的生物活性离子及放射性物质，可以对机体产生机械的刺激作用，起到保健、抗衰老作用，对风湿病、关节炎、心血管病、神经系统疾病、妇女病等慢性疾病有特殊的疗效，具有很高的医疗价值。将地热洗浴与旅游、疗养等产业结合具有非常可观的效益。

c. 地热水在工农业方面的利用

地热水在农、林、牧、副、渔业等方面有着广泛的利用。在农业上主要用于地热温室、培育良种、种植蔬菜、花卉、鱼苗越冬、孵化等方面。我国地热水在农业方面的利用主要集中在地热温室种植和水产养殖等方面，地热灌溉、地热孵化禽类、地热烘干蔬菜、地热水加湿沼气池与牲畜洗浴池等其他形式也取得了较快发展。地热水产养殖是我国地热养殖中最主要的领域。利用地热水养鱼，在 28 ℃水温下可加速鱼的育肥，提高鱼的出产率。地热温室为养殖产业结构的调整、人民群众菜篮子的丰富及生活水平的提高做出了很大贡献。表 4.8 列出不同品种的水产养殖所需的适宜温度和生长期。

表 4.8　不同品种的水产养殖所需的适宜温度和生长期

品种	允许极限温度/℃	最佳生长温度/℃	生长期/月
牡蛎	0～36	24～36	24
龙虾	0～31	22～36	24
河虾	4	25～31	6～8
大马哈鱼	4～25	15	6～12
对虾	24～32	28～31	6～12
鲇鱼	2～35	28～31	6
鳗鲡	0～36	23～30	12～24
罗非鱼	8～41	22～30	—
鲤鱼	4～38	20～32	—
鳟鱼	0～32	17	6～8

地热干燥在地热能的利用中是非常重要的一环。目前，发展得较为成熟的地热干燥项目分别是果品干燥和木材干燥。地热干燥利用中低温地热水中的高焓部分经过换热器产生热风，对不同物质进行脱水干燥。我国的地热干燥装置最早是 1979 年在广东省丰顺县建造的地热烘干和催芽两用室。当地热水经阀门引入室内明沟中时，通过热蒸腾达到催芽作用，与常规催芽周期相比节省了一半的时间。当地热水经阀门引至烘干地板下时，地板温度升至 50 ℃以上，一次可烘干 3500～4000 kg 的农作物。其他利用地热干燥的装置还有地热烘道式香菇干燥装置、双通道干燥机、地热麦芽干燥装置、地热-太阳能干燥室温室兼用装置、地热能热风干燥机等。其中，地热-太阳能干燥室温室兼用装置如图 4.43 所示，利用太阳能和低温地热能(60～70 ℃地热水)作为共同热源，夏季可以用来干燥农作物，冬季可以用来温室栽培，使该装置利用程度达到全年使用的最大化。该装置通过对通风方式(强制通风和自然通风)，风量和地热水流量等参数的调节，在干燥过程中实

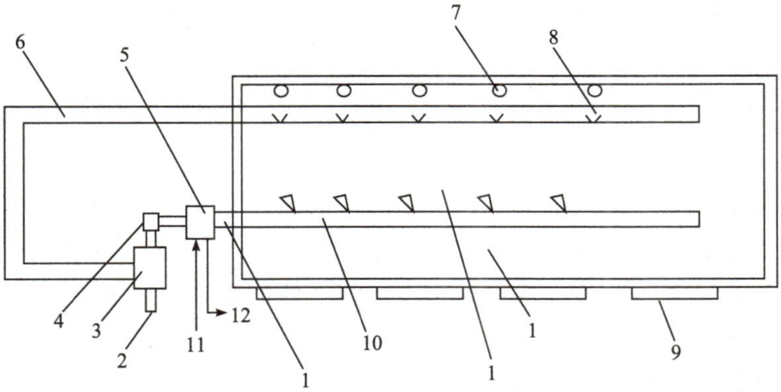

图 4.43　地热-太阳能干燥室温室兼用装置示意图

1. 干燥室；2. 新风进口管；3. 新、回风混合室；4. 离心通风机；5. 热交换器；6. 回风管；7. 排风筒；8. 回风口；9. 新风窗；10. 热风管；11. 地热水进口；12. 地热水出口

现了低温地热能和太阳能的合理匹配和互补。同时，地热水中期热交换器流出的地热水还可用于浴池，实现了综合梯级利用。

地热水在工业中的应用也很广泛，如纺织、印染、烤胶、制革、造纸、蔬菜脱水等。使用地热水印染、缫丝可以使产品的色泽鲜艳，着色率高，手感柔软，富有弹性。在生产过程中，由于节省了软化水处理费，也相应降低了产品的成本。此外，利用地热给工厂供热，如用作干燥谷物和食品的热源，用作硅藻土、木材、造纸、制革、纺织、酿酒、制糖等生产过程的热源也是大有前途的。

d. 地热热泵

地热热泵又称地源热泵，其工作原理是通过输入少量的高品质能源(如电能)，实现低温位热能向高温位热能转移，与家用电冰箱相同，只不过电冰箱是单向输热，而地热热泵则可双向输热。图 4.44 为地热热泵系统示意图，双向输热使地热能既可作为夏季空调的冷源，又可作为冬季热泵供暖的热源，即在夏季把室内的热量取出来，释放到地下；在冬季把地下的热量取出来，供给室内采暖。通常，地热热泵消耗 1 kW · h 的能量，用户可以得到 4 kW · h 以上的冷量或热量供用户使用，即通过少量电能，可从土壤、地表水、地下水等浅层地热中提取自身所消耗电能 4～6 倍的能量使用。

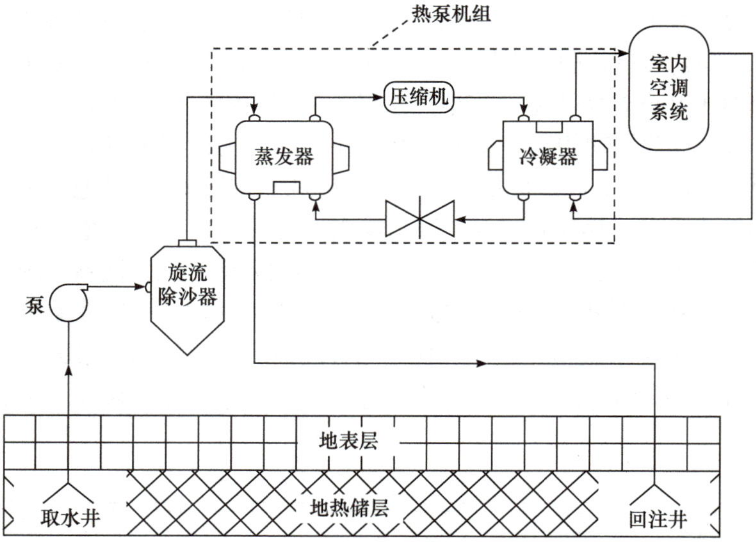

图 4.44 地热热泵系统示意图

根据地热能交换系统形式的不同，地热热泵系统分为地埋管地热热泵系统、地下水地热热泵系统和地表水地热热泵系统。地热热泵系统减少了煤、石油等化石能源的利用，提高了能源的使用效率，可大大减少 CO_2 等温室气体的排放，减缓城市热岛效应，并避免由于使用锅炉和冷却塔而引发的空气污染和噪声污染，是改善城市大气环境、节约能源的一种有效途径，也是我国地热能利用一个新的发展方向。

e. 地热制冷空调

地热制冷空调是以高于 70 ℃的地热水为动力，驱动以溴化锂-水为工质的热水型两级溴化锂吸收式制冷机，提供 7～9 ℃的冷水，用于空调或工艺冷却。地热水经过制冷机后的排放温度为 60～62 ℃，可用于洗浴、桑拿、游泳等，实现地热资源的高效综合利用。

f. 地热能梯级综合利用

地热是一种集“热、矿、水”于一身的资源，既是一种洁净的可再生能源，也是一种宝贵的旅游及水资源。根据地热资源的温度水平、微量元素的种类和实际使用要求，可以利用技术集成构建梯级综合利用系统，以实现资源高效利用，如热电联产联供、热电冷三联产、先供暖后养殖等，从而获得良好的经济效益。如图 4.45 所示，按地热温度的梯级可以分为不同的用途。当流体温度高于 150 ℃时，主要用于发电；当温度为 90～150 ℃时，主要用于高速干燥农产品、罐装食品，蒸发和结晶法制取食盐等；当温度为 25～90 ℃时，主要用于采暖、洗浴、温室种植、水产养殖等。

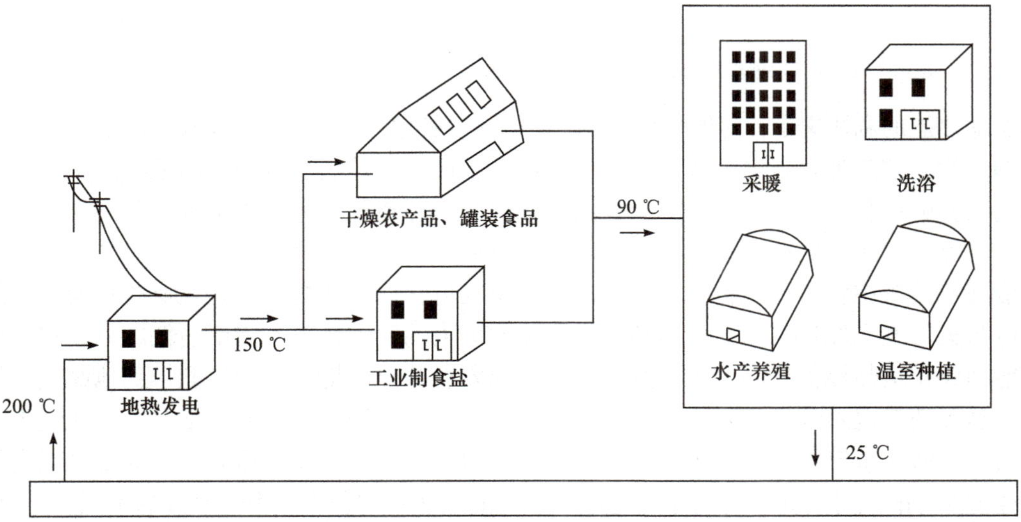

图 4.45　地热资源梯级利用示意图

g. 回灌技术

地热资源多分布在构造板块边缘一带，且埋藏深度较大，因此其再生速度非常缓慢。当地热能的提取速度超过补充速度时，地热能便成为不可再生能源，并且过度开采地热资源，还会造成地表沉降、地震、有害气体排放等环境影响。地热回灌则是指人工通过钻井和加压的方式将流体注入地下热储层的过程。通过地热回灌，将地热尾水或地表水注入热储层，可以有效加速地热资源的再生，并且有利于保护环境。若直接将地热流体排放入自然环境中，由于其矿物质含量较高，并且具有一定的腐蚀性和结构破坏性，将对环境造成一定的危害。地热回灌可分为“一采一灌”和“两采一灌”等模式。“一采一灌”是通过一个井开采、一个井回灌的对井模式。开采井和回灌井可以是相对固定的，也可以是轮流采灌的。“两采一灌”是三井模式，还存在多井轮流开采回灌的多井模式。根据作业的储热层不同，还可分为同层对井、同层两采一灌、异层对井等多种地热回灌模式(图 4.46)。

2) 地热发电

将地热能转换为易于传输的电能，可以充分利用电能易于传输且服务多样化的特点，

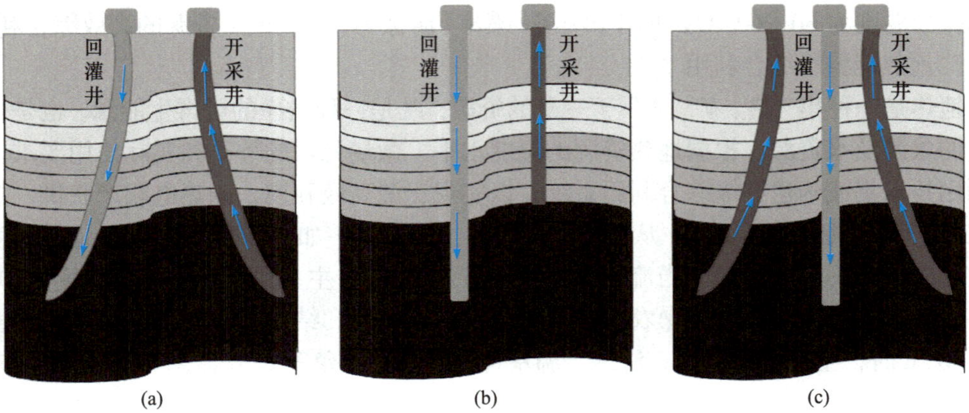

图 4.46 地热回灌技术示意图

(a) 同层对井采灌模式；(b) 异层对井采灌模式；(c) 同层两采一灌开采模式

拓宽地热能的利用渠道。此外，电力可以在地热田就地生产，且不受降雨、季节等环境因素的干扰，这是地热发电相较于水力发电的一个优点。地热发电是利用地下热水和蒸汽为动力源的一种新型发电技术，涉及地质勘探、地球物理、地球化学等一系列现代科学技术，是一门新兴的能源科学和产业。其基本原理是根据能量转换原理，首先将蒸汽的热能在汽轮机中转换为机械能，再带动发电机发电，即实现机械能到电能的转换。地热发电与火力发电原理类似，但地热发电不需要庞大的锅炉，也不需要消耗燃料，它所用的能源就是地热能。要利用地下热能，首先需要有载热体把地下的热能带到地面上。目前能够被地热电站利用的载热体主要是地下的天然蒸汽和热水。通过钻井可以找到正在上喷的天然热水流，水是从 1～4 km 的地下深处涌上来，处于高压状态。通常一眼底部直径为 25 cm 的井，每小时可生产 200～800 t 的地热水与蒸汽。由于水温的不同，5～10 眼井产出的蒸汽可使一个发电装置生产出 55 MW 的电能。

地热发电系统主要有以下 4 种。

a. 地热蒸汽发电系统

地热蒸汽发电系统是利用地热蒸汽推动汽轮机运转产生电能。在这种发电体系中，根据地热蒸汽的状态不同，又可分为干蒸汽发电和热水扩容蒸汽发电两种。

干蒸汽发电是利用从地热井中获得的纯蒸汽直接推动汽轮机运转，它与传统的火力发电厂的发电条件相近。这种发电方式只能用于地热蒸汽中不凝结气体含量高的场合，对地热田品质的要求比较苛刻，并且发电效率比较低。

热水扩容蒸汽发电是利用水的沸点温度随压力减小而降低的原理，在较低的压力环境下产生扩容蒸汽。图 4.47 为热水扩容地热蒸汽发电系统示意图，将从地热井中抽出的带压地热水送入闪蒸器中抽气降压，温度不太高的一部分地下热水(约占 35%)因气压降低而闪蒸(沸腾)为蒸汽，蒸汽进入汽轮机，带动发电机发电。涡轮的排气使用传统冷却塔冷却；闪蒸器内剩余的水在沸腾之后回注地下，以维持地层的压力，并补充对流的水热系统。

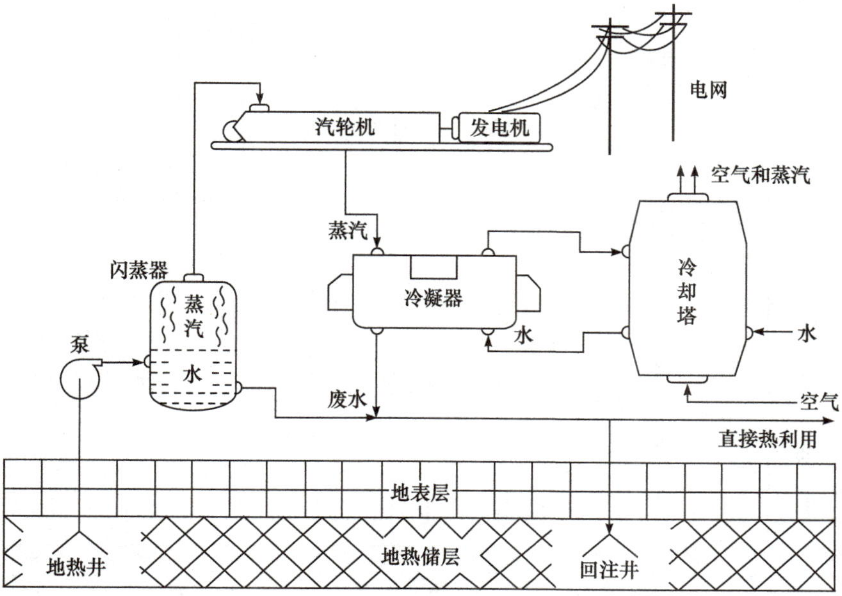

图 4.47 热水扩容地热蒸汽发电系统示意图

地热蒸汽发电设备简单，易于制造，系统技术成熟、运行安全可靠，是地热发电的主要形式。目前世界上大多数正在运行的地热发电装置属于汽轮机型。由于地热蒸汽发电系统直接以地热水和蒸汽为工质，蒸汽流量大，所以需要对设备进行系统的防腐保护。

b. 双流体循环发电系统

双流体循环发电系统又称有机工质朗肯循环系统。其工作原理是以地热流体作热源，以低沸点工质流体作工作介质，从而将地下热水的热能转变为机械能。地热水送至热交换器，用于加热低沸点的工作介质如异丁烷或异戊烷，使工质在流动系统中从地热流体中获得热量，并产生有机质蒸气，进而推动汽轮机旋转，带动发电机发电。离开涡轮后，工作介质冷凝为液体，流回热交换器再次被气化，地热流体通过喷射井又回注到地层(图 4.48)。换言之，只用其热，不用其水。由于在双流体循环发电装置中所用的工作介质的沸点低于水的沸点，因此它的发电效率高于汽轮机。这种系统设备紧凑，汽轮机的尺寸小，特别适合于含盐量大、腐蚀性强和不凝结气体含量高的地热资源。发展双流体循环发电系统的关键技术是开发高效的热交换器。

双流体循环发电一般以低沸点的碳氢化合物为有机工质。由于碳氢化合物的化学稳定性不太高，且通常具有易燃、易爆、有毒等性质，因此对相应发电装置的安全性有严格要求，需特殊设计制造，且维护费用较高。但这种发电方式不仅适用于地热发电，还可用于其他领域，如太阳池蓄热发电、工业余热发电、海洋温差发电等。

c. 全流体发电系统

全流体发电系统是将地热井口的全部流体，包括所有的蒸汽、热水、不凝结气体及化学物质等，不经处理直接送进全流动力机械中膨胀做功，然后排放或收集到冷凝器中。这种方式可以充分利用地热流体的全部能量，但技术上有一定的难度，尚在攻关阶段。

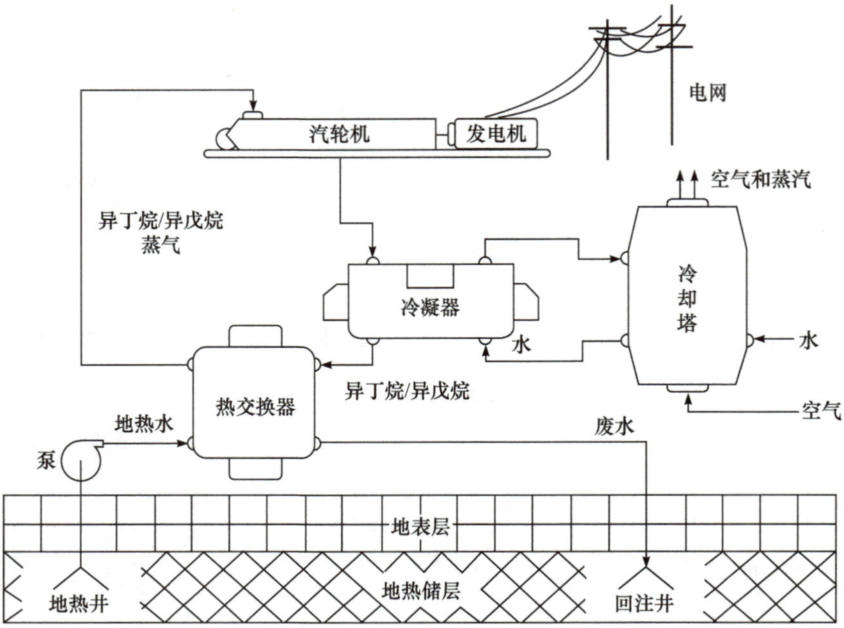

图 4.48 双流体循环发电系统示意图

d. 干热岩发电系统

干热岩能是指储存在地球深部岩层中的天然热量。要想实现干热岩中的热量交换，需要使干热岩层发生碎裂，增强其渗透能力，从而使足够的流体在其中循环，汲取热量。干热岩发电系统又称为增强型地热系统，是国际上最为关注的发展趋势之一。干热岩发电系统的原理是从干热岩的注入井中高压注入低温水，高压水使岩体产生应力作用形成许多裂缝，注入的低温水沿着裂隙运动并与周边的岩石发生热交换，可以产生温度高达200～300 ℃的高温高压水或水汽混合物，通过生产井进行地热发电和综合利用，利用后的温水又通过注入井回灌到干热岩中，从而达到循环利用的目的。

从长远看，我国具有丰富的高温岩体干热岩地热资源，地壳深层岩体温度高。研究高效的方法从干燥的岩石和地热增压资源、岩浆资源中获取能量，可进一步提高地热能的利用率。

4.5.5 地热能的发展现状、前景与挑战

人类对地热能的开发利用可追溯到几千年前。随着社会文明的不断发展，地热能利用从简单的热泉治病、洗浴延伸至发电、采暖等更为多元的方式。由此可见，在人类的能源史中，地热能始终占有一席之地。自 20 世纪以来，全球人口数量呈爆发式增长，能源短缺成为世界性问题，并且化石燃料的大量燃烧造成严重的环境污染。作为一种清洁能源，地热能的开发利用对于缓解能源紧张、应对气候变化、改善生态环境具有重要的现实意义。目前，地热能开发已经形成以采暖、浴疗、工农业生产等直接利用和以发电为主的综合利用技术体系。

我国是地热资源相对丰富的国家，对地热能的开发利用兴起于 20 世纪 70 年代初。

近年来，我国的地热能勘探、开发及利用技术持续创新，地热能装备水平不断提高，目前在供暖、供热、制冷、医疗、洗浴、水产、温室等方面的地热利用已形成一定规模及相关产业，取得了较好的经济、社会与环境效益，对调整优化能源结构、促进可持续发展具有重要的意义。截至 2015 年，我国地热能直接利用的年利用能量与设备容量、地热热泵年利用浅层地热能量、地热供暖等多项数据均居世界第一。2017 年，国家发展改革委、国家能源局、国土资源部联合发布了《地热能开发利用“十三五”规划》，这是我国历史上首次颁布地热能开发利用专项规划。2019 年，国际地热协会理事会将 2023 年世界地热大会主办权授予中国北京，标志着我国的地热能发展进入新的篇章。整体而言，我国的地热能产业体系正日趋完善。

然而，我国的地热能开发还存在一些问题。一些地热资源丰富的地区未能因地制宜地进行地热开发，使宝贵的地热资源停留在低层次、低效益的利用水平上，造成严重的资源浪费；地热资源的开发利用可能带来的水污染、热污染、空气污染、土壤污染、地面沉降等生态环境问题未被高度重视。

地热资源由于埋藏深、补给途径远、再生能力弱，并非是取之不竭的。为实现可持续开发利用的目的，在开发中应做到：根据我国地热资源的国情，综合部署开发战略，如对于分布在西藏、云南西部和台湾的高温资源优先用于地热发电，对于气候寒冷地区优先利用地热能供热，对于四季分明地区大力推广地热热泵冷热联供系统等；提高地热开发的科技含量，积极研制应用高新设施，发展节约型、效益型的利用模式，提高资源利用率，创造更高的社会与经济效益。此外，应高度重视地热开发所带来的生态环境问题，采取各种有效措施，严格监测和防治。总之，我国要根据地热资源条件，贯彻统筹规划、因地制宜、合理开采、综合利用的方针，实现地热能的综合集约化利用。

4.6 海　洋　能

4.6.1 概述

海洋是地球表面被各大陆地分隔而又相互连通的最广阔水体的总称，其总面积约 3.6 亿 km^2，占整个地球表面积的 71%。与陆地相比，海洋接收了大部分来自宇宙并到达地球表面的能量，因而海洋是一个巨大的能源宝库，其中蕴藏了大量的可再生能源。

海洋能又称为“蓝色能源”，是指海洋通过各种物理或化学过程接收、储存和释放的能量，具有清洁、可再生、储量丰富等特点。

由于人类文明的快速发展与高度发达的现代社会对能源的巨大需求，陆地上的可利用能源逐渐趋于枯竭，世界各国正加快对海洋能的开发利用。我国是一个海洋大国，拥有 1.8 万 km 的大陆海岸线、1.4 万 km 的岛屿海岸线和 340 多万 km^2 的海域面积，其中能源蕴藏量丰富，可开发利用的潜力很大。大力发展海洋清洁能源，不仅有望从整体上缓解我国能源紧张与环境污染的严峻形势，还可切实改善海岛居民生活、海上设备运行及深远海域开发等方面的用水用电问题，对推动我国的可持续发展战略与建设美丽中国的宏伟目标具有重要意义。

4.6.2 海洋能的分类

根据能量的存在形式与载体的不同，海洋能一般可以分为波浪能、潮汐能、海流能、温差能、盐差能等不同类别。此外，从广义上说，海洋能还包括照射到海水中的太阳能、海面上的风能、海洋中的生物质能等。这里主要介绍海洋中的波浪能、潮汐能、海流能、温差能和盐差能。

1. 波浪与波浪能

波浪是一种海洋中十分常见的海水运动形式。当海水受到外力扰动后，水质点会离开平衡位置做(准)周期性的起伏运动。由于流体本身所具有的连续性，周围的水质点会随之一起运动，从而实现空间上的传播，便形成了波浪。海面上，由风驱动的海水波动现象是最普遍的，即风生波浪。由于其作用的区域、时间、力大小的不同，风生波浪又可分为风浪、涌浪、混合浪等不同类别。

风浪是指在风的作用下，当空气与海水两种密度不同的流体之间发生相对运动时，在其分界面(海面)上产生的波动现象。风浪受风力等级与作用时间的影响，其波长、波高、周期等大小不定，波形杂乱无章，传播方向与风向大致相同。

涌浪是指风浪离开风区，传播至无风(或风力很小)区的波动现象，通常也可以指风浪所在风区的风速、风向突变后的波动现象。由于受到海水黏滞性与空气阻力的影响，以及波长、振幅、周期各异的不同波列在传播过程中的弥散作用和角散作用，涌浪的波高在传播过程中逐渐减小，但波长和周期仍会增长，因而具有传播速度快(波速与波长成正比)、传播距离长等特点。

混合浪是指既有风浪又有涌浪、多种波动系统相互叠加的复杂波动现象。由于海面上的不同风区往往相互交叠、错综复杂，且处于不断运动与变化的过程中，故混合浪是实际海平面上普遍的波动现象。

早期人类对波浪有一种惧怕心理，因为巨大的波浪会打翻行驶的船只、冲毁海岸上的建筑与工程设施等，往往随之而来的都是损失与灾难。随着对波浪运动的深入探究，人们逐渐找到掌控波浪、利用波浪的方法，使其携带的巨大能量能够为我们所用。于是，波浪能作为海洋能的一个重要组成部分应运而生。

波浪能是指海洋中波浪运动所携带的能量。在外力作用下，波浪的水团(由无数水质点组成)相对海平面发生位移，受万有引力的作用产生势能；波浪本身的运动又使其具有动能。因此，波浪所具有的能量是势能与动能之和，其大小与波浪的周期、波高及波面宽度等密切相关。海洋中，波浪能的蕴藏量巨大，且分布范围广，可成为海上偏远地区的可靠能量来源。此外，波浪能属于机械能，能量转化与利用相对简单，这保证了其良好的可开发性。

2. 潮汐与潮汐能

潮汐是指海水在太阳和月亮对地球的引力及地球自转的作用下产生的相对海平面的周期性垂直运动。潮流是指海水由于涨落而产生的相对海平面的周期性水平流动，其周期与潮汐周期一致。

“大海之水，朝生为潮，夕生为汐”，这是古人对潮汐运动规律的记载。海平面时刻都在运动之中，上涨为涨潮，涨至最高潮位面为高潮；下降为落潮，降至最低潮位面为低潮。一个太阴日(月球中心连续两次通过地球上同一经度线所需要的时间，为 24 h 50 min)内，有两次高潮时，较高的高潮为高高潮，较低的高潮为低高潮；同样，有两次低潮时，较高的低潮为高低潮，较低的低潮为低低潮。

潮汐的周期是指一个太阴日内相邻高潮、低潮之间的时间间隔。据此，潮汐可以分为半日潮、全日潮、混合潮三种类型。半日潮是指一个太阴日内有两次高潮和低潮，周期为半个太阴日(12 h 25 min)。全日潮是指一个太阴日内只有一次高潮和低潮，周期为一个太阴日(24 h 50 min)。混合潮是指既有半日潮也有全日潮，且二者分量相当。特别注意，若半日潮和全日潮同时存在，且以其中的一种潮型为主，则将其归为主要潮型。

潮汐的动力来源于太阳、月球与地球之间的相互作用力，即引潮力。太阳引潮力以 F_{st} 表示，是指太阳对地球的引力与地球自转时产生的惯性离心力的合力，其与太阳的质量 M_s 成正比，与太阳和地球的距离 r_s 的三次方成反比，即

$$F_{st} \propto \frac{M_s}{r_s^3} \tag{4.28}$$

月球引潮力以 F_{mt} 表示，是指月球对地球的引力与地球自转时产生的惯性离心力的合力，其与月球的质量 M_m 成正比，与月球和地球的距离 r_m 的三次方成反比，即

$$F_{mt} \propto \frac{M_m}{r_m^3} \tag{4.29}$$

太阳引潮力与月球引潮力之比为

$$\frac{F_{st}}{F_{mt}} = \frac{M_s}{M_m} \cdot \frac{r_m^3}{r_s^3} \tag{4.30}$$

$\dfrac{M_s}{M_m}=2.7\times10^7$，$\dfrac{r_m^3}{r_s^3}=1.7\times10^{-8}\left(\dfrac{r_s}{r_m}=390\right)$，则 $\dfrac{F_{st}}{F_{mt}}=0.46$。可见，虽然太阳的质量远大于月球的质量，但由于太阳和地球的距离同样也远大于月球和地球的距离，最终太阳引潮力还不到月球引潮力的一半，即潮汐的动力主要来自月球引潮力。

潮汐能是指潮汐中所携带的由引潮力做功而产生的能量。潮汐能主要分为潮汐势能和潮流动能两类，其中潮汐势能是指海水垂直海平面的涨落而产生的势能，潮流动能则是指由于海水的垂直涨落所形成的海水水平流动所具有的动能。海洋中，潮汐现象分布广泛，潮汐能储量巨大，是海洋能中又一种不可多得的清洁可再生能源。

3. 海流与海流能

海流又称洋流，是指海水因热辐射、蒸发、降水、冷缩等形成密度不同的水团，再加上风应力、地球自转偏向力、引潮力等作用而发生的相对稳定的大规模流动现象。海流是海水的普遍运动形式之一，全球海洋中有许多海流，每条海流终年沿着比较固定的路

线流动，就像人体的血液循环一样，把全球大洋联系在一起，并保持其各种水文、化学要素的长期相对稳定。

盛行风是海流的主要动力，海流按其形成原因和特性，可以分为很多类别：

(1) 由风的拖曳效应直接产生的海流称为风海流，也称为漂流。

(2) 由于海水密度分布不均匀而产生的海水流动称为密度流，也称为梯度流。

(3) 由于海水的连续性和不可压缩性，一个地方的海水流走了，相邻海区的海水就会过来补充，这样产生的海水流动称为补偿流，既有水平补偿流，也有垂直补偿流。

(4) 由于河川径流的入海，在河口附近的海区所引起的海水流动称为河川泄流。

(5) 海浪由外海向海岸传播至波浪破碎带破碎后，产生的由海岸向深水方向的海水流动称为裂流。

(6) 海浪由外海向海岸传播至破碎带破碎后，产生的平行于海岸运动的海水流动称为顺岸流。

(7) 伴随着潮汐运动而产生的潮流也是海流的一种。此外，如果海流的水温比到达海区的水温高，则称为暖流，一般是由低纬度流向高纬度的海流；反之，则称为寒流，一般是由高纬度流向低纬度的海流。

海流对海洋中多种物理过程、化学过程、生物过程和地质过程，以及海洋上空的气候和天气的形成及变化都具有十分重要的作用。

(1) 暖流对沿岸气候有增温增湿作用，寒流对沿岸气候有降温减湿作用。

(2) 寒、暖流交汇的海区，海水受到扰动，可以将下层营养盐类带到表层，有利于鱼类大量繁殖；两种海流还可以形成“水障”，阻碍鱼类活动，使鱼群集中，易于形成大规模渔场，如英国北海渔场和日本北海道渔场。

(3) 海轮顺海流航行可以节约燃料，加快速度；暖、寒流相遇往往形成海雾，对海上航行不利；海流从北极地区携带冰山南下，给海上航运造成较大威胁。

(4) 海流可以把近海的污染物质携带到其他海域，有利于污染的扩散，加快净化速度；与此同时，其他海域也可能因此受到污染，扩大污染范围。

海流能是指海流所具有的动能。相对波浪能而言，海流能的变化更平稳且有规律。一般来说，最大流速在 $2\ m \cdot s^{-1}$ 以上的水道，其海流能均有实际开发利用的价值。

4. 温差与温差能

辽阔的海洋本身是一个巨大的吸热系统，由于水具有较大的比热容，太阳辐射进入海洋后大部分都被海洋吸收，并以热能的形式长期储存于上层海水中。虽然被海洋吸收的太阳能中只有 15%左右转化为热能，但其量值不容小觑。由于受到海水低热传导率的制约，海洋中的热能随着深度的增加呈指数递减。尽管在赤道海域表层海水温度较高且几乎是恒温的，但是人们发现海洋中最有趣且最有价值的并不是表层海水的高温，而是表层与深层海水之间的温度差异，即温差。

主温跃层以上为暖水区，水温较高；以下为冷水区，水温梯度很小。在暖水区部存在一个温度垂直梯度很小且接近均匀状态分布的水层，称为混合层，也称均匀层，这是由暖水区表面因动力(风、浪、流等)和热力(蒸发、降温、增密等)导致强烈湍流混合所形成的。混合层的厚度随季节和海域的不同而变化，在低纬度海区其厚度较小，一般不超过 100 m。在冬季其厚度增加，在低纬度海区可达 150～200 m，中纬度海区甚至可向下伸展至大洋主温跃层。

海洋中除了有主温跃层，还有季节性跃层。在夏季，太阳辐射增强使得表层海水升温，因此在混合层下界可形成很强的跃层，称为季节性跃层；而在冬季，由于表层海水降温，对流过程增强，从而混合层深度增加，季节性跃层消失。高纬度海区中不存在永久性跃层，冬季海洋上层中甚至出现逆温现象，深度约为 100 m。夏季表层升温，在混合作用下，逆温层的顶部形成厚度较小的均匀层，在该均匀层的下界与逆温层的下界之间往往会形成“冷中间水”，这实际上是冬季冷水继续留存或平流等造成的结果。另外，海水温度在垂直方向上是层化状态分布的，并且随深度的增加，每层海水在水平方向上的差异逐渐减小，直到深层海水温度达到均匀分布的状态。

海洋中的温差能是由上层暖水与 1000 m 深度以下冷水之间的温度差异产生的，也就是说海洋热能转换过程是将表层暖水与深层冷水之间的温度差异转换为能量发电。温差能发电的优点是昼夜基本相同，冬、夏季之间变化较小，随时间的变化相对稳定，可以提供充足、稳定的电力，具有广阔的发展前景。除了发电，温差能还有其他应用，如饮用水的生产和空调制冷等。虽然温差能的能量密度与波浪能、潮汐能相比非常低，但其应用前景远远优于其他形式的海洋能。

5. 盐度与盐差能

地球上水资源丰富，总体积约 138 600 万 km^3，其中淡水(含盐量小于 0.5 $g \cdot L^{-1}$)仅有 3500 万 km^3 左右，占全部水资源的 2.53%。然而，即使是淡水，其中也含有很多物质，自然界中的液态纯水更是十分稀少。占地球总含水量绝大部分的海水中溶解了大量无机盐、有机溶质、气体及其他悬浮物质等。据测定，海水中含量最多的 11 种无机物质包含 5 种阴离子，分别是 Cl^-、SO_4^{2-}、HCO_3^-(包含 CO_3^{2-})、Br^-和 F^-；5 种阳离子，分别是 Na^+、Mg^{2+}、Ca^{2+}、K^+和 Sr^{2+}；1 种分子，即 H_3BO_3。在这 11 种化学物质中，Cl^-含量最高，约占 55.0%；其次是 Na^+，约占 30.6%，因此海水整体是咸中带苦的。海洋中的无机盐主要来源于海底火山喷发产生的盐类、海底岩石及沉积物溶解产生的盐类和陆地岩石风化产生的盐类。

盐度是指单位质量(一般为 1 kg)海水中所溶解物质的总量(单位为 g)，量纲为一，用于对海水中所含无机盐的浓度进行定量描述，是海水最基本、最重要的物化性质之一。海水中盐度的影响因素有很多，对于局部表层盐度，其影响因素主要有平流输送、盐分子通量的扩散、径流、降水与蒸发、结冰与融冰等；对于全球范围的海水盐度，其影响因素则仅主要是降水与蒸发、结冰与融冰。

全球海洋相互连通，是一个处于平衡状态的巨大生态系统。海水成分整体趋于稳定，其中溶解盐的总量变化很小，大部分海水的盐度在 34.60‰～34.80‰的狭窄范围内，因此海水盐度的精确测定需选用合适的方法与检测手段。简单地将一定量的海水蒸发干燥并称量来测定盐度的方法存在较大误差，这是因为在海水蒸发所需的温度下，某些受热不稳定的无机盐会发生反应，改变含量。海水实际含盐量的精确测定需采用化学分析法，主要有克纽森盐度、电导盐度和实用盐度等方法。与前两种测定方法相比，实用盐度彻底摆脱了对氯度的依赖，仅使用电导法就能进行测定，同时也不再受限于海水组分恒定性的理想假设，克服了海水盐度标准受海水成分变化的影响，使海水实际盐度的测定准确性进一步大幅提高。

虽然海洋整体盐度变化范围很小，但不可避免在局部存在差异，尤其是江河的入海口处，淡水与海水之间存在较大的盐度差。

盐差能是指盐度不同的两种溶液混合时所具有的化学电势差能，是一种化学能，具体表现为渗透压。当用只允许水分子通过的半透膜隔开两种盐度不同的溶液，如淡水和海水，淡水中的水分子透过半透膜向海水中的扩散速率大于海水中的水分子透过半透膜向淡水中的扩散速率，相互抵消后，整体表现为淡水中的水分子向海水中扩散，这种现象称为渗透过程。当半透膜两侧溶液的盐度相等，水分子的双向扩散相互抵消后，总扩散速率为零，即达到平衡状态时，渗透过程结束。渗透压是指施加在溶液液面上，且恰好能阻止渗透过程发生的额外压力。

盐差能的大小与渗透压和渗透水量成正比。理论上，淡水与海水之间的渗透压可达2.6 MPa，相当于240 m水柱产生的压力。由此可见，盐差能是海洋能中能量密度最大的一种可再生能源。

4.6.3 海洋能的储量与分布

1. 波浪能的储量与分布

从全球范围来看，波浪能的分布是不均匀的，具有区域性和季节性两个主要特征，即波浪能主要分布在高纬度海域，且秋、冬季波浪的能量较高(尤其冬季最高)，春、夏季较低。世界各地波浪能的能流密度一般为20～50 $kW \cdot m^{-1}$，较大的地区为50～70 $kW \cdot m^{-1}$，最高可达80～100 $kW \cdot m^{-1}$。早在20世纪70年代，有学者根据海上浮标的探测资料和海洋的船舶资料，评估了全球海洋的近岸波浪能分布情况，其中大西洋北部及东北部、苏格兰和爱尔兰西部海岸、北美西海岸、南美洲智利沿岸、澳大利亚南部海岸、南非西南部海岸等区域为波浪能富集区。

我国波浪能的分布同样是不均匀的，且由于我国拥有漫长的海岸线，这种不均匀性更为突出。

空间上，图4.49列出了我国沿岸不同省份的波浪能理论平均功率。从图中清晰可见，台湾省沿岸的波浪能资源最为丰富，理论平均功率可达4291 MW，约占全国总量的1/3；其次，第二梯队为浙江、广东、福建、山东等省份，其波浪能理论平均功率突降至1610～2053 MW；海南、江苏、辽宁、上海、河北、广西等省区的波浪能资源相对更少。

时间上，由于我国沿海受季风影响较大，故不同地区的波浪能功率密度随季节不同而明显变化，总体趋势与全球范围内的普遍规律一致，即秋、冬季总体较高，春、夏季相对较低。然而，东海的7～9月份和南海的5～8月份台风盛行，使得浙江及其以南地区在春末至夏末期间的波浪能资源也较为丰富。特别地，对于渤海、黄海沿岸的北隍城、龙口、千里岩，东海沿岸的台山、大陈，以及南海沿岸的西沙等波浪能功率密度整体较高的

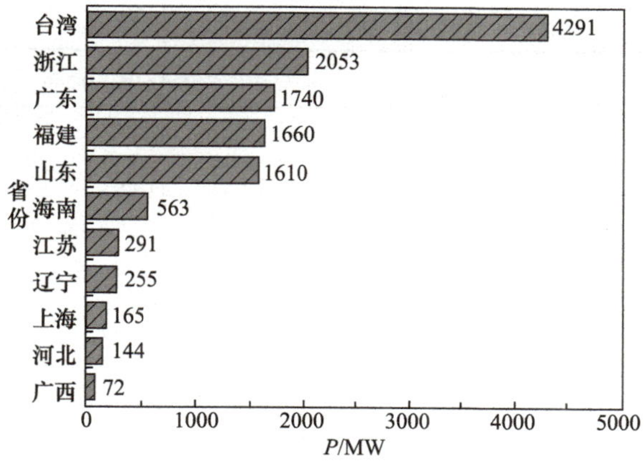

图 4.49　我国沿岸不同省份的波浪能理论平均功率

地区，其季节性特征更为突出。

此外，再来关注全国沿岸波浪能的能流密度分布情况。其中，台湾省、福建省海坛岛以北、浙江省中部、渤海海峡等地区波浪能的能流密度可达 5.11～7.73 $kW \cdot m^{-1}$；西沙、广东省东部、浙江省南部和北部等地区次之，为 3.63～4.05 $kW \cdot m^{-1}$；福建省南部和山东半岛南部沿岸较低，为 2.25～2.82 $kW \cdot m^{-1}$。需特别注意的是，我国沿岸波浪能的能流密度最高值还不及全球最高值(80～100 $kW \cdot m^{-1}$)的 1/10，而能流密度是评价一种能源是否具有可开采性及开采难易程度的重要指标之一，所以我国波浪能技术的研发与世界上某些国家或地区相比存在一定难度。

2. 潮汐能的储量与分布

全球具有丰富的潮汐能资源，但其能流密度很低。由于流体的动力学效果，在海湾、河口等喇叭状的特殊地形处，潮汐能才得以聚集，成为具有开采价值的能源。世界范围内，由于地理地貌的差异，潮汐能分布是不均匀的，如加拿大芬迪湾的最大潮差可达 17 m 左右，英国塞文河口的最大潮差约为 15 m，法国朗斯河口和俄罗斯鄂霍次克海品仁纳湾的最大潮差均可达 13.5 m 左右，这些地区的潮汐能资源能流密度较大，是潮汐能开发利用的优势地区；而在地中海、黑海等内海地区的潮差较小(不足 1 m)，潮汐能资源非常稀缺。

我国潮汐能总蕴藏量为 110 GW，其中可开发利用量约为 21 GW，每年可发电 5.80×10^{10} $kW \cdot h$，总量相当可观。但由于我国海岸线漫长曲折，地理地貌复杂，潮汐能分布不均匀。表 4.9 和表 4.10 分别为我国潮汐势能和潮流动能的分布情况。

表 4.9　我国沿岸潮汐势能分布情况

省份	装机容量/(10^4 kW)	年发电量/(10^8 $kW \cdot h$)	坝址/座
福建	1033.29	284.13	88
浙江	891.39	266.90	73
上海	70.4	22.80	1
辽宁	59.66	16.40	53

续表

省份	装机容量/(10^4 kW)	年发电量/(10^8 kW·h)	坝址/座
广东	57.27	15.20	49
广西	39.36	11.12	72
山东	12.42	3.75	24
海南	9.06	2.29	27
台湾	5.62	1.35	17
河北	1.02	0.21	20
江苏	0.11	0.06	2
全国	2179.60	624.21	426

表 4.10 我国沿海潮流动能分布情况

地区	水道数量/个	潮流类型	一般地区流速/($m \cdot s^{-1}$)	最大流速/($m \cdot s^{-1}$)	平均功率/(10^4 kW)	占全国百分比/%
渤海	—	半日潮	0.5～1.0	3.0	—	—
黄海	12	正规半日潮	1.0	4.0	230	16.5
东海	95	正规半日潮 正规全日潮	1.0～1.5	4.0	1100	78.6
南海	23	非正规半日潮 非正规全日潮	0.5	2.5	68	4.9

由表 4.9 可见，我国的潮汐势能主要集中分布在东海沿岸，其中以浙江、福建两省最为丰富且开发条件最好。以发电为例，浙江省的潮汐电站共有 73 处，装机容量约为 891.39×10^4 kW，年发电量约为 266.90×10^8 kW·h；福建省的潮汐电站共有 88 处，装机容量约为 1033.29×10^4 kW，年发电量约为 284.13×10^8 kW·h。两省合计装机容量约为 1924.68×10^4 kW，年发电量约为 551.03×10^8 kW·h，占全国潮汐发电总量的 88.3%。在浙江省、福建省内，潮汐势能的分布也是不均匀的，主要集中在大海湾内，如浙江省的三门湾和钱塘江口等，福建省的福清湾、兴化湾、湄州湾和三都湾等。

由表 4.10 可见，我国的潮流动能分布情况与不同地区的潮差情况相关。在我国东部和南部的四大海域中，东海沿岸潮流动能最丰富，占全国总量的 78.6%；其次是黄海，占全国总量的 16.5%；渤海和南海潮流动能资源相对匮乏，所占比重较低。有关研究提出，当某一海域的潮流流速大于 1.0 $m \cdot s^{-1}$ 时，则其具有可开发价值。在潮流动能资源最为丰富的东海海域，共有 95 个水道，主要以正规半日潮为主，一般地区的潮流流速范围为 1.0～1.5 $m \cdot s^{-1}$，最大流速可达 4.0 $m \cdot s^{-1}$。

综上所述，我国潮汐能的地域分布很不均匀，幸运的是，这种分布情况与我国沿海地区的能源需求正相吻合，即潮汐能最丰富的东南沿海地区正是我国经济发达、能耗量大、常规能源短缺、能源缺口最大的地区。潮汐能的开发利用将在一定程度上缓解这些地区的能源供不应求的矛盾。

此外，需要注意的是，我国潮汐能的能流密度在世界上仅属于中等水平。我国沿岸潮差最大的地区，如浙江省的钱塘江口、福建省的福清湾、兴化湾、三都湾等，平均潮差为 4～5 m，最大潮差为 7～8.5 m，仅为上面提到的加拿大芬迪湾、英国塞文河口、法国朗斯河口和俄罗斯鄂霍次克海品仁纳湾等世界上潮差最大的地区的一半，这也是我国潮汐电站单位装机容量投资较高的主要原因之一。

3. 海流能的储量与分布

全球范围的海洋中，海流能分布广泛。表 4.11 为全球四大洋中的主要海流分布情况。其中，世界上最著名的海流是湾流和黑潮。湾流，即墨西哥湾暖流，其规模非常宏大，宽 60～80 km，厚 700 m，总流量达到 7.4×10^7～$9.3\times10^7\ m^3\cdot s^{-1}$，大约相当于长江流量的 2600 倍，或黄河流量的 57 000 倍，超出陆地上所有河流总流量的 80 倍。黑潮是太平洋地区最强的海流，因水色深蓝而得名，相对于它所流经的海域来说具有高温、高盐的特征，故又称之为黑潮暖流，其流幅较窄，平均不足 190 km，厚度大约 800 m，在东海海域的平均流量约 $3.5\times10^7\ m^3\cdot s^{-1}$，相当于长江径流的 1000 倍。

表 4.11　全球四大洋中的主要海流分布情况

海流	所属大洋	地理位置
黄海暖流(黑潮)	太平洋	在东海东北部，济州岛以南，沿西北方向进入南黄海的流动
日本暖流(黑潮)	太平洋	沿中国台湾岛东岸、日本群岛南岸及东岸流动
北赤道暖流	太平洋	大体沿北纬 10°流动
北太平洋暖流	太平洋	平行于北纬 40°流动
阿拉斯加暖流	太平洋	沿阿拉斯加湾岸流动
千岛寒流(亲潮)	太平洋	源自白令海峡，沿堪察加半岛和千岛群岛南下
滨海寒流	太平洋	沿俄罗斯远东区滨海边区南部沿岸流动
加利福尼亚寒流	太平洋	沿北美洲西岸流动
赤道逆流(暖流)	太平洋	大体平行于北纬 5°～8°流动
棉兰老暖流	太平洋	沿菲律宾棉兰老岛东岸流动
南赤道暖流	太平洋	沿赤道南侧流动
东澳大利亚暖流	太平洋	沿澳大利亚东岸流动
西风漂流(寒流)	太平洋	平行于南纬 45°～50°流动
合恩角寒流	太平洋	沿火地岛西南岸流动
秘鲁寒流	太平洋	沿南美洲西岸流动
厄尔尼诺暖流	太平洋	南美洲秘鲁西北岸附近
墨西哥湾暖流(湾流)	大西洋	沿北美洲东南岸向北至北纬 40°附近
北赤道暖流	大西洋	平行于北纬 15°～20°流动

续表

海流	所属大洋	地理位置
圭亚那暖流	大西洋	沿南美洲东北岸流动
加勒比海暖流		沿安的列斯群岛向南流动
佛罗里达暖流		佛罗里达半岛东南海域
安的列斯暖流		沿安的列斯群岛向北流动
北大西洋暖流		从北纬40°附近向北至不列颠群岛北岸
伊尔敏格尔暖流		冰岛以南海域
西格陵兰暖流		沿格陵兰岛西南岸流动
拉布拉多寒流		沿加拿大拉布拉多半岛东北岸流动
加那利寒流		沿非洲西北岸流动
赤道逆流(暖流)		平行于北纬5°～10°流动
几内亚暖流		沿非洲几内亚湾岸流动
南赤道暖流		沿赤道南侧流动
巴西暖流		沿南美大陆东南岸流动
合恩角寒流		沿南美洲南端流动
马尔维纳斯寒流		由马尔维纳斯(福克兰)群岛向北流动
西风漂流(寒流)		平行于南纬42°～48°流动
本格拉寒流		沿南部非洲西岸流动
厄加勒斯暖流		沿非洲大陆以南海域流动
季风暖流	印度洋	印度洋北部赤道以北海域
赤道逆流(暖流)		平行于南纬5°流动
南赤道逆流		平行于南纬10°～15°流动
索马里暖流		沿索马里半岛沿岸流动
莫桑比克暖流		沿莫桑比克海峡的大陆沿岸流动
马达加斯加暖流		沿马达加斯加岛东岸流动
厄加勒斯暖流		沿非洲大陆东南岸流动
西风漂流(寒流)		位于南纬40°～50°
西澳大利亚寒流		沿澳大利亚西岸流动
挪威暖流	北冰洋	沿挪威西岸流动
北角暖流		沿挪威北岸流动
斯匹次卑尔根暖流		沿斯匹次卑尔根群岛西南、西岸流动
北冰洋寒流		沿北冰洋北极地区大陆架流动
东格陵兰寒流		沿格陵兰岛东岸流动
东冰岛寒流		沿冰岛东北岸流动

我国海流能能量密度高，可与世界上海流能资源最好的地区相媲美。我国沿岸有很多海峡、水道的海流流速很大，特别是浙江的杭州湾海区和舟山群岛海区的诸水道，最大海流流速可达 4 $m \cdot s^{-1}$ 以上，是我国海流能资源最丰富的地方，其能量密度与欧洲、北美洲的海流能能量密度最大的地区相当。根据对 130 个水道的统计计算，我国沿岸海流资源理论平均功率为 13 948.5 MW。海流能资源在浙江地区最为丰富，占全国总量的一半以上；其次是台湾、福建、辽宁等省份的沿岸，其海流能资源约占全国总量的 42%。

综合考量沿海能源密度、理论蕴藏量和开发利用的环境条件等因素，舟山海域诸水道的开发利用前景最好，如金塘水道(25.9 $kW \cdot m^{-2}$)、龟山水道(23.9 $kW \cdot m^{-2}$)、西侯门水道(19.1 $kW \cdot m^{-2}$)；其次是渤海海峡和福建的三都澳等，如老铁山水道(17.4 $kW \cdot m^{-2}$)、三都澳三都角(15.1 $kW \cdot m^{-2}$)。以上海区均有能量密度高、理论蕴藏量大、开发条件较好的优点，应优先开发利用。

4. 温差能的储量与分布

研究表明，全球海洋中的温差能储量非常丰富，具有巨大的开发利用价值和发展前景。温差能的分布与海洋温度的分布特征是紧密联系的。海洋表层温度主要是由太阳辐射的分布和大洋环流两个方面的因素共同决定的；同时各大洋表层温度之间也存在较大的差异，这种差异是由各大洋的形状、所处的地理位置和大洋环流等不同因素所造成的。

温差能主要广泛分布在两个热带地区之间，尤其以太平洋海域内分布最广，这是因为太平洋海域内表层海水温度最高，且其 66%的海域表层海水温度超过 25 ℃，同时 1000 m 水层处冷水温度在水平方向上相差不大。在非洲和印度海岸、美国热带西海岸和东南海岸以及加勒比海处，海水的表层温度都在 20 ℃以上，1000 m 深度处的温度为 4～7 ℃，表明这些海域蕴藏着非常丰富的温差能。

5. 盐差能的储量与分布

盐差能主要分布在江河入海口处，因为这里是淡水与海水交汇之处，存在较大的盐度差。从全球范围来看，江河中的淡水最终汇入海水的现象分布广泛，因而盐差能的储量很丰富。表 4.12 为不同种类海洋能资源的每年全球蕴藏量。可见，由于能量密度高，海洋中盐差能的理论储量远远大于海流能和潮汐能，是一种品质较高的可再生绿色能源。但目前有关海水盐差能的能量转换效率较低(小于 10%)，相关研究大多仍处于初级阶段，这极大限制了盐差能的实际开发与利用。

表 4.12 不同种类海洋能资源的每年全球蕴藏量

海洋能种类	理论蕴藏量/(TW · h)
波浪能	8 000～80 000
温差能	10 000
盐差能	2 000
海流能	800
潮汐能	300

由表 4.13 可见，我国沿岸盐差能资源的理论总功率约为 113.5 GW，但分布不均，主要集中在长江及其以南地区(占全国总储量的 94%)。其中，长江、珠江、闽江等河口地区的理论储量分列前三，分别约占全国总储量的 62%、19%、4%。然而，由于技术、资金等一系列原因，我国还未实现盐差能的有效转换与利用。

表 4.13 我国沿岸主要河口的盐差能储量

河流	省(自治区、直辖市)	理论储量/(10^{12} kJ)	理论功率/MW	总功率/MW
鸭绿江	辽宁	19.9	630	977
辽河		11.0	347	
滦河	河北	11.1	351	351
海河	天津	3.6	114	114
黄河	山东	104.7	3 320	3 320
淮河	江苏	54.2	1 718	1 718
长江	上海	2 214	70 220	70 220
钱塘江	浙江	70.9	2 250	4 200
瓯江		34.7	1 100	
椒江		16.2	513	
飞云江		10.6	337	
闽江	福建	134	4 250	6 279
九龙江		35.7	1 133	
交溪		16.0	506	
晋江		12.3	390	
珠江	广东	694.9	22 030	24 757
韩江		58.6	1 857	
漠阳江		14.6	462	
鉴江		12.9	408	
南流江	广西	12.8	406	406
浊水溪	台湾	11.1	352	352
南渡江	海南	14.3	455	849
万泉河		12.4	394	
—	全国	358	113 543	113 543

4.6.4 海洋能的利用方式与技术

海洋能虽然储量巨大，但因为能量密度较低、分布不均匀等问题而较难被有效利用。相比之下，近岸海域的海洋能具备较大的开发潜力，深远海域则由于其恶劣的环境使得海洋能的开发难上加难。此外，开发海洋能的设备建立在海洋中，海水长期的冲击、腐蚀和海洋生物的入侵都会对其造成或大或小的损坏，这又相应提高了对设备的研制和维护要求。

尽管如此，在世界沿海国家和地区的不断努力下，海洋能的开发利用取得了飞速发展，多项技术已进入商业化应用或规模化示范运行等阶段。海洋能的利用方式主要是发电，此外还有一些其他的利用方式，如利用波浪能供热、抽水、制氢及海水淡化，利用海流能助航等。下面详细介绍波浪能与潮汐势能发电技术，并简要概述其他类型的海洋能发电技术。

1. 波浪能发电技术

波浪能发电技术是指利用物体在波浪作用下的浮沉和摇摆，将波浪的动能和势能转换为物体的机械能，再通过发电机将物体的机械能转换为电能。相应的波浪能发电系统一般由受波与转换装置、发电装置两部分组成，其中发电装置与现有的发电机在工作原理、构造等方面都很接近，此处不再赘述；受波与转换装置又可细分为受波体与能量转换装置两部分。受波体的种类很多且形态各异，其作用是最大限度地吸收波浪能；能量转换装置则是将吸收的波浪能高效地转换为后续发电装置所需的某种形式的机械能。由于受波体与能量转换装置紧密相连，故通常又将二者统称为波浪能能量转换装置，它是整个波浪能发电系统中最重要的组成部分，也是区别不同波浪能发电系统的根本所在。

多年来，全球范围内的研究者紧跟波浪能发电技术的研发热潮，通过不断地设计重整与创新，研发出很多种不同固定方式、构造、受波体形态的波浪能发电系统。其中，最具商业化应用前景的波浪能发电系统主要有以下 5 类。

1) 振荡水柱式波浪能发电系统

如图 4.50 所示，振荡水柱式波浪能发电系统具有一个上端开口连接转换装置、下端开口浸入海水中的圆柱形管道，其中充满气体。当波浪来临时，海水的涌动导致管道内产生被强迫振荡的水柱；水柱的振荡使管道内的气体从上端开口逸出，经转换装置推动与发电机相连的转轴；转轴的转动促使后续的发电机发电，从而产生电能。

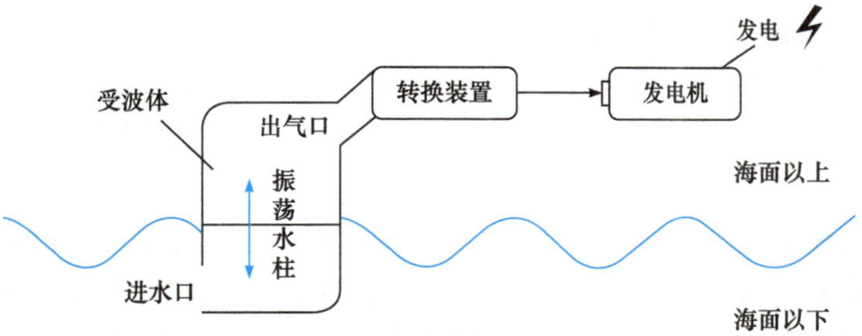

图 4.50 振荡水柱式波浪能发电系统示意图

根据应用区域的不同，此类发电系统又有漂浮式和固定(岸基)式之分。漂浮式振荡水柱波浪能发电系统用于宽广的海上，其底部携带重物，直接漂在海面上，形如用于导航的浮标。固定式振荡水柱波浪能发电系统一般建在波浪能资源丰富的海岸，其具有成本低、效率高、装机容量跨度大等优势，能够实现数十至数百千瓦的电力输出。

2) 摆轴式波浪能发电系统

如图 4.51 所示，摆轴式波浪能发电系统的受波体恰好位于波浪在浸入海水的装置内部所形成的立波的驻点处。当波浪来临时，海水的涌动将使其在驻点周围做往复运动，摆轴随之运动；摆轴的运动可通过与其相连的转换装置传递给后续的发电机；发电机运转，从而产生电能。

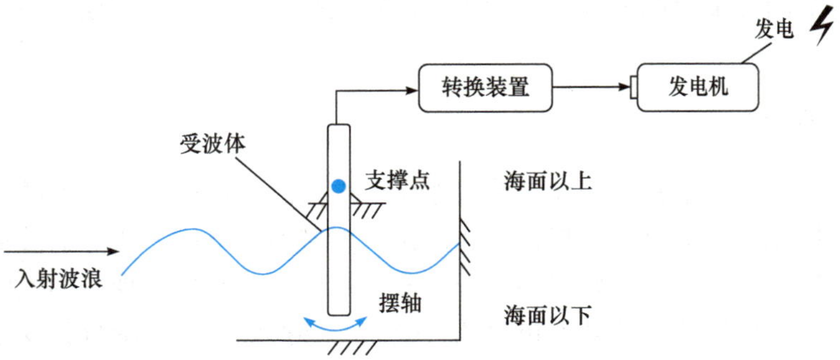

图 4.51 摆轴式波浪能发电系统示意图

浮式摆轴波浪能发电系统是此类发电系统中极具代表性的一种，其具有波浪能吸收效率高、抗风浪能力强、适于波浪水平动量大的情况等特点。英国 Aquamarine Power 公司研制出的 Oyster 装置是迄今最成功的代表之一。

3) 浮标式(振荡浮子式)波浪能发电系统

如图 4.52 所示，浮标式波浪能发电系统的受波体就是随波浪运动的浮标，其构造相对简单。当波浪来临时，海水的涌动使浮标得以吸收能量；浮标携带的能量可通过与其相连的转换装置驱动后续的发电机运转，从而产生电能。

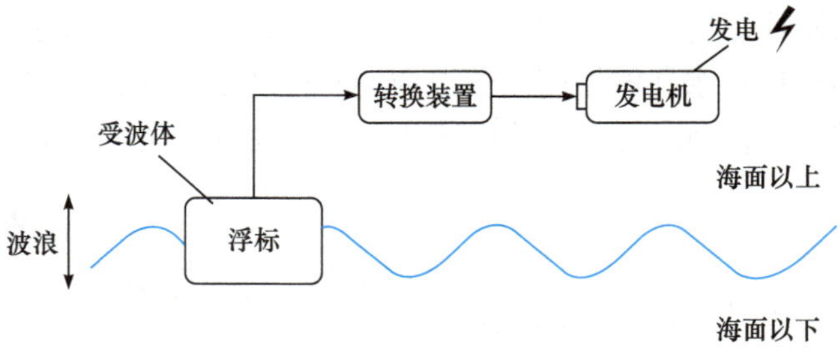

图 4.52 浮标式波浪能发电系统示意图

此类发电系统是在已有装置的基础上进一步优化而发展起来的，被看作是振荡水柱式波浪能发电系统的改进版，其最大的特点就是结构更加简单。随之而来的问题是，这种简化的结构在较大规模的波浪能发电系统中的实际效果不够理想。瑞典研制出的 Aquabuoy 装置是迄今具有代表性的一种浮标式波浪能发电系统，已于 2007 年在美国正式开始投入使用。

4) 收缩波道式波浪能发电系统

如图 4.53 所示，收缩波道式波浪能发电系统是在波浪能资源丰富的海岸上建设一个比海平面高的水库，从海平面到水库之间还有一个宽度逐渐缩小、高度逐渐攀升的水道，水道两侧的壁垒设计为成对的螺旋正交的曲面。当波浪来临时，涌入水道的海水在波聚作用下，其波高逐渐增大，到达水库时可以越过其侧壁，向水库中蓄水；水库内或出水口处设有水轮发电机，水库内的水的流动促使其运转，从而产生电能。

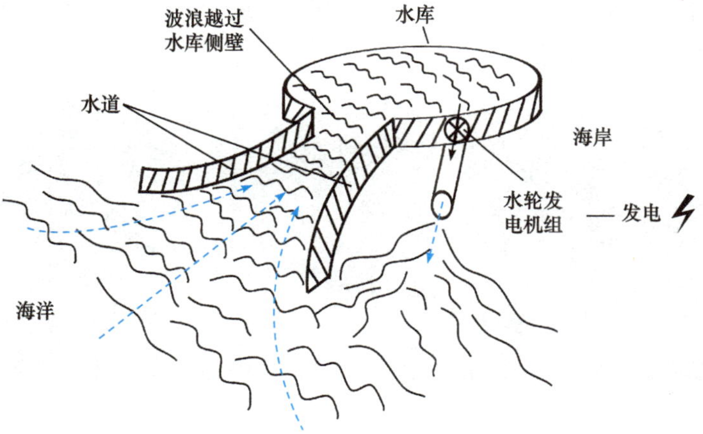

图 4.53　收缩波道式波浪能发电系统示意图

由于此类发电系统中没有活动的结构，其对于一级能量的吸收与转换相对更加稳定和可靠，当波浪较大时，这一点尤为突出。然而，这类装置也存在造价高、应用区域受限(只能在沿海岸地区应用)等较为明显的弊端。早在 1986 年，挪威的波能公司就在其建设的总容量为 350 kW 的沿海岸波浪能发电设施中采用了收缩波道式波浪能发电系统。此外，丹麦研制出的 Wave Dragon 装置是一种漂浮式的收缩波道波浪能发电系统，它可以随着波浪强度的变化自动调节水库的水位高度，从而更具灵活性。

5) 筏式波浪能发电系统

如图 4.54 所示，筏式波浪能发电系统主要由筏体、铰链、转换装置和发电机组成，一般需顺着海浪的方向布置。当波浪来临时，海水的涌动使筏体随之运动；筏体的运动通过转换装置传递给后续的发电机，促使其运转，从而产生电能。

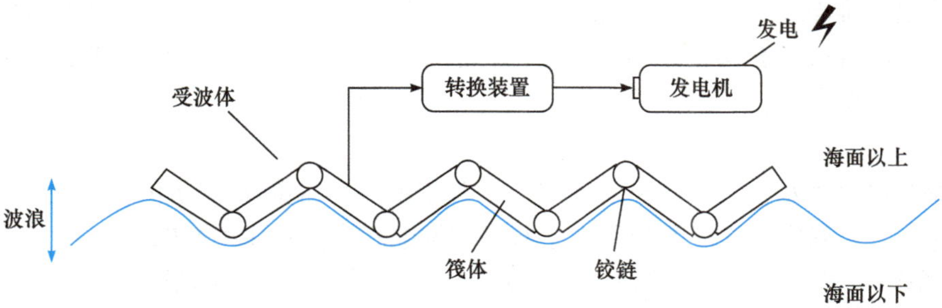

图 4.54　筏式波浪能发电系统示意图

此类发电系统由于其结构特点，即使当波浪很大时，筏体也仅产生较小的角位移，因而具有优异的抗风浪能力。迄今为止，最成功的筏式波浪能发电系统当属英国 OPD 公司研制出的“海蛇”波浪发电装置，由浮筒、连接单元和液压活塞三部分组成。为了收集不稳定的波浪能，需要波浪能发电装置通过两极能量转换将波浪能中的机械能转化为可以方便使用的电能。“海蛇”系统是近年来新兴的一种大功率波浪能发电装置，发电功率可达 750 kW，安装在距离海岸 2～10 km、水深大于 50 m 的海域。它的独特之处是将传统的厚重筏体替换为连接紧密的浮筒，在较大程度上提高了能量转换效率(图 4.55)。该装置目前已在美国、英国、日本、加拿大、葡萄牙、西班牙、印度、荷兰、丹麦等全球多个国家的沿海地区成功投入使用。

图 4.55　“海蛇”波浪发电装置实物图

引自：欧洲海洋能源中心有限公司(EMEC)

2. 潮汐能发电技术

与波浪能一样，潮汐能的主要利用方式也是发电。由于海洋的潮汐运动不仅带来了海水相对于海平面垂直运动而产生的潮汐势能，还带来了海水涨落导致其相对于海平面水平流动而产生的潮流动能，因而潮汐能发电技术可以分为潮汐势能发电技术、潮流动能发电技术及混合发电技术。其中，混合发电技术既能利用潮汐势能发电，也能利用潮流动能发电，但其设备更加复杂，且研究起步较晚，目前尚不成熟。下面详细介绍潮汐势能发电技术和潮流动能发电技术。

1) 潮汐势能发电技术

潮汐势能发电技术是指利用建造在河口或海湾处的水坝，涨潮时将海水拦截在水库中，落潮时将海水排出，潮涨、潮落的水位差所具有的势能推动水轮发电机组(水轮机和发电机的组合)运转，从而产生电能。潮汐现象的特点是海水流量大、呈现间歇性。因此，为了提高发电效率，获得稳定的电力输出，水库、水轮发电机组等设施或装置需具备特定的结构和工作方式。

a. 水库

水库有单库型水库和双库型水库之分，其中单库型水库又分为单库单向式发电和单库双向式发电，双库型水库又分为大小双库型发电和高低双库型发电。

(1) 单库单向式发电。如图 4.56(a)所示，单库单向式发电是指发电站只建一个水库，且只沿水流的一个方向(一般为落潮)发电。涨潮时，海水进入水库；落潮时，开启水库闸门，海水流出，同时驱动水轮发电机组运转，产生电能。

此种发电方式的建造及运行成本较低，但只能间歇发电，且间歇时间取决于潮汐的周期，这不利于电网的稳定运行。

(2) 单库双向式发电。如图 4.56(b)所示，单库双向式发电是指发电站只建一个水库，

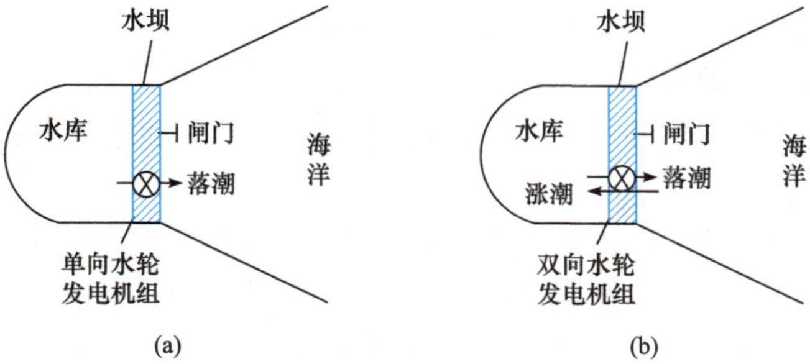

图 4.56 单库型水库单向(a)、双向(b)式发电示意图

沿水流的两个方向(涨潮和落潮)均可发电。涨潮时，海平面高于水库水位，海水进入水库，驱动水轮发电机组运转，产生电能；反之，落潮时，水库水位高于海平面，海水流出水库，驱动水轮发电机组反向运转，产生电能。

与单库单向式发电相比，此种发电方式可以大幅度延长发电时间，将电力较稳定地输入电网，但需要采用成本更高、结构更加复杂的双向水轮发电机组，且仍存在较短的发电间歇。

(3) 大小双库型发电。如图 4.57(a)所示，大小双库型发电是指发电站建设一大一小两个水库，大水库用于主要发电，小水库则在大水库的发电间歇期补充发电。涨潮时，大水库率先向水库中蓄水发电，此时小水库关闭，不发电；平潮期，大水库蓄满水处于发电间歇，小水库则开闸蓄水，补充发电；落潮时，大水库优先从水库中放水发电，此时小水库关闭，不发电；停潮期，大水库无水处于发电间歇，小水库则开闸放水，补充发电。

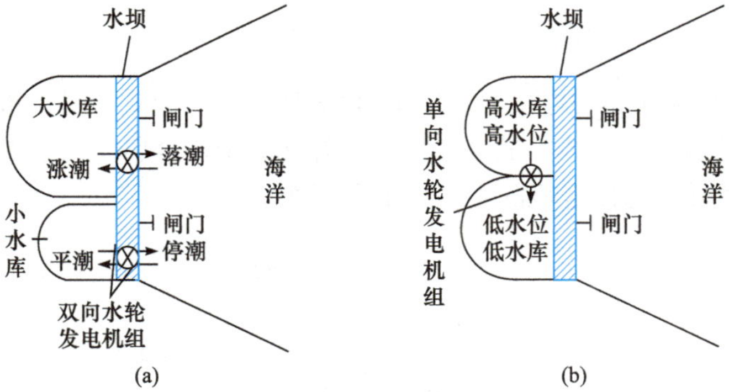

图 4.57 大小(a)、高低(b)双库型水库发电示意图

此种发电方式是在单库双向式发电的基础上进一步发展而来的，得益于小水库在大水库发电间歇时的补充发电，可以实现无间断的连续发电。正因为小水库是对大水库的补充，所以二者库容的相对大小是根据大水库的发电时间与间歇时间的比例确定的。

(4) 高低双库型发电。如图 4.57(b)所示，高低双库型发电是指发电站建设一高一低两个水库，且二者是连通的，水轮发电机组设在二者之间。涨潮时，高水库开闸蓄水，此时低水库关闭；落潮时，高水库关闭，以保持其高水位，低水库则开闸放水，以保持其低水位。通过这样的调节方式，无论涨潮还是落潮，高水库的水位始终高于低水库的水位，从而驱动二者之间的水轮发电机组源源不断地产生电能。

由于海水始终是从高水库流向低水库，所以此种发电方式采用与单库单向式发电相同的普通单向水轮发电机组即可，这有利于降低发电设备的建造与维护成本。

b. 水轮发电机组

除了水库，水轮发电机组也是潮汐势能发电站中的核心组成部分。在众多类型的水轮发电机组中，贯流式水轮发电机组由于具备结构紧凑、质量轻、占地面积小、比转速高、过水快、运行效率高等特点，被认为是适用于潮汐势能发电的优势机型。其工作原理是，当海水沿机组流道流经水轮机，水轮机旋转做功，进而直接或间接地带动发电机运转，产生电能。

贯流式水轮发电机组有全贯流式水轮发电机组和半贯流式水轮发电机组之分，其中后者又可分为灯泡式、竖井式和轴伸式等三种类型。

(1) 全贯流式水轮发电机组。如图 4.58 所示，全贯流式水轮发电机组是将发电机的转子直接与水轮机的转轮连接在一起，二者之间没有使用传动轴。这使整个机组的结构十分紧凑，不仅可以提高其运行稳定性，还可以减小占地面积，降低建造成本。

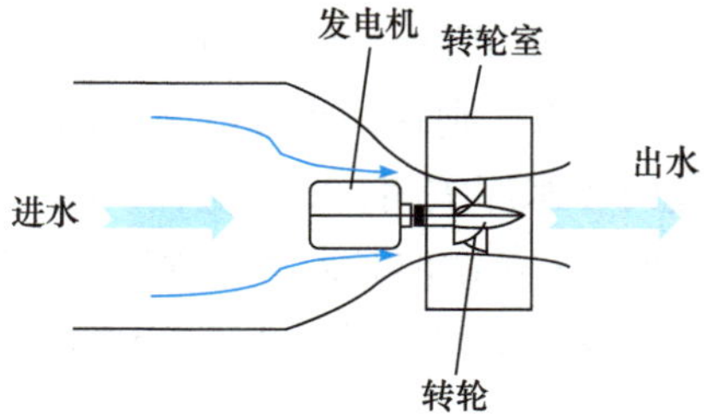

图 4.58　全贯流式水轮发电机组示意图

(2) 灯泡式半贯流水轮发电机组。如图 4.59 所示，灯泡式半贯流水轮发电机组是将发电机安装在机组流道中轴线上的一个形状像灯泡的密闭金属壳内，水轮机则安装在发电机下游侧，且其转轮与发电机的主轴承水平相连。

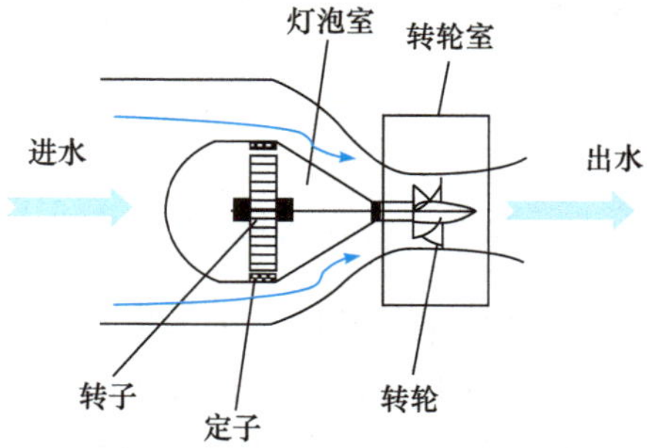

图 4.59　灯泡式半贯流水轮发电机组示意图

此类机组的核心部件沿机组流道中轴线对称配置，海水可以均匀地穿过机组，这保证了较快的过水速度及机组运行的稳定性。然而，由于金属壳是密闭的，不利于发电机的散热，这增加了机组检修维护的频率与难度。早在 1967 年，法国在建造朗斯潮汐势能发电站时就采用了灯泡式半贯流水轮发电机组，到目前为止此类机组的应用也较为广泛。

(3) 竖井式半贯流水轮发电机组。如图 4.60 所示，竖井式半贯流水轮发电机组是将发电机安装在一个由混凝土搭建的竖井中，水轮机则安装在竖井下方的机组流道内，二者通过皮带或齿轮相连。

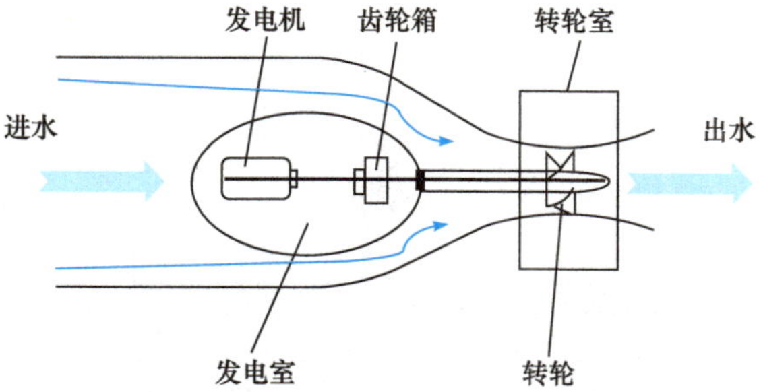

图 4.60 竖井式半贯流水轮发电机组示意图

此类机组的发电机安装在气体流通的竖井中，这有利于发电机的良好散热，同时这样的构造也保留了贯流式水轮发电机组所具有的结构简单、造价低等优点。然而，竖井与机组流道相交，这在一定程度上阻碍了海水的流通，从而导致此类机组的运行效率比较低。因此，这类机组一般只能用于小型的潮汐势能发电站，如位于我国福建省平潭县的幸福洋潮汐发电站中就配备了竖井式半贯流水轮发电机组。

(4) 轴伸式半贯流水轮发电机组。如图 4.61 所示，轴伸式半贯流水轮发电机组是将发电机安装在机组厂房的地面上，水轮机则安装在机组流道的进水口一侧，二者通过一根较长的轴相连。

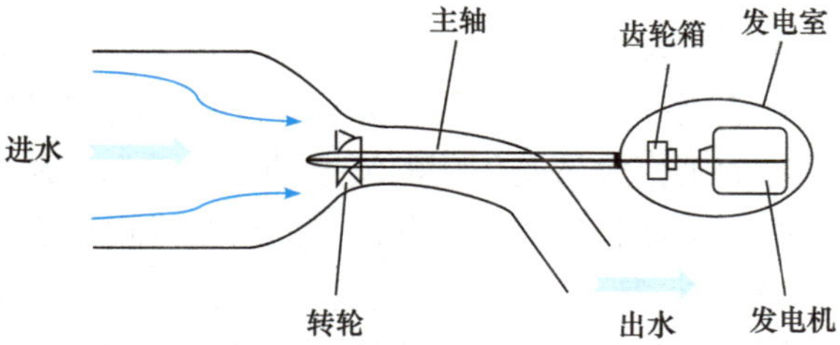

图 4.61 轴伸式半贯流水轮发电机组示意图

此类机组的流道是弯曲的，因而海水的流通在较大程度上被阻碍，这影响机组的运行效率；此外，水轮机与发电机之间的连接轴较长，这不仅进一步降低能量的传递效率，还导致机组的体积较大，不够轻便。基于以上原因，轴伸式半贯流水轮发电机组并没有在潮汐势能发电站中得到广泛的实际应用。

2) 潮流动能发电技术

潮流动能发电技术是指利用潮流运动中海水的流动直接驱动叶轮旋转或水翼摆动，进而带动发电机运转，将海水的动能转换为电能。由于发电装置在工作状态下大多浸没在海水中，叶轮等机械部件的转速较低，产生的噪声小，且无须建造水坝等大型土木工程，所以此类发电技术对海洋生物生存和海上交通运输的影响较小，具有良好的生态环境友好性。

潮流动能发电装置主要有水平轴式潮流动能发电装置、竖直轴式潮流动能发电装置、振荡水翼式潮流动能发电装置及其他新型潮流动能发电装置。英国 Marine Current Turbines 公司研制出的 SeaGen 装置是一种非常成功的潮流动能发电装置(图 4.62)。

图 4.62　SeaGen 发电装置效果图

引自：新快网(xkb.com.cn)

3. 海流能发电技术

海流能发电的原理和风力发电相似，几乎任何一个风力发电装置都可以改造成海流能发电装置。海流能发电装置主要有轮叶式、降落伞式和磁流式三种。

轮叶式海流发电装置的工作原理是利用海流推动轮叶转动，从而带动发电机产生电流；轮叶既有螺旋桨式的，也有转轮式的。降落伞式海流发电装置是由几十个串联在环形铰链绳上的“降落伞”组成，其中顺海流方向的“降落伞”依靠海流的力量撑开，逆海流方向的“降落伞”依靠海流的力量收拢，“降落伞”按顺序张合，往复运动，通过铰链绳带动船上的绞盘，绞盘的转动使发电机发电。磁流式海流发电装置是以海水为工作介质，使含有大量离子的海水垂直通过强大磁场，从而获得电流。总体来说，海流能发电的开发利用史还不长，发电装置还多处于原理性研究和小型试验阶段。

4. 温差能发电技术

温差能发电的基本原理是，利用海洋表层暖水为工质，或作为热源对其他低沸点工质加热，工质汽化驱动蒸汽涡轮机发电，然后利用深层冷水冷凝该蒸汽重新变为液体，进入新一轮的循环。根据所用工质和流程的不同，温差能发电技术可以分为三种类型，分别是开式、闭式和混合式。

开式循环又称闪蒸法、扩容法或克劳德循环，以温海水蒸气为工质，约 0.5%的温海水在真空室内瞬间蒸发。其基本原理是当真空室内的压力小于喷射海水的饱和压力时，温海水开始沸腾并产生蒸汽，蒸汽受热膨胀驱动涡轮机，进而带动发电机发电。开式循环系统只需海水与温海水蒸气之间进行热交换即可，不需要其他化学工质，结构相对简单；但其蒸气涡轮机尺寸较大，热效率低，且海水需要进行脱气处理，整个流程较为复杂。

闭式循环又称中间介质法，主要使用氨、丙烷、含氯氟烃等低沸点工质，具有更好的热工性能。该技术的基本原理是表层暖水进入蒸发器(热交换器)，使低沸点工质蒸发并产生高压蒸气，高压蒸气驱动涡轮机，进而带动发电机发电；乏汽进入冷凝器被冷凝后，又被泵抽回蒸发器进行新一轮的循环。闭式循环系统热效率高，涡轮机尺寸小，且容易进行工业化放大；但其蒸发器和冷凝器的体积大，设备维护难度增大且不能生产淡化海水。

混合式循环综合了开式循环和闭式循环的优点，既可以发电，也可以生产淡化海水。但其系统技术复杂，设备造价高，不适合大规模工业化的推广。

以上三种发电技术都属于朗肯循环，特点是换热结构简单，只由蒸发和冷凝两部分组成；但热效率大约仅有 3%，若考虑系统和机械的损耗，最终发电效率仅约 1%。为此，科学家又相继提出了 Kalina 循环和 Uehara 循环，虽然其热效率均高于朗肯循环，但同时系统结构也更为复杂，工程造价较为昂贵。

5. 盐差能发电技术

盐差能发电是将盐浓度差较大的液体(如淡水和海水)之间的化学电势差能转换为海水的势能，再通过海水的势能推动水轮机发电。盐差能发电技术主要有渗透压能法、反电渗析法、蒸汽压法和混合熵电池等。

渗透压能法又称盐差能法，其基本原理是自然地利用不同盐度的液体之间具有自发混合的趋势，将化学能转换为压力势能。盐度差越大，此种方法的效能越高。

反电渗析法又称浓淡电池法，其基本原理是采用阴、阳离子渗透膜隔开两种不同盐度的液体，阴、阳离子在膜两侧液体盐度差的作用下发生定向渗透，从而产生电流。

蒸汽压法的基本原理是利用相同温度下，不同盐度的液体之间产生的蒸汽压差促使空气流动，进而带动涡轮机转动发电。温度显著影响蒸发效应，温度越高，蒸发越强，且温度越高，发电功率也越高，故该方法更适合于气温较高的热带地区的盐差能开发利用。

混合熵电池的基本原理是利用不同盐度液体之间的盐度差提取能量，并以化学能的形式存储在电极材料中。该方法包含一个电化学可逆系统，正、负极通常分别选用钠锰氧化物、氯化银用于储存离子，电解质中的盐是反应物。

6. 水伏发电技术

水伏发电是指利用水伏效应从水中“捕电”，将水的波动能、蒸发能等无法直接使用或感知的能量转化为可用电能的新技术。据估算，地球上的水动态吸纳释放能量的年平均功率高达 60 万亿 kW，其中仅水的蒸发就达 40 万亿 kW。近年来，研究发现纳米功能材料与水具有原子级的相互作用，可有效提高能量转换效率，将水能持续转化为高达伏级的电能，这种现象称为水伏效应。水伏效应的发现开辟了水能利用的全新方向，未来能否解决其面临的功率密度低、转换效率低等问题是水伏发电技术走向应用的关键，目前尚处于研发初期阶段。

4.6.5 海洋能的发展现状、前景与挑战

波浪能利用是目前新能源开发领域的一大研究热点，新技术层出不穷，并逐渐走向成熟；世界上许多国家都在积极进行相关的科学实验研究和商业化应用示范。我国也投入了较大的研究力量，包括国家海洋技术中心、中国科学院广州能源研究所和中国海洋大学在内的众多研究机构都参与其中。1975 年投入 1 kW 的波浪能发电试验装置，2005 年建成集发电、充电和海水淡化功能于一体的波浪能独立发电系统。尽管迄今尚未实现大规模集中发电，但我国在该技术领域一直稳步发展，致力于逐步解决其采能效率低、能量转换不稳定、实际海域环境适应性差等一系列技术难题。

潮汐能利用是各种海洋能中发展最为成熟的，目前世界上已经有许多投入商业应用的潮汐能电站。加拿大安纳波利斯潮汐电站和法国朗斯潮汐电站是世界著名的潮汐电站。我国十分重视对潮汐能的开发利用，我国第一座单库双向型潮汐势能发电站——江厦潮汐电站于 1980 年投入运行。与潮汐势能相比，潮流动能发电技术的研究起步较晚。2016 年，我国自主研发生产的装机功率达 3.4 MW 的模块化大型潮流动能发电机组在浙江省舟山市岱山县下海安装，这标志着我国的潮流动能发电技术从试验阶段逐渐走向产业化。尽管发展最为成熟，但潮汐能的利用也存在较大的挑战性，主要体现在基建工程量大、造价高、对环境影响大、影响海上交通运输等。

海流能利用近年来发展迅速，正逐渐走向成熟。英国 MCT 公司于 2008 年建成了全球第一个商业化规模(1.2 MW 级)的海流能水轮机。目前，我国在海流能转换与发电系统的设计、性能分析方法的研究、关键技术的研发等方面取得了重要进展。哈尔滨工程大学、东北师范大学、浙江大学和中国海洋大学等自主研发了数千瓦至数十千瓦级的竖直轴式、水平轴式小型样机。总体评估，海流能利用的技术难度低于波浪能。我国虽然还没有一座商业化规模的海流能发电站入网，但随着安装维护、电力输送、防腐、载荷、安全等关键技术的突破，海流能发电将步入新的阶段。浙江省舟山群岛一带有世界上品质最高的海流能，这为我国海流能利用的研发注入了强大的动力。

温差能利用最早起源于法国科学家在 1881 年提出的“从海洋中获取热能”的设想。经过 100 多年的发展，美国和日本在该技术领域做出了一系列示范工程。1979 年，美国在夏威夷岛建成了世界上第一座净输出功率达 15 kW 的漂浮型温差能试验电站；1992 年，美国又建成了一个 210 kW 的陆基开式循环温差能发电站；1994 年，日本佐贺大学开发了以氨水混合物为工质的 Uehara 循环系统，大大提高了温差能发电的效率；1999 年，世界上第一座额定功率为 1 MW 的温差能发电试验系统在印度东南部海域成功运行；2015 年起，夏威夷岛的温差能发电站逐步并入美国电网。我国拥有丰富的温差能资源，但对于其开发利用滞后于发达国家。1986 年，中国科学院广州能源研究所研发出开式循环温差能转换试验模拟装置，实现了温差能到电能的成功转换；2004～2005 年，天津大学针对混合式温差转换系统开展研究，研发出 200 W 的小型氨饱和蒸气透平试验装置；2012 年，国家海洋局第一海洋研究所成功建成我国首个利用电厂蒸汽余热参与热循环中工质加热、功率达 15 kW 的温差能发电装置，用于原理模拟研究，填补了我国在该领域的空白。温差能利用的最大挑战是能量转换效率低，通常只有百分之几。若通过注入大量海

水的办法提高发电量，则需要较大的投资，造成较大的资源浪费。大型陆基发电设备也会对海岸的生态系统造成较大破坏，这也是温差能利用未来走向规模化需要面临的挑战之一。

盐差能利用经过多年的研发也取得了较大进展。挪威 Statkraft 水力发电公司于 2006 年建成了世界上第一座渗透压能电站，并于 2009 年正式投入运行，实际发电能力(约 5 kW)达到理论发电能力的 50%。加拿大、新加坡、韩国、荷兰等国家也在盐差能发电技术上取得了可观的研究进展。我国在该技术领域的研究起步较晚，于 1985 年研制出利用干涸湖盐差发电的试验装置，于 2008 年建成的盐差能电站的发电功率仅 2～4 kW。2018 年，我国研究人员开发出一种可大规模制备、能够实现 2.66 $W \cdot m^{-2}$ 发电功率的盐差能发电膜材料。作为海洋能中能量密度最高的一种可再生能源，盐差能极具研究价值与利用前景；然而，能量转换效率低、发电稳定性差、水的预处理及设备的维护成本高、对环境的影响较大等均是阻碍相关技术实用化进程的关键性难题。

总的来说，各种海洋能的开发利用目前虽然取得了较大进展，但仍存在或大或小的困难与挑战。充分发展海洋能这一类可再生的清洁能源，不仅可以在一定程度上缓解全球范围内的能源紧张局面，而且可以有效减轻并有望彻底解决化石燃料燃烧所带来的温室效应等环境问题。我国的海洋能资源丰富，但相关技术与发达国家相比存在较大差距，需要找准关键科学问题与技术瓶颈，加快研究进度，推动我国海洋能利用的跨越式发展。海洋能大规模利用的实现对我国的能源结构转型、海洋经济开发、海洋实力与海防力量的巩固提升均具有重要的作用与意义。

4.7 核　能

4.7.1 概述

核能是人类历史上的一项伟大发现。从伦琴发现 X 射线(1895 年)、贝克勒尔发现放射性(1896 年)、汤姆孙发现电子(1897 年)开始，后经居里夫妇先后发现放射性元素钋(Po，1898 年)和镭(Ra，1902 年)、爱因斯坦提出质能方程(1905 年)、卢瑟福发现质子(1919 年)、查德威克发现中子(1932 年)、哈恩发现核裂变现象(1938 年)，早期科学家的这些重大探索发现为核能的发展奠定了基础。1942 年，以费米为首的科研团队在美国芝加哥大学建成了世界上第一座人工核反应堆，标志着人类进入原子能时代。然而，核能最早被应用于武器研制，如原子弹和氢弹。直到 1954 年，苏联建成世界上第一座商用核电站——奥布灵斯克核电站，核能进入和平利用时期。由于其清洁、高效、能量密集等特点，尽管核能是一种发现较晚的能量形式，但却是人类最具希望的未来能源之一。

核能又称原子能，是原子核结构发生变化(裂变或聚变)时释放的能量。核裂变是指一个较重原子核分裂成两个或两个以上中等质量原子核的过程，有自发裂变(自行发生)和诱发裂变(外来粒子轰击下发生)两种分裂方式。核聚变是指较轻原子核聚合成较重原子核的过程。当原子核发生裂变或聚变时，会出现质量亏损，释放出巨大的能量。

核能的发展带动了与之相关的加速器技术、同位素制备技术、核辐射探测技术、核成像技术、核辐射防护技术的快速发展。技术的进步掀起了各国将核能用于军事、能源、工业、航天等领域的研发热潮。我国是一个能源消费大国，清洁能源的发展是必然之路。在《中国核能发展报告 2019》中，叶其蓁院士指出："三代核电的批量化、规模化建设，将推动核电经济性持续提升。自主掌握核心技术对我国更为关键，核科技发展仍需大力投入和协同创新。"由此可见，在我国的能源转型中，核能发电正迎来大发展时期，相关人才的培养与储备也将受到重视。

4.7.2 核反应与核能理论基础

1. 原子核与核能

如图 4.63 所示，原子由一个原子核与若干围绕原子核不断旋转的核外电子组成，是元素保持其化学性质的最小单位；原子核由若干紧密的核子(N)构成，而核子分为质子(p)和中子(n)，二者质量相近，分别为 1.007 276 u 和 1.008 665 u($1\ u=1.66\times 10^{-27}\ kg$)，质子带一个单位的正电荷，而中子不带电荷；核外电子(e)带一个单位的负电荷，质量为 0.000 549 u，比质子和中子的质量小得多。在原子中，原子核虽然很小，却几乎集中了原子的全部质量。不同原子的原子核中所含有的质子数和中子数不同，这决定了原子的种类与特性。原子核中，质子数又称为原子序数(Z)，质子和中子的总数称为质量数(A)。由不同质量数构成的原子核称为核素($^{A}_{Z}X$)。作为组成原子核的核子之一，中子因为呈电中性，不受核内质子所带正电的斥力，即不会发生电离。中子在原子核外自由存在时不稳定，通过衰变会转变为质子，其半衰期约为 12 min。在热中子反应堆内，瞬发中子的平均寿命期极短，仅为 10^{-4}～10^{-3} s，与自由中子的半衰期相比短得多，因此自由中子的不稳定问题在反应堆中可以忽略。此外，中子具有波粒二象性，即粒子性和波动性，在与原子核的相互作用过程中，有时表现为两个粒子的碰撞，有时又表现为中子波与核的相互作用。

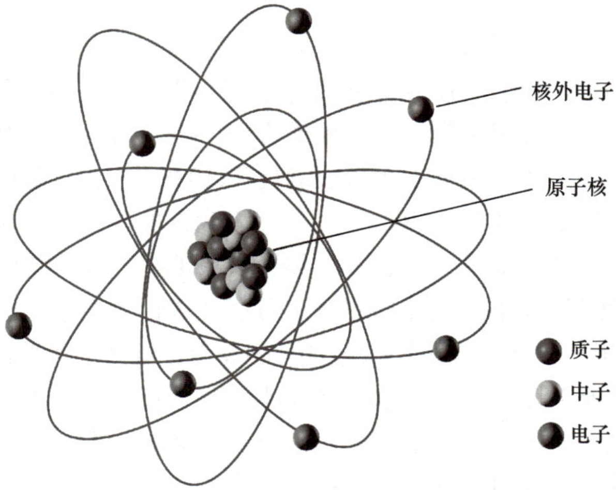

图 4.63 原子结构示意图

原子核中的质子数决定了原子序数，只要质子数相同的原子就被认为是同一种元素。同一种元素中，质子数相同而中子数不同的多种原子称为同位素。同位素的种类很多，目前已知的化学元素共有 100 多种，而同位素达到 1500 多种，其中约有 300 种是稳定的同位素，其余的 1200 种是放射性同位素。在同一种元素中，同位素的化学性质一致，因此一般不能用化学方法加以区分，而只能用物理方法或核物理方法。

铀(U)是核能应用中的一种重要元素，在自然界中共存在三种同位素，均具有放射性，其质量数分别为 234、235 和 238。表 4.14 列出这三种同位素所占比例及相应的原子量。

表 4.14　天然铀中的三种同位素比例和各自的原子量

质量数	百分比/%	同位素质量/u
234	0.006	234.11
235	0.712	235.11
238	99.282	238.12

在原子核内，除质子之间存在静电斥力外，核子之间相互也存在万有引力。由于核子的质量很小，故原子核内的万有引力可以忽略不计。此时，如果原子核内再无其他的相互作用力，那么比万有引力大 10^{37} 倍的静电斥力将使原子核中的质子分崩离析。而实际上，各种元素的原子核在自然界中之所以都能稳定存在，且质子之间、中子之间及质子与中子之间的结合都很紧密，是因为核子间还有一种比静电斥力强得多的吸引力，称为核力。核力是一种短程作用力，是目前已知的最强大的作用力。当核子之间的距离小于 1.4×10^{-13} cm 时，核力才会出现，且异常强大；一旦核子之间的距离超出核半径的范围，核力就会快速下降为零。只要距离合适，原子核中的核子之间都存在核力，这与核子是否带电荷无关。受限于作用距离，通常相邻的几个核子之间才存在核力。

一定数量的质子和中子紧密结合，形成一个新的原子核的过程中会发生质量亏损，即所形成的原子核的质量小于组成它的所有核子的质量。伴随着质量亏损，新原子核的形成过程中还会释放能量。根据爱因斯坦相对论中的质能方程，亏损的质量与释放的能量遵循以下关系：

$$\Delta E = \Delta mc^2 \tag{4.31}$$

式中，ΔE 为能量的变化(J)；Δm 为质量的变化(kg)；c 为真空中的光速($3.0\times10^8\ \mathrm{m\cdot s^{-1}}$)。

在原子物理学中，人们习惯用电子伏特(eV)表示能量。1 eV 表示带一个单位电荷的粒子自由地通过 1 V 电动势所获得的能量。根据电子电荷大小，可以得到 $1\ \mathrm{eV}=1.6\times10^{-19}\ \mathrm{J}$。

若打破一个原子核，将其中的每个核子分开，所需要的能量就等于质量亏损所对应的能量，称为原子核的结合能，即核能。对于所有已经精确测定了质量的元素，其结合能都可以计算出来，平均结合能等于总的结合能除以原子核的质量数。图 4.64 为不同原子核平均结合能与其质量数的关系，从中可以看出，除了个别的几个轻核以外，其他元素的平均结合能都较为接近；质量数在 90 左右的原子核具有最大的平均结合能，因而也最为稳定。核裂变能是指将质量数很大的原子核分裂成较小的原子核，由于质量亏损而释放出的能量；相对地，核聚变能是指将两个质量数较小的原子核结合成一个较大的原子核时，由于质量亏损而释放出的能量。由于轻核聚变比重核裂变的质量亏损更多，释放的能量也相应更大。

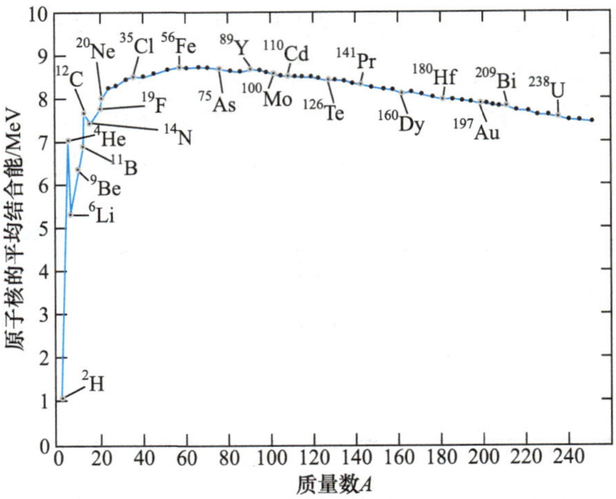

图 4.64　原子核平均结合能

引自：Encyclopædia Britannica, Inc.

2. 核放射性

自然界中，不能稳定存在的放射性同位素总是处在自发变化的过程中，一般以一定的速率不断地放出带电粒子并辐射能量，这种现象称为放射性衰变。当发生放射性衰变时，原子核放出一个 α 或 β 粒子，对应形成的新原子核如果不稳定，会继续发生衰变，这样经历一系列衰变后，最终形成一种稳定的原子核。

大多数情况下，当原子核发生放射性衰变后，产生的新原子核通常处于激发态，具有高于基态的过剩能量。这些过剩能量会在极短的时间内(约 10^{-15} s)以辐射(一般为 γ 射线)的形式释放出来，原子核随之到达基态。

原子核的放射性是指原子核不受外界影响，通过核辐射的方式自发地转换为另一种原子核的现象。深入分析原子核的结构与组成可以发现，当原子核处于稳定状态时，其核内质子数与中子数的比例必然在适当的范围内；而当这一比例超出与其质量数相对应的稳定界限时，原子核就将具有放射性，并向着更稳定的方向自发变化。

原子核的放射性衰变共有五种类型。

(1) α 辐射，原子核衰变过程中释放出 α 粒子(He 原子核)，转变为一种新原子核。α 射线的电离作用大，贯穿本领小。

(2) β 辐射，原子核衰变过程中释放出正电子流(e^{+1})或负电子流(e^{-1})。β 射线的电离作用小，贯穿本领较大。

(3) K 俘获，原子核“吸收”一个电子，核内的一个质子相应地转变为一个中子，原子序数减 1，而质量数不变。

(4) γ 辐射，原子核在衰变过程中释放出一种波长很短的电磁波，只有能量，无静止质量。γ 射线的电离作用小，贯穿本领大。

(5) 中子辐射，原子核裂变过程中释放出的中子流。

每一种放射性原子核都有其对应的衰变率。原子核的衰变率取决于核的种类，且为常数，人为无法改变。统计规律发现，对于特定的放射性核，其任一时刻的衰变率与其当时存在的原子个数成正比，遵循以下公式：

$$\frac{dN}{dt}=-\lambda N \tag{4.32}$$

式中，λ 为衰变常数；N 为某一时刻放射性原子核的数量。

对式(4.32)进行积分，可以得到

$$N=N_0e^{-\lambda t} \tag{4.33}$$

式中，N_0 为 $t=0$ 时刻，放射性原子核的数量；N 为 $t=t$ 时刻，剩余的放射性原子核的数量。

半衰期是指放射性原子核的数量衰减到其初始数量的一半时所需要的时间，通常用来表示放射性原子核的数量变化的快慢，即

$$\frac{N}{N_0}=e^{-\lambda t}=\frac{1}{2} \tag{4.34}$$

$$T_{\frac{1}{2}}=\frac{\ln 2}{\lambda}=\frac{0.6931}{\lambda} \tag{4.35}$$

不同种类的放射性原子核的半衰期长短不一，且差异巨大，如 $^{16}_{7}N$ 的半衰期是 7.3 s，而 $^{239}_{94}Pu$ 的半衰期是 24 000 a。

3. 核反应

核反应是指使原子核产生转变的反应。在核反应中，外来粒子称为入射粒子，被入射粒子轰击的原子核称为靶核，形成的新原子核称为剩余核，随之放出的粒子称为出射粒子。入射粒子可以是 α 粒子、质子、中子、氘核、γ 光子等；同时，出射粒子也可能是这些粒子。表 4.15 列举了经典的核反应方程。化学反应是指两种或两种以上原子的电子发生相互作用的过程。以 C 和 O_2 发生化学反应生成 CO_2 为例，在该反应中，C 原子的外层电子与 O 原子的外层电子通过化学键的形式相互结合，从而形成新的 CO_2 分子，自始至终 C 原子和 O 原子的性质并未发生变化。

表 4.15　经典的核反应方程

类型	可控性	方程式
α 衰变	自发	$^{238}_{92}U \longrightarrow ^{234}_{90}Th + ^{4}_{2}He$
β 衰变		$^{234}_{90}Th \longrightarrow ^{234}_{91}Pa + ^{0}_{-1}e$
人工转变	人为控制	$^{14}_{7}N + ^{4}_{2}He \longrightarrow ^{17}_{8}O + ^{1}_{1}H$ (发现质子)
		$^{4}_{2}He + ^{9}_{4}Be \longrightarrow ^{12}_{6}C + ^{1}_{0}n$ (发现中子)
		$^{27}_{13}Al + ^{4}_{2}He \longrightarrow ^{30}_{15}P + ^{1}_{0}n$ (发现放射性同位素)
		$^{30}_{15}P \longrightarrow ^{30}_{14}Si + ^{0}_{+1}e$ (发现正电子)
重核裂变	容易控制	$^{235}_{92}U + ^{1}_{0}n \longrightarrow ^{144}_{56}Ba + ^{89}_{36}Kr + 3^{1}_{0}n$
		$^{235}_{92}U + ^{1}_{0}n \longrightarrow ^{136}_{54}Xe + ^{90}_{38}Sr + 10^{1}_{0}n$
轻核聚变	难以控制	$^{2}_{1}H + ^{3}_{1}H \longrightarrow ^{4}_{2}He + ^{1}_{0}n$

由此可见，核反应与化学反应具有根本的区别。

(1) 能量变化方面，核反应吸收或释放的能量比化学反应吸收或释放的能量大得多。例如，一个铀原子核衰变放射出 α 射线的过程中所释放的能量比一个碳原子燃烧所释放的能量大 100 万倍。

(2) 反应本质方面，核反应只涉及原子核，与核外电子无关，而化学反应恰好相反。

(3) 反应率方面，原子核之间的核反应率相比于分子或原子之间的化学反应率小得多。这是因为原子核(半径约为 10^{-13} cm)比原子或分子(半径为 10^{-8}～10^{-7} cm)小很多，核与核相遇或碰撞的概率很小；即使两核相遇，它们彼此之间也要靠近到足够小(10^{-12} cm)的距离以内才能发生反应，这需要克服高达几百万电子伏特的巨大的排斥能。反观化学反应所需要的使核外电子发生相互作用的能量只不过是几电子伏特，即使是常温下，相互碰撞的原子或分子所具有的动能就足以满足。

要提高核反应率，就要为其提供足够的能量。

(1) 当温度升高到几百万度，就可以使原子核获得足够的动能来克服核子之间的静电排斥力。这种核反应称为热核反应，人为条件是很难达到的，一般发生在太阳等恒星上。热核反应是太阳能量的来源。

(2) 人为制造的核反应一般是指在实验室中，用回旋加速器等装置将某些轻核(质子、氘核或 α 粒子)加速到其动能接近几百万电子伏特甚至更高，再用其轰击其他原子核，从而发生核裂变反应。这是科学家研究核反应的主要手段。

根据不同的分类方法，可将核反应分为不同的类别。

(1) 按出射粒子的不同，可以分为核散射与核转变。核散射是指出射粒子与入射粒子相同的核反应；与之相对应，凡是出射粒子与入射粒子不同的核反应称为核转变。根据反应过程中系统的总动能是否守恒，又可将核散射分为弹性散射与非弹性散射。弹性散射时，入射粒子与靶核的动能之和等于出射粒子与新核的动能之和；非弹性散射时，入射粒子的动能部分被转换为新核的内能，新核因而处于激发态。

(2) 按入射粒子的不同，可以分为中子核反应、带电粒子核反应与光子核反应等。其中，带电粒子核反应通常是指质子、α 粒子、氘核等与重原子核之间的反应；光子核反应一般是由光子引起的。

(3) 按入射粒子所具有的能量大小，可以分为低能核反应、中能核反应与高能核反应。入射粒子的能量低于 50 MeV 的核反应称为低能核反应，出射粒子一般可达 3～4 个；入射粒子的能量为 50～1000 MeV 的核反应称为中能核反应；入射粒子的能量大于 1000 MeV 的核反应称为高能核反应。

(4) 按靶核质量数的大小，可以分为轻核反应、中等核反应与重核反应。靶核的质量数小于 25 的核反应称为轻核反应；靶核的质量数为 25～80 的核反应称为中等核反应；靶核的质量数大于 80 的核反应称为重核反应。

核裂变又称为核分裂，是指将重核(平均结合能较小)分裂成两个或多个中等核(平均结合能大)，从而释放能量的过程。重核裂变有自发与诱发之分，自发裂变的速率很慢，而在外来高能粒子轰击下的诱发裂变的速率较快，后者为核能的大规模利用提供了可能。核裂变的研究较早，目前已基本实现了大规模的人为可控，其关键在于链式反应。根据核反应方程，每个铀核裂变产生 2～3 个中子，这些中子继续轰击邻近的其他铀核，从而产生更多的中子；如此发展下去，裂变反应持续发生，且不加控制会更加剧烈。高能中子的数量决定了链式反应的强弱，这也是对核裂变实现人为可控的基础。当前的核能应用中，常用硼(B)、镉(Cd)、铪(Hf)等制成控制棒，利用其强的吸收中子的能力，通过位置移动控制反应体系中的中子数量。

核聚变，即热核反应，是指将轻核[如氘(^{2}H)、氚(^{3}H)，平均结合能较小]聚合成较重的原子核(平均结合能较大)，从而释放能量的过程。轻核要具备足够的动能去克服原子核之间的强静电斥力才能发生聚合，如此苛刻、不可控的反应条件为核聚变能的应用带来了严峻挑战。要实现受控的核聚变反应，至少需满足以下条件：①极高温度，氘核与氚核的聚变反应温度要达到 5×10^{7} ℃以上，此时物质全部电离，形成高温等离子体；②充分约束，即将高温等离子体维持相对足够长时间，以便充分发生反应。

4. 核反应堆

核反应堆是指可控链式反应发生的场所，又称为原子炉，是核能应用的核心装置。根据不同的分类方法，核反应堆具有多种类型。

(1) 按中子所具有的能量，可分为热中子堆和快中子堆。

(2) 按所采用的核燃料，可分为天然铀堆、浓缩铀堆、钍堆等。

(3) 按所采用的冷却剂，可分为气冷堆、水冷堆、液态金属冷却堆、有机介质冷却堆等。

(4) 按所采用的慢化剂，可分为石墨堆、轻水堆、重水堆等。

(5) 按核燃料的分布方式，可分为均匀堆和非均匀堆。

(6) 按反应堆的用途，可分为试验堆、生产堆、动力堆、供热堆。其中，试验堆是指用于基础科学研究与应用研究的反应堆；生产堆是指用于生产具有高的裂变或聚变反应性原料(如核武器装料氚、钚)的反应堆；动力堆是指主要用于发电和舰船动力的反应堆；供热堆是指用于大型供热源的反应堆。

不同类型的核反应堆，尽管在结构上存在很多不同之处，但都包括燃料、控制棒、冷却剂、慢化剂、反射层、热屏蔽体、自动控制与监测系统等基本组成部分。此外，从反应堆的用途来看，目前在实际应用中最重要的是动力堆。动力堆可分为以下四种。

(1) 轻水动力堆：是核电站中最普遍采用的反应堆类型。普通的水既是冷却剂，也是慢化剂。根据水是否沸腾，这里的轻水堆又可分为压水堆和沸水堆，其中前者在核电站中的应用多于后者。

(2) 重水动力堆：是用重水取代普通的水。与普通水相比，重水具有对中子的慢化性好、吸收概率小等特性，也正因如此，天然铀可作为重水堆的燃料。这种堆型受到了铀资源丰富的地区与国家的重视，在世界上所有的核电站中，其比例约为 4.5%。

(3) 气冷动力堆：是指以气体为冷却剂、石墨为慢化剂的反应堆类型。该类堆型共经历了三次大的改进，主要是燃料由天然铀到低浓缩铀、再到高浓缩铀的转变，冷却剂由二氧化碳(CO_2)到冷却能力更强的氦(He)的转变；经过不断发展，堆芯气体冷却剂的出口温度由 400 ℃提高到 800 ℃。目前，气冷动力堆的应用比例还远远不及轻水动力堆，仅占 2%～3%。

国际著名核能科学家、清华大学王大中院士主持研究、设计、建造了世界第一座 5 MW 壳式一体化低温核供热堆并运行成功；主持研发建成了世界第一座具有固有安全特征的模块式 10 MW 高温气冷实验反应堆(图 4.65)，并积极推动以上两种先进反应堆技术的应用。他带领产学研联合团队实现了我国高温气冷堆技术从跟跑、并跑到领跑的整体发展过程，为我国在先进核能领域逐步走向世界前沿奠定了重要的技术基础。

图 4.65　10 MW 高温气冷实验反应堆外景

引自：清华大学新闻网

(4) 快中子增殖动力堆：是指采用能量较大的快中子作为轰击源的反应堆类型。与上述采用热中子作为轰击源的动力堆相比，其主要特征是堆芯中无须加入慢化剂。由于结构紧凑、体积较小，该类堆型的功率密度是轻水动力堆的 4～8 倍；快中子堆能够提取出铀中更多的潜在能量，大约是热中子堆的数十倍。然而，有利必有弊，该类堆型的传热问题显著，因而常使用液态金属(如钠)作为冷却剂；且技术复杂、应用难度大，在各种堆型的核电站中仅占约 0.7%。

4.7.3　核能的利用方式与技术

最初，核能主要应用于原子弹、氢弹等破坏性极强的核武器。1957 年，国际原子能机构(IAEA)正式成立，专门致力于和平利用核能。经过几十年的研究与开发，核能及相关技术已应用于社会的各个领域，如发电、供热、海水淡化、制氢等，促进了人类社会的发展与进步。

1. 核能发电

核能最主要的利用方式是发电。目前我国的主要发电方式仍为火力发电，而核能的热值是燃煤的 270 万倍(1 kg 铀核全部裂变可释放出相当于 2700 t 煤完全燃烧所释放的能量)。将核能用于发电，可以显著降低成本，缓解化石能源枯竭、环境污染严峻等问题。因此，世界各国都非常重视核电的发展。

与火力发电站相同，核电站也是先将热能转换为机械能，再进一步转换为电能；两种发电方式的本质区别在于热源的不同。核电站主要由核岛和常规岛两大部分组成。核岛是指安全壳内的核反应堆，以及与其有关的所有系统的总称；常规岛主要是指汽轮发电机组，以及其配套设施的总称。以动力堆中主要的轻水堆为例，核岛的主要功能是利用核裂变释放的能量产生蒸汽；而常规岛的主要功能是将蒸汽携带的能量转换为汽轮机的机械能，进一步带动发电机运转，产生电能。

前面提到，轻水动力堆有压水堆与沸水堆之分，且压水堆的应用多于沸水堆。我国自主设计和建造的第一座核电站——秦山核电站，采用的就是压水反应堆。截至 2021 年 10 月 31 日，我国大陆地区共有核电机组 71 台，其中运行机组 52 台，在建机组 19 台(表 4.16)。

表 4.16 中国大陆地区核电厂分布情况(数据来源于国家核安全局)

核电站名称	省份	运行	在建	堆型
徐大堡核电厂	辽宁	0	2	压水堆
红沿河核电厂	辽宁	5	1	
国和一号示范工程	山东	0	2	
海阳核电厂	山东	2	0	
田湾核电厂	江苏	6	2	
秦山核电厂	浙江	1	0	
秦山第二核电厂	浙江	4	0	
方家山核电厂	浙江	2	0	
三门核电厂	浙江	2	0	
三澳核电厂	浙江	0	2	
宁德核电厂	福建	4	0	
福清核电厂	福建	5	1	
漳州核电厂	福建	0	2	
太平岭核电厂	广东	0	2	
岭澳核电厂	广东	4	0	
大亚湾核电厂	广东	2	0	
台山核电厂	广东	2	0	
阳江核电厂	广东	6	0	
防城港核电厂	广西	2	2	
昌江核电厂	海南	2	2	
昌江小堆示范工程	海南	0	1	
石岛湾核电厂	山东	1	0	高温气冷堆
秦山第三核电厂	浙江	2	0	重水堆
合计		52	19	

下面对压水堆和沸水堆两类轻水堆核电站进行详细介绍。

(1) 如图 4.66 所示，压水堆核电站主要由一回路系统、二回路系统和相应的辅助系统组成。压水堆核电站之所以被广泛应用，是因为其具有技术成熟、基建投资低、安全性好等诸多显著的优势。

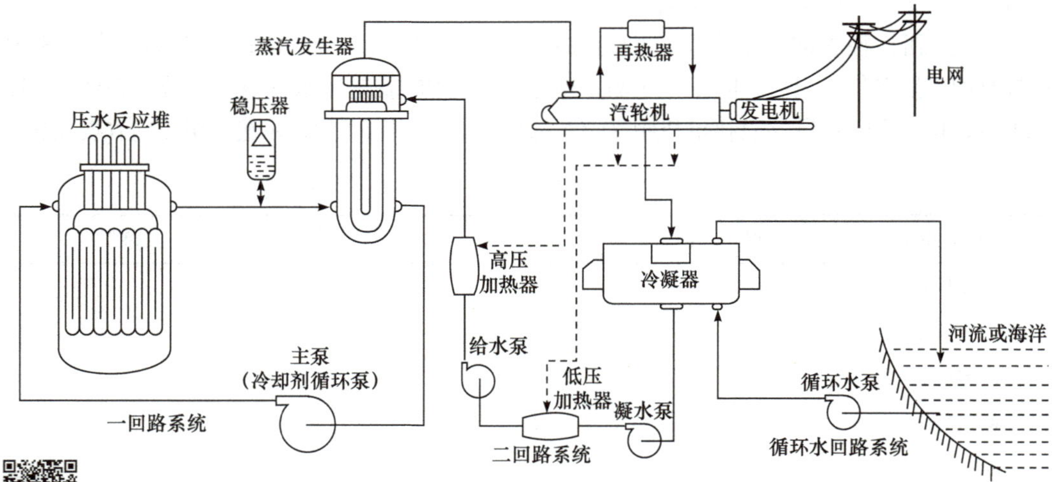

图 4.66 压水堆核电站主要系统原理流程

一回路系统主要包括压水反应堆、稳压器、蒸汽发生器、主泵和连接管道。压水反应堆的主体是耐高压的容器、置于其中的堆芯、控制棒及其驱动装置；冷却剂从容器的进口(左侧)流入，经环形通道向下，通过流量分配器后进入堆芯，吸收链式反应释放的能量后，从容器出口(右侧)流出；控制棒在驱动装置的作用下上下移动，控制反应强度。从反应堆容器流出的冷却剂流经稳压器后，进入蒸汽发生器，通过传热管将热量传递给二回路系统。主泵的作用是维持一回路系统中的冷却剂流动，实现循环往复。

二回路系统主要包括蒸汽发生器、汽轮发电机组、冷凝器、凝水泵、给水泵、加热器和连接管道。管路中的水进入蒸汽发生器，吸收从一回路系统中传递而来的热量后变为蒸汽；携带能量的蒸汽进入汽轮发电机组，使其运转，产生电能；乏汽进入冷凝器，变为液态水，后经低、高压加热器加热后，重新回到蒸汽发生器。凝水泵和给水泵的作用与一回路系统中主泵的作用一致。

(2) 如图 4.67 所示，沸水堆核电站与压水堆核电站有很大不同，这主要是由于沸水反应堆与压水反应堆存在根本性的区别。

沸水反应堆的主体是钟罩形的耐压容器和其内部的堆芯、控制棒、汽水分离器、蒸汽干燥器等；水在吸收堆芯内核裂变释放的热量后沸腾，生成汽水混合物，经分离和干燥后，以低湿度(≤0.5%)的饱和蒸汽的形式被送往汽轮机。饱和蒸汽进入汽轮发电机组，其携带的能量最终转换为电能，并入电网。乏汽经冷凝器变为液态水，经加热器加热后，与发电过程中分离出来的水一起，在各级泵的作用下返回反应堆内，实现循环往复。

与压水堆核电站相比，沸水堆核电站具有其独特的优点，如反应堆中的再循环泵可以调节并均匀水的流量，使热量的吸收更加充分；反应堆内直接产生蒸汽，使耐压容器承受的压力较小，且反应堆外也无须蒸汽发生器；电站整体系统较为简单、设备较少等。然而，沸水堆核电站也存在一些劣势，如堆芯比功率较小，堆内其他设备较多，导致反应

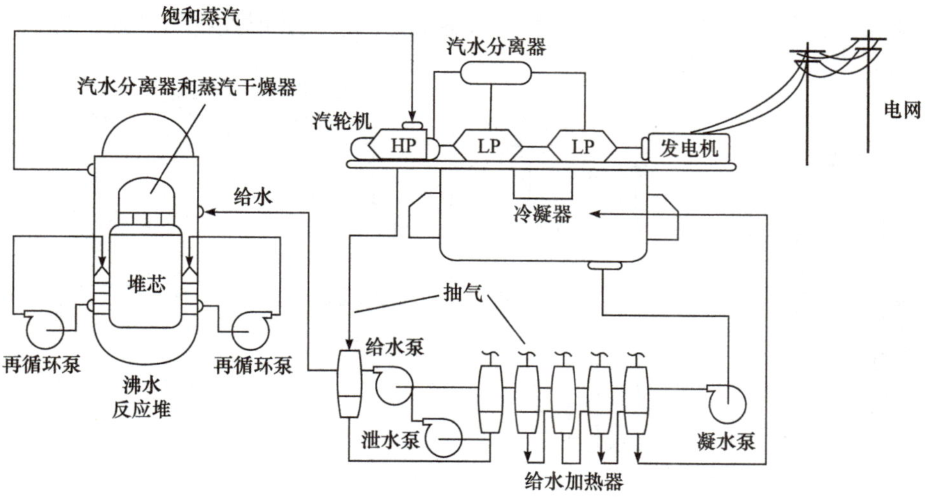

图 4.67　沸水堆核电站主要系统原理流程

堆所需燃料较多、体积较大；堆内顶部汽水分离器、蒸汽干燥器的存在，使控制棒只能从堆芯底部自下而上插入，这不利于应对紧急停堆等突发情况；饱和蒸汽具有一定的放射性，增加了汽轮发电机组等下游设备的运行与维护难度。

2. 核能供热

我国北方地区的冬季必需品是热力生产及供应。燃煤产热是主要的供热方式，每年的煤炭消耗量高达 5×10^8 t；煤炭的大量燃烧，导致大气污染物排放总量高居不下。据统计，我国北方地区 70%的城市在冬季的空气质量达不到环境质量标准，雾霾天气频发，对人们的日常生活、身体健康和交通运输等都产生了严重影响。为了缓解这一问题，我国推行“煤改电”“煤改气”工程，但这会一定程度上加重电网负担、加速天然气资源消耗。

与上述供热方式相比，核能供热具有广阔的发展前景。

(1) 核能供热低碳清洁、环保效益明显。以一座 400 MW 的供热堆为例，每年可替代 3.2×10^5 t 的燃煤，减少排放二氧化硫 5000 t、二氧化碳 6.4×10^5 t、烟尘颗粒物 5000 t、氮氧化物 1600 t。

(2) 核能供热经济适用。核能供热价格与燃煤供热、地热供热价格相当，远低于电供热、燃气供热价格；以核能供热替代燃煤供热，每年仅运输成本和碳税就可节约数千万元；核能供热堆运行寿命长，一般可达 60 年。

(3) 核能供热技术足够成熟、安全可靠。1964 年，瑞典首先将核能用于民用供热，从此核能供热技术在全球范围内得到快速发展。目前，我国也已建成 10 余座核能供热反应堆，累计安全运行近 500 堆年(反应堆正常运行一年)。

核能供热主要采用低温核反应堆，其工作原理如图 4.68 所示。核能供热堆仅用于供热而不用于发电，一回路系统的运行参数较低，提高了系统安全性，且使核能发电产生的废弃核燃料的再利用成为可能。俄罗斯将发电反应堆的废弃核燃料成功用于供热反应堆，稳定运行 10 000 h 以上。在低温核供热堆中，热媒采用自然循环，避免了强制循环易造成的复杂甚至危险情况。为了保证热用户不受核辐射的威胁，低温核供热站往往采用三回路系统，使二回路压力总是低于三回路压力，避免放射性物质进入供热管网内。

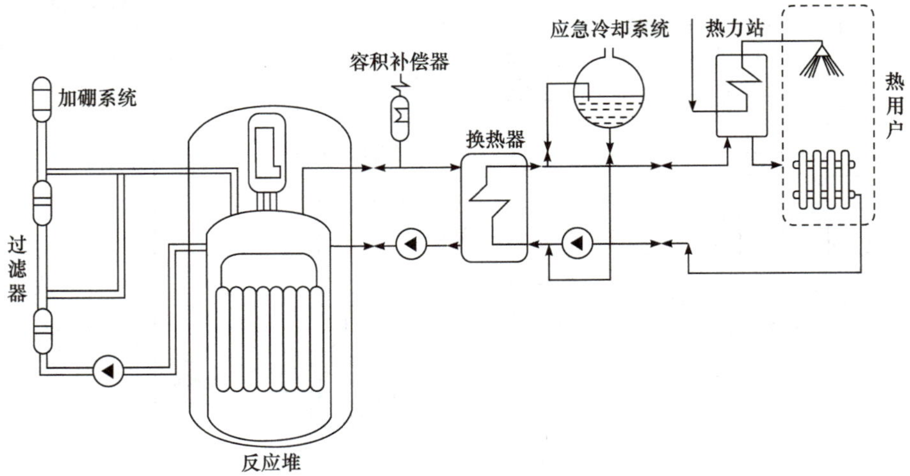

图 4.68 低温核反应堆供热原理流程

3. 核能淡化海水

淡水资源对于人类社会的生存和发展至关重要，海水淡化是获取淡水最主要的途径之一。目前，世界上有 13 000 多座海水淡化处理厂投入运行。高能耗是海水淡化所面临的关键问题，从环保和可持续发展的角度来看，发展基于核能的海水淡化技术具有较为光明的前景。

海水淡化是指利用蒸发、膜分离等手段，将海水中的盐与水分离，从而获得低含盐量淡水的技术。其中，多效蒸馏法、反渗透法和多级闪蒸法是实践所检验出的、被普遍认为适用于大规模海水淡化的技术。这些海水淡化技术都是以电能驱动，基于核能发电技术已较为成熟，因此可将海水淡化技术与发电核反应堆进行耦合。这一理念在全球多个国家得到了实践，取得了不错的效果，图 4.69 为依托现有核电站的海水淡化技术原理示意图。

自 1987 年以来，国际原子能机构就已经关注到了核能在海水淡化方面的潜力，并组织相关国家在技术及经济可行性等层面进行攻关。目前，已经得到实践验证的核能淡化海水技术主要有两种：①利用核电站的低温蒸汽作为能量来源，用于海水淡化；②基于城镇居民对淡水及热能的同时需求，将基于核能的海水淡化技术与供热技术进行耦合，实现核能最大程度的有效利用。

4. 核能制氢

氢气是一种高能、清洁的二次能源，可直接用作燃料；也是一种重要的工业原料，可大规模用于合成甲醇、合成氨、石油精炼及冶金等化工领域。制氢是指从含有氢元素的物质中提取氢气的过程。与海水淡化相同，制氢过程的高能耗使发展核能制氢成为氢能发展的新道路。

高温气冷堆具有高出口温度、固有安全性和功率合适等优点，被认为是最适合用于核能制氢的核反应堆型之一。图 4.70 为利用核能制取氢气的技术路线。以高温气冷堆产

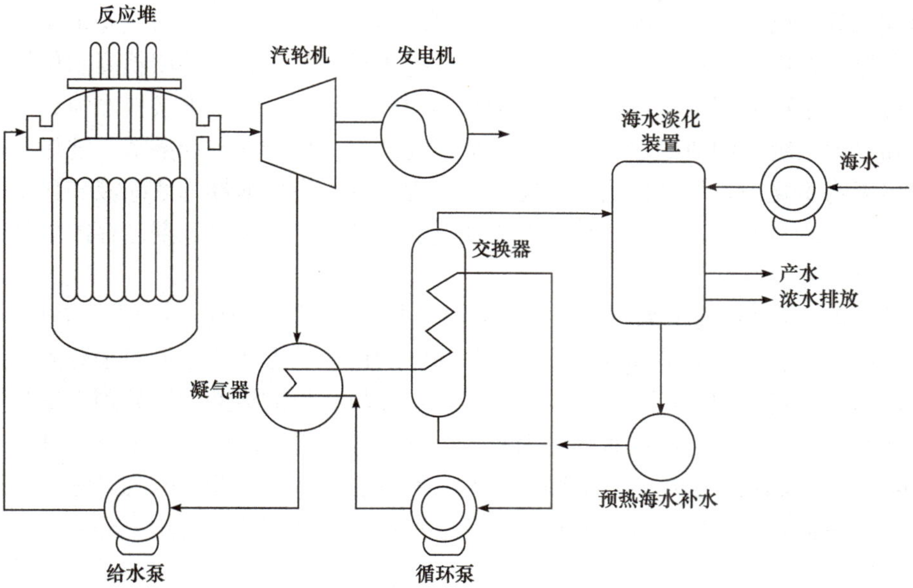

图 4.69 依托现有核电站的海水淡化技术原理示意图

生的热量作为热源，取代化石燃料燃烧，可为烃类重整提供足够的辅热，从而制取氢气。为提高核能利用率，可将核能发电技术与成熟的电解水制氢技术相结合，如核电站产生的过剩电力需要消纳时，将其用于电解水制氢。目前，在研发的主流核能制氢技术主要是高温蒸汽电解水制氢和高温热化学循环分解水制氢(碘硫循环和混合硫循环)。

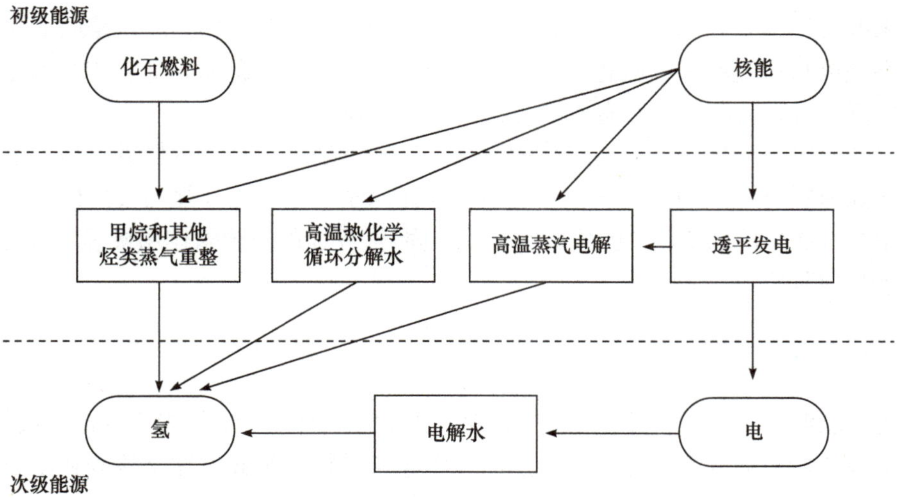

图 4.70 核能制氢技术路线

5. 核废料处理

在核能的研究和利用过程中，实验室和工厂都会产生一些具有不同程度放射性的气态、液态、固态的核废料，称为“三废”。废气主要是含氢废气和含氧废气，含氧废气来自与大气连通的容器；含氢废气来自装有反应堆冷却剂的容器、核岛疏水排气系统的反应堆冷却剂等。废水可分为可复用废水和不可复用废水，可复用废水主要来源于一回路温度升高导致的冷却剂扩容或一回路稀释时的排水，以及在容积控制箱高水位情况下下泄流的排水；不可复用废水主要来自化学和容积控制系统、反应堆换料水池、乏燃料水池冷却和处理系统等的泄漏水、疏排水、地面冲洗水、化学废水和淋浴、洗涤等公用废水。固体废物主要来自放射性回路的废树脂、废滤芯、高放射性的浓缩液和化学废水以及其他杂项核废料。这些放射性废物需要经过妥善处理，以确保长期储存的条件下不会转移到生物环境中。

对“三废”的处理通常采用多级净化分离、去污、压缩、固化后掩埋等方法。核反应堆中的乏燃料含有大量的铀和钚等可裂变物质，利用化学方法从乏燃料中分离并提取出来重新作为核燃料利用，可大大减少高放射性核废料。目前标准的后处理方法是钚铀萃取法。钚铀萃取法是将乏燃料研碎后用强酸溶解，然后用有机溶剂[如磷酸三丁酯(TBP)]萃取，再用离子交换法分离。钚铀萃取法有多种形式，如加入掩蔽剂的铀萃取法，加入额外萃取剂的超铀元素萃取法等。此外，电化学法和焦化处理法也可用于分离净化放射性核废料。

核废料根据其放射性强弱可分为低阶核废料和高阶核废料。核废料的埋藏与放置是最常用的地质处理方法。低阶核废料的放射性较弱，辐射有限，将其基本压缩后装桶进行近地表埋藏处理，几百年后放射性就与背景辐射相当。这种方法是处理低阶核废料的主要方法，占 80%左右。高阶核废料的放射性强且半衰期长，如超铀元素(比铀重的放射性元素混合物)中的镎-237(半衰期 214.4 万年)和钚-239(半衰期 2.41 万年)，需要进行深地质处理，如废矿井处置、深度钻孔、深海床处理等。固化也是处理核废料的常用方法，主要是用来改善后续处理的安全性，通常与地质处理方法联合使用。通常是用适当的材料把放射性核废料包裹起来，防止放射性元素泄漏。目前，水泥和混凝土作为固化介质应用比较广泛，也有人将沥青和有机聚合物用于固化处理。

新兴的核废料处理技术主要包括纳米技术、细菌处理技术和生物吸附剂技术。纳米材料比普通材料有更大的比表面积和更多的表面原子，显示出较强的吸附性能，在核废料处理中有潜在的应用前景。但放射性核素在固–液界面的吸脱附作用机理十分复杂，研究仍处于初期阶段。

4.7.4 核能的发展现状、前景与挑战

与化石能源相比，核能具有能量密度高、工业废料产量少、无温室气体排放等特点，成为人类最具希望的未来能源之一。然而，由于核燃料具有放射性，核能利用面临着较大的政治困扰，需要足够成熟的技术来保证安全性。当前，核能主要应用于发电、供热、淡化海水、制氢等工程领域，其中最主要且发展最为成熟的核能利用方式为核能发电。

核能发电方面，相关技术发展迅速。美、法等国目前完全掌握了第三代核电技术，且美国已率先进入第四代核电技术的研究，致力于大幅度提高核能发电系统的安全性(防止核扩散)、经济性(提高能量转换效率)、可持续发展性(减少核废料产生)等。近年来，我国的核电技术也取得了重大突破，历时 12 年的“国和一号”三代核电技术于 2020 年研发

完成，单台机组年发电量可满足超过 2200 万居民的用电需求，实现了我国自主核电技术从二代到三代的跨越。然而，我国与核电强国之间仍存在一定差距，主要体现在：我国正处于自主技术成熟化、批量建设核电站的初级阶段，而美、法等国的核能发电早已进入技术输出阶段；我国已建成的核电机组相较于美、日等国较少，且部分为非完全自主研发；我国的核燃料生产能力还不能满足大规模核能发电的需求，铀资源的提取、乏燃料的后处理等关键技术较为落后。

核能供热方面，近年来我国对该领域给予了极大的关注。2017 年，国家发展改革委、国家环境保护部、国家能源局等部门明确提出，要探索核能供热技术，推动现役核电机组向周边供热、供暖。清华大学和中国广核集团有限公司合作设计了壳式低温供热堆，中国核工业集团有限公司则推出了“燕龙”泳池式低温供热堆。2019 年，我国首个核能供热项目在山东海阳正式投运，实现了利用核能为 50 个居民小区、超过 7000 名用户供暖。

核能淡化海水方面，近年来相关技术日渐成熟。我国已建和在建的核能淡化海水系统已初见规模，累计淡化能力可达每年 60 万 t；使用具有显著节能特性的反渗透法，成本仅每吨 4～5 元。我国的核电站大多沿海而建，这极大地推动了核能淡化海水技术的相关研究。位于辽宁省的红沿河核电站已实现利用核能发电的余热进行海水淡化，为核电机组提供冷却水，产能达每天 10 080 m^3。

核能制氢方面，包括我国在内的世界多个国家都在大力开展相关技术的研究工作，核能制氢有望成为未来制氢技术的首选。美国 Boeing 公司和德国 Sunfire 公司合作建成了核能高温电解制氢示范装置，其功率高达 150 kW，制氢速率可达 40 $Nm^3 \cdot h^{-1}$。中国科学院上海应用物理研究所于 2015 年研制出了 5 kW 的核能高温电解制氢系统，并于 2018 年开始研制 20 kW 的高温电解制氢中试装置。我国 200 MW 的高温气冷堆商业示范电站建设项目已被列入国家科技重大专项，预计将于 2021 年建成投产；该示范项目具备核能制氢条件，将使我国在高温气冷堆技术领域跻身世界领先行列。

当前的核能利用技术多基于易于控制的核裂变反应，而核聚变能的和平利用仍有很长的路要走。与核裂变技术相比，核聚变技术的轻核燃料成本低、在自然界中存量大，且产能高、无放射性污染；然而，核聚变反应的难以控制，使和平利用核聚变能“难于登天”。“国际热核聚变实验堆(ITER)计划”是目前全球规模最大、影响最深远的国际科研合作项目之一，其目标是建造一个可自持燃烧的可控核聚变实验堆，实现“人造太阳”的壮举。苏联于 1968 年发明的托卡马克(“磁线圈圆环室”的俄文缩写)装置是实现受控核聚变的关键装置。2006 年，我国与欧盟、印度、日本、韩国、俄罗斯和美国共同草签了 ITER 计划协定，标志着我国从实质上参加 ITER 计划。2017 年，中国科学院等离子体物理研究所全超导托卡马克核聚变实验装置(EAST)实现了世界上第一个达百秒量级(101.2 s)的稳定长脉冲高约束等离子体运行，这标志着我国在可控核聚变领域走在了世界前列。

综上所述，我国的核能利用及相关技术的研发虽取得了一定的进展与成效，但与发达国家相比仍存在一定差距。在第四代先进核能系统的初步研发之际，我国应抓住机遇、迎接挑战，加大投入力度，广泛吸引人才，将我国的核能利用工程推向新的高度。

思 考 题

1. 什么是光伏效应?
2. 太阳能利用中现存的和可能出现的问题有哪些?
3. 太阳能电池分为哪几类?各有什么特点?
4. 风力发电的原理是什么?风力发电的优缺点如何?
5. 目前风能利用存在的问题是什么?
6. 风能资源、技术和产业的可能的解决办法是什么?目前风电机组存在的主要技术问题是什么?你对国际风力发电技术和中国风力发电技术发展有何建议?你认为哪方面风力发电技术最重要?
7. 畅想你的家乡能利用风能做些什么?
8. 什么是生物质能?生物质能包括哪些类型?
9. 地热能的热储形式有哪些?各有何利用技术?地热能在开发过程中的技术难题有哪些?
10. 针对氢能能量效率低下的问题,目前研究是如何解决的?
11. 目前氢能存在的机遇和挑战是什么?
12. 除了绿色植物的光合作用,自然界中的有机生物质还能通过何种方式产生?
13. 总结世界不同国家的生物质能发展现状与趋势,探讨生物质能开发利用的规律特点。
14. 当前,各种不同生物质能的开发利用技术已经相对成熟,并进入产业化阶段。在此基础上,进一步发展生物质能仍需解决什么问题?
15. 地热能的能量来源及其主要的储存形式是什么?
16. 归纳总结热量在地球内部的三种热传递方式及其主要特征。
17. 地热能开发利用过程中如何体现"因地制宜"的思想?举例说明。
18. 总结归纳海洋能的不同种类及其各自的主要特点。
19. 就发电而言,谈一谈你对海洋能开发利用前景的认识或看法。
20. 什么是核放射性?试举例说明核放射性的应用、危害及防护。
21. 核能利用始于原子弹、氢弹等极具毁灭性的核武器,进而成为有望解决人类社会能源危机的有效方式。请就此从新事物的产生、科技的进步、人类文明的发展等方面,探究其中的内在规律,谈一谈你的认识。

第 5 章　新能源关联产业

新能源关联产业是衡量一个国家高新技术发展水平的重要依据，是新一轮国际竞争的战略制高点。世界发达国家都把发展新能源关联产业作为顺应科技创新、推进产业结构调整的重要举措。在新能源技术不断获得突破、各国大力支持的背景下，新能源关联产业发展迅速，相应的产业园区如雨后春笋般涌现。

新能源关联产业主要是源于新能源的发现和应用，包括智能电网、电动汽车、电子产品、智能电源和人工智能产业等。下面将对这几种具有代表性的新能源关联产业进行介绍，希望读者对新能源关联产业有初步的了解并受到启发。

5.1　智能电网产业

5.1.1　智能电网概述

电力系统是由发电厂、电网和负荷中心等构成的电能生产与消费系统，如图 5.1 所示。其中，电网是由各种电压的变电所及输配电线路组成的整体，用于输送与分配电能，改变电压。

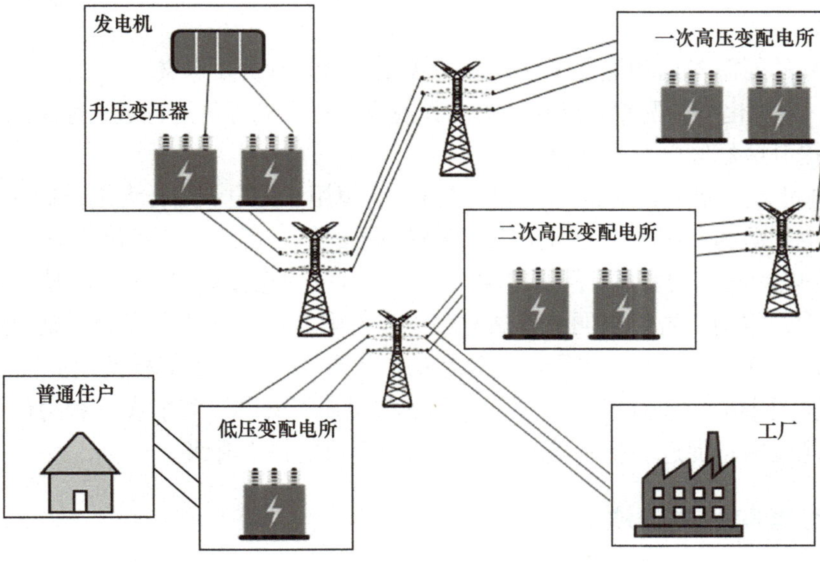

图 5.1　电力系统

智能电网(smart grid)，即电网的智能化，是将现代先进的传感测量技术、通信技术、信息技术、计算机技术和控制技术与物理电网高度集成而形成的新型电网。智能电网可以通过智能调度优先使用清洁能源，通过智能计量系统动态定价，通过智能技术系统调整发电和用电设备功率，优化负荷平衡。此外，智能电网中遍布电能和其他多种形式的清洁能源(太阳能、风能等)，其中电能从集中式发电厂通过输电网和配电网直至用户。与此同时，智能电网中还配备可以实现控制中心与电网设备之间的信息交互的双向通信系统，以及用于保证电网安全稳定运行的高级分析工具和决策体系。

尽管各国根据自身的国情对智能电网建设有不同的重点和目标，但是智能电网建设的驱动都是基于市场、安全、电能质量和环境因素，其特征可归纳为以下几点：

(1) 坚强性。在各种自然灾害或外力破坏下仍能保证安全运行，避免发生大面积停电事故。

(2) 兼容性。支持多种类型的储能系统接入系统，构成一个有机统一整体。

(3) 集成性。支持双向实时通信系统的高度集成和信息共享，支持用户参与电力系统的运行和管理。

(4) 自愈性。具有自动发现、诊断、解决电网中的故障的能力，一旦某些元件出现故障，可迅速将系统恢复到正常运行状态。

(5) 经济性。通过信息交互优化用户用电计划，减少电力市场的运行开支，降低线损，提高利用效率。

(6) 优化性。可以调整资产管理和运行，在满足所期望的功能的前提下，实现最低成本。

随着新能源、分布式发电和智能微网的快速发展，以及电动汽车、智能家电等多样化用电需求的增长，电网的网络形态、功能作用正在逐步转变，电网呈现更加复杂的“多源性”特征，而传统的电网模式已无法适应新时代电网发展的需要。因此，急需发展智能电网。

作为重要的能源输送和配置平台，发展智能电网具有重要意义：

(1) 进一步优化资源配置。有利于实现大规模可再生能源的跨区域、远距离、高效率输送，明显提升区域间电力交换能力。

(2) 促进可再生能源的发展。将多种可再生能源用于发电，结合大规模储能技术，显著提升可再生能源的利用率，使可再生能源成为更经济、可靠的能源供给方式。

(3) 促进电动汽车的发展。目前电动汽车缺乏有效的充放电配套设施，使电动汽车的大规模使用受到限制。智能电网的发展有利于完善电动汽车充放电配套基础设施网，适应客户需求，实现电动汽车与电网的高效互动，为电动汽车的大规模使用提供条件。

(4) 促进电网相关产业的发展。智能电网的建设离不开各类智能设备和通信系统的搭建，发展智能电网将促进装备制造和通信信息等行业的技术升级。

5.1.2 智能电网的关键技术

1. 通信系统技术

传统电网其实在局部已经有了一定程度的自动化，但由于不具备信息交互的双向通信系统，系统中各局部自动化系统无法构成一个实时的整体，缺乏信息共享，无法对用户进行高质量的服务，因此与智能电网仍存在一定的差距。智能电网的各项技术都离不开数据的获取、保护和控制，而数据交互都离不开通信系统技术的支持。因此，通信系统技术是智能电网所有技术的基础，是将智能电网的各个部分联系起来构成统一整体的关键。此外，智能电网旨在实现用户与电网之间的便捷互动，通信系统将和电网一样深入千家万户，形成紧密相连的通信-电网网络，优化用户用电计划，使智能电网构成一个电力和实时信息交换互动的大型基础设施。通信系统技术主要包括先进传感与测量技术、空间信息技术、遥感技术、信息智能化处理技术、网格计算技术、云计算技术、信息安全技术、电力线载波通信技术和物联网技术。

2. 大规模新能源发电、储能及并网技术

智能电网中应遍布电能和其他多种形式的新能源，如图 5.2 所示，将利用新能源转化的电能储存在大规模储能站后，集中并网，可实现清洁能源的有效利用。

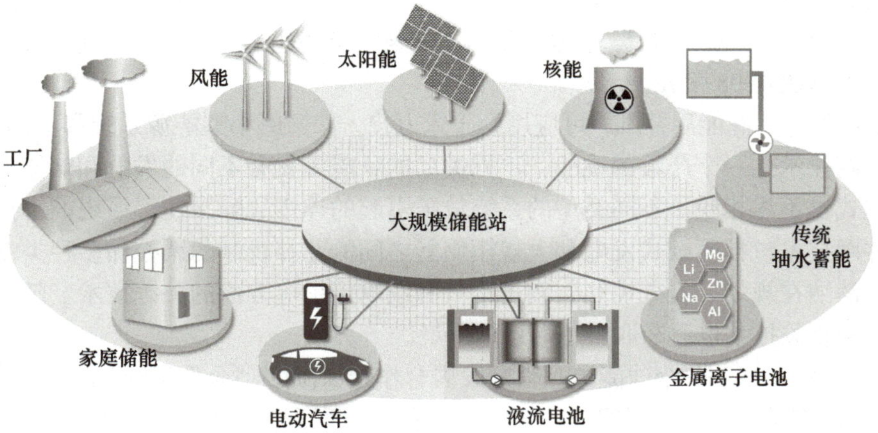

图 5.2 新能源产业与智能电网

新能源发电包括大规模风能、太阳能、潮汐能、生物质能发电，除大型发电基站外，还存在许多分布式小型发电形式。多种形式的新能源利用有效缓解了环境污染和温室气体的排放，其中风力发电和太阳能发电技术最为成熟，是最具有规模化和商业化应用前景的新能源发电方式，其发展速度领先于其他新能源发电方式。

新能源产生的电能可通过机械储能(如抽水蓄能、压缩空气储能、飞轮储能)、化学物质储能(固、液、气态燃料)、电化学储能(如锂离子电池、钠离子电池、液流电池)、电储能(如超导磁储能、超级电容器)、热储能(如热化学储能、敏感蓄热装置)等多种方式储存起来。然而，目前的储能方式在成本、可靠性、寿命等方面仍有待提高，无法满足所有电力系统储能的全部需求，距离大规模推广使用还有很长的路要走。

在众多储能技术中，电化学储能相对不受地域和环境限制，适合大规模储存新能源发电，产业化应用前景好。截至 2020 年年底，全球储能累计装机 191.1 GW，同比增长仅 3.4%，其中电化学储能累计规模达 14.2 GW，同比增长 49%；在电化学储能技术中，锂离子电池的累计装机规模最大，为 13.1 GW，占比 92%。国内电化学储能 2021 年上半年新增装机超 10 GW，同比增长超 600%。

可再生能源发电存在分钟、小时、连续数天等不同时间尺度上的波动性或间歇性，因此需要容量型、功率型、能量型和备用型等不同储能类型，以满足不同应用场景的需求，电化学储能结合超级电容器可满足上述需求。电池储能系统主要由电池组、电池管理系统(BMS)、能量管理系统(EMS)、储能变流器(PCS)及其他电气设备构成。电池组是储能系统最主要的构成部分；电池管理系统主要负责电池的监测、评估、保护和均衡等；能量管理系统负责数据采集、网络监控和能量调度等；储能变流器可以控制储能电池组的充电和放电过程，进行交、直流的变换。电池组成本的快速下降将导致储能系统成本下降，在锂电储能项目全生命周期成本中，投资成本占比约为 69%(其中电池组成本占比 55%)。

2021 年 7 月 23 日，国家发展改革委、国家能源局联合发布《关于加快推动新型储能发展的指导意见》，指出到 2025 年，实现新型储能从商业化初期向规模化发展转变，装机规模达 30 GW 以上(2020 年末装机规模为 3 GW)；到 2030 年，实现新型储能全面市场化发展。预计 2030 年全球电化学储能市场规模或达万亿，电化学储能成本将降至 0.9 元 $\cdot$ W^{-1} $\cdot$ h^{-1}，全球电化学储能新增市场达 16 004 亿元，其中我国电化学储能新增市场达 4908 亿元。

新能源发电、储能后并网，可应用到千家万户，如家庭小型能源系统和电动汽车等。然而，并网技术是一个严峻的挑战：不同类型的新能源具有不同的发电和储能方式，使得并网方式也不尽相同；不同类型的系统故障引起的连锁故障，使得系统的维护也异常困难。并网技术包括间歇式发电和大规模储能之间的互补机制的调控和多种类型新能源发电综合消纳在规划、安全控制、调度运行和继电保护等方面的关键技术。随着研究的进行，并网相关技术也逐渐取得了一系列进展。

2019 年 4 月 25 日，全球能源互联网发展合作组织(简称“合作组织”)正式发布《“一带一路”国家能源互联网研究报告》和《全球能源互联网落实“一带一路”发展报告》，与联合国机构、有关国家政府、国际组织、大学等签署 6 项合作协议，共同推动全球能源互联网和“一带一路”建设。据合作组织研究测算，2050 年，“一带一路”国家能源互联网总投资将达 27 万亿美元，其中电源投资 20 万亿美元，电网投资 7 万亿美元，新增就业岗位 2 亿个，“一带一路”国家清洁能源发电装机占总装机比重超过 80%，亚洲、非洲人均年用电量分别达到 7000 kW · h、1500 kW · h，让人人享有可持续能源和现代电力服务。

3. 高级输配电自动化技术

智能电网建设的技术基础是电能的智能化分配，而高级输配电自动化技术是实现电能智能化分配的核心技术。高级输配电自动化是一项庞大的高综合性、系统性技术，主要包括电网广域测控技术、分布式电源集成技术、停电管理技术及光纤通信环境和无通信环境下的馈线自动化技术等。

4. 智能站控和配调技术

变电和电能的配调是电力系统的核心环节，而智能站控技术和智能配调技术对于智能电网的建设至关重要。智能站控和配调技术主要包括变电站设备在线监测技术、变电站内继电保护集成技术和配电快速模拟仿真技术等。

5. 自愈控制技术

智能电网建成的重要特征之一即为自愈性，保证智能电网自动发现并解决故障，实现自我恢复的效果。自愈控制是一项集成了智能装置和控制软件的综合技术，主要包括电力免疫技术、高级可视化实时预测技术、智能设备标准一体化协调控制技术。

6. 用户服务和需求侧响应技术

在智能电网的建设中，越来越偏向人性化，支持用户参与电网互动，用户服务和需求侧响应技术是实现为用户服务这一智能电网最终目标的关键。用户服务和需求侧响应技术主要包括三表集抄技术、楼宇自控技术、智能表计技术、智能交互终端技术、智能采集技术和需方响应技术。

7. 高级资产管理技术

智能电网具有优化性的特点，可以调整资产管理和运行，实现最低成本，提高资源利用效率。高级资产管理技术用以保证智能电网的优化性，主要包括在线监测技术、状态检修技术、实时数据技术、工程管理技术、智能分析决策技术、资产全生命周期优化管理技术和可视化管理技术。

5.1.3 智能电网的发展现状与趋势

1. 智能电网发展现状分析

1) 美国

美国是世界上第一个提出智能电网概念并最先进行相关研究和建设的国家。2002 年，美国政府在能源与信息集成构建工程中率先提出智能电网概念，并于 2003 年在“电网 2030 规划”中明确了建设现代化电力系统的目标。得克萨斯州奥斯汀市为了实现与用户之间的互动，安装了无线通信网络和智能电表，是美国智能电网的雏形。此后，美国在智能电网的建设与实施方面制定了一系列计划，加大对智能电网的投入，快速推进电网智能化的进程。与此同时，在美国 IBM 公司的支持下，美国生产力和质量中心制定了智能电网成熟度模型，用于评估和衡量智能电网的状况，指导智能电网的建设。2008 年，科罗拉多州博尔德市通过智能电表实现对用户的双向服务，完成了智能电网的一期工程。

2) 欧盟

欧洲研究和建设智能电网的主要驱动力是环境污染严重、石油价格浮动过大、过度依赖进口能源等。为应对以上挑战，欧洲建设智能电网，将具有巨大潜力的风能和太阳能等清洁可再生能源遍布于电网中，以完善欧洲能源系统，大幅度降低温室气体排放量。目前欧洲智能电网技术的主要关注点在发电与电能储存、电网运行和网络资产等方面。2005 年，意大利率先建设了 Telegestore 智能电网工程，是世界上较早实现智能电网的国家。

3) 中国

在欧美发达国家在智能电网的研究和建设方面取得一些进展后，我国也开始了智能电网项目的研究和建设,2009～2020 年不断提高智能电网投资在国家电网总投资的占比。研究人员的辛劳付出和不断提高的资金投入，使我国在智能电网的研究和建设方面取得了一系列进展。当前，我国在高压、特高压输配电领域的相关技术发展迅速，在全球范围内处于领先地位；在可再生能源发电、可再生能源电力接入方面，我国也走在世界前列。特高压输电技术是指使用 800 kV 及以上的直流电和 1000 kV 及以上的交流电输送电能的技术。特高压输电技术具有输送容量大、输送距离长、电力损耗低、经济效益高等优点，适合长距离大容量传输电能。我国是特高压输电线路最长、技术最为完备、专利数量最多的国家。2009 年，我国投运了世界上第一条商业化运行的 1000 kV 特高压交流输电线路。2016 年 1 月 11 日，准东-皖南(新疆昌吉—安徽宣城)±1100 kV 特高压直流输电工程开工建设。这是世界上电压等级最高、输送容量最大、输送距离最长、技术水平最先进的特高压输电工程。然而，在需求响应、电力消费端等方面的投入和重视程度还不够，落后于欧美发达国家。我国目前正处于智能电网的发展阶段，相信在国家和相关研究人员的不断努力下，电网的智能化水平将会全面提升。

4) 其他国家

除欧美和中国外，其他国家也投入智能电网的研究和建设当中。其中，加拿大使用智能电表在安大略省已初步实施建设了智能电网系统，为约 130 万人口服务。日本基于自身化石能源储量低的国情，主要对以新能源与电力系统结合的电力系统技术为核心的智能电网开展研究。

2. 智能电网发展趋势分析

随着电力系统近几年的不断发展和技术创新，电力系统自动化技术已经逐步应用于电力生产和电力供应系统之中，并且提供了快捷、方便、安全、稳定的电力传输途径。与此同时，电力自动化呈现出稳定化、简单化、人性化、小型化、远程化、智能化趋势，并朝着综合自动化阶段发展。

1) 稳定化趋势

电力系统对日常生活和工业生产具有重要作用。因此，智能电网在日常的运行过程中必须保持一定的稳定性，在受到外力干扰时，能保持系统的正常运行。

2) 简单化趋势

随着自动化技术的发展，智能电网中将融入越来越多的自动化技术，减少人力和物力的投入，使智能电网的维护越来越简单。

3) 人性化趋势

随着人们对生活质量要求的提高，用户与智能电网相关的服务也将不断提高，这就要求智能电网的发展更多地听取用户的意见，做出相应的调整。

4) 小型化、远程化趋势

在电子工业和通信行业不断取得进展的背景下，电力系统包括控制系统的各个部件将越来越趋向于小型化，电力系统的终端也将趋向于远程化，为系统的操作与维护提供便利。

5) 智能化趋势

智能电网的核心在于多个智能化部分组合成有机的统一整体。随着智能电网的不断研究与建设，智能电网的智能化程度将不断提升。

智能电网已经成为现代电网必然的发展趋势，智能电网的大力发展带动了智能电网产业的兴起与发展，催生了很多新兴产业的发展，抢占智能电网产业发展先机，成为区域规划建设的重要选择之一。科学地反映区域发展智能电网产业的各方面条件及产业发展对区域的影响，对指导区域智能电网产业规划、鼓励区域投资发展智能电网产业具有积极意义。

5.2 电动汽车产业

第一次工业革命以来，科技迅猛发展，随之带来的则是全球对能源需求的日益增长。传统的化石燃料是能量的主要来源，而化石燃料的使用会产生大量的有害气体，对生态环境和人类来说都极为不利。能源和环境问题成为 21 世纪人类需要解决的头等难题，对于能量转变的需求已迫在眉睫。一方面需要对能量的来源进行优化；另一方面需要对能量利用的方式进行转变。为此，发展新型电动汽车是一个能够缓解能源危机并保证能源可持续利用的有效途径。众所周知，我国汽车行业的产销量已连续十年保持世界第一，且汽车保有量快速增长，2019 年全国机动车保有量达 3.4 亿辆，其中汽车 2.5 亿辆。另外，随着传统燃油汽车造成的环境与资源问题日益突出，各国政府将采取严厉的措施限制燃油车的发展。以荷兰为首的欧洲国家加入“国际零排放车辆联盟”，并承诺在 2050 年之前实现全面的新能源汽车化；美国为了进一步促进人们对于电动车的购买力，提出了税收返还的政策；而中国则在 2020 年实现了更高的电动车运行量，并提出了一系列优惠措施……种种事例说明电动汽车的发展是大势所趋，也是必然选择。

5.2.1 电动汽车的发展历程

电动汽车的发展历程十分曲折，在 100 多年前迅速爆发，然后逐步衰落，今天又重新回到大众视野，开始蓬勃发展。

1834～1920 年是电动汽车的发展初期。1834 年，铁匠达文波特采用不可充电的玻璃封装蓄电池制造了一个在轨道运行的电动汽车，全球第一辆直流电动机驱动的电动汽车从此诞生，比内燃机汽车的出现早近半个世纪。随后的几年内出现了一系列使用一次电池驱动的电动汽车，以安德森的“底特律电动车”为代表。1881 年，法国工程师以可充电的铅酸电池为动力，制造出世界上第一辆以二次电池为动力的电动汽车。20 世纪初，电动汽车的发展进入“黄金鼎盛”时期。根据当时的数据，1900 年，美国的汽车销售市场中，电动汽车共销售 33 842 辆，占据当时 38%的市场份额，而内燃机汽车的市场份额只有 22%，蒸汽动力车为 40%。电动汽车的出现，打破了依靠动物拉动车辆的状况，具有易启动、无气味、无震荡、无噪声等优势，适合城市家庭使用。汽车市场形成了蒸汽动力车、电动汽车和内燃机汽车三分天下的格局。

1920～1960 年电动汽车处于发展的停滞期。1912 年，凯迪拉克 30 型车诞生，世界上第一辆搭载启动电机的汽车出现，从此免摇把、靠电机启动汽车的时代到来，电动汽车的优势也因此越来越小。市场上大功率发动机的出现，内燃机技术不断完善，性能提高的同时制造成本不断下降，使得内燃机汽车的发展速度加快。1912 年，一辆电动汽车售价 1750 美元，而内燃机汽车只要 650 美元。石油开采技术和加工技术的不断改善也使得汽油的价格大幅度下滑。随着人们的出行欲望更加强烈，电动汽车很快失去了市场地位，大约在 1935 年基本退出了汽车市场，相应的研发也停滞不前。

1960～1990 年电动汽车迎来了发展的复苏期。尽管内燃机汽车技术成熟、使用性能优越，但其对燃油(如汽油、柴油)依赖性强，且排放的废气对空气污染严重，能源短缺与环境保护的双重压力使发达国家开始重新审视替代能源的重要性。特别是 1973～1975 年和 1979～1982 年欧美爆发了两次能源危机之后，世界各国重新开始重视电动汽车的研发，不依赖石油的电动汽车又成了研究热点。

1990 年，日本索尼公司制作了第一款商用锂离子电池，电池自此蓬勃发展，电动汽车也开始逐步进入发展的茁壮期。1992 年索尼公司开始进行电动汽车用锂离子电池的开发，1996 年世界第一辆使用锂电池的电动汽车 Prairie Joy EV 在日本诞生。1997 年索尼公司与日产公司联合对大容量锂离子电池的结构进行改造，应用于电动汽车并申请了多项专利，同年索尼公司的电动汽车一次充电可行驶里程突破 200 km。然而，由于电动汽车相关技术，特别是蓄电池性能的改进未能有重大突破，传统的纯电动汽车的发展与普及都遇到了一定困难，采用高能蓄电池的电动汽车及新型电动汽车，如混合电动汽车、燃料电池电动汽车等成为新的研发与应用热点。

2008 年，美国特斯拉公司使用日本松下公司研发的锂离子电池开发出第一代全电动汽车，也是全球首辆一次充满电行驶 320 km 以上的全电动汽车。截至 2015 年 9 月中旬，全球公路充电式电动客车和多功能货车销量突破 100 万辆大关，纯电动汽车占全球汽车销量的 62%左右。美国是插电式电动汽车细分市场的领导者，2008～2015 年，美国共交付了超过 36.3 万辆插电式电动汽车，占全球销量的 36.3%。我国则成为全球第二大市场，2011～2015 年销量超过 157 000 台(15.7%)。第三是日本，销量超过 12 万台(12.1%)。2016 年，日本丰田公司生产的基于燃料电池系统的电动汽车首次实现商业化。2018 年 12 月，全球插电式乘用车库存达到 510 万辆，其中包括 330 万辆全电动汽车(65%)和 180 万辆插电式混合动力汽车(35%)。我国电动汽车企业也如雨后春笋不断涌现。据新能源汽车国家监测平台统计，截至 2019 年 3 月国家平台累计注册新能源整车企业达到 635 家，成功注册新能源整车企业的有 486 家，通过“平台符合性检测”的新能源整车企业有 450 家，通过“车辆符合性检测”的车型多达 5827 个。其中，比亚迪汽车在纯电动汽车市场中遥遥领先，2019 年累计销量超过 13 万辆。对标国际技术发展水平，我国纯电动汽车技术水平仍有一定的差距，尤其是关键核心技术方面落后于国外。

目前，能源多元化、动力电气化、排放洁净化正在推动新能源电动汽车的迅速发展，新能源电动汽车逐渐取代燃油汽车已是大势所趋。

5.2.2 电动汽车的分类与组成

电动汽车根据动力源不同，可以分为纯电动汽车(battery electric vehicle，BEV)、混合动力电动汽车(hybrid electric vehicle，HEV)和燃料电池电动汽车(fuel cell electric vehicle，FCEV)。

纯电动汽车是完全由可充电池提供动力源的汽车。大部分 BEV 采用电机驱动，少数 BEV 把电动机装在发动机舱内或直接以车轮作为四台电动机的轮子。BEV 本身不排放污染大气的有害物质，即使按所耗电量换算为发电厂的排放，其污染物也显著减少，且电厂的集中排放也便于处理。另外，电力可通过再生能源获得，有助于解决化石能源日渐枯竭和环境污染问题。BEV 还可以充分利用晚间用电低谷，大大提升用电经济效益。BEV 的“心脏”是动力电池，按照电池类型可分为铅酸电池、镍镉电池、镍氢电池、锂离子电池等，目前市场上销售的 BEV 大多数采用锂离子电池作为动力电池。BEV 的优点在于零排放、无污染、结构简单、驾驶成本低。随着动力电池续航里程增加、成本降低、安全性提高，纯电动汽车正在逐步普及。

混合动力电动汽车是车辆驱动系统由两个或多个能同时运转的单个驱动系统联合组成的车辆，一般动力源为燃油和电池混合动力。两种动力源在汽车不同的行驶状态(如起步、低中速、匀速，加速，高速，减速或刹车等)下分别工作，或者一起工作，通过这种组合达到最少的燃油消耗和尾气排放，从而达到省油和环保的目的。采用复合动力后可按平均需用的功率确定内燃机的最大功率，此时处于油耗低、污染少的最优工况下工作。需要大功率内燃机功率不足时，由电池来补充；负荷少时，过剩的功率可发电给电池充电。由于内燃机可持续工作，电池又可以不断得到充电，故其行程和普通汽车一样。因为有了电池，混合动力汽车可以十分方便地回收制动、下坡、怠速时的能量。在繁华市区，可关停内燃机，由电池单独驱动，实现“零排放”。然而，在长距离高速行驶过程中，混合动力汽车基本不能省油，且混合动力汽车因具有两个驱动系统，成本将更高。HEV 可分为非插电式和插电式两种，非插电式 HEV 在长距离高速行驶时基本不能省油；插电式 HEV 在电量不足时驾驶感受会有所下降。

燃料电池电动汽车是一种用车载燃料电池装置产生的电力作为动力的汽车，车载燃料电池装置所使用的燃料为高纯度氢气或含氢燃料(如甲醇)经重整得到的高含氢重整气。与通常的电动汽车相比，动力方面的不同在于燃料电池电动汽车用的电力来自车载燃料电池装置，电动汽车所用的电力来自由电网充电的蓄电池。为满足汽车的使用要求，车用燃料电池还必须具有能量密度高、工作温度低、启动快、无泄漏等特性。在众多类型的燃料电池中，质子交换膜燃料电池具备这些特性，因此燃料电池电动汽车所使用的燃料电池大多是质子交换膜燃料电池。燃料电池电动汽车的优点在于噪声小、转换效率高、能量密度高、污染排放低，续驶里程可与传统内燃机汽车媲美。然而，其成本有待降低，可靠性和寿命有待提升。

总的来说，电动汽车的发展以及对传统燃油汽车的取代是大势所趋，在促进人们生活更加便利的同时，对改善环境污染也有一定的促进作用。目前电动汽车仍存在一些普遍性的不足，人们需要考虑的是在保证安全性的同时如何提高电能储量，使其不受里程束缚，真正实现电动智联。

5.2.3 电动汽车的关键技术

1. 电动汽车的驱动方式

电动汽车是指通过使用电动机为驱动装置，以车载电源如化学蓄电池组、燃料电池组等为动力的汽车。在研发电动汽车的初期，人们认为仅仅是把内燃机车中的内燃机和燃油箱替换为电动机驱动装置和蓄电池组件就能获得预期的效果，由此还设计出了一个初期的电动汽车动力系统，如图 5.3 所示。显然，仅仅是这样的简单转变对于电动汽车的发展完全不够，在此基础上提出了现代电驱动系统的概念。

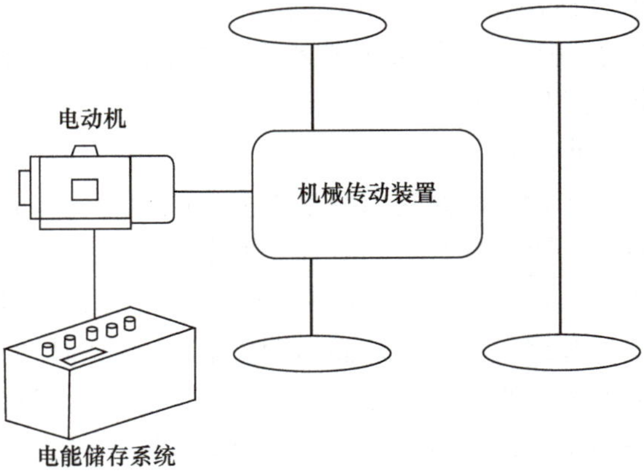

图 5.3 初期电动汽车的动力系统

与传统汽车相比，新能源汽车以电驱动的“三电”作为核心技术，包括电控、电驱、电池。

1) 电控

电控系统作为整车的指挥中心，对电动汽车各子系统进行协调控制，从而实现整车的最佳性能。电控系统作为中心指挥系统，由电机驱动控制系统、能量管理系统、电动助力转向控制系统、再生制动控制系统、动力总成控制系统等多种子系统有机整合而成。汽车电机、电控系统的性能直接决定电动汽车爬坡、加速、最高速度等性能指标。目前，我国企业在电控领域的自主生产能力还需要进一步加强，部分电控核心组件如绝缘栅双极晶体管(insulated gate bipolar transistor，IGBT)芯片等仍无法自给，绝大多数为进口，具备系统完整知识产权的本土企业相对较少。但是，随着新能源汽车的发展带动了电控产品的需求，以及国内电机电控系统产业链的逐步完善，电机电控系统的国产化率将得到有效提高，甚至有望超过新能源整车市场的发展速度。

2) 电驱

电驱主要由传动机构、电机、逆变器三部分构成。

(1) 传动机构。与传统燃油汽车不同，电动汽车的传动机构只有单机减速系统，没有离合器和变速箱。电机驱动系统可以从零转速启动，持续输出最大扭矩，已经可以获得相当好的汽车驱动能力。但是随着转速上升，电机的输出扭矩会出现下降现象，导致目前部分电动汽车的最高速度并不理想。通过换装大功率电机可以在一定程度上缓解这个问题，但是会带来能效降低和成本增加的影响。未来对于电动汽车传动机构的设计将以提高性能、降低成本为核心目标。

(2) 电机。电机通过产生驱动转矩为电动汽车提供驱动力。定子、转子、壳体是电机三大组成部件，其中定子和转子是电机技术的关键点。定子即电机静止不动的部分，包括铁心、机座和绕组三部分。电极通过定子产生旋转磁场，而转子在旋转磁场中被磁力线切割进而产生(输出)电流。由于电动汽车在行驶时面临的复杂工况，要求电机有很好的转矩控制动态性能。目前新能源电动汽车的电机驱动系统主要有三类，即直流电机驱动系统、交流感应电机驱动系统和永磁同步电机驱动系统。

(3) 逆变器。逆变器的作用是将直流电转变成交流电，具有高转换效率、快速启动、高安全性等特点。如果逆变器能够进行较高电压充电，则相应的电压充电电流较大，功率较大，这意味着同样电流进行充电，充电功率可以等比例放大，有效缩短充电时间，实现电动汽车快充。但是，逆变器在工作时会发热，其散发的热量随逆变器工作电压的升高而增多，容易引发热安全性问题。加快逆变器中的散热效率是提高充电效率的关键问题。

3) 电池

电池作为重要的电能存储装置，是新能源汽车的核心。动力电池技术已成为制约电动汽车发展的主要瓶颈技术。电池的核心在于电芯，电芯主要由正极、负极、隔膜和电解液四部分构成。电池根据工作特性可分为一次电池、二次电池和燃料电池。一次电池又称原电池，即不能再次充电的一次性电池，如锌锰电池等。二次电池又称充电电池或蓄电池，即可充电电池，如铅酸电池、镍镉电池、镍氢电池和锂离子电池等。燃料电池是指通过化学反应将化学能转化为电能的装置，如氢氧燃料电池、直接甲醇燃料电池等。

目前，新能源汽车按照驱动方式，可以分为纯电动汽车、混合动力电动汽车和增程式电动汽车三类。与混合动力电动汽车和增程式电动汽车相比，纯电动汽车具有低噪声、零排放、结构简单等优点，具有较高的市场关注度。但是纯电动汽车受限于动力电池技术，其续航里程与传统燃油汽车相比仍是劣势，且纯电动汽车成本较高，在一定程度上限制了纯电动汽车的发展与普及。混合动力电动汽车是内燃机车发电机组加上蓄电池的电动汽车。这种汽车的优势在于两种动力源可以混合使用，从而避免了单一动力源使用时所带来的突出问题。但发展这种类型的电动汽车对车辆结构的设计与布局具有很高的要求。增程式电动汽车是当车载可充电储能系统无法满足续航里程要求时，打开车载辅助供电装置为动力系统提供电能，以延长续航里程的电动汽车，且该车载辅助供电装置与驱动系统没有传动轴(带)等传动连接。

随着科技的进步，最新一代的电动汽车多为增程式电动汽车。增程式电动汽车是将发电与充电过程进行有机整合的一类新型驱动方式的电动汽车，其基本结构如图 5.4 所示。增程式电动汽车配有小功率发动机，该发动机与发电机串联构成电动汽车的增程器，其作用是通过增程器发电以达到为动力电池充电的目的，从而起到增程的效果。增程式电动汽车在行驶期间，依据蓄电池的荷电状态阈值，可以实现纯电动驱动与增程驱动两种工作模式下快速切换。与纯电动汽车相比，增程式电动汽车可以有效增加汽车的续航里程，降低成本；其与混合动力汽车相比，无须切换动力，由于增程器的存在，其工作状态与车辆行驶状态无关，可以始终保持高效工作，适合负荷变化频繁的复杂路况。

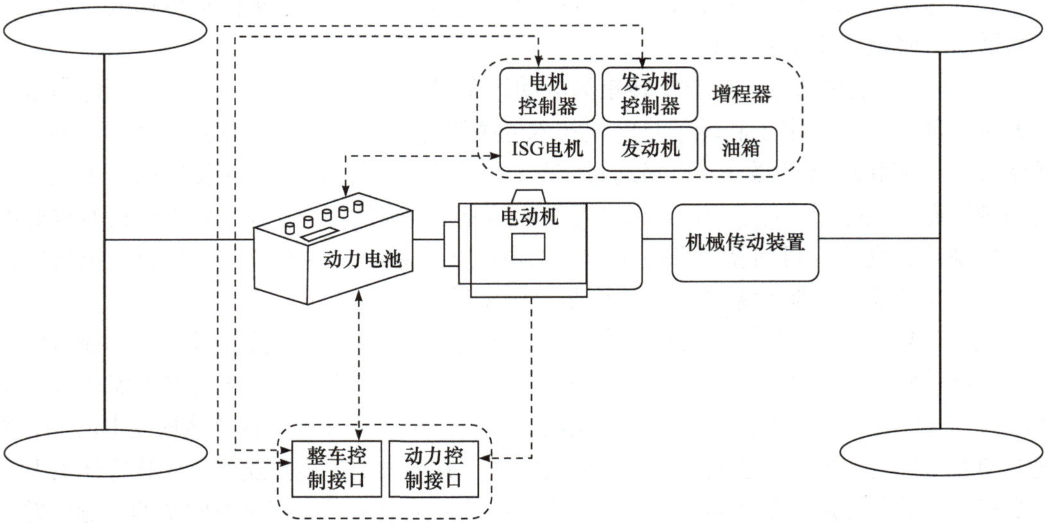

图 5.4　增程式电动汽车的基本结构

2. 动力电池简介

动力电池作为电动汽车的能量来源，对于解决环境污染和能源短缺问题具有十分重大的意义，已得到了广泛的关注。与传统能源相比，动力电池具有如下优点：高功率，高能量密度，工作温度范围广(−30～65 ℃)，长寿命，安全可靠。目前来说，动力电池主要有铅酸电池、碱性电池、锂离子电池和燃料电池，各种动力电池都在逐步进行改良与优化。

1) 动力铅酸电池

1859 年，物理学家普兰特将铅板反复充放电后形成活性物质，以稀硫酸为电解质，发明了第一个铅酸电池。铅酸电池也是第一种商业化应用的可充电电池。经过不断地改良和优化，目前应用在汽车上的铅酸电池大多是阀控式铅酸电池(valve regulated lead acid battery，简称 VRLA 电池)。与传统开口式电池相比，VRLA 电池具有良好的密封性、不漏液、高的能量密度及更好的安全性，其工作原理在之前章节已有介绍，这里不再赘述。

目前 VRLA 电池已在电动自行车、电动牵引车和电动汽车等领域得到了广泛的应用，主要用于汽车、摩托车、拖拉机、柴油机等启动和照明以及叉车、铲车的动力电源，电池性能也有了大幅提高。然而，我国目前的 VRLA 电池生产的自动化程度还比较低，特别是电池组装工序仍以手工操作为主，影响了电池的精密度，也降低了生产效率。因此，如何提高自动化生产的问题仍待解决。

2) 动力碱性电池

碱性电池是指电解液为碱性水溶液的二次电池。碱性电池相对铅酸电池具有高能量密度、优异的耐过充电性能、平稳的工作电压、良好的密封性、长寿命等优势，缺点是成本高和技术要求高等。目前碱性电池主要包括镍镉电池和镍氢电池等。

最早的碱性电池是镍镉电池，是由瑞典科学家琼格尔于 1899 年发明的。镍镉电池的负极是海绵状的金属镉，正极为球形羟基氧化镍，电解液是 KOH 和 LiOH 的水溶液。在密闭的镍镉电池中，化学反应产生的气体不用排出，可以在电池内部进行反应。与铅酸电池相比，镍镉电池具有寿命长、高倍率性能、低温特性、结构紧凑、维护简单等优势，可大量应用于小型电子设备等领域，曾一度占领市场。早期的动力汽车和混合动力汽车多采用镍镉电池。1991 年，日本东京电力公司将镍镉电池组用于电动汽车，将 24 个电压为 12 V 的电池组串联，总电压可达 288 V，总容量为 100 A · h。电池组的质量比能量为 54 $W \cdot h \cdot kg^{-1}$，最高车速 176 $km \cdot h^{-1}$。日本日产汽车公司将 23 个镍镉电池组串联用于电动汽车，总电压 280 V，电池组的质量比能量为 55 $W \cdot h \cdot kg^{-1}$。目前这些数值正在逐步提高，但是由于镉的污染性，对于镍镉电池的应用正逐渐减少。

随着人们环保意识的加强，镍氢电池因其对环境无污染，同时具备优良的充放电性能、较高的容量和能量密度等优势，登上了历史舞台。与动力镍镉电池相比，动力镍氢电池使用氢氧化镍为正极活性物质，利用储氢合金作为负极，从而避免了使用具有污染性的金属镉，但在结构设计、生产工艺及电性能方面继承了镍镉电池的特点。目前动力型的镍氢电池正在逐步取代镍镉电池，成功用于电动汽车，特别是在 HEV 的动力电池中。日本丰田公司的混合电动汽车使用的就是镍氢电池。储氢合金作为镍氢电池的主要负极材料，可分为 AB_5 型混合稀土系储氢合金、AB_2 型拉弗斯(Laves)相合金、AB 型钛系储氢合金和 A_2B 型镁系储氢合金等，其中 AB_5 型混合稀土系储氢合金是目前应用最为广泛的储氢合金材料。

3) 动力锂离子电池

锂离子电池是利用锂离子在正、负极之间反复进行脱出和嵌入实现能量的存储和释放的一种高能二次电池。锂电池作为目前动力电池的主流，近年来得到快速发展(图 5.5)。正极以过渡金属氧化物为主，主要包括磷酸铁锂、镍钴锰酸锂三元材料、锰酸锂等。其中，磷酸铁锂电池具有安全性高、寿命周期长和成本低等优势；镍钴锰酸锂三元材料具

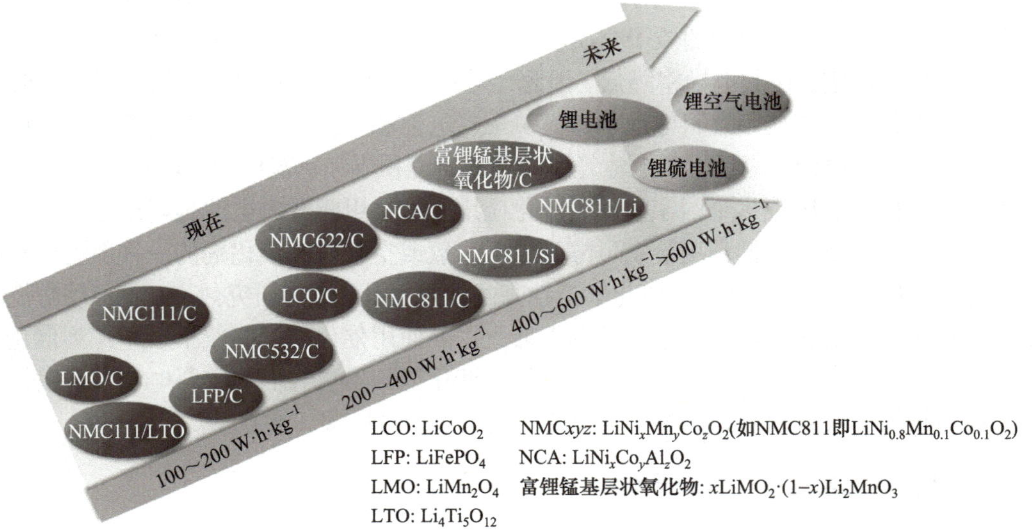

图 5.5 锂电池技术发展趋势与代表性材料对比

有电压高、能量密度高的优势。对于负极材料，石墨等碳基材料是目前应用的主流，钛酸锂、硅基材料和锂单质负极材料也已经得到初步的应用。电解液大多使用 $LiPF_6$、碳酸乙烯酯(EC)和碳酸二甲酯(DMC)的组合，隔膜则为正、负极之间提供电子隔离，通常用铝箔作为正极集流体，铜箔作为负极集流体。

动力锂离子电池具有能量密度高、循环寿命长、荷电保持能力高、环境污染低、无记忆效应、工作范围广等优点。自 1990 年日本索尼公司率先开发出商用锂离子电池以来，其一直表现出极大的应用潜力。但是锂离子电池也存在比较突出的安全问题。在一般情况下，锂离子电池储存的总能量与其安全性成反比。因此，在提高电池储存电量的同时保证安全性是必须解决的问题。随着材料科学和制造工艺的进步，采用具有较高热稳定性的电极材料、选择含有阻燃剂或过充电保护添加剂的电解液、设计良好的散热结构、电池保护电路和管理系统都有利于提高锂离子电池的安全性。

4) 燃料电池

燃料电池是通过电极反应装置将燃料中的化学能直接转换为电能的装置。燃料电池的两极均发生电化学反应，其中阳极进行燃料的氧化过程，阴极进行氧化剂的还原过程，离子在电解质内迁移，电子通过外电路做功并构成电的回路，从而将化学能转换为电能。燃料电池具有能量密度高、能量转换效率高、使用寿命长、燃料多样、环境友好、操作简便等优点，使得燃料电池技术的发展备受关注。

质子交换膜燃料电池具有工作温度低、无腐蚀性、启动速度快和工艺简单等特点，在动力电池领域具有极大的应用前景。在质子交换膜燃料电池中，质子交换膜能起到分隔燃料和氧化剂、传导质子和绝缘电子的关键作用，因此其性能和寿命直接决定了电池的性能和寿命。

质子交换膜须具有以下特性：①良好的电子导电性；②足够高的机械强度；③气体(尤其是氢气和氧气)在膜内的渗透率尽可能小；④聚合物本身不溶于水，但具有较好的水合能力；⑤具有较高的热稳定性和化学稳定性；⑥对燃料和氧化剂有较好的阻隔作用；⑦与催化剂结合较好。现有的质子交换膜根据含氟量的多少可分为全氟、部分氟和非氟质子交换膜。目前主要使用的质子交换膜为 Nafion 膜，具有高电导率和化学稳定性，但在高温下失水严重，引起电导率降低。因此，开发新型的质子交换膜是目前的研究热点。

在众多的质子交换膜燃料电池中，氢氧燃料电池和直接甲醇燃料电池被认为是两种较有前景的燃料电池。氢氧燃料电池经过多年的研究积累和示范应用，目前已经在日本、加拿大、中国、美国等多个国家实现产业化应用。直接甲醇燃料电池是以固态聚合物质子交换膜为电解质，直接利用液态甲醇为燃料，氧或空气作为氧化剂的一种新型燃料电池，具有原料丰富、操作简便、电化学活性高的优点，因此成为研究热点。直接甲醇燃料电池目前无法商品化的原因在于其效率太低，需要使用催化剂提高效率，考虑到催化剂的成本较高，因此需要研究开发廉价且高效的催化剂。目前人们对燃料电池的开发、研究和应用投入了大量的精力，燃料电池的应用前景十分广阔。

3. 动力电池系统的设计和管理

动力电池系统作为电动汽车驱动能量的装置，是电动汽车的重要组成部分。动力电池系统由一个或多个电池包及电池管控制系统组成。根据其具体结构和功能特点，主要分为电池模组、电池管理系统、电池热管理系统、电气及机械系统四个部分。

(1) 电池模组：动力电池单体通过串并联方式组合加上保护线路板和外壳构成动力电池模组。动力电池模组是直接提供电能的模块，是组成动力电池系统的次级结构之一。动力电池单体即电芯，按结构形状分类，主要可以分为圆柱、方壳和软包三种形式。

(2) 电池管理系统：俗称"电池管家"。其功能是智能化管理、检测和维护电池组中电池单元的工作状态，并且根据它们的运行状态对电池系统进行即时快速的控制和调整，从而达到对动力电池系统充放电管理，保证动力电池系统安全稳定地运行。因此，根据电池管理系统的功能特点，可以将其分为检测、管理、保护三部分。具体可以分为数据采集、状态检测、均衡控制、热管理、信息管理和安全保护等功能。

(3) 电池热管理系统：电池热管理系统是根据温度与电池性能关系出发，结合电池的产热机理，用来确保电池系统在合适的工作温度范围内进行运作的一套管理系统，其主要工作部件包括电池箱、传热介质、检测设备等。电池热管理系统可以准确测量和监控电池温度；有效散热和通风避免电池组温度过高；低温条件下可以加热，避免低温影响电池正常性能发挥；通过有效通风防止有害气体富集以及保证电池组温度场的均匀分布等。

(4) 电气及机械系统：电气及机械系统是由高压系统、连接线束、电池箱体、机械接插件等部件构成的，保证设备可靠与安全运行，实现信号通信、电源输出、充电输入等控制功能的重要部件。

就电动汽车的发展来看，动力电池系统性能的提升已成为电动汽车发展的关键。尽管近年来电池技术不断发展，性能不断提升，但仍然存在电池在多次充放电后性能衰减、电池管理技术不成熟等问题。因此，需要针对动力电池系统不断进行结构优化和设计分析，这是保持电动汽车市场活力的重要方式和途径。

5.2.4 电动汽车的发展前景

1. 电动汽车面临的挑战

虽然目前来说，电动汽车的发展具有巨大的潜力，而电动汽车的发展也将引领汽车行业进入一个"零排放"的时代，但目前制约电动汽车发展的因素很多，其中最大的障碍就是电池的续航里程有限。目前电动汽车电池允许的行驶里程大多无法满足远程旅行的需求。因此，纯电池驱动汽车的使用必须首先解决充电的问题，否则将导致汽车在旅途中因电量不足而无法行驶。此外，与几分钟的加油时间相比，数小时的充电时间也无法满足人们高效率的生活节奏。

目前针对这个问题主要是从两个方面进行改进。一方面是增大电池容量，提高续航里程；另一方面则是拓宽充电桩的安装密度，同时提高充电效率。由于车载电池卸换比较困难，因此想通过备用电池的途径来提高行驶里程是行不通的。不过人们利用手机充电宝的思维，尝试给电动汽车装上一个充电宝。原理如图 5.6 所示，假设 1 号电池是附加的汽车充电宝，2 号电池是原有车载电池：起始的 1 号和 2 号电池都处于满电状态，当电动汽车运行一段时间后，1 号电池电量耗尽，2 号电池还能维持在 90%以上，然后反复更换 1 号电池，以达到增加续航里程的关键。这其中的决定性因素在于 1 号电池要满足可拆卸、相对轻便且容量大的要求，也是目前需要攻克的技术性难题。

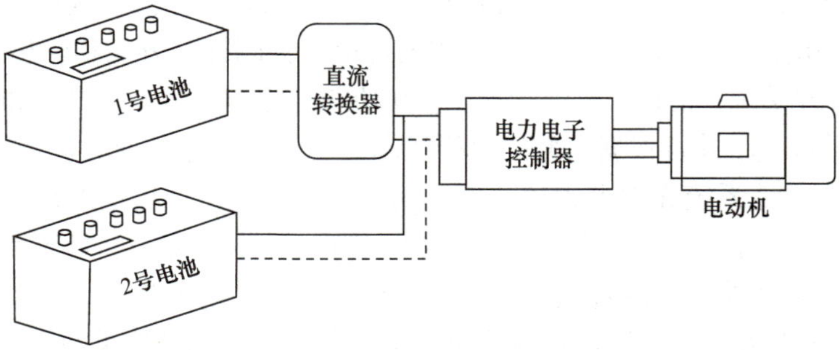

图 5.6 充电模式改进

以上的解决方案或多或少都存在一定的技术问题。相比而言，另一种从根源上解决问题的思路就是“光伏道路”的应用。

光伏道路的全称是承载式高速光伏路面。与传统的沥青路面相比，在道路表面采用具有较高透光率的材料，使得太阳光透过路面，照射在其下方的太阳能电池板上，太阳能电池把光能转换成电能，并实时输送上电网。冬季时，光伏路面可以将光能转化为热能，加速道路积雪消融，避免了融雪剂的使用。但是，光伏道路的发展也存在诸多的实际应用问题。首先是电池片的受压能力。在实际路面，需要承受很高的压力，如果无法承受极大压力而导致电池片破损，会升高局部电阻，进而导致整个串联电池片效率下降。其次是遮挡的问题。道路旁的路灯、绿色植物及隔离带会对光伏组件造成周而复始的遮挡，不可避免造成太阳能的热斑效应，再加上破裂的电池片的影响，发热的情况将非常严重，大大提高了太阳能电池板背板被烧穿的风险性，甚至有可能烧坏二极管，从而导致整串的电池片短路。

总的来说，汽车行业目前已经逐渐意识到“里程焦虑”和安全性问题所带来的影响，尤其是人们的购买力方面。为此，研究人员目前做了大量的尝试，相关研究还在进行中。

2. 电动汽车的安全性

电动汽车的安全性包括电池安全、充电基础设施安全和整车安全。

电池安全是指电池在运行过程中可能会因为热失控等发生燃烧甚至爆炸等安全问题。充电基础设施安全是指电机给电池充电时，由于电机质量不过关诱发的安全事故。整车安全包括高压电器安全问题、碰撞安全问题和防水防尘的问题。其中，电池的安全性是最受关注的。目前已经商业化的锂离子电池也存在安全隐患，众多电动汽车厂家都有电动汽车燃烧爆炸的案例，使安全性问题成为关注的焦点。

锂离子电池最大的危险就是热失控所导致的汽车自燃。电池各组分均有可能引起锂离子电池的热失控，各种诱因相互影响，最终发热量可使电池温度升高上千度，造成自燃。热失控的诱因分为机械电气诱因、电化学诱因、热诱因三种。机械电气诱因造成的热失控主要是物理过程的碰撞导致电池的结构发生变化，从而使得电池发生自燃，破坏极大。电化学诱因是电池过充过放、快充、自引发内短路所导致的电动汽车的热失控。电池在过充过放时会加剧气体的产生，导致电池内压升高，容易破坏电池结构，导致热失控。热诱因是热失控最直接的诱因，即电池内部过热从而导致电池的自燃，引发事故。锂电池组因热失控而释放的能量非常大，如何避免热失控是值得思考和研究的重要问题。从电极材料来说，可以选择具有高稳定性的材料。在追求稳定性的同时，需考虑电池的能量密度。能量密度越高，危险系数也不断提升，因此需要找到一个可以平衡能量密度与稳定性矛盾的方案。

目前的解决方法主要有以下几种。对于电解液，由于其主要组成为液态有机溶液，具有一定的可燃性，是目前锂电动汽车最主要的安全隐患，可以引入阻燃添加剂或过充保护添加剂来降低危险系数。目前固态电解质的发展、新型的全固态电池的推广和使用将在很大程度上解决因有机电解液的可燃性而引发的安全性问题。对于电池的正极材料，通过掺杂、包覆等方法可以有效提高材料结构的稳定性。通过表面包覆、构建人工固体电解质界面膜可提升负极材料的稳定性。此外，可通过钛酸锂、纳米硅、合金等新型负极的研发，进而获得高能量、高安全性能的负极材料。

受限于时间成本，目前电芯安全检测还是以抽检为主，开发无损快速全检技术是未来的研发重点之一。这不仅需要提升检测速度，还需要加快数据分析速度，技术与算法都很重要。除了单个电芯的安全性之外，还需考虑电池包(由成百上千个电芯组成)的安全性。电动汽车目前有个重大的安全隐患在于其质量。电池包的存在让电池汽车普遍比传统的燃油汽车重。由于电池包本身较高的质量和较大的体积，对电池包的固定具有很高的要求，否则发生交通事故时往往会产生很大的安全隐患。因此，将来在聚焦电芯的安全性改良测试的同时，仍需关注整体的安全性能。

3. 电动汽车电池的回收利用

近年来，电动汽车在快速发展的同时，人们也越来越重视电池的回收与利用问题。电动汽车电池中可以回收的材料主要包括普通金属材料、塑胶材料和负极金属材料等，可以通过梯级利用和再生利用两种方式进行回收利用。通常，当电池达不到车用条件，从电动汽车上退役时，其剩余容量仍有 70%～80%，具有较大的剩余价值，可以满足其他用电器的需求。根据其容量和功率性能进行梯级利用，可再次应用于其他场合，如 UPS(uninterruptible power supply，不间断电源)、通信基站、场地车辆、风光发电储能、路灯等。梯级利用可以以电池组、模组和单电池等形式进行利用。从成本角度，应优先进行电池组级的梯级利用，其次是模组级。目前梯级利用技术还处于探索研究阶段，存在大量的难题，尚未大规模推广。再生利用是指当动力电池的性能衰退到很低时，就需要进行材料回收和无害化处理。以三元材料为例，首先需要将电池经过预处理拆解至电芯级别，经过预处理、浸出、提纯、合成等步骤，得到材料前驱体。然后进行材料的合成，将前驱体洗涤烘干，与碳酸锂按一定比例配比均匀混合，在氧气氛围下进行分段程序升温热处理，控制烧结温度和时间，再经过破碎、分级、除铁步骤，得到镍钴锰酸锂正极材料。总之，可再生利用是对电池进行拆解后对各类废料中的高价值组分进行回收，开展电池材料再造或修复，其技术方法可分为三大类：干法回收技术、湿法回收技术和生物回收技术。

4. 电动汽车发展前景展望

随着技术的快速发展，云计算、大数据、人工智能等新名词进入大众的视野。人工智能是人类进入信息时代后的又一次技术革命，正受到越来越广泛的重视。作为人工智能技术在汽车行业、交通领域的延伸与应用，自动驾驶汽车近几年在世界范围内受到了产学界甚至国家层面的密切关注。自动驾驶汽车依靠人工智能、视觉计算、雷达、监控装置和全球定位系统协同合作，让计算机可以在没有任何人类的主动操作下自动安全地操作机动车辆。自动驾驶技术将成为未来汽车一个全新的发展方向。

按照美国汽车工程师学会(SAE)的分级，自动驾驶技术共分为：驾驶员辅助驾驶、部分自动驾驶、有条件自动驾驶、高度自动驾驶、完全自动驾驶五个层级。

第一层级：驾驶员辅助驾驶。为驾驶者提供协助，包括提供重要或有益的驾驶相关信息，以及在形势开始变得危急时发出明确而简洁的警告。现阶段大部分高级驾驶员辅助驾驶系统让车辆能够实现感知和干预操作，如防抱死制动系统(ABS)、电子稳定性控制(ESC)、车道偏离警告系统、正面碰撞警告系统、盲点信息系统等。此时，车辆能够通过摄像头、雷达传感器获知周围交通状况，进而做出警示和干预。

第二层级：部分自动驾驶。车辆通过摄像头、雷达传感器、激光传感器等设备获取道路及周边交通信息，自行对方向盘和加、减速中的多项操作提供驾驶支援，在驾驶者收到警告却未能及时采取相应行动时能够自动进行干预，其他操作交由驾驶员完成，实现人机共驾，但车辆不允许驾驶员的双手脱离方向盘。例如，自适应巡航控制(ACC)、车道保持辅助(LKA)系统、自动紧急制动(AEB)系统、车道偏离预警(LDW)等。

第三层级：有条件自动驾驶。由自动驾驶系统完成驾驶操作，根据路况条件，必要时发出系统请求，必须交由驾驶员驾驶。

第四层级：高度自动驾驶。由自动驾驶系统完成所有驾驶操作，根据系统请求，驾驶员可以不接管车辆。车辆已经可以完成自动驾驶，一旦出现自动驾驶系统无法解决的情况，车辆也可以自行调整完成自动驾驶，驾驶员不需要干涉。

第五层级：完全自动驾驶。自动驾驶的理想形态，乘客只需提供目的地，无论任何路况、任何天气，车辆均能够实现自动驾驶。这种自动化水平允许乘客从事计算机工作、休息和睡眠及其他娱乐等活动，在任何时候都不需要对车辆进行监控。

在目前交通出行状况越来越恶劣的背景下，自动驾驶汽车的商业化前景还受到很多因素制约。主要有：①法律法规障碍；②不同品牌车型间未建立共同协议，行业缺少规范和标准；③基础道路状况，标识和信息准确性，信息网络的安全性；④难以承受的高昂成本。

此外，自动驾驶汽车的一个最大特点就是车辆网络化、信息化程度极高，而这也对计算机系统的安全问题提出了极大挑战。一旦遇到计算机程序错乱或信息网络被入侵的情况，如何继续保证自身车辆及周围其他车辆的行驶安全是未来急需解决的问题。虽然自动驾驶技术还存在很多挑战，但是自动驾驶难在感知，重在“学习”，自动驾驶的技术水平迟早会超过人类，因为稳、准、快是机器的先天优势。自动驾驶汽车需要大量传感器和高性能计算机，新能源汽车有更充足的空间和电力，因此能更好地兼容自动驾驶技术。

在全球石化资源短缺、环境污染严重的大背景下，改变能源结构、减少因燃油汽车使用而造成的温室气体及有毒气体的排放对改善城市中心的空气质量有重要意义。电动汽车技术因其“零排放”的优势，具有极大的市场潜力。近年来，电动汽车、混合动力电动汽车的发展令人瞩目，电动汽车革命将从根本上改变汽车工业模式。尽管当前电动汽车还存在电池能量密度有待提升和安全性等问题，但毫无疑问，在未来公路网中，各种类型的电动汽车、混合动力电动汽车和燃料电池汽车必将构建并实现全球清洁汽车计划的蓝图。同时，电动汽车也为实现万物互联互通提供了硬件基础，未来必将实现汽车智能驾驶、自动驾驶，并结合大数据形成智能交通网络。

5.3 电子产品、智能电源和人工智能产业

5.3.1 电子产品

1. 概述

电子产品是计算机(computer)、通信类(communication)和消费类(consumer)电子产品的统称，也称为 3C 产品或信息家电。电子产品产业是依托于电子产品而发展起来的产业。如图 5.7 所示，电子产品种类繁多，一般体积较小，往往称为小家电。随着互联网和集成电路的发展，电子产品迅速进入人们生产生活的方方面面，其种类也在不断增加。

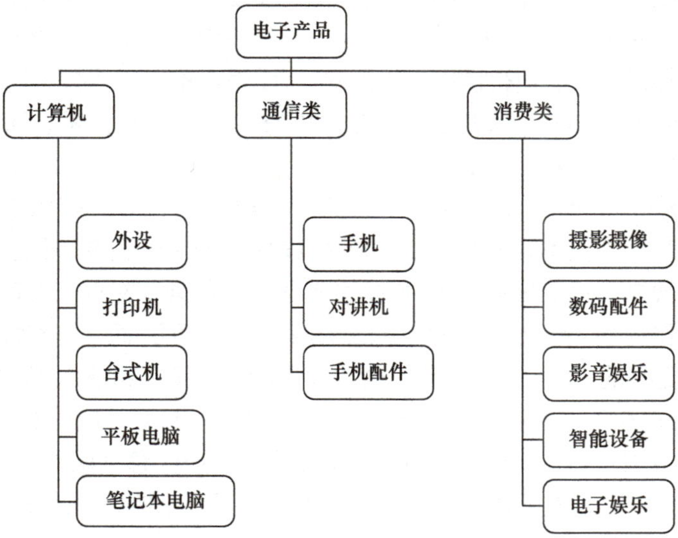

图 5.7 电子产品的分类

2. 电子产品产业的发展历程

1) 计算机

计算机是一种能够按照程序运行，自动、高速处理海量数据的现代化智能电子设备。计算机的发展十分迅速，自 1946 年世界上第一台计算机于美国宾夕法尼亚大学问世

以来，计算机经历了四代变革，每一代变革都获得了突破性进展。

1946～1957 年，第一代计算机(电子管计算机)以真空电子管作为逻辑元件，以汞延迟电路作为储存器，体积大、能耗大、储存容量小、可靠性差、运算速度慢，主要应用于科学计算。虽然存在很多不足，但为以后计算机的发展奠定了基础。

1958 年，计算机因晶体管的出现得到了根本性的进步，第二代计算机(晶体管计算机)诞生。以晶体管代替电子管作为逻辑元件，体积减小、能耗降低、可靠性和运算速度提高，性能比第一代计算机有了较大的提升，被用于科学计算的同时，也开始在事务处理方面得到应用，开始进入工业控制领域。

1965 年，随着半导体工艺的发展，中、小规模集成电路开始作为计算机的逻辑元件，第三代计算机(集成电路计算机)诞生。第三代计算机的体积进一步减小，计算速度进一步提升，价格进一步降低。计算机走向了通用化和标准化，开始应用于文字、图形、图像处理领域。

1971 年，大规模集成电路工艺逐渐成熟，半导体芯片具备了较高的集成度，美国硅谷研制出世界上第一个微型处理器，开创了第四代计算机(微型计算机)的新时代。随着技术的不断发展，微型计算机的主机和外部设备不停更新换代，体积越来越小，价格越来越低，逐渐走进千家万户，目前几乎所有的领域都能看到微型计算机的身影。

2) 通信类设备

通信类设备是传递信息的媒介。从古至今，人们从来没有停止对更快、更便捷的通信类设备的追求。1887 年赫兹证实了电磁波的存在，从此世界进入了无线电通信的新时代。现代意义上的移动通信开始于 20 世纪 20 年代，至今经历了六个阶段。

1976 年，摩托罗拉公司首次将无线电应用于移动电话，从此多个国家开始了第一代移动通信系统(1G)的研究。1G 手机体积较大，容量有限，抗干扰能力弱，价格昂贵，且不同国家的技术标准不同，使得国际漫游困难，1G 手机难以大规模应用。1991 年，通信技术由 1G 发展至 2G，2G 手机也应运而生。2G 采用数字传输技术，通信的保密性获得了极大提高，价格也逐渐降低，手机开始逐渐在人们生活中流行。由 2G 到 3G 的过渡阶段出现了 2.5G 技术，2.5G 手机中开始出现蓝牙、GPRS 等功能，提供了更高的速率。随着网络时代的到来，人们不再满足于 2G 和 2.5G 较慢的传输速度，催生了 3G 技术，从而进一步促进了智能手机的发展。3G 智能手机开始具备浏览网页、视频通话等功能，普及度越来越高。作为 3G 的延伸，4G 手机采用全互联网协议通信，数据传输速度进一步提升，满足用户更多的需求。在 4G 手机全面商用的背景下，2013 年欧盟率先开始 5G 通信技术的研究，2016 年 1 月中国 5G 技术研发试验正式启动，2019 年 5G 在韩国首次实现商用。2021 年 4 月，我国已初步建成全球最大规模的 5G 移动网络。5G 手机在低时延(约 1 ms)的同时，传输速度可达 4G 手机的 40 倍，极大地便利了人们的生活。

3) 消费类电子产品

消费类电子产品在不同发展水平的国家内涵不同，在同一个国家的不同发展阶段也有着不同的内涵。

20 世纪，消费类电子产品是指以用于个人或家庭的与电视、广播有关的视频、音频产品，主要包括电视机、摄像机、录像机、影碟机、组合音响、激光唱机等。进入 21 世纪后，家庭办公设备、电子保健设备、汽车电子产品、数码相机等也归入消费类电子产品中。随着科技的进步和新产品的出现，电子娱乐、可穿戴设备、智能机器人等正在成为新兴的消费类电子产品。

3. 电子产品产业的发展现状

电子产品产业发展迅速，竞争激烈，为满足消费者的需求，电子产品产业不断推出新的科技产品。

芯片是电子产品的核心部件之一，一般是指集成电路的载体，也是集成电路经过设计、制造、封装、测试后的结果，通常是一个可以立即使用的独立整体。人们在日常生活中使用的手机、计算机、电视、汽车等无不依赖芯片，芯片是所有电子科技产品的大脑和中枢。芯片的生产是高技术密集产业，所涉及的高新技术非常多，如芯片设计软件、芯片制造阶段晶圆生产工艺、电子电镀工艺、高纯化学试剂合成、光刻机等高端设备等。

我国高端芯片长期依赖进口，缺乏自主研发，芯片自给率过低。从 2015 年开始，集成电路进口额连续 4 年超过原油成为我国第一大进口商品。截至 2020 年 12 月，我国集成电路进口额为 3479.58 亿美元，同比增长 26.5%，同期集成电路出口额为 1015.78 亿美元，可以看出我国集成电路出口额与进口额贸易逆差巨大，我国集成电路高度依赖进口。国外巨头企业依靠在芯片领域的知识产权对核心技术进行垄断，以此获取利益。为打破垄断，我国启动了“中国芯”工程，不断获得突破，研发、生产了一系列具有自主研发产权的芯片，如龙芯系列、魂芯系列、飞腾系列等。高端芯片制造的突破需要国家和科研人员的长期投入和积累，新能源科学与工程专业的学生可以从高纯电子电镀试剂设计开发、电子电镀工艺技术开发、芯片制造软件、设备开发等多方面进行研发攻关。

目前第四代计算机仍然存在一些不足，如智能化程度低、仍然无法满足某些科研领域的计算任务等。为支撑科技创新，2009 年 5 月，科技部批准在天津成立首个国家超级计算中心。截至 2020 年，科技部批准建立的国家超级计算中心共有八所，分别是国家超级计算天津中心、国家超级计算广州中心、国家超级计算深圳中心、国家超级计算长沙中心、国家超级计算济南中心、国家超级计算无锡中心、国家超级计算郑州中心、国家超级计算昆山中心，为全国的科研院所、高等学校、重点企业提供广泛的高性能计算、云计算、大数据、人工智能等高端信息技术服务。超级计算机(图 5.8)被称为“国之重器”，超级计算属于战略高技术领域，是世界各国竞相角逐的科技制高点，也是一个国家科技实力的重要标志之一。例如，国家超级计算天津中心服务科研、企业、政府机构用户数近 6000 家(包括科技创新团队 2000 余个、企业 3000 余家)，用户遍布全国近 30 个省(自治区、直辖市)，应用涉及新能源、新材料、生物医药、基因技术、航空航天、天气预报与气候预测、海洋环境模拟分析、航空遥感数据处理、脑科学、天文等诸多领域。

通信类领域竞争激烈，自 4G 智能手机问世以来，智能手机的发展进入了黄金时期。5G 技术的成功研发使通信类设备迎来了新的市场机遇，手机等产品都在积极部署 5G 的市场化应用，开启新一轮的竞争。韩国作为亚洲最早研究 5G 技术的国家，依托三星电子这一手机巨头公司，发展速度较快，在 2019 年公布的 5G 技术发展国家排行榜中名列榜首，同年成为全球第一个实现 5G 商用的国家，然而其 5G 覆盖程度低、信号差等问题仍亟待解决。我国对 5G 技术的研发走在了全球前列。随着华为通信的不断研究，我国的 5G

图 5.8 国家超级计算天津中心天河高性能计算机系统

引自：新华网

技术稳步前进，发展迅速。2019 年，三大运营商(中国移动、中国联通和中国电信)公布了5G 套餐，各城市开始出现 5G 用户。2021 年，我国已建成 5G 基站超过 115 万个，占全球 70%以上，是全球规模最大、技术最先进的 5G 独立组网网络。全国所有地级市城区、超过 97%的县城城区和 40%的乡镇镇区实现 5G 网络覆盖。5G 终端用户达到 4.5 亿户，占全球 80%以上。总体而言，5G 赋能千行百业的过程，是推动全社会数字化、壮大数字经济的过程，特别是大数据、人工智能、移动互联网、云计算、5G 等新一代信息技术的融合应用，推动人类进入了数字经济时代。

消费类电子产品在传统市场日趋饱和、5G 技术不断突破的背景下，不断更新换代，新产品不断涌现。目前，以计算机和通信技术为核心的数字化技术广泛应用于电子信息产业的各个领域，数字消费类电子产品将带领消费者进入新的数字世界。当前消费类电子产品的发展速度主要取决于计算机技术和通信技术的发展速度。从长远来看，在冰箱、微波炉、空调、洗衣机等家电中植入计算机技术和通信技术将是未来消费类电子产品的发展方向。目前尽管已经出现了一些网络化空调的雏形，但由于价格昂贵，尚未广泛使用。

5.3.2 智能电源

1. 概述

电源是将其他形式的能量转换成电能的装置。常见的传统电源是干电池和 220 V 家用交流电源。随着科技的发展，各种电子设备逐渐趋向智能化，对电源的智能化、输出精度、电气指标和安全性能的要求越来越高。传统电源往往安装在环境恶劣的地方，容易产生故障，引发断路、数据损失、打火乃至电气火灾等事故，可靠性不足。此外，传统电源的管理需要大量的人力和物力，效率低下，智能化程度低。传统电源已经无法满足智能化设备的需求，使用能够实现远程管理的智能电源代替传统电源已成为信息化应用场所末端电源管理发展的必然趋势。

智能电源是一种可以实现远程控制的智能化开关电源，通过嵌入式系统对开关电源的运行状态进行检测，通过通信网络对电源实现远程的监控和管理。智能电源系统的结构如图 5.9 所示。系统结构分为三层：底层数据采集，采用无线传输技术，使用单片机作为数据处理中心，处理分散且数量众多的电源节点；中层用于联系数据采集层和控制中心，以超宽带技术通信，从而保证数据传输的准确性和实时性；上层是系统的控制中心，实现电源节点运行状态的显示、查询、终端控制等功能。

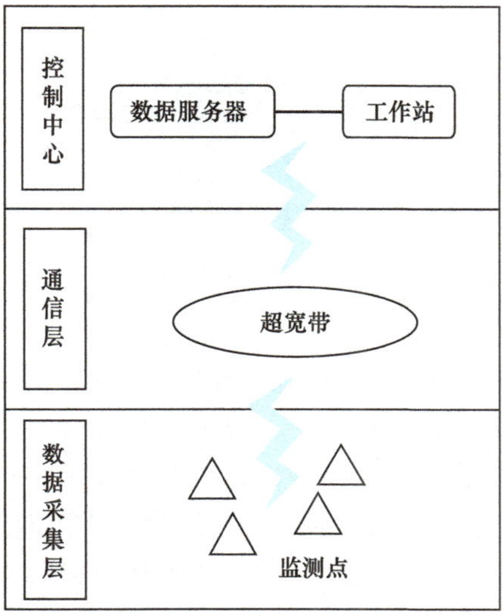

图 5.9 智能电源系统的结构

2. 智能电源的发展现状与前景

2016 年，国家在《能源发展“十三五”规划》中指出能源发展趋势呈现智能化，并提出以提升能源系统综合效率为目标，优化能源开发布局，加强电力系统调峰能力建设，实施需求侧响应能力提升工程，推动能源生产供应集成优化，构建多能互补、供需协调的智慧能源系统。目前，我国传统能源产能结构性过剩问题突出。煤炭产能过剩，供求关系严重失衡，同时设备效率低，能耗大，污染重。此外，可再生清洁能源的发展还未步入正轨，发展机制尚未健全。因此，在国家政策的号召下，智能电源正在快速发展，推动了传统能源生产和消费模式的转变，并涌现出许多新型智能化的能源生产消费模式。智能电网的快速兴起，分布式能源直接面向用户，新能源汽车的飞速发展，用能主体直接参与能源生产和市场交易，都说明了智慧能源初现雏形。虽然目前我国的智能电源还处于发展中模式，离最终达到能源生产和消费的高度自动化、智能化的目标还有很多技术难关需要攻克，但是随着智能技术的不断更新换代，我国能源体系结构将不断完善，智能技术与能源有机结合，实现低碳环保的能源利用方式是未来能源发展的必经之路。

5.3.3 人工智能

1. 概述

人工智能是一门边缘学科，是自然学科和社会学科的交叉，如图 5.10 所示。其涉及的领域包括：计算机科学、脑科学、认知科学、心理学、语言学、逻辑学和哲学。20 世纪 50 年代中期，人工智能的概念被首次提出。人工智能是研究、开发用于模拟、延伸和扩展人的智能的理论、方法、技术及应用系统的一门新的技术科学。

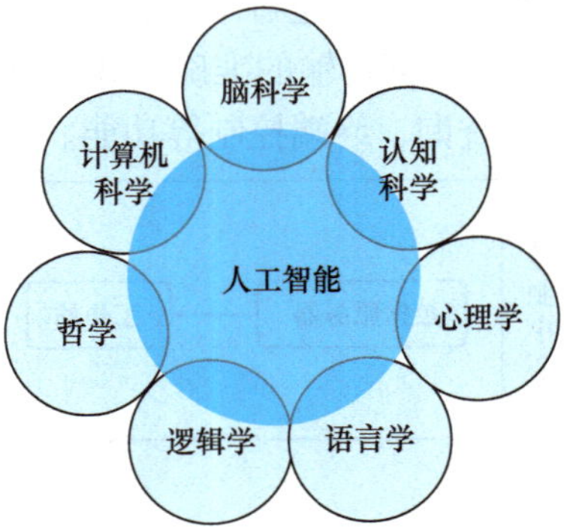

图 5.10 人工智能包含的学科领域

人工智能的发展历经了许多曲折与起伏，其发展过程主要包括孕育期、形成期、暗淡期、知识应用期和集成发展期五个阶段。1956 年以前为人工智能的孕育期。我国古代先人很早就对智能机器提出了遐想和创造，如指南针和木牛流马等。在人工智能诞生之前，一些著名科学家就已经创立了数理逻辑、控制论、计算理论、神经网络模型和电子数字计算机等重要的理论基础和技术条件。图灵作为计算机科学理论的创始人，为推进人工智能的发展做出了极大的贡献。“人工智能”这一术语是于 1956 年在美国达特莫斯大学举行的有关人工智能领域的会议上第一次被正式提出。至此，人工智能的发展进入形成期,其间该领域的顶尖学者带领团队为人工智能领域做出了许多开创性贡献。直到 1966 年，由于人工智能存在知识局限性、揭发局限性和结构局限性，人们开始对其产生怀疑，甚至出现“人工智能研究不是骗局，也是庸人自扰”等指责，其发展陷入困境，转入暗淡期。20 世纪 80 年代，专家系统和知识工程在全世界得到了迅速发展。专家系统为企业等用户赢得了巨大的经济效益。人工智能的发展进入知识应用期。但专家系统仍然存在应用领域狭窄、常识性知识缺乏、知识获取困难、推理方法单一、没有分布式功能、不能访问现存数据库等问题。1986 年至今是人工智能的集成发展期。目前，人工智能已经广泛应用于计算机科学、经济贸易、机器人控制、交通、通信、医疗、工业、能源等领域。随着人工智能的发展，机器学习和深度学习等概念也被逐渐提出。机器学习是实现人工智能的一种方法，是一门专门研究计算机怎样模拟或实现人类的学习行为，以获取新的知识或技能，重新组织已有的知识结构使其不断改善自身性能的学科。深度学习是实现机器学习的一种技术，其动机在于建立、模拟人脑进行分析学习的神经网络，它模仿人脑的机制来解释数据，如图像、声音和文本。深度学习使得机器学习能够实现众多的应用，拓展了人工智能的领域范围。此外，人工智能技术与大数据也存在非常密切的关系。大数据是信息化发展产物，大数据的技术包含数据的采集、整理、传输、储存、安全、分析、呈现和应用等。人工智能的“思考”、“学习”和“决策”需要大量的数据作为基础，而大数据也需要人工智能技术进行数据价值化操作。总之，人工智能技术的发展是顺应时代发展的产物，由于自动化在生产和生活中的普及，发展至一定水平后必然会向智能化转变。人工智能的发展可以更好地解放生产力，提高经济效益，使人们的生活更加便捷与舒适。

目前全球处于一个经济和科技飞速进步的阶段，传统的能源结构无法满足人类社会发展的复杂性需求。此外，温室效应引起的环境变化和化石能源的枯竭也迫使人类不得不从单一传统能源结构向多源清洁能源结构转变。因此，未来能源结构的发展将趋于复杂和灵活。大规模清洁能源在不同地域的兴起带来的不确定性，不同类型的能源终端相互耦合以及智能电网的发展等，使传统分析方法在能源系统的规划和电力系统的调度等方面面临诸多挑战。因此，发展人工智能技术以灵活应对复杂多变的能源需求是一种有效的措施。与传统的分析方法相比，人工智能以大数据为基础，可以有效地分析和筛选出更加安全、经济和有效的模式，有利于促进未来能源结构和电力系统的不断优化。因此，人工智能技术的发展对未来能源发展具有重要意义。

2. 人工智能技术的分类

人工智能技术的研究包括自然语言处理技术、计算机视觉技术、模式识别技术、知识表示、自动推理技术、环境感知技术、智能规划技术和专家系统等。

自然语言处理技术是指可以实现机器和人类“对话”的一项技术，实际上就是让机器可以识别人类的语言，并执行相应的指令。自然语言处理技术包含文本朗读、语音合成、语音识别、自动分词、词性标注、句法分析、自然语言生成、问答系统和信息抽取等。由于人类语言文字的复杂性，一词多义、网络用语和特殊语境等都给自然语言处理技术增加很大的难度。

计算机视觉技术是指让计算机像人类的眼睛一样可以随处识别看到的任何事物。这需要建立一种能够根据视觉技术敏感反馈完成任务的智能系统。首先计算机要进行大量的信息采集形成大数据，然后对采集到的信息进行特征和关键点的提取，最后经过大量的训练来识别和反馈相应的信息。计算机视觉技术的最终目标是使计算机像人类一样具有观察和理解世界的能力。当然，要实现这一目标，还有很多关键问题需要攻克。

模式识别技术是用计算的方法根据样本的特征将样本划分到一定的类别中。模式识别技术可以应用于文字识别、语音识别、指纹识别、遥感和医学诊断等。

知识表示就是一种能够被计算机接受的用于描述知识的数据结构。知识表示的方法包括逻辑表示、产生式系统、框架、语义网络、状态空间、面向对象和连接主义等。

自动推理技术就是让计算机拥有像人一样可以通过已知条件推理出结论的思维能力。

环境感知技术是通过感知周围事物并作出相应判断的技术。环境感知技术常用于智能汽车，需要感知行驶路径、周边物体、驾驶状态和驾驶环境等，确保智能车辆安全、高效地行驶。

智能规划技术是人工智能中非常重要的一项技术。具体是指对周围环境进行认识与分析，根据目标制订和规划最优的解决策略和动作路径。扫地机器人的工作路径就是通过智能规划技术制订的。智能规划技术还可以应用于车间作业调度、物资运输调度及宇航等领域。

专家系统是指计算机通过大量学习某一专业领域内的知识，拥有专家级别的知识储备，然后根据这些专业知识进行推理和判断的一项技术。专家系统的成功应用对社会经济的发展有很好的推动作用。

3. 人工智能技术的发展现状与前景

纵观人类文明发展史，人类文明的进步伴随着人类对能源利用程度的不断提高。人类对能源利用和转化的发展在一定程度上可以成为人类文明发展的内在动力之一。当今世界，全球各国都在加速进行能源结构转型。人工智能技术在加速能源结构变革，优化其生产力和管理能力，增强能源行业的风险预测机制等方面发挥着非常重要的作用。人工智能在能源上的服务存在三个主要部分，分别是数据、技术及应用场景。人工智能以数据为基本前提，通过一系列人工智能技术的算法，在能源服务领域进行应用，包括能源开发、能源安全、智能电网、智慧能源等。

人工智能技术在能源开发领域逐步发挥降本增效的作用。以石化能源领域为例，中国石油集团科学技术研究院有限公司利用大数据学习和图形识别等人工智能技术，逐步形成了数据采集—诊断分析—优化设计—自动调整一体化的闭环管理系统，有效地发挥了降本增效的作用。西班牙最大的石油企业雷普索尔(Repsol)石油公司利用谷歌的大数据和人工智能技术，优化工作流程，降低工艺成本，增加利润率。美国石油天然气公司先锋自然资源(Pioneer Natural Resources)公司、意大利埃尼集团(Ente Nazionale ldrocarburi)、法国道达尔(Total)公司等国际石油公司均进行了人工智能技术的研发。人工智能技术将有效地推动油气勘探技术的发展，实现产业技术升级，提升勘探效率，降低开采成本，引发石油勘探领域的变革。

在能源安全领域，随着国家的快速发展，各行业对电力的需求与日俱增。电力负荷是影响电网系统安全运行的重要因素之一，通过更加准确的电力负荷预测，可以实现电力资源安全合理规划和高效利用。利用人工智能研究中的多目标遗传优化算法、神经网络理论、深度学习理论等，可以有效提升短期电力负荷预测的准确性。此外，可以通过人工智能对受天气影响的电网隐患故障进行预测，避免因极端天气造成的电网安全问题。通过人工智能巡检机器人还可以进行一系列极端天气、极端地理环境的安全巡检。物联网技术结合人工智能技术，可以实现复杂工况的快速参数辨识，可能对能源设备故障进行快速分析甚至预测。从国家能源结构而言，中国作为煤炭大国，充分利用人工智能技术加快煤矿的智能化建设，对加快煤炭产业转型具有巨大的推动作用。

近年来，各国为避免对化石燃料的过度依赖，纷纷推出政策鼓励清洁能源产业的发展，全球能源结构清洁低碳转型趋势日益明朗。水能、风能、潮汐能及太阳能等新能源存在功率波动性及天气条件影响严重等问题。能源结构要从单一的传统能源向多源清洁能源转变，新能源类型输入增加了电网结构复杂性和不确定性。因此，如何高效地运营电网系统成为一项挑战。基于大数据分析，充分考虑各种不确定性因素，采取混合预测算法，发现数据内部规律，实现自主学习，是未来电网的发展趋势。简言之，未来电网将会是“人工智能+电网调控=智能电网”。图 5.11 是人工智能技术在电力系统领域的应用映射图，可以看到人工智能技术的应用分为感知、决策、执行 3 个环节。人工智能应用环节和能源环节的紧密相连是人工智能技术更好地服务于实际的前提。利用智能电网技术的发展，实现横向多能互补、纵向源-网-荷-储协调的能源与信息发展目标。因此，通过人工智能的分析与规划，可以很好地改善电网的稳定性；对能源设备是否正常工作进行监控，在事故发生前检查出故障，很大程度降低了危险系数；对企业和个人的能源消费数据进行分析，进一步优化智能电网的结构；以及通过计算机视觉技术进行能源勘探等。

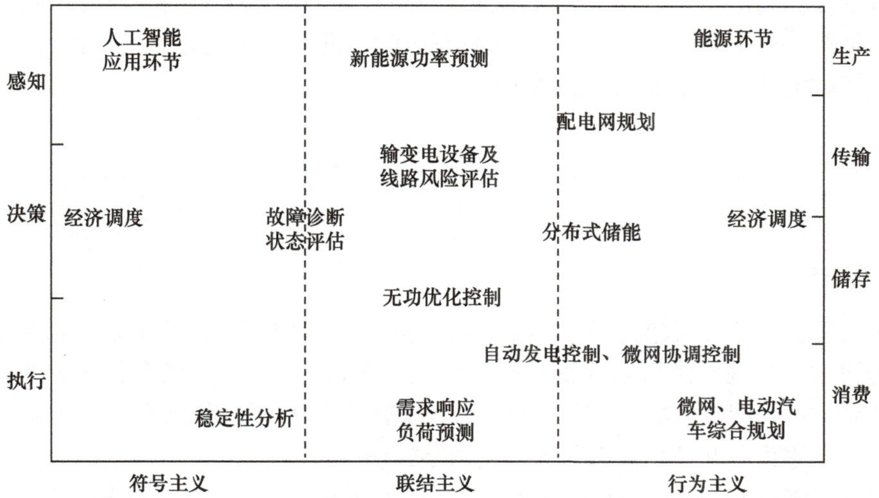

图 5.11　人工智能技术在电力系统领域的应用映射图

除了智慧电网系统，未来能源系统结合人工智能技术向智慧能源发展。如图 5.12 所示，其发展的关键点是产能、储能、用能一体化，智能化发展。利用大数据挖掘和深度学习等人工智能技术将能源生产、转化、传输、储存及消费等各个环节信息化，挖掘其中潜

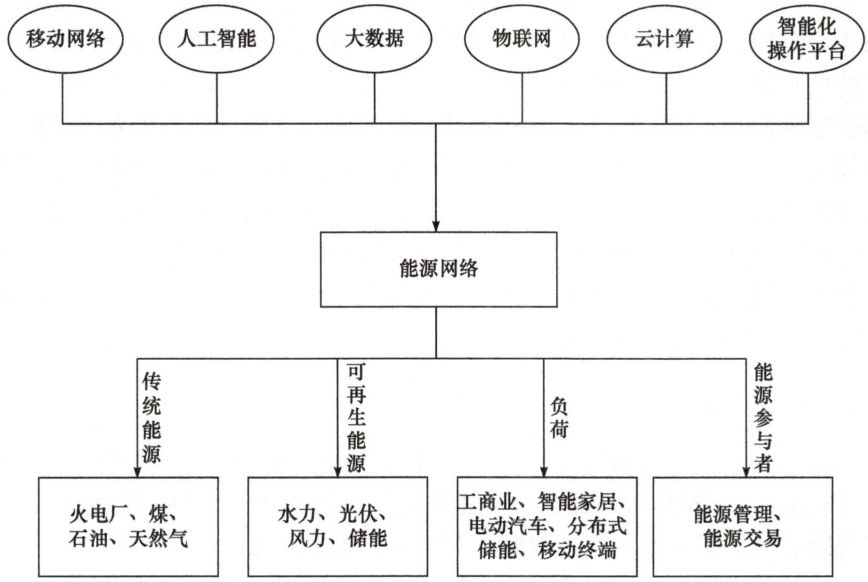

图 5.12　人工智能技术在能源网络的应用框架图

在的发展规律，提升能源体系的利用效率，建立以大数据、人工智能技术、互联网和物联网为支撑的智慧能源网络系统，以真正实现智慧能源的智能化。

此外，人工智能在医疗健康、教育公平、粮食安全及可持续发展等各个领域都有着广泛的应用前景，已成为各国政府和产业集团新的科技布局高地。2017 年，国务院印发《新一代人工智能发展规划》，人工智能已经被提升到国家发展战略。近年来，在学术界，我国在人工智能研究方面的学术水平也获得国际上的承认；人工智能在新能源电池材料合成路线优化、材料结构性质预测、电池寿命安全性预测等方面也展现出巨大的应用潜力。在产业界，我国也已经涌现出一大批具有国际先进水平的人工智能产业链。因此，大力发展人工智能技术将是未来发展的主流。

5.4 能源数字经济

5.4.1 概述

利用数字技术(如大数据、人工智能、区块链、数字孪生等)引导并实现资源的快速优化配置与再生，实现经济高质量发展的形态称为数字经济。数字经济的发展离不开大数据、云计算、物联网、区块链、数字孪生、人工智能、5G 通信等新兴技术。在当今社会生活中，“新零售”和“新制造”等都是数字经济的典型代表。

面向国家碳达峰、碳中和目标的重大需求，在世界范围内能源结构转型的大背景下，未来的能源发展将更多地与大数据、人工智能、区块链、新能源等紧密相连，与之相关的传统经济正在向新经济形态转变，并将催生全新的经济形态——能源数字经济。能源数字经济是在能源革命和数字革命深度交叉融合的形势下形成的，不是简单的数字技术为能源系统赋能，而是一种新的发展理念，将有效改变现有能源系统和能源产业发展，成为能源变革的关键驱动力。能源数字经济是以新发展理念为引领，以现代能源网络和信息网络为主要载体，以能源技术和信息通信技术融合应用为重要推动力，提高全要素生产率，推动高质量发展，促进协同、创新、绿色、高效的经济发展形态。在大数据时代，发展能源数字经济是一种必然的趋势和选择，对能源行业而言既是机遇也是挑战，也对传统能源发展理念和组织管理提出了更高的要求。具体来说，在能源数字经济背景下，能源将呈现智能化、平台化特征，通过能源产业数字化和能源数字产业化发展，形成新模式、新产业和新业态，从而服务现代经济社会(图 5.13)。能源数字经济发展的核心目标是实现绿色可持续发展，其根本要求是推动能源服务均等化，让处于不同发展水平的地区和人民能够共享能源数字经济发展的红利。

5.4.2 发展能源数字经济的重要意义

在我国碳排放方面，能源行业的碳排放目前占据了很大比例，对环境的影响不可忽视。发展能源数字经济能够克服经济活动影响碳排放的不确定性和减排路径的不确定性，有助于实现碳达峰、碳中和目标，因而具有重要的战略意义。

将数字经济技术应用于能源系统中，能够推动能源系统数字化转型。基于大数据分

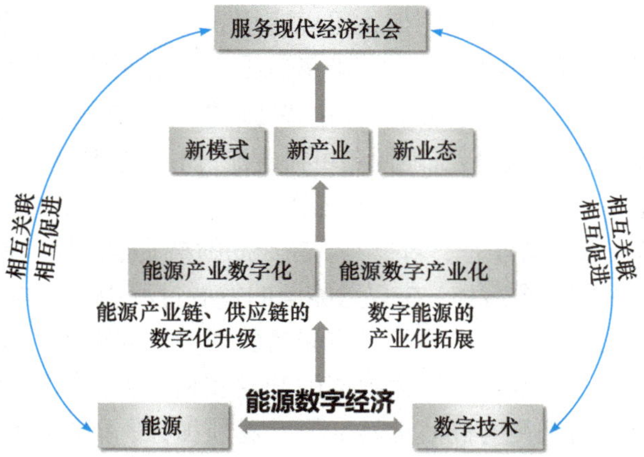

图 5.13 能源数字经济

析优化提升能源供需平衡分析模型等，可以提高可再生能源消纳率和能源资源的配置能力。在城市工业园区，能源数字经济可以通过打造智慧能源系统，发挥规模经济和人口红利等特性，为经济社会释放新动能。能源数字经济既有助于解决能源领域“存量问题”，又可为经济高质量发展创造能源“增量价值”。例如，通过综采装备、巷道掘进装备、运输装备等智能化设备可以实现煤炭智能开采，提高开采效率，降低对生态环境的破坏，有效降低碳排放，同时带来效率收益，助力低碳生产。此外，发展能源数字经济还能够优化调整排放因子，全面精确计量碳排放和碳吸收。更重要的是，发展能源数字经济，能源电力企业将以更加开放、创新的视角，挖掘能源数据资产融合价值，以新模式、新业态融入能源市场，让现代能源发展成果惠及全社会，真正实现能源技术和数字技术交叉融合发展。同时，能源数字经济能够推动传统能源基础设施向数字化、信息化、网络化和智能化发展，促进城市能源产业创新、模式创新，从而驱动城市高质量发展。

5.4.3 能源数字经济的发展现状、趋势与挑战

作为一种新型经济形态，能源数字经济健康可持续发展的关键在于构建成熟的产业和商业模式。然而，目前能源数字经济的规模和体量不大，仍处于培育的初级阶段。下一步能源数字化发展的制高点和关键领域是以数据处理、分析与价值挖掘为代表的能源数据价值链。同时，应夯实能源数字经济发展的基础，提升数据在能源数字经济发展中的作用，加快人工智能、大数据中心、能源互联网、新产业和新商业模式、能源行业大数据治理体系和新型能源基础设施体系的建设，为能源数字经济发展提供全面支撑。此外，在硬件建设的同时需要加大应用软件的开发，实现基础资源和平台运营、数据增值变现等商业模式创新。

在能源数字经济的大背景下，智慧能源是一个不得不提及的重要概念。《中国智慧能源产业发展报告(2015)》指出：智慧能源必须是应用互联网和现代通信技术对能源的生产、使用、调度和效率状况进行实时监控、分析，并在大数据、云计算的基础上进行实时检测、报告和优化处理，以达到最佳状态的开放的、透明的、去中心化和广泛自愿参与的能源综合管理系统。在智慧能源的背景下，未来能源系统发展的关键是在能源利用的四个环节(能源生产、能源存储、能源输送和能源消费)实现一体化发展，更多能源生产、存储、输送

与消费将通过信息技术融会贯通。例如，可以应用人工智能和大数据等技术对各类能源的开采、生产、存储、调度、销售和使用等业务数据、性能数据和运维数据进行实时检测、分析和计算，在此基础上进行实时预测、优化和处理能源系统，实现智能分析预警、快速协作响应及安全高效运行，促进传统能源、可再生能源和信息技术的深度融合，使能源系统达到最佳状态。此外，智慧能源能够推动能源产业的快速发展，促进节能减排，加快能源转型，实现能源新模式、新业态、新技术、新产品的高质量发展。智能电网和能源互联网作为新一代能源变革的重要载体，在智慧能源的发展过程中将起着核心和引领的作用。

能源数字经济发展还面临诸多挑战。首先是数据壁垒的挑战，能源产业的大数据缺少国家级、行业级的统一标准，能源大数据的开发和利用仍在初级阶段。借助云计算和云存储等实现能量流供需平衡与高效运转的研究亟须加强，能源网络数字化整合能力仍有待提高。例如，碳排放和碳吸收的计量和预测仍暴露出精准度不高、预测效果不理想等问题。其次是企业文化的挑战，传统企业向数字化业务经营模式的转变难以落实。最后是市场机制的挑战，能源市场机制的不成熟影响了数字化新产品和新服务在能源领域的快速推广与应用。

目前世界各国纷纷推进能源革命与数字革命的深度融合，积极探索能源数字化转型的可行路径。值得注意的是，虽然数字技术具有非常重要的作用，但是其也会消耗一定的能源，这是能源数字经济发展过程中必须面对的问题。例如，中国数据中心能耗与可再生能源使用潜力研究的结果显示，中国数据中心 2018 年总耗电量约为 1600 亿 kW · h，超过了目前三峡水电站全年发电量。因此，如何发展超低能耗的数字技术也是未来能源数字经济快速健康发展的关键挑战之一。

总的来说，能源数字经济是能源革命和数字革命深度交叉融合下的新产物，具有广阔的发展前景。我们应该抓住数字机遇，大力发展能源数字经济，惠及社会民生，构建更加清洁、高效、安全和可持续的现代能源体系，从而最终实现全球范围内的“双碳”目标，保证社会高质量、绿色、可持续发展。

思 考 题

1. 你认为哪种类型的新能源最有望广泛应用于智能电网中？为什么？
2. 简述电动汽车的核心技术。
3. 电动汽车有几种形式？
4. 电动汽车的电源储能系统有哪些？目前的主要形式是哪种？
5. 目前动力电池回收利用的方法有哪些？
6. 你认为电子产品产业未来的发展方向将是什么？
7. 什么是人工智能？试从学科和能力两方面加以说明。
8. 如何理解人工智能的研究目标？
9. 人工智能研究包括哪些内容？重要性如何？
10. 简单列举人工智能在新能源领域的应用。
11. 数字经济和能源数字经济有什么区别和联系？你对能源数字经济有什么样的畅想？发展能源数字经济存在哪些挑战？

第 6 章　新能源科学与工程专业就业前景分析

新能源科学与工程专业是一门以新能源科学、材料科学和化学工程等多个学科为依托，多学科交叉的新兴专业。该专业旨在培养具备开发新能源材料、研究新工艺、提高和改善材料性能的新能源材料专门人才，其就业前景十分广阔。

能源产业一直以来都是世界各国经济发展的基础，各行各业要生产和发展，都需要能源为其提供动力。自两次工业革命以来，人类对于化石能源这类传统能源产业的依赖也达到了前所未有的高度。而被称为“工业的血液”的石油，其产品的 80%都是以燃料的形式消耗掉，作为目前人类社会中的主要动力源。因此，石油能够从根本上影响一个国家的国民生活和工业生产，进而影响国家的能源安全。近现代发生的许多战争在本质上都是围绕石油这一关键资源展开的，以期通过控制石油建立世界性的货币体系。然而，化石能源在世界范围内的大量使用带来了一系列环境问题(如温室效应和酸雨)，并且化石能源作为不可再生能源，其不可持续性也迫使世界各国开始发展自己的新能源产业。中国作为全球第一大能源消费国，在目前所面临的“百年未有之大变局”的情况之下，发展新能源产业，减少化石能源的使用占比，对保障国家能源安全与摆脱经济钳制有着战略性的意义；更进一步说，对于缓解全球温室效应，为人类命运共同体创造更好的未来起着不可估量的作用。

我国早在 2009 年就已经将新能源产业列为国家战略性新兴产业，以推动能源结构转型优化。发展是第一要务，这也决定着我国新能源产业发展的前景。自 2012 年国际可再生能源机构(IRENA)发布第一份能源评估报告以来，全球可再生能源从业人数一直持续增长。目前新能源与可再生能源领域就业主要受经济、技术及政策等因素的影响，随着新能源专业领域技术日益成熟，生产自动化发展、规模经济和学习效应逐步显现，新能源领域就业规模也将越来越大。自“十三五”以来，我国新能源发电装机容量不断上升，2020 年已达到 9.34 亿 kW 的水平，占全国总发电装机容量的 42.46%。

2021 年 3 月 12 日，《中华人民共和国国民经济和社会发展第十四个五年规划和 2035 年远景目标纲要》(以下简称《纲要》)正式发布。《纲要》指出坚持创新在我国现代化建设全局中的核心地位，把科技自立自强作为国家发展的战略支撑，面向世界科技前沿、面向经济主战场、面向国家重大需求、面向人民生命健康，深入实施科教兴国战略、人才强国战略、创新驱动发展战略，完善国家创新体系，加快建设科技强国。在强化国家战略科技力量中重点提到，瞄准人工智能、量子信息、集成电路、生命健康、脑科学、生物育种、空天科技、深地深海等前沿领域，实施一批具有前瞻性、战略性的国家重大科技项目。在发展壮大战略性新兴产业中指出，聚焦新一代信息技术、生物技术、新能源、新材料、高端装备、新能源汽车、绿色环保以及航空航天、海洋装备等产业。推动互联网、大数据、人工智能等同各产业深度融合，推动先进制造业集群发展，构建一批各具特色、优势互补、结构合理的战略性新兴产业增长引擎。由此可见，《纲要》把科技自立自强作为国家发展的战略支撑，科技创新的重要性更加凸显，随着政策的不断落实，人工智能、芯片、5G、新能源汽车等行业将迎来重大发展机遇。

2021年两会期间，国家能源局制定了更为积极的新能源发展目标，旨在加快推动碳达峰和碳中和"双碳"目标的实现。目前，我国在全球新能源与可再生能源技术及产业中已经占据了极大的市场份额，新能源产业的龙头企业在全球的竞争力不断提升，新能源电动汽车销售量连续几年占据全球第一的位置。随着政策扶持力度的加大，未来新能源市场对优秀人才仍将保持旺盛的需求。

6.1 新能源科学与工程专业就业发展分析

我国计划在2050年将现能源发展转型为可再生能源发展，这一国家战略将进一步推动新能源产业的迅速发展，有效转变经济增长方式并拉动经济的增长，引领中国经济走向低碳化。

虽然我国新能源产业发展迅速，但专业人才的培养速度却无法跟上行业发展的速度。高素质专业人才和核心技术的缺失，已经严重阻碍了我国当前新能源产业的健康发展。我国亟待加大新能源产业人才的培养力度，以满足新能源产业发展对高素质人才的迫切需求。

新能源产业作为国家发展战略中的重要一环，是国家极力扶持的新兴产业之一，得到了国家和高校的大力支持，显示出了良好的发展前景。新能源行业的快速发展也带动了相关企业的发展。人才是企业发展的基础，是实现企业战略目标和可持续发展的首要资源。这对于新能源相关专业的学生来说是极大的利好消息，未来可选择的就业范围十分广阔，就业前景一片光明。可选择的就业方向主要有：①在化学能源、太阳能和储能材料等新能源材料领域，从事科学研究与教学、技术开发、工艺设计等工作；②在通信、汽车、医疗、航空航天等领域，从事新能源材料的开发生产和管理工作。简言之，新能源科学与工程专业所培养的人才必然是未来的稀缺人才。

6.2 新能源科学与工程专业就业类型分析

新能源科学与工程专业符合国家战略性新兴产业发展的需要，我国新能源领域的发展离不开专业人才的支持。为了使学生能够更加深入了解新能源产业及其未来的发展，更好地制订自身职业规划，下面就新能源领域的各种就业类型进行简要介绍。

在新能源科学与工程专业领域，其工程职能主要包括研究、开发、设计、生产、测试、运营、销售、管理、咨询和教学等，主要就业方向有：一是以研发和推广成熟的新能源产品和技术为目的的企业各类专业技术研发、咨询、销售工程师和行政管理人员；二是以立德树人为根本，兼顾科学的各高校和中小学教师；三是以从事创新性开发和应用研究为目的的各类研究所的研究人员。

1. 企业各类专业技术研发、咨询、销售工程师和行政管理人员

研究工程师主要是为了解决实际生产过程中的各类工程问题而设立的岗位，在进行新能源领域相关生产和建设的过程中，解决达到产品预期目标过程中遇到的一切问题和阻碍，能够敏锐捕捉到过程中可能出现的新现象并挖掘出其背后的作用机制，以此开发出面向工程应用的改进方法和策略。新能源科学与工程专业学生要想成为一名出色的研究工程师，应具备洞察力、耐心和自信，即对研究过程中出现的新现象有足够敏锐的洞察力，对可能会出现的失败和反复保持足够的耐心，同时还应对研究取得最终的成功具有充分的自信。最重要的是，研究工程师还要有很强的创新意识和能力，以应对研究过程中出现的各类问题。一般要从事研究工作，还需要进一步攻读硕士和博士学位。

开发工程师的工作主要是应用现有的知识或利用研究中的新发现，去尝试生产或开发具有一定功能的产品、结构或流程。开发工程师通过建立并测试比例和试验模型等方法，对其构思进行专业性评估。在一条产品生产链中，开发工程师一般将产生的某种创意构思出功能产品或系统概念之后，将结果传送给设计工程师，并由设计工程师落实生产所需的具体细节。

设计工程师将开发工程师形成的概念或模型绘制成图纸，才能够进一步转化为设备、结构或流程。与开发工程师不同的是，设计工程师的工作通常会受到工程材料、生产设备和经济因素等条件的限制。因此，为了保证设备、结构或流程等成品的完成度，设计工程师必须具备多个工程专业的基础知识，同时对公司的经济性和客户的需求性具有独到的见解。图纸作为工程师的另一种语言，在工程设计中具有十分重要的作用。工程制图或工程图学是传授工程图纸绘制知识的课程，想从事这一领域工作的学生应充分重视并学好这门课程，建议选修或自学 AutoCAD 等计算机辅助绘图软件，以便为将来从事设计工作奠定坚实基础。

生产与测试工程师是针对上述工作设计开发出的设备在投入批量生产之前进行生产测试把关的重要岗位。生产工程师主要负责原材料订购、生产线建立以及产品的处理和运送。测试工程师则主要负责产品的测试工作，实际上，测试工程师在开发工程师构思产品时一般就需要介入，直到产品停止生产为止，以便在产品生产的各个时期能够严格把控产品质量，适时对产品进行调整。有时还需要在创建实际物理模型之前，使用 3D 建模和分析软件进行一些测试。而有限元分析则允许测试工程师在建立测试原型设备之前就对负荷、温度、压力及其他许多物理参数进行评估、测试和不断优化。

运营工程师主要是负责工程或设备的运行与维护，及时解决设备出现的问题，对工程和设备进行保养和维护，以保证工程和设备始终处于良好的运行状态。运营工程师必须非常重视成本，并能根据新技术的发展将工程和设备的运行费用维持在最低水平。

销售工程师作为公司和消费者之间的纽带，是公司连通消费者的重要窗口。在当今产品日益复杂的时代，对于产品材料、原理、性能、操作等专业性很强的内容，一般的销售人员难以胜任，此时就需要销售工程师来负责这项工作，将产品设计的材料、原理、性能等对消费者进行深入浅出、通俗易懂的讲解，同时了解消费者的需求，及时与公司进

行沟通，完善产品设计，不断提升产品质量，提高销售量。

管理工程师作为工程领域的管理者，需要具备极为丰富的专业知识和经验，一般由工程师和科学家担任。由于管理职责不仅影响公司的效益，还会影响受其领导的职工，所以一般接受过工程或科学教育，同时也接受过商业教育的人具有更大的竞争优势。尤其是对于未来准备在新能源领域创业的学生来说，管理工作是必不可少的，应及早拓宽自己的专业领域。

咨询工程师是通过单独或合作的方式向寻求帮助的客户提供咨询服务的专业岗位。成功的咨询师其价值主要是通过解决其他公司没有时间或没有能力解决的独特问题来体现的。要想成为咨询工程师，通常需要在企业或政府部门工作多年以积累特定的经验，这样在面对疑难问题时能够凭借专业知识和工作经验尽快解决问题。

一件成熟的新能源产品问世，需要多方的共同参与和配合。首先，在产品设计初期需要研究工程师对新能源产品应用的理论和构思方法进行研究创新，之后将创新研究成果交予开发工程师进行试验，开发工程师对理论化研究成果进行实践评估，将理论转化为模型。其次，开发工程师将试验结果传递给设计工程师，设计工程师将开发工程师形成的概念模型结合材料、设备及其他经济因素转化为设备、结构或流程。再次，生产工程师将转化的设备、结构或流程结合实际生产、成本等因素进行简单批量生产，形成原型机，交给测试工程师进行评估测试，主要测试负荷、温度、压力及其他物理参数变化，对制造过程进行质量把控。最后，在产品投入批量生产后，需要由销售工程师将产品参数、原理、性能等对客户进行介绍，建立与客户之间的沟通桥梁。同时也需要咨询工程师配合帮助客户解决他们的问题，为其提供更好的用户体验。在整个新能源产品设计开发的过程中，都需要管理工程师的参与，对产品开发生产、人员安排、发展战略进行优化决策，管理一支出色的新能源工程师团队。

综上所述，在新能源产业链中的各个环节都需要专业人才的参与和合作，新能源科学与工程专业学生在产品设计、开发和利用的环节都具有很大的竞争优势，很多岗位都需要同时具备专业知识、创新能力、管理能力等高素质的复合型人才。目前，新能源多条产业链发展迅速，专业人才储备不足，亟须补充大批专业人才加入企业，使其能够在市场竞争中占据优势地位。

2. 高校、科研院所

高校，即高等学校，泛指具有能力对公民进行高等教育的学校，包括大学、学院、高等技术学院和学校等。高校的主要职能是教学，并承担部分科研任务。研究院所是独立于教育部和高校系统之外的各级各类研究机构，并且将科研任务作为自己的核心业务。国内最知名、实力最强且数量最多的研究院所当属国务院直属的中国科学院系统中的各级各类研究院所和研究中心。第二种是直接隶属于国家各部委的独立研究院所，如中国地震局地球物理研究所，不仅担任为所属部委和行业提供科研成果的任务，还充分利用自身相对成熟的科研体系和丰富的行业科研资源培养本行业所需要的研究人才。第三种研究机构是直接隶属于各省市相关单位的，与前面两种研究机构相比规模较小，但其隶属性质决定了其研究的方向更加具有地域性，因而也更加灵活和具有针对性。

高校与研究院所是新能源专业另一个重要的就业方向，包括专业技术人员、教学科研人员、行政管理人员等不同岗位。在高校与研究院所的教学科研岗就职，相当于选择了科学研究这个行业，意味着需要在学科的最前沿奋斗，面前是没有人探索过的荒原，一切都是未知的。这既是一种挑战，也是一种机遇，在未知领域探索、发掘世界的奥秘，并在那里留下属于自己的印记。

具体来讲，进入高校任职与进入研究院所工作又有所不同。高校一般具有更好的教育和科研氛围，而研究院所则具有更好的科研和工作氛围。因为研究院所是以科研工作为核心的单位，所以其学术活动往往针对性更强。而高校由于其公共教育属性，经常会举行各种学术报告，覆盖的领域更为广阔和全面。进入高校任职的教师必须具备能够以学生可以理解的方式表达抽象的原理或工程经验的能力，需要专业能力过硬、研究能力突出、思路清晰、表达能力强的专业人才。要想成为一名新能源专业的教师，从事教学工作，必须掌握基础工程或科学原理及其应用知识，通常需要接受研究生阶段的培养，以获得更高的学位，深化对专业基本理论的理解，并提升科学视野和研究能力。因此，高校和科研院所的教学科研岗通常对学历要求很高，一般是硕士研究生学历以上，大多是博士研究生或者有多年的海内外博士后研究经历。

3. 政府机关

除了高校、企业外，新能源专业的学生还可以选择去政府部门工作。国家公务员是指在各级政府机关中，行使国家行政职权，执行国家公务的人员。大学毕业生要报考国家公务员，进入国家机关工作，须参加各级政府人事部门组织的国家公务员录用考试。国家机关将按照“公开、平等、竞争、择优”的原则进行公务员录用。在公务员(包括国家公务员和地方公务员)的大部分职位中，都对专业有要求，新能源科学与工程专业属于能源动力类，符合报考条件可以报考专业要求为新能源科学与工程、能源动力类或专业不限的职位，具体可报考职位可参考当年度招录公告中的职位表。

进入政府部门的核心工作是为人民群众服务。要做好这些岗位的工作，除了过硬的相关领域的专业知识，还需要具备一些其他能力，如大局意识、公文写作能力，要能够熟练把握公文的写作格式、要求和语言特点，这些公文写作能力可以自己进行磨炼和提高。此外，熟悉公文的各种传送渠道和做好公文的整理归档工作也十分重要；以及机关单位对外事务办理的程序及礼仪、礼貌用语、办事方式和技巧。在这些岗位上工作，面向广大的人民群众进行服务，需要把握好自己的行事方法和风格，注意待人真诚和礼貌，善于沟通，这样与人合作或办事时才能更加融洽，事半功倍，高效高质量完成工作内容。

4. 创新创业

创新创业是当代大学生就业的一种重要方式，党的十七大就曾提出“提高自主创新能力，建设创新型国家”和“促进以创业带动就业”的发展战略。创业过程实质上是各类资源的获取、优化整合，它们伴随整个创业过程，无论是否直接参与创业，资源支持对大学生创新创业来说都是必不可少的一部分。有了资源的支持，无疑可以促使更多有想法、有行动的大学生积极地投入创新创业中，充分发挥大学生的创新精神和实践能力，在适应新常态下，进一步增强就业创业自信，投入祖国建设的伟大浪潮中，共同推动经济持续健康发展。大学生创新创业是指大学生发挥创造性思维，运用个人所掌握的知识和资源，在学校的协助下或凭借自身能力组织和运营一个企业，并承担其所带来的风险。

人类的认识可以由自觉和他觉两个途径来实现。培养大学生的创新意识，首先必须依赖于自觉意识的形成。如何对自己的创新观念、创新实践、创新心理形成自觉自悟是大学生在开始踏上创业道路之前必须经历的过程。大学生只有依靠已学到的知识作为基础，建立起科学的问题分析行为和能力，才可能培养起良好的创新意识。自古以来，人类从以生存为原动力的对衣食住行等最基本内容的创造，到今天对各类精神需求满足层次的创造，人类的创新无不以人的需求为基本视角。因此，无论从创业实现成功创业的目标实现视角，还是创业者自身如何培养创业能力视角来看，需求的考察是大学生创业创新精神培养的精神路径的起点。

创新意识作为人的一种意识活动，诚如马克思所言，“意识起初只是对周围的可感知的环境的意识，是对处于开始意识到自身的个人以外的其他人和其他物的狭隘联系的一种意识”。因此，在考察需求的基础上，大学生创业创新意识需要进一步转型为对环境的深入考察。然而，细致的环境考察并不是创新意识的真正体现，只有批判和怀疑才是变革的基本精神路径。只有在创业创新意识培养的过程中不断克服现有的固定思维的影响，通过怀疑和批判来重新思考当前的环境形势，才可能从根本上提出新的解决思路，才具备实现创新意识的可能。

借助兴趣而产生探索新事物的欲望，事实上等于借助探索动机实现自主创造的主动性，这是大学生创业创新意识培养的第一个必要思维步骤。在兴趣和动机的基础上，大学生需要视角的更新和思考方法的突破以求得对原型的扩大化理解，这是创新意识培养的第二个必要思维步骤。进一步通过灵感式的思维发散释放“先入为主”效应、“暗示效应”的束缚、强刺激和多余刺激的干扰和思维定式等影响，这就基本实现了思维的创新意识。

具体到技术环节，大学生创业创新意识的培养，首先，要建立起这个领域扎实的知识基础和深刻的理解；其次，要借助时刻更新的信息要素，捕捉和合理预测行业最新和即将发生的变化，才有可能站在时代的风口浪尖，成为时代的弄潮儿。因此，正确的信息处理方式将有利于有益的创新意识的养成。事实上，所有的新点子都来自于对大量信息进行处理后的创造，甚至可以认为，所有的创造都来自于对前信息的思想变革。因此，创业创新意识培养的技术路径可以概括为：对语言、文字、图像等思想表达方式所传达的信息进行技巧性的处理，进而借助于思维路径实现创新意识的最终养成。

5. 其他就业渠道

其他就业渠道包括中、小学的教学和管理人员，非研究型的各类大中小型国有或私有企业的管理和技术服务人员，入伍从军，新闻出版和文化等。

6. 继续深造

大学本科的学习还是通识教育为主，主要目的在于培养学生正确的人生观和价值观，系统全面地掌握和了解新能源科学与工程专业的各个方面。随着社会和科技的发展，专业和分工越来越精细，大学本科毕业生难以胜任一些专业研究方面的工作。因此，如果要在高校、科研院所、企业从事科研相关工作，有必要针对自己感兴趣的研究方向进行硕士研究生、博士研究生的学习，以国家重大需求或科技前沿为研究方向继续深造，以提高科学素养，开阔视野，培养逻辑思维能力、创新创造能力、科学表达能力等多方面的能力。

6.3　新能源科学与工程专业就业面临的发展形势

“十三五”以来，很多高校紧跟国家发展战略，将专业建设作为重点，并以市场需求作为导向，紧密贴合我国制定的发展新能源的规划，树立创新意识，设立新能源科学与工程专业。与此同时，各大高校还坚持将自己的历史使命树立在满足地方社会经济发展的需求上，将主要目标聚焦在凝练学科方向上，致力于建设符合社会经济实际发展状况的专业方向。将学科建设的方向聚焦在能源工程领域上，并且以太阳能、风电、能源动力等方向作为主要突破点，深入开展能够为社会所应用的技术研究，建设具有鲜明特色的人才培养模式，培养出具有高素质的专业人才以回馈社会，具有重要的现实意义。

但截至目前，新能源科学与工程专业在各大高校中仍处于发展的初期，各大高校针对新能源领域开设的专业依旧较少，具体到新能源的各个方向，开设的学校和专业就更加稀少。阻碍其发展的原因，一是目前新能源领域处于发展初期阶段，很多学生对新能源领域未来的发展前景尚不清楚，报考人数较少；二是新能源领域产业发展尚不成熟，导致社会对新能源产业发展持观望态度；三是新能源领域专家学者多为跨领域学者，需要更多专业学者为其保驾护航；四是新能源科学与工程专业仅招收理工科学生，报考的学生具有局限性。这些原因导致新能源科学与工程专业师生人才队伍匮乏，亟须有更多专业的教师加入人才培养队伍，进一步丰富研究方向，鼓励进行跨领域交流。

为了实现新能源科学与工程专业的稳定就业，可从以下两个方面着手进行。一是提高本专业学生对在新能源领域从事应用技术、产品开发事业的热情。让学生更加透彻地理解这个专业及未来的就业大方向，提升他们对本专业的热情，这关系到他们将来能否适应市场的需求。二是充分重视实践教学的重要性，为学生提供更加丰富的实践机会，将理论与实际相联系。市场需求促进行业发展，行业发展带动教育发展，教育发展又促进相关行业发展，教育发展与行业发展息息相关、互利共生。可以通过与相关新能源企业开展合作，让学生深入了解相应专业岗位的具体职能，并以经典的生产过程作为导向，探索以工程实践贯彻始终的工学结合的人才培养模式，形成学校、企业、教师、企业专业指导人员和学生共同参与的立体网络。

6.4 新能源相关大型知名企业、期刊、机构介绍

2017 年，全球新能源产业共创造了 1030 万个就业岗位，同比增长 5.3%，其中太阳能行业吸收了 340 万人就业，风能行业从业人数为 110 万人。中国依然是最大的新能源市场，从业人数(不包括大型水电)为 380 万人，占全球 32%。目前，新能源相关产业人才需求量巨大。下面对新能源相关企业、期刊、机构等进行简单介绍，以方便学生了解未来的就业选择，更好地开展学习，实现就业。

1. 知名企业

2020 年 11 月 27 日，“2020 能源转型论坛暨第十届全球新能源企业 500 强峰会”在山西太原召开，上榜企业最低营业收入为 15.54 亿元，比 2019 年的 14.23 亿元增加 1.31 亿元，同比增长 9.21%，入榜门槛再创新高。此次上榜的 2020 年 500 强企业分别来自 38 个国家和地区，相比 2019 年增加了 1 个国家(地区)。值得注意的是，中国共有 207 家企业进入这个榜单，占据榜单的 41.4%，位居第一。共有 69 家美国企业进入 500 强榜单，比去年减少了 5 家，位居第二。日本进入该榜单的企业共有 54 家，与去年持平，占 10.8%，排名第三。德国有 27 家企业进入 500 强榜单，比去年少 2 家，占 5.4%，位居第四。韩国有 20 家企业进入 500 强榜单，比去年少 1 家，占 4%，位居第五。我国的入选企业数量依旧延续了往年的强势，牢牢占据了绝对优势(图 6.1)。

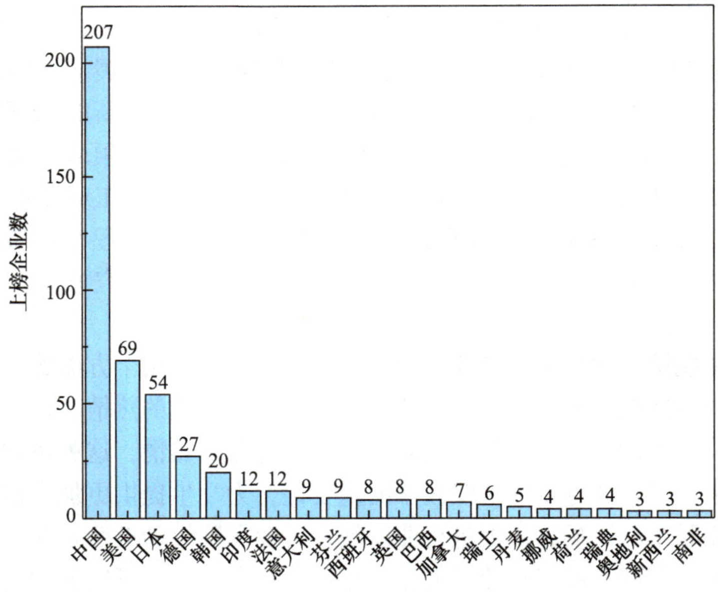

图 6.1 2020 年全球新能源企业 500 强国家分布(部分)

并且，500 强的前 20 强名单(表 6.1)上，中国企业占据了 6 个名额，数量最多，也表明我国优秀新能源企业不仅在总数上有明显优势，企业的发展质量也处于世界先进水

平。这些数据充分表明我国新能源领域企业在全球视野下所占据的市场领先地位。

表 6.1 2020 年全球新能源企业前 20 强榜单

公司名称	国家	公司名称	国家
GE Energy	美国	Total S. A.	法国
协鑫(集团)控股有限公司	中国	Engie Group	法国
Vestas Wind Systems A/S	丹麦	Samsung Sdi Co., Ltd.	韩国
Panasonic Corporation	日本	宁德时代新能源科技股份有限公司	中国
Siemens AG	德国	天能控股集团	中国
Ørsted A.S.	丹麦	Raizen Group	巴西
中国电力建设集团有限公司	中国	TDK Corporation	日本
Enel Green Power S.P.A.	意大利	新疆金风科技股份有限公司	中国
LG Chem Ltd.	韩国	Archer Daniels Midland Company	美国
晶科能源控股有限公司	中国	Copersucar S. A.	巴西

下面对全球新能源领域中的几家代表企业进行简单介绍，以加强学生对新能源领域企业的认识。

(1) 协鑫(集团)控股有限公司：旗下有多家企业，涉及多个新能源领域，其中以协鑫新能源为代表。协鑫新能源是一家以太阳能发电为主，集开发、建设、运营于一体的新能源企业，主要发展集中式光伏电站和分布式光伏电站两大业务，持续为社会提供清洁、安全、高效的绿色普惠能源。

(2) Panasonic Corporation(松下集团)：是日本的一家跨国性公司，成立以来，始终以“力图社会生活之改善和提高、为世界文化之发展作出贡献”作为社会使命和企业纲领。为了促进社会的发展，丰富民众的社会生活，松下电器积极地进行从基础技术、商品技术到新生产技术等世界性、全方位的研究开发与经营活动。

(3) GE Energy(通用电气能源集团)：作为美国通用电气下属的一个业务集团，是全球领先的发电技术和设备、能源服务及系统管理的供应商之一。自从爱迪生创建了通用电气公司以来，目前公司业务遍及世界 100 多个国家和地区。GE Energy 致力于帮助当今世界应对能源、医疗、交通等领域最严苛的挑战，助力驱动世界前行。

(4) Siemens AG(德国西门子股份公司)：创立于 1847 年，是全球电子电气工程领域的领先企业。西门子公司于 1872 年进入中国市场，140 余年来凭借创新的技术、卓越的解决方案和对产品坚持不懈的追求，为中国的发展提供全面支持，并以出众的品质、领先的技术成就和不懈的创新追求，在中国市场上牢牢占据一席之地，拥有极其广阔的消费群体。

(5) Total S.A.(法国道达尔公司)：业务遍及全球 130 多个国家和地区，涵盖整个石油产业链，包括上游业务(石油和天然气的勘探、开发与生产，液化天然气)和下游业务(炼油、销售，以及原油和油品贸易与运输)。此外，道达尔公司还从事采煤和发电业务。公司正在通过积极扩展能源产品供应范围和开发补充新的下一代能源(太阳能、生物质能、核能等)，以满足未来的能源需求。

(6) 宁德时代新能源科技股份有限公司：成立于 2011 年，是国内率先具备国际竞争力的动力电池制造商之一，专注于新能源汽车动力电池系统、储能系统的研发、生产和销售，致力于为全球新能源应用提供一流解决方案，核心技术包括在动力和储能电池领域，材料、电芯、电池系统、电池回收二次利用等全产业链研发及制造能力。

(7) 晶科能源控股有限公司：是全球极具创新力的光伏企业。晶科能源在全球拥有 9 个全球化生产基地。公司为全球提供地面电站、太阳能产品、解决方案和技术服务。截至 2021 年 9 月 30 日，晶科能源单晶硅片产能达到约 31 GW，电池片产能达到约 19 GW，组件产能达到约 36 GW。

2. 相关期刊

侧重于能源的主要刊物有：*Applied Energy*、*ACS Energy Letters*、*Advanced Energy Materials*、*Batteries & Supercaps*、*Biomass Bioenergy*、*Energy & Environmental Science*、*Energy Fuels*、*eScience*、*Fuel*、*Fuel Processing Technology*、*International Journal of Hydrogen Energy*、*Joule*、*Journal of Energy Chemistry*、*Jounal of Power Sources*、*Nano Energy*、*Nature Energy*、*Progress in Energy and Combustion Science*、*Progress in Photovoltaics*、*Renewable & Sustainable Energy Reviews*、*Renewable Energy*、*Solar Energy*、*Solar Energy Materials and Solar Cells*、*Solar RRL*、*Sustainable Energy Fuels* 等。

除了这些专门针对能源领域的期刊，能源研究领域的优秀工作还经常发表在一些知名的综合性或专业期刊上，如：*Advanced Materials*、*Angewandte Chemie International Edition*、*CCS Chemistry*、*Chem*、*Chemical Communications*、*Chemical Science*、*Journal of the American Chemistry Society*、*National Science Review*、*Nature*、*Nature Catalysis*、*Nature Chemistry*、*Nature Communications*、*Nature Materials*、*Nature Methods*、*Nature Photonics*、*Science*、*Science Advances*、*Science China Chemsitry* 等。

3. 相关机构

这里收集整理了部分国内、国际能源研究机构、专业学会和行业协会等，并对其进行简单介绍，供读者了解。

国家能源局(National Energy Administration)成立于 2008 年，为国家发展和改革委员会管理的国家局。主要职责是研究提出能源发展战略的建议，拟定能源发展规划、产业政策并组织实施，起草有关能源法律法规草案和规章，推进能源体制改革，拟定有关改革方案，协调能源发展和改革中的重大问题等。

中国可再生能源学会(China Renewable Energy Society，CRES)成立于 1979 年 9 月，主要涉及太阳能光伏与光热、风能、生物质能、氢能、海洋能、地热能及天然气水合物、发电并网等，具有多学科、综合性的特点，是目前我国可再生能源领域内最具有影响力的学术团体之一。

中国能源研究会(China Energy Research Society，CERS)成立于 1981 年 1 月，是由我

国能源科技与管理工作者和能源领域的知名企业单位组成的学术团体。研究会下设可再生能源、储能、能源互联网等 18 个专业委员会。

国际可再生能源机构(International Renewable Energy Agency，IRENA)是为了在全球范围内积极推动可再生能源向广泛普及和可持续利用的快速转变而成立的国际组织。于 2009 年 1 月 26 日在德国波恩成立，总部设在阿布扎比。截至 2018 年，共有 154 个成员国，2013 年 1 月 13 日，中国代表团宣布计划加入 IRENA。

国际能源机构(International Energy Agency，IEA)也称国际能源署，成立于 1973～1974 年石油危机期间，现有 30 个成员国。当前，IEA 的工作亮点是研究应对气候变化的政策、能源市场改革、能源技术合作，积极开展与各地区的合作，着重加强与中国、印度和其他新兴经济体国家的合作关系。

世界能源理事会(World Energy Council，WEC)是一个会员制国际组织，汇集了当今能源界的重量级人物(包括政府、学术机构、非政府组织以及工业和能源专家)，是由 90 多个国家级成员委员会组成的庞大网络。世界能源理事会在全球多地定期举办峰会，重点讨论世界面临的各种挑战。全球能源界人士每三年一次齐聚在世界能源大会，这是全球能源界首屈一指的集会。

世界风能协会(World Wind Energy Association，WWEA)是一个非营利性的国际组织。主要为成员提供交流的平台，促进技术转让，影响国家级国际风能政策的制定，组织国际会议的召开，出版风能国际标准年鉴，其每年发布的《世界风能报告》已经成为国际上权威报告和风能产业发展的风向标。

国际地热协会(International Geothermal Association，IGA)是一个非政治、非营利、非政府的组织，被授予联合国专门咨询地位和绿色气候基金特别观察员地位，在 65 个国家拥有超过 4000 名成员。通过在地热专家、商业界、政府代表、联合国组织、民间社会和公众之间发布科学和技术信息，鼓励研究、开发和利用全球地热资源。

国际太阳能学会(International Solar Energy Society，ISES)是一个致力于发展能够使可再生能源得到有效利用和实际应用，并进行科普教育的全球性学术组织。学会每两年召开一届世界太阳能大会，*Solar Energy* 是由其主办的学术期刊。

美国能源部(United States Department of Energy)是美国联邦政府的一个下属部门，主要负责美国联邦政府能源政策制定、能源行业管理、能源相关技术研发、武器研制等。下设 24 个国家实验室和技术中心，其中包括许多大名鼎鼎的实验室，如橡树岭国家实验室、阿贡国家实验室等都归能源部管辖。这些国家实验室在高能物理、核科学、等离子体科学、计算科学等领域的研究都代表着当今世界最高水平。

美国国家可再生能源实验室(National Renewable Energy Laboratory，NREL)是美国可再生能源和能源效率研究和开发的主要实验室，隶属于美国能源部，是美国唯一一所专门致力于可再生能源基础研究的国家实验室。

日本阳光计划(Sunshine Project)是日本政府为顺应世界发展大潮流，鼓励发展本国的新能源及可再生能源相关的领域而推出的国家级计划。1973 年席卷全世界的石油危机对于日本这样严重依赖能源进口的国家来说影响巨大。为了保证国家能源供给的稳定，日本政府于 1974 年公布了著名的“阳光计划”。这个计划的目标就是要不断推进本国深入开发和利用新能源，并寻找能够部分或完全替代石油的新型燃料，希望该举措能够减轻长久以来由于化石能源的过度使用对自然环境造成的破坏。

我国基于推动建设人类命运共同体的责任担当和实现可持续发展内在要求，在联合国大会上提出了“双碳”目标的重大战略决策。同时，我国作为世界上最大的能源生产国和消费国，2020 年我国的原油对外依存度达到了 73.5%。而国际能源市场的动荡对于我国的能源供应会产生巨大的影响，进而极大程度上影响我国的社会经济发展，因此我国的能源安全问题已经成为国家发展道路上必须面对的问题。为了达成“双碳”目标和维护我国的能源安全，我国的新能源产业需要更进一步发展，不仅是规模要做大，更要做强，实现清洁高效能源驱动的社会。其根本在于对新能源产业核心技术和前沿技术的不断探索和掌握。因此，就必须打造掌握先进技术的人才群体和核心技术群，才能不断保持新能源行业的竞争力和发展力。从基础上抓好对新能源专业人才的培养是达成这个战略目的的根本。

新能源产业的发展与我国社会发展的方向息息相关，国家也出台了大量的政策来扶持和促进新能源产业的发展。新能源产业将持续受到全社会的关注，也蕴含着巨大的发展潜力和空间。现在我国的新能源产业已经度过了发展初期的快速生长阶段，开始进入行业整合的阶段。只有掌握核心技术和具有雄厚科研基础的企业才能够度过这个阶段，整个行业对于高素质、高水平的新能源科学与工程专业人才将会持续保持极其紧迫和巨大的需求。认真学习好新能源科学与工程专业的相关知识，努力从各个方面提高自己，成为被社会、行业所需要的人，就可以在将来实现自己的人生价值，为国家和全人类的未来贡献自己的力量。

思　考　题

1. 尝试登录本章提到的各大新能源企业的网站，并着重了解各大企业招聘板块的内容，将你认为有用的信息汇总成一个文档，并思考需提升哪些能力。
2. 尝试调研和总结从事不同类型的工作需要具备哪些技能和能力，以及如何做好相应的准备。
3. 你所了解到的能够获取就业招聘信息的渠道有哪些？
4. 学完这门课程，你对自己的职业生涯规划有了什么新的认识？请认真思考并描述一下自己的职业生涯规划。

参考文献

陈国铁. 2005. 工程类本科院校学生职业道德教育探讨. 理工高教研究, 24(1): 38-40.

陈海生, 刘金超, 郭欢, 等. 2013. 压缩空气储能技术原理. 储能科学与技术, 2(2): 146-151.

陈军, 陶占良. 2006. 镍氢二次电池. 北京: 化学工业出版社.

陈军, 陶占良. 2014. 能源化学. 2 版. 北京: 化学工业出版社.

陈柳钦. 2011. 国内外新能源产业发展动态. 河北经贸大学学报, 32(5): 5-13.

陈萍, 何腾, 郭建平, 等. 2021. 氢化物: 载氢载能体. 北京: 科学出版社.

陈晓红, 胡东滨, 曹文治, 等. 2021. 数字技术助推我国能源行业碳中和目标实现的路径探析. 中国科学院院刊, 36(9): 1019-1029.

陈以明, 李治. 2020. 智慧能源发展方向及趋势分析. 动力工程学报, 40(10): 852-858.

戴兴建, 于涵, 李奕良. 2009. 飞轮储能系统充放电效率实验研究. 电工技术学报, 24(3): 20-24.

德切柯 · 巴普洛夫. 2015. 铅酸蓄电池科学与技术. 段喜春, 苑松, 译. 北京: 机械工业出版社.

丁玉龙, 来小康, 陈海生. 2018. 储能技术及应用. 北京: 化学工业出版社.

董昌明. 2016. 海洋绿色能源. 北京: 科学出版社.

樊栓狮, 梁德青, 杨向阳, 等. 2004. 储能材料与技术. 北京: 化学工业出版社.

范明天, 张祖平, 杨少勇, 等. 2000. 具有抽水蓄能电厂的多区域电网日经济调度研究. 电网技术, 24(8): 57-61.

傅献彩, 沈文霞, 姚天扬. 1990. 物理化学(上、下册). 4 版. 北京: 高等教育出版社.

郭新生. 2007. 风能利用技术. 北京: 化学工业出版社.

国家高技术研究发展计划(十一五 863 计划)先进能源技术领域专家组. 2010. 中国先进能源技术发展概论. 北京: 中国石化出版社.

国家自然科学基金委员会, 中国科学院. 2018. 中国学科发展战略: 能源化学. 北京: 科学出版社.

何雅玲. 2021. 储能科学与工程本科专业知识体系与课程设置. 北京: 高等教育出版社.

侯雪. 2013. 新能源技术. 北京: 机械工业出版社.

胡娟, 杨水丽, 侯朝勇, 等. 2015. 规模化储能技术典型示范应用的现状分析与启示. 电网技术, 39(4): 879-885.

胡勇胜, 陆雅翔, 陈立泉. 2020. 钠离子电池科学与技术. 北京: 科学出版社.

黄志高, 林应斌, 李传常. 2018. 储能原理与技术. 北京: 中国水利水电出版社.

霍沫霖, 林国强, 高昆仑. 2019. 人工智能在能源服务中的应用. 供用电, 36(1): 54-60.

江伟民. 2007. 抽水蓄能电站经济效益计算方法研究. 合肥: 合肥工业大学.

李安定. 2001. 太阳能光伏发电系统工程. 北京: 北京工业大学出版社.

李传统. 2012. 新能源与可再生能源技术. 2 版. 南京: 东南大学出版社.

李全林. 2008. 新能源与可再生能源. 南京: 东南大学出版社.

李文超, 沈祖培. 2001. 复合材料飞轮结构与储能密度. 太阳能学报, 22(1): 96-101.

李文翠, 胡浩权, 鲁金明. 2015. 能源化学工程概论. 北京: 化学工业出版社.

李允武. 2008. 海洋能源开发. 北京: 海洋出版社.

刘大为, 李亮亮, 李敬锋. 2011. 微型热电器件应用的最新研究进展. 中国科技论文在线, 6(8): 574-579.

刘洪波, 丰景春. 2007. 工程哲学发展现状、问题与前景. 科技进步与对策, 24(11): 62-65.
刘荣厚. 2006. 新能源工程. 北京: 中国农业出版社.
刘荣厚. 2009. 生物质能工程. 北京: 化学工业出版社.
刘向东, 张程宾. 2019. 面向"互联网+"的能源动力类专业人才培养方案探讨. 教育现代化. 4(33): 5-8.
罗运俊, 何梓年, 王长贵. 2005. 太阳能利用技术. 北京: 化学工业出版社.
马璨, 吕迎春, 李泓. 2014. 锂离子电池基础科学问题(Ⅶ): 正极材料. 储能科学与技术, 3(1): 53-65.
尼克拉·艾莫里, 文思卓·巴尔扎尼. 2014. 可持续世界的能源: 从石油时代到太阳能将来. 陈军, 李岱昕, 译. 北京: 化学工业出版社.
欧阳明高, 李建秋, 杨福源, 等. 2008. 汽车新型动力系统: 构型、建模与控制. 北京: 清华大学出版社.
彭苏萍, 等. 2019. 能源新技术战略性新兴产业重大行动计划研究. 北京: 科学出版社.
邱彬如. 2006. 世界抽水蓄能电站新发展. 北京: 中国电力出版社.
施伟勇, 王传崑, 沈家法. 2011. 中国的海洋能资源及其开发前景展望. 太阳能学报, 32(6): 913-923.
苏亚欣, 毛玉如, 赵敬德. 2006. 新能源与可再生能源概论. 北京: 化学工业出版社.
孙秋野, 杨凌霄, 张化光. 2018. 智慧能源: 人工智能技术在电力系统中的应用与展望. 控制与决策, 33(5): 938-949.
孙世刚, 等. 2021. 电化学测量原理和方法. 厦门: 厦门大学出版社.
孙世刚, 田娜, 周志有, 等. 2021. 电化学能源材料结构设计和性能调控. 北京: 科学出版社.
万立骏. 2014. 固体表面分子组装. 北京: 科学出版社.
王炳忠. 1983. 中国太阳能资源利用区划. 太阳能学报, 4(3): 221-228.
王承煦, 张源. 2003. 风力发电. 北京: 中国电力出版社.
王明华, 李在元, 代克化. 2014. 新能源导论. 北京: 冶金工业出版社.
王如竹, 何雅玲. 2021. 低品位余热的网络化利用. 北京: 科学出版社.
王如竹, 李勇, 等. 2021. 新能源系统. 北京: 机械工业出版社.
王伟, 王艳春. 2013. 热电联产项目研究现状综述. 中小企业管理与科技(上旬刊), 5: 296-297.
王小平, 宁仁敏, 王丽军, 等. 2017. 蓝区无机薄膜电致发光材料研究进展. 中国光学, 10(1): 13-24.
王耀南, 孟步敏, 申永鹏, 等. 2014. 燃油增程式电动汽车动力系统关键技术综述. 中国电机工程学报, 34(27): 4629-4639.
王忠敏. 2019. 智慧能源产业创新概述. 中国高新科技, 47(11): 34-41.
吴锋. 2009. 绿色二次电池: 新体系与研究方法. 北京: 科学出版社.
吴周新, 林强, 牛成. 2011. 能量化学. 北京: 化学工业出版社.
谢聪鑫, 郑琼, 李先锋, 等. 2017. 液流电池技术的最新进展. 储能科学与技术, 6(5): 1050-1057.
徐嘉泓. 2018. 可控核聚变技术的发展及应用前景. 中国战略新兴产业, 3X: 205-206.
徐业鹏. 1990. 能量转换与新能源. 北京: 冶金工业出版社.
宣益民, 韩玉阁. 2020. 地面目标与背景的红外特征. 2 版. 北京: 国防工业出版社.
宣益民, 李强. 2010. 纳米流体能量传递理论与应用. 北京: 科学出版社.
闫云飞, 张智恩, 张力, 等. 2012. 太阳能利用技术及其应用. 太阳能学报, 33(S1): 47-56.
杨天华. 2013. 新能源概论. 北京: 化学工业出版社.
杨英杰, 邱俊, 金星. 2010. 基于现代工程师的科学思维与工程思维培养. 现代教育科学(高教研究), 2: 149-151.
杨勇平, 等. 2021. 燃煤发电机组能耗及污染物时空分布与调控. 北京: 科学出版社.
杨勇平, 陆强, 等. 2021. 选择性催化还原烟气脱硝催化剂及其应用. 北京: 科学出版社.
杨昭, 杨勇平, 张旭. 2012. 能源环境技术. 北京: 机械工业出版社.
叶季蕾, 薛金花, 王伟, 等. 2014. 储能技术在电力系统中的应用现状与前景. 中国电力, 47(3): 1-5.
义夫正树, 拉尔夫 · J. 布拉德, 小泽昭弥, 等. 2016. 锂离子电池: 科学与技术. 苏金然, 汪继强, 等译.

北京: 化学工业出版社.
臧宁, 吴小兰, 金晶, 等. 2016. 镍钴铝酸锂锂离子圆柱电池研制. 电源技术, 40(1): 32-34.
张灿勇, 张斌, 张梅有, 等. 2017. 核能及新能源发电技术. 2 版. 北京: 中国电力出版社.
张朝晖, 王若楠, 高钰, 等. 2018. 热泵技术的应用现状与发展前景. 制冷与空调, 18(1): 1-8.
张铃. 2006. 论科学与工程的异同. 沈阳工程学院学报(社会科学版), 2(2): 131-132, 256.
张新敬, 陈海生, 刘金超, 等. 2012. 压缩空气储能技术研究进展. 储能科学与技术, 1(1): 26-40.
张振龙, 高琳. 2014. 复合材料飞轮研究进展. 纤维复合材料, 2: 56-58.
赵雨, 朱燕艳. 2019. 太阳能电池的分类问题. 应用能源技术, 1: 46-47.
中国智慧能源产业技术创新战略联盟, 国家发展和改革委员会能源研究所, 中关村国标节能低碳技术研究院. 2015. 中国智慧能源产业发展报告(2015). 北京: 中国质检出版社, 中国标准出版社.
周乃君, 乔旭斌. 2014. 核能发电原理与技术. 北京: 中国电力出版社.
周瑞, 安忠维, 柴生勇. 2004. 有机金属配合物电致发光材料的研究进展. 光谱学与光谱分析, 24(8): 922-926.
朱家玲. 2005. 地热能开发与应用技术. 北京: 化学工业出版社.
Cengel Y A, Boles M A. 2009. 工程热力学(英文版). 6 版. 何雅玲缩编. 北京: 电子工业出版社.
Glassley W E. 2017. 地热能. 2 版. 王社教, 闫家泓, 李峰, 等译. 北京: 石油工业出版社.
Hirth G, Kohlstedt D L. 2003. Rheology of the upper mantle and the mantle wedge: A view from the experimentalists. Geophysical Monograph, 138: 83-105.
Im J H, Kim H S, Park N G. 2014. Morphology-photovoltaic property correlation in perovskite solar cells: One-step versus two-step deposition of $CH_3NH_3PbI_3$. APL Materials, 2: 081510.
Jennings P. 2009. New directions in renewable energy education. Renewable Energy, 34(2): 435-439.
Kreith F, Goswami D Y. 2007. Handbook of Energy Efficiency and Renewable Energy. Boca Raton: CRC Press
Manohar K, Ramroop K, Phil M, et al. 2005. Thermal conductivity of Trinidad 'guanapo sharp sand'. West Indian Journal of Engineering, 27(2): 18-26.
Ngô C. 2008. Energy: Resources, Technologies and the Environment. 3rd ed. London: The Institution of Engineering and Technology.
Sørensen B. 2004. Renewable Energy: Its Physics, Engineering, Use, Environmental Impacts, Economy and Planning Aspects. 3rd ed. Amsterdam: Elsevier Science.
Weast R C. 1985. CRC Handbook of Chemistry and Physics. Boca Raton: CRC Press.
Webb S L, Dingwell D B. 1990. Non-newtonian rheology of igneous melts at high stresses and strain rates: Experimental results for rhyolite, andesite, basalt, and nephelinite. Journal of Geophysical Research, 95(B10): 15695-15701.
Yamazaki D, Karato S-I. 2001. Some mineral physics constraints on the rheology and geothermal structure of earth's lower mantle. American Mineralogist, 86(4): 385-391.